中国水利教育协会
高等学校水利类专业教学指导委员会

共同组织

全国水利行业"十三五"规划教材（普通高等教育）

# 水利工程概预算

## （新一版）

杨培岭　彭玉林　主　编

U0294469

中国水利水电出版社
www.waterpub.com.cn
·北京·

## 内 容 提 要

本书是全国水利行业"十三五"规划教材（普通高等教育）。本书以水利水电工程概预算编制的全过程为主线，系统地介绍了水利工程概预算的基本概念、理论、编制方法以及管理与控制。内容包括：绪论，水利工程概预算概述，水利工程定额，水利工程费用，水利工程基础单价的编制，水利建筑工程概算编制，水利设备及安装工程概算编制，施工临时工程与独立费用概算的编制，水利工程设计概算编制，投资估算、施工图预算与施工预算的编制，水利工程招标与投标，水利工程概预算管理与控制，水利工程概预算计算机辅助系统的应用等。

本书是以水利部水总〔2014〕429 号文《水利工程设计概（估）算编制规定》、办水总〔2016〕132 号文《水利工程营业税改征增值税计价依据调整办法》及办财务函〔2019〕448 号文《关于调整水利工程计价依据增值税计算标准的通知》为依据编制的，通过对本书的学习，可全面、系统地掌握水利工程概预算的基础理论知识。

本书内容简明扼要，通俗易懂，可作为高等院校、高职高专院校水利水电工程等相关专业概预算课程教材，也可供水利水电工程设计、施工及造价管理人员参考。

## 图书在版编目（CIP）数据

水利工程概预算 / 杨培岭，彭玉林主编. -- 新1版
. -- 北京：中国水利水电出版社，2017.8(2022.5重印)
全国水利行业"十三五"规划教材. 普通高等教育
ISBN 978-7-5170-5523-5

Ⅰ. ①水… Ⅱ. ①杨… ②彭… Ⅲ. ①水利工程－概算编制－高等学校－教材②水利工程－预算编制－高等学校－教材 Ⅳ. ①TV512

中国版本图书馆CIP数据核字(2017)第195192号

| 书 名 | 全国水利行业"十三五"规划教材（普通高等教育）<br>**水利工程概预算（新一版）**<br>SHUILI GONGCHENG GAIYUSUAN |
| --- | --- |
| 作 者 | 杨培岭 彭玉林 主编 |
| 出版发行 | 中国水利水电出版社<br>（北京市海淀区玉渊潭南路 1 号 D 座 100038）<br>网址：www.waterpub.com.cn<br>E-mail：sales@mwr.gov.cn<br>电话：(010) 68545888（营销中心） |
| 经 售 | 北京科水图书销售有限公司<br>电话：(010) 68545874、63202643<br>全国各地新华书店和相关出版物销售网点 |
| 排 版 | 中国水利水电出版社微机排版中心 |
| 印 刷 | 北京市密东印刷有限公司 |
| 规 格 | 184mm×260mm 16 开本 20.25 印张 480 千字 |
| 版 次 | 2017 年 8 月第 1 版 2022 年 5 月第 3 次印刷 |
| 印 数 | 7001—10000 册 |
| 定 价 | **53.00 元** |

# 前　言

　　《水利工程概预算》是全国水利行业"十三五"规划教材（普通高等教育），由中国农业大学、云南农业大学、西北农林科技大学、新疆农业大学、内蒙古农业大学、河西学院等6所院校长期从事工程概预算课程教学的专家教授共同编写完成。

　　《水利工程概预算》曾于2005年8月由中国农业出版社出版，教材从我国水利水电工程建设与管理的实际出发，以水利水电工程概预算编制的全过程为主线，系统地介绍了水利工程概预算的基本概念、理论、方法以及管理与控制。该书作为教材被很多高等院校采用，基于教材编写的范围和深度，师生反映良好，为广大学生对水利工程概预算的编制和应用打下了坚实的基础。2008年该书被中华农业科教基金会评为全国农业院校优秀教材。

　　水利部2014年颁发了《水利工程设计概（估）算编制规定》（水总〔2014〕429号），包括工程部分概（估）算编制规定和建设征地移民补偿概（估）算编制规定，2002年发布的《水利工程设计概（估）算编制规定》、2009年发布的《水利水电工程建设征地移民安置规划设计规范》（SL 290—2009）〔补偿投资概（估）算内容〕同时废止。2016年，水利部颁发《水利工程营业税改征增值税计价依据调整办法》（办水总〔2016〕132号），工程部分作为水利部水总〔2014〕429号文发布的《水利工程设计概（估）算编制规定》（工程部分）等现行计价依据的补充规定，水土保持工程部分作为水利部水总〔2003〕67号文发布的《水土保持工程概（估）算编制规定》等现行计价依据的补充规定。本书吸收和引用了《水利工程设计概（估）算编制规定》（水总〔2014〕429号）和《水利工程营业税改征增值税计价依据调整办法》（办水总〔2016〕132号），在原书的基础上增加了水利工程招标与投标，修改完善了部分案例，在内容编排上，力求全面反映最新概预算理论和编制方法，使读者学习后能独立地编制水利工程概预算。

　　本教材共分十三章，第一章介绍了基本建设、水利建筑市场和水利工程造价的基本概念；第二章介绍了水利工程概预算的基本概念及概预算编制的程序与方法；第三章介绍了水利工程定额基本概念与编制方法；第四章介绍了水利工程费用的划分及项目的划分；第五章介绍了人工单价、主要材料单价以及机械单价的计算方法；第六章介绍了建筑工程概算编制的概念及方法；第七章介绍了设备及安装工程的项目划分以及其概预算编制的步骤和方法；第八章介绍了施工临时工程与独立费用的划分及其计算方法；第九章介绍了设计概算编制依据、程序及预算文本组成内容；第十章介绍了投资估算、施工图预算及施工预算的内容与编制依据；第十一章介绍了水利工程招标与投标；第十二章介绍了水利工程概预算管理与控制；第十三章介绍了计算机在水利工程概预算中的应用，包括定额库的建立和软件的开发应用。

本教材由杨培岭、彭玉林主编，李凯、周峰、肖让、姬宝霖任副主编。第一、二、九章由中国农业大学杨培岭编写，第三章由内蒙古农业大学姬宝霖编写，第四、七章由云南农业大学彭玉林编写，第五、八、十章由西北农林科技大学李凯编写，第六、十一章由新疆农业大学周峰编写；第十二、十三章由河西学院肖让编写。全书由杨培岭、彭玉林统稿。

本教材在编写过程中，参考的有关教材、论著和资料都列入了参考文献，同时也得到了许多概预算专家的指导与帮助，邢伟民、敖畅博士参与了全书的整编工作，谨在此一并致谢。

2019 年 8 月，本教材依据《关于调整水利工程计价依据增值税计算标准的通知》（办财务函〔2019〕448 号）进行了进一步修订，依据规定对本书算例中施工机械台时费及税金进行了相应的调整。明确了书中算例有关计算的相关参数，以便于授课教师及学生对算例进行验算。同时编者根据教学实践和实际工程应用中发现的问题，对书中的几处错误和不妥之处进行了修订，期望能在教学和生产实践中不断完善和提高。本书的修订工作主要由杨培岭、彭玉林和邢伟民完成，并最终由杨培岭进行审定定稿。

由于编者水平有限，受时间和其他条件的限制，书中难免存在缺点与错误，敬请读者批评指正。

编者

2019 年 8 月

# 目　录

# 第一章 绪 论

## 第一节 基本建设概述

### 一、基本建设的含义与概念

任何一个国家的国民经济建设，在一定意义上就是国家的基本建设。基本建设是发展社会生产、增加国民经济实力的物质技术基础，是改善和提高人民的物质生活水平和文化水平的重要途径，是实现扩大再生产的必要条件。基本建设是指国民经济各个部门利用国家预算拨款、自筹资金、国内外贷款，以及其他专项资金进行的以扩大生产能力或新增工程效益为目的的新建、扩建、改建和恢复工程及有关工作。我国每年的基本建设投资占国家财政总支出的很大比重（约 40%）。其中用于建筑安装工程方面的资金约占基本建设投资的 60%。

基本建设是一种宏观的经济活动，它横跨国民经济各个部门，既有物质生产活动，又有非物质生产活动。要使国家宝贵的建设资金得以合理有效地使用，降低工程成本充分发挥投资的效益，除必须按照经济规律办事，认真贯彻执行党和国家的各项经济政策外，还必须实行科学的管理和有效的监督机制。而工程概预算就是对基本建设实行科学管理和有效监督的工具。

### 二、基本建设的内容

基本建设的内容包括工程的建造安装、设备及工器具的购置及与之相关的工作。

**（一）工程的建造安装**

它是基本建设的重要组成部分，是工程建设通过勘测、设计、施工等活动创造的建筑产品。本部分工作包括建筑工程和设备安装工程两部分。建筑工程包括各种建筑物和房屋的修建、安装设备的基础建造等工作。设备安装工程包括生产、动力、起重、运输、配电等需要安装的各种设备的装配、安装试车等工作。

**（二）设备及工器具的购置**

它是由建设单位为建设项目需要向制造行业采购或者自制达到固定资产标准的设备、工具、器具等购置工作。

**（三）其他基建工作**

其他基建工作指不属于上述两项的基建工作，如勘测、设计、科研试验、淹没和迁移赔偿、水库清理、施工队伍转移、生产人员培训、生产准备等多项工作。

### 三、基本建设项目种类

基本建设项目是指一个在行政上有独立的组织形式，在经济上实行独立核算，可直接与其他企业或单位建立经济往来关系，按照一个总体设计进行施工的建设实体。一般以一个企业或联合企业单位、事业单位或者独立工程作为一个建设项目，例如，独立的工厂、矿山、水库、水电站、港口、灌区工程等。基本建设项目有以下几种不同的分类方法。

**（一）按建设性质分类**

一个建设项目只有一种性质，在项目按照总体设计全部建成之前，其建设性质始终不变。建设项目按照性质可分为如下几种。

1. 新建项目

通常指从无到有，平地起家。有的建设项目虽然非从无到有，但其原有基础较小，经扩大建设规模后，新增加的固定资产价值超过原有固定资产价值的 3 倍以上，也可称作新建项目。

2. 扩建项目

扩建项目指企业、事业单位，为了扩大原有产品的生产能力或效益，或者是为了增加新产品的生产能力或效益，而新建主要车间或工程的建设项目。

3. 改建项目

改建项目指原有企业为了提高生产效率，改善产品质量，改变生产方向，对原有的设备或工程进行技术改造的项目。有的企业为了平衡生产能力，新建一些附属、辅助车间或非生产性工程，也算作改建项目。

4. 恢复项目

恢复项目指企业、事业单位因自然灾害或战争等原因，使原有固定资产全部或部分报废，以后又按原有规模重新恢复起来的项目。如果在恢复的同时进行扩建的，则应属于扩建项目。

5. 迁建项目

迁建项目指企业、事业单位由于改变生产布局或环境保护和安全生产以及其他特别需要，前往外地建设的项目。

**（二）按建设规模或投资分类**

基本建设项目按建设规模或投资大小可分为大型项目、中型项目和小型项目。国家对工业建设和非工业建设项目均规定有划分大、中、小型的标准，各部委对所属专业建设项目有相应的划分标准，如水利水电建设项目就有对水库、水电站、堤防等划分大、中、小型的标准。

**（三）按建设用途分类**

基本建设项目还可以按用途分为生产性建设项目和非生产性建设项目。

1. 生产性建设项目

生产性建设项目指直接用于物质生产或满足物质生产需要的建设项目，如工业、建筑业、农业、水利、气象、运输、邮电、商业、物质供应、地质资源勘探等建设项目。

2. 非生产性建设项目

非生产性建设项目指用于满足人民物质生活和文化生活需要的建设项目，如住宅、文教、卫生科研、公用事业、机关和社会团体等建设项目。

**（四）按隶属关系分类**

建设项目按隶属关系可分为国务院各部门直属项目、地方投资国家补助项目、地方项目、企事业单位自筹建设项目。1997年10月国务院印发的《水利产业政策》把水利工程建设项目划分为中央项目和地方项目。

**（五）按建设阶段分类**

建设项目按建设阶段分为预备项目、筹建项目、施工项目、建成投产项目、收尾项目和竣工项目等。

1. 预备项目（或探讨项目）

预备项目指按照中长期投资计划拟建而未立项的建设项目。只作初步可行性研究或提出设想方案供参考，不进行建设的实际准备工作。

2. 筹建项目（或前期工作项目）

筹建项目指经批准立项，正在进行建设前期准备工作而尚未开始施工的项目。

3. 施工项目

施工项目指本年度计划内进行建筑或安装施工活动的项目，包括新开工项目和续建项目。

4. 建成投产项目

建成投产项目指年内按设计文件规定建成主体工程和相应配套的辅助设施，形成生产力或发挥工程效益，经验收合格并正式投入生产或交付使用的建设项目，包括全部投产项目、部分投产项目和建成投产单项工程。

5. 收尾项目

以前年度已经全部投产，但尚有少量不影响正常生产的辅助工程和非生产性工程，在本年度继续施工的项目。

6. 竣工项目

竣工项目指本年内办理完成竣工验收手续，交付投入使用的项目。

国家根据不同时期国民经济发展的目标、结构调整任务和其他一些需要，对以上各类建设项目制定不同的调控和管理政策、法规、办法。因此，系统地了解上述建设项目的各种分类对建设项目的管理具有重要意义。

## 四、基本建设程序及内容

由于基本建设是一个涉及多个部门、多种专业的大系统，其特点是投资多，建设周期长，而且受自然环境和条件的制约。由此决定了基本建设必须遵循一定的工作程序，按照科学规律进行，否则会受到客观规律的惩罚。实践证明，搞基本建设只有按程序办事，才能加快建设速度，提高工程质量，缩短工期，降低造价，提高投资效益，达到预期效果。否则欲速则不达。

**（一）基本建设程序的概念与意义**

基本建设程序是指基本建设项目从决策、设计、施工到竣工验收全过程中，各项工作必须遵循的先后次序。基本建设程序是客观存在的规律性反映，严格遵守客观规律是进行基本建设工作的一项重要原则。

基本建设程序科学地总结了建设工作的实践经验，正确地反映了建设过程中所表现的科学规律和经济规律。任何一项工作的建设过程，都存在着各阶段、各步骤、各工作之间一定的不可破坏的先后联系。

长期以来，在急于求成的冒进思想主导下，建设程序屡屡受到冲击，被随意颠倒跳跃，特别是"四边"（边勘察、边设计、边施工、边生产）建设，使国家遭受了巨大经济损失。由于建设程序牵涉面广，问题复杂，给建设工作造成的损失往往是带有全局性的，形成重大的挫折和大量数以亿计的人力、物力、财力的浪费。特别是在国家重点建设项目、大型项目的建设中发生的违反建设程序的问题，造成的损失更是令人触目惊心。如1969 年开工的某水电工程，施工中不按建设程序办事，导致右岸开挖中的大塌方事故，严重地延误了建设工期，给人民的生命财产造成了巨大的损失。对于生产性基本建设来说，基本建设程序，就是形成综合性生产能力过程的规律反映。

中华人民共和国成立以来，我们积累了基本建设正反两方面的经验和教训，每当一项工程严格地按照基本建设程序办事时，投资效果就好，否则就将造成失误，使国家和建设者遭受物质上和经济上的巨大损失。过去出现的"半拉子"工程、"胡子"工程或病、险工程就充分说明了这一点。

**（二）基本建设程序的内容**

通过几十年来的经验以及认识客观规律的基础上，所制定的基本建设程序可分为规划、设计、施工、验收投产等 4 个大的阶段，要经历流域规划、项目建议书、可行性研究报告、工程设计、施工准备、施工、生产准备、竣工验收、后评价 9 个具体阶段。

1. 流域（或区域）规划阶段

流域（或区域）规划就是根据流域（或区域）的水资源条件和防洪状况及国家长远计划对该地区水利水电建设发展的要求，提出该流域（或区域）水资源的梯级开发和综合利用的方案及消除水害的方案。因此，进行流域（或区域）规划必须对流域的自然地理、经济状况等进行全面、系统的调查研究，初步确定流域（或区域）内可能的工程位置和工程规模，并进行多方案的分析比较，选定合理的建设方案，并推荐近期建设的工程项目。

2. 项目建议书阶段

项目建议书是在流域（或区域）规划的基础上，由主管部门（或投资者）对准备建设的项目做出大体轮廓性设想和建议，为确定拟建项目是否有必要建设、是否具备建设的基本条件、是否值得投入资金和人力、是否需要再进一步的研究论证工作提供依据。

项目建议书编制一般委托有相应资质的咨询公司或设计单位承担，并按国家规定权限向上级主管部门申报审批。项目建议书被批准后由政府向社会公布，若有投资建设意向，应及时组建项目法人筹备机构，开展下一阶段程序工作。

3. 项目可行性研究阶段

可行性研究是运用现代生产技术科学、经济学和管理学，对建设项目进行技术经济分析的综合性工作。其任务是研究兴建或扩建某个建设项目在技术上是否可行，经济上效益是否显著，财务上是否盈利；建设中要动用多少人力、物力和资金，建设工期多长，如何筹集建设资金等重要问题。因此可行性研究是进行项目决策的重要依据。

任何一个建设项目，从时间上划分，大致可分为 3 个阶段：投资前阶段、投资建设阶段、投产和使用阶段。投资的效益要在建设和投产使用过程中才能逐步表现出来，但决定投资效益的关键是建设前期工作。可行性研究是建设前期工作的核心和主要内容。

国内外的基本建设实践证明，可行性研究是基本建设程序的第一关。可行性研究工作可分为投资机会研究、初步可行性研究、可行性研究、评价报告 4 个阶段，各个阶段的目的、任务、要求以及所需时间和费用各不相同，其研究的深度和可靠程度也不相同。现分述如下：

（1）投资机会研究，又称投资机会鉴定。它是在一个确定的地区和部门，通过对工程项目的发展背景（如经济发展规划）、自然资源条件、市场情况等基础条件进行初步调查研究和预测之后，迅速而经济地做出建设项目的选择和鉴别，以便寻找最有利的投资机会。故此，投资机会研究主要是提出工程项目的投资建议，编制项目规划，提出项目的设想与构思，鉴定投资方向，研究投资的可能性，识别投资机会。可见，投资机会的研究是把项目设想变为概略的基础上的投资建议，即一旦确定某项目的构思是具有生命力的，便可提出进行下一步更深入的研究工作。投资机会研究是项目的初选阶段，要求投资估算精确度在 ±30% 以内，由于投资机会研究比较粗略，其所需的时间比较短，费用比较少。通常大中型的工程项目，所需时间一般为 1~3 个月，所需费用占投资的 0.2%~1.0%。

（2）初步可行性研究，又称为预可行性研究。它是在经过投资机会研究之后，提出的项目投资建议被主管单位选定之后，确认了某工程项目具有投资意义，但尚未掌握足够的技术经济数据去进行详细可行性研究，或是对工程项目的经济性有怀疑时，尚不能决定项目的取舍，为避免过多的费用支出和时间的占用，而以较短的时间、较少的费用对工程项目的获利性做初步的分析和评价，得出是否进行更详细可行性研究的结论。因此，进行初步可行性研究，是为了进一步弄清项目的某些关键性问题，更深入地判明项目的生命力和经济效果。此阶段对投资额和生产成本的估算精度误差要求控制在 ±20% 以内，其所需费用占投资额的 0.25%~1.25%，所需时间为 2~3 个月。经过初步可行性研究，要筛选掉效益差的方案，剩下认为效益好的方案做更深入的研究，然后就可进行详细的可行性研究，详细可行性研究是在投资机会研究和初步可行性研究的基础上进行的。

（3）可行性研究是一个关键性阶段，是对工程项目进行深入细致的技术经济论证，为投资决策提供技术、经济、商业方面的根据，是工程项目投资决策的依据。此阶段着重于各方案的技术经济分析和比较，以求获得经济效益最佳的投资方案。这个阶段的工作量很大，需要时间长、花钱多。工程项目越大，其内容越复杂，对其研究所需的时间越长，费用越多。一般来说，这个阶段的研究结论是决定项目能否立项的技术之本。此阶段对于投资额和生产成本计算的精确度要求控制在 ±10% 以内，其所需费用与项目大小有关，小型项目占投资额的 1.0%~3.0%，大型复杂项目占投资额的 0.2%~1.0%，所需时间为 3~6 个月。

以上所述 3 个阶段的工作一般由建设部门或建设单位委托设计单位或咨询公司承担。

（4）评价报告是指由决策部门组织（或委托）投资银行、咨询公司、有关专家等，对可行性研究报告进行评价，检查该项目可行性研究报告的真实性和可靠性，以及该项目实际可能的技术经济效益，对此工程项目做出是否可行、应否投资和如何投资的决策，而提出的最后的评价报告，为投资者提供了决策性文件。

4. 工程设计阶段

工程设计是根据批准的可行性研究报告和必要而准确的设计资料，对设计对象进行通盘研究，阐明拟建工程在技术上的可行性和经济上的合理性，规定项目的各项基本技术参数，编制项目的总概算。工程设计任务应择优选择有项目相应资格的设计单位承担，依照有关设计编制规定进行编制。

设计工作是分阶段进行的，一般分为两阶段进行，即初步设计和施工图设计。对于某些大型工程和重要的中型工程，一般要采用 3 个阶段设计，即初步设计、技术设计及施工图设计。

（1）初步设计。初步设计的任务在于进一步论证修建此项目的技术可行性和经济合理性，并解决工程建设中重要的技术和经济问题，它具有一定程度的规划性质，水利水电工程建设项目初步设计的主要内容包括：①工程的总体规划布置、工程规模（包括装机容量、水库的特征水位等）；②主要建筑物的布置，结构形式和尺寸及施工方法；③施工导流方案，施工总进度及施工总布置；④对外交通条件，施工动力及施工工地附属企业规划；⑤各种建设材料的用量，主要技术经济指标，建设工期，设计总概算等。

值得注意的是，设计中，水利水能经济、坝型选择、枢纽布置为一个独立的阶段，以确定正常高水位和坝型为主，以后即转为方案的水工、机电设计，施工组织设计和编制设计概算。

（2）技术设计。技术设计是初步设计的进一步深化，即按照初步设计所确定的设计原则、结构方案和控制尺寸，使设计更趋具体和完善。对一些具体问题，如水利水电工程中的建筑物的结构形式、尺寸、布置，水库运行，分期施工蓄水及施工度汛措施等，均应进行必要的补充设计。并根据修正方案编制最终方案的总概算。

（3）施工图设计。施工图设计是在上述阶段的基础上，根据建筑安装工作的需要，分期分批地制定出工程施工详图，提供给施工单位，据以施工。施工图纸一般包括：①施工总平面图；②建筑物的平面、立面、剖面图和结构详图；③设备安装详图；④各种材料、设备明细表；⑤施工说明书。最后根据施工图资料，提出施工图预算及预算书。

设计文件编好以后，必须按规定进行审查和批准。初步设计和总概算提交主管部门审批。施工详图设计因是设计方案的具体化，由设计单位负责，在交付施工时，须经建设单位代表人进行审查签字。

5. 施工准备阶段

当建设项目具有批准的设计文件和批准的年度建设计划后，即可进行如下施工准备工作：

（1）征地拆迁和场地平整，即搞好道路通、水通、电通、通信通的"四通"和平整场地。

（2）组织招标、选择施工单位、签订承发包合同。

（3）提出大型设备和特殊设备、材料采购计划，落实建筑用"三材"（水泥、钢筋、木材）、砂石料用量、施工机械、组织进货。

（4）场地测量，修建临时办公室、工作人员宿舍、仓库。

（5）准备必要的施工图纸。

（6）申请贷款，签订贷款协议合同等。

水利工程项目进行施工准备必须满足如下条件：初步设计已批准；项目法人已经建立；项目已列入国家或地方水利建设投资计划，筹资方案已确定；有关土地使用权已经批准；已办理报建手续。

6. 施工阶段

施工准备基本就绪后，应由建设单位提出开工报告，并经过批准才能开始施工。根据国家规定，大中型项目的开工报告由国家发展和改革委员会审批，小型项目由主管部门或地方审批。施工的过程就是把设计变为具有使用价值的建设实体，所以施工单位除了必须严格按照施工图纸施工外（如有经设计单位同意的修改变动，必须具有相应的变更令），还要严格履行合同，并做到与建设单位紧密合作，确保施工质量。并及时做好施工验收工作，完善原始记录，以备以后使用。

7. 生产准备阶段

为确保工程一旦竣工，即可投入生产，建设单位在加强施工管理的同时应开展如下的生产准备工作：

（1）招收和培训必要的生产人员。

（2）落实原材料、燃料、动力等生产协作条件。

（3）工器具、备品、备件等的订货或制造。

（4）组织生产管理机构，制定必要的管理制度和安全生产操作规程等。

生产准备是确保投资回收的重要环节。特别是对一些现代化大型项目而言，更显得尤为重要。

8. 竣工验收阶段

竣工验收是全面考核建设工作、检查工程是否合乎设计要求和质量好坏的重要环节，即投资成果转入生产或使用的标志。竣工验收对促进建设项目及时投产，发挥投资效果，总结建设经验，都有重要作用。国家对建设项目竣工验收的组织工作，一般按隶属关系和建设项目重要性而定。大中型项目部门所属的，由主管部门会同所在省市组织验收；各自治区、直辖市所属的，由地方组织验收。竣工验收可以是单项工程验收，也可以是全部工程验收。经验收合格的项目，写出工程验收报告，办理固定资产移交手续，交付生产使用。其条件是生产项目必须进行试运行，如水电站，要进行试运转，以检查、考核是否达到设计标准和施工验收中的质量要求。非生产性项目要符合设计要求，能正常使用。如工程质量不合格，要进行返工处理并进行相应的索赔。

9. 项目后评价阶段

后评价是工程交付生产运行后一段时间内，一般经过1～2年生产运行后，对项目的立项决策、设计、施工、竣工验收、生产运行等全过程进行系统评价的一种技术经济活动，是基本建设程序的最后一环。通过后评价达到肯定成绩、总结经验、研究问题、提高项目决策水平和投资效果的目的。评价的内容主要包括以下几个方面：

（1）影响评价。通过项目建成投入生产后对社会、经济、政治、技术和环境等方面所产生的影响来评价项目决策的正确性。如项目建成后未到决策时的目标，或背弃了决策目标，则应分析原因，找出问题，加以改进。

（2）经济效益评价。通过项目建成投产后所产生的实际效益的分析，来评价项目投资是否合理，经营管理是否得当，并与可行性研究阶段的评价结果进行比较，找出二者之间的差异及原因，提出改进措施。

（3）过程评价。前述两种评价是从项目投产后运行结果来分析评价的。过程评价则是从项目的立项决策、设计、施工、竣工投产等全过程进行系统分析。

上述 9 项内容反映了水利水电工程基本建设工作的全过程。电力系统中的水力发电工程与此基本相同，不同点是，将初步设计阶段与可行性研究阶段合并，称为可行性研究阶段，其设计深度与水利系统初步设计接近，增加"预可行性研究阶段"，其设计深度与水利系统的可行性研究接近。其他基本建设工程除没有流域（或区域）规划外，其他工作也大体相同。

基本建设过程大致上可以分为 3 个时期，即前期工作时期、工程实施时期、竣工投产时期。从国内外的基本建设经验来看，前期工作最重要，一般占整个过程的 50%～60% 的时间。前期工作搞好了，其后各阶段的工作就容易顺利完成。

同我国基本建设程序相比，国外通常也把工程建设的全过程分为 3 个时期，即投资前时期、投资时期、投资回收时期。内容主要包括投资机会研究、初步可行性研究、可行性研究、项目评估、基础设计、原则设计、详细设计、招标发包、施工、竣工投产、生产阶段、工程后评估、项目终止等步骤。国外非常重视前期工作，建设程序与我国现行程序大同小异。

# 第二节　水利建筑市场

## 一、市场的概念

市场是社会分工和商品经济发展的必然产物。由于社会分工不同，生产者分别从事不同产品的生产，并为满足自身及他人的需要而交换各自的产品。在人类社会早期，生产水平很低，能进行交换的产品极少，交换关系也十分简单，生产者的产品有剩余时，需要寻找一个适当的地点来进行交换，这样就逐渐形成了市场。因此，最初的市场主要是指商品交换的场所。在市场经济条件下，市场得到了空前的发展，它已成为社会资源的主要配置者和社会经济活动的主要调节者。美国市场营销协会认为"市场是指一种货物或劳务的潜在购买者的综合要求"。它是商品交换的场所，是商品交换关系的总和，同时它表现为对某种或某类商品的消费需求。

## 二、建筑产品的特点

建筑产品也是商品的一种，它具有跟其他商品一样的商品属性。建筑企业进行的施工活动也是商品生产活动。但与一般的工业生产相比，建筑产品具有以下特点。

### （一）建筑产品建设地点的不固定性

建筑产品都是在选定的地点上建造的，如水利水电工程一般都是在河流上或河流旁边，它不能像一般工业产品那样在工厂里重复地、批量地进行生产，工业产品的生产条件一般不受时间及气象条件的限制。由于建筑产品的施工地点不同，使对于用途、功能、规模、标准等基本相同的建筑产品，因其建设地点的地质、气象、水文条件等不同，其造型、材料选用、施工方案等都有很大的差异，从而影响着产品的造价。此外，不同地区工人的工资标准以及某些费用标准，例如，材料运输、冬雨季施工增加费等，都会由于建设地点的不同而不同，使建筑产品的造价有很大的差异。水利水电工程受水文、地质、气象因素的影响很大，形成价格的因素比较复杂。

**（二）建筑产品的单一性**

建筑产品一般各不相同，千差万别，特别是水利水电工程一般都随所在河流的特点而变化，每项工程都要根据工程的具体情况进行单独设计，在设计内容、规模、造型、结构和材料等各个方面都互不相同。同时，因为工程的性质（新建、改建、扩建或恢复等）不同，其设计要求不一样。即使工程的性质或设计标准相同，也会因建设地点的地质、水文条件不同，其设计也不尽相同。

**（三）建筑产品生产的露天性**

建筑产品的生产一般都是在露天进行，自然条件的变化，会引起产品设计的某些内容和施工方法的变化。水利工程还涉及施工期工程防汛，这些因素都会使建筑产品的造价发生相应的变化，使得各建筑产品的造价不相同。

建筑产品的上述特点，决定了它不可能像工业产品那样可以采用统一的价格，而是必须通过特殊的计划程序或基建程序，来逐个确定其价格。

## 三、建筑产品的价格特点

**（一）建筑产品的属性**

商品是用来交换、能满足他人需要的产品，它具有价值和使用价值两种属性。建筑产品也是商品，建筑企业进行的生产是商品生产。

（1）建筑企业生产的建筑产品是为了满足建设单位或使用单位需要的。由于建筑产品的建设地点的不固定性、建筑产品的单件性和生产的露天性，建筑企业（承包者）必须按使用者（发包者）的要求（设计）进行施工，建成后再移交给使用者。这实际上是一种"加工定做"的方式，先有买主，再进行生产和交换。因此，建筑产品是一种特殊的商品，它有着特殊的交换关系。

（2）建筑产品也有使用价值和价值。建筑产品的使用价值表现在它能满足用户的需要，这是由它的自然属性决定的。在市场经济条件下，建筑产品的使用价值是它的价值的物质承担者。建筑产品的价值是指它凝结了物化劳动和活劳动成果，是物化了的人类劳动。正因为它具有价值，才使得建筑产品可以进行交换，在交换中体现了价值量，并以货币形式表现为价格。

**（二）建筑产品的价格特点**

建筑产品作为商品，其价格与所有商品一样，是价值的货币表现，是由成本、税金和利润组成的。但是，建筑产品又是特殊的商品，其价格有其自身的特点，其定价要解决两方面的问题：①如何正确反映成本；②盈利如何反映到价格中去。

承包商的基本活动，是组织并建造建筑产品，其投资及施工过程，也就是资金的消费过程。因此，建造工程过程中耗费的物化劳动（表现为耗费的劳动对象和劳动工具的价值）和活劳动（体现为以工资的形式支付给劳动者的报酬），就构成了工程的价值。在工程价值中物化劳动消耗及活劳动消耗中的物化劳动部分就是建筑产品的必要消耗，用货币形式表示，就构成建筑产品的成本。所以，工程成本按其经济实质来说，就是用货币形式反映的已消耗的生产资料价值和劳动者为自己所创造的价值。

事实上，在实际工作中，工程成本或许也包括一些非生产性消耗，即包括由于企业经营管理不善所造成的支出、企业支付的流动资金贷款利息和职工福利基金等。

由此可见，实际工作中的工程成本，就是承包商在投资及工程建设的过程中为完成一定数量的建筑工程和设备安装工程所发生的全部费用。需要指出的是，成本是部门的社会平均成本，而不是个别成本，应准确地反映生产过程中物化劳动和活劳动消耗，不能把由于管理不善而造成的损失都计入成本。

关于盈利问题有多种计算类型：①按预算成本乘以规定的利润率计算；②按法定利润和全部资金比例关系确定；③按利润与劳动者工资之间的比例关系确定；④利润一部分以生产资金为基础，另一部分以工资为基础，按比例计算。

建筑产品的价格主要有以下两个方面的特点：①建筑产品不能像工业产品那样有统一的价格，一般都需要通过逐个编制概预算进行估价，建筑产品的价格是一次性的；②建筑产品的价格具有地区差异性，建筑产品坐落的地区不同，特别是水利水电工程所在的河流和河段不同，其建造的复杂程度也不同，这样所需的人工、材料和机械的价格就不同，最终决定建筑产品的价格具有多样性。

从形式上看，建筑产品价格是不分段的整体价格，在产品之间没有可比性。实际上，它是由许多共性的分项价格组成的个性价格。建筑产品的价格竞争也正是以共性的分项价格为基础进行的。

# 第三节　水利工程造价管理

## 一、工程造价

### （一）工程造价的含义

工程造价即工程的建造价格，它具有两层含义。

第一层含义：工程造价指建设项目的建设成本。这一含义是从投资者业主的角度来定义的。投资者在投资活动中所支付的全部费用形成了固定资产和无形资产，所有这些开支就构成了工程造价。工程造价就是工程投资费用，建设项目工程造价与建设项目投资中的固定资产投资相等。也就是建设项目所需费用的总和，包括建筑工程费、安装工程费、设备费，以及其他相关的必需费用。

第二种含义：工程造价是指建筑产品价格，即工程价格。也就是为建成一项工程，预计或实际在土地、设备技术劳务市场以及承发包等交易活动中所形成的建筑安装工程价格和建设工程总价格。显然，工程价格是以商品形式作为交易对象，在多次预估的基础上，通过招标投标、承发包或其他交易方式，最终由市场形成价格。在这里，工程的范围及内涵可以是一个涵盖范围很大的建设项目，也可以是一个单项工程，甚至可以是整个建设工程中的某个分阶段。

通常把工程价格作一个狭义的理解，即认为工程价格指的是工程承发包价格。工程承发包价格是工程价格中的一种最重要、最典型的价格形式。它是在建筑市场通过招标投标，由需求主体（投资者）和供给主体（建筑商）共同认可的价格。工程承发包交易活动形成的建筑安装工程价格在水利工程项目形成的固定资产中占有50%~60%的份额，也是工程建设中最活跃的部分；同时，建筑企业是建设工程的实施者并占有重要的市场主体地位。

工程造价的两层含义，即建设成本和工程承发包价格，其间既存在区别，又相互联系。

1. 两者之间的主要区别

建设成本的边界涵盖建设项目的费用，工程价格的范围却只包括建设项目的局部费用，如承发包工程部分的费用。在总体数额及内容组成上，建设成本总是大于工程承发包价格的。这种区别即使对"交钥匙"工程也是存在的，比如业主本身对项目的管理费、咨询费、建设项目的贷款利息等不可能纳入工程承发包范围。

（1）建设成本是对应业主而言的。在确保建设要求、质量的基础上，为谋求以较低的投入获得较高的产出，建设成本总是越低越好。工程价格如工程承发包价格是对应于发包方、承包方双方而言的。工程承发包价格形成于发包方与承包方的承发包关系中，亦即合同下的买卖关系中。双方的利益是矛盾的，在具体工程上，双方都在通过市场谋求有利于自身的承发包价格，并保证价格的兑现和风险的补偿，因此双方都需要对具体工程项目进行管理，这种管理显然属于价格管理范畴。

（2）建设成本中不含业主的利润和税金，它形成了投资者的固定资产，工程价格中含有承包方的利润与税金。

2. 两者之间的主要联系

（1）工程价格以"价格"形式进入建设成本，是建设成本的重要组成部分。

（2）实际的建设成本（决算）反映实际的工程承发包价格（结算）。预测的建设成本则要反映市场正常行情下的工程价格。也就是说，在预测建设成本时，要反映建筑市场的正常情况，反映社会必要劳动时间，亦即通常所说的标准价、指导价。

（3）建设项目中承发包工程的建设成本等于承发包价格。目前承发包一般限于建筑安装工程，在这种情况下，建筑或安装工程的建设成本也就等于建筑或安装工程承发包价格。

（4）建设成本的管理要服从工程价格的市场管理，工程价格的市场管理要适当顾及建设成本的承受能力。

无论工程造价的哪种含义，它强调的都只是工程建设所消耗资金的数量标准。

**（二）工程造价的职能**

工程造价除具有一般商品的价格职能外，还具有特殊的职能。

1. 预测职能

由于工程造价的大额性和动态性。无论是投资者或者是承包商，都要对拟建工程进行预先测算。投资者预先测算工程造价，不仅作为项目决策依据，同时也是筹集资金、控制造价的需要。承包商对工程造价的测算，既为投标决策提供依据，也为投标报价和成本管理提供依据。

2. 控制职能

工程造价的控制职能表现在两个方面：①对投资的控制，即在投资的各个阶段，根据对造价的多次性预估，对造价进行全过程多层次的控制；②对以承包商为代表的商品和劳务供应企业的成本控制。在价格一定的条件下，企业实际成本开支决定企业的盈利水平。成本越高盈利越低，成本高于价格就危及企业的生存。所以要根据工程造价来控制成本。

3. 评价职能

工程造价是评价总投资和分项投资合理性和投资效益的主要依据之一。在评价土地价格、建筑安装工程产品和设备价格的合理性时，就必须利用工程造价资料；在评价建设项目偿贷能力、获利能力和宏观效益时，也可依据工程造价。工程造价也是评价建筑安装企业管理水平和经营成果的重要依据。

4. 调控职能

工程建设直接关系到经济增长，也直接关系到资源分配和资金流向，对国计民生产生重大影响。所以国家对建设规模、结构进行宏观调控是在任何条件下都不可或缺的，对政府投资项目进行直接调控和管理也是非常必要的。这些都要工程造价作为经济杠杆，对工程建设中的物质消耗水平、建设规模、投资方向等进行调控和管理。

值得的注意的是工程造价职能实现的条件，最主要的是市场竞争机制的形成。

## 二、工程造价管理

工程造价管理是指在工程建设的全过程中，全方位、多层次地运用技术、经济与法律等管理手段，解决工程建设项目的造价预测、控制、监督、分析等实际问题，其目的是以尽可能少的人力、物力和财力获取最大的投资效益。1997年，国际全面造价管理促进协会在其官方网站上，对工程造价管理的最新定义是：造价工程或造价管理，其领域包括应用从事造价工程实践所获得的工程经验与判断和通过学习掌握的科学原理与技术，去解决有关工程造价预算、造价控制、运营计划与管理、盈利分析、项目管理以及项目计划与进度安排等方面的问题。工程造价管理可分为宏观造价管理和微观造价管理。

### （一）工程的宏观造价管理

工程的宏观造价管理是指国家利用法律、经济、行政等手段对建设项目的建设成本和工程承发包价格进行的管理，利用市场机制引导企业适应经济发展和满足市场需求的正确决策，如图1-1所示。

国家从国民经济的整体利益和需要出发，通过利率、税收、汇率、价格等政策和强制性的标准、法规等左右、影响着建设成本的高低走向，通过这些政策引导和监督，达到对建设项目建设成本的宏观造价管理。

国家以承发包价格的宏观造价管理，主要是规范市场行为和对市场定价的管理。国家通过行政、法律等手段对市场经济进行引导和监控，以保证市场有序竞争，避免各种类型

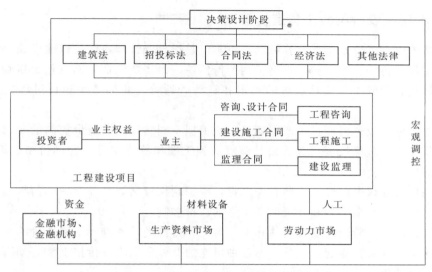

图 1-1 国家对工程造价的宏观调控

的不正当竞争行为（包括不合理涨价、压价在内）的发生、发展。加强对市场定价的管理维护承发包各方的正当权益。

国家的指导和宏观调控作用主要表现为以下几个方面：

对于国家投资的过程，政府要监督国有资产的运行效益，保证国有资产保值、增值。

政府的主管部门根据国家经济发展战略和规划，制定出相关的行业政策、法规，指导建设项目向社会和市场需要的方向发展。政府主管部门通过信息网络向业主和中介机构提供市场信息和政府的指导方针。

政府通过制定财政、税收和金融货币政策，调节资金市场和生产资料市场，从而由市场的价格机制来引导企业参与市场竞争，这就是间接调控。

**（二）工程的微观造价管理**

工程的微观造价管理是指业主对某一建设项目的建设成本的管理和承发包双方对工程承发包价格的管理。

谋求以较低的投入，获取较高的产出，降低建设成本是业主追求的目标。建设成本的微观造价管理是指业主对建设成本实行从前期开始的全过程控制和管理，即工程造价预控、预测和工程实施阶段的工程造价控制、管理以及工程实际造价的计算。

工程承发包价格是发包方与承包方通过承发包合同确定的价格，它是承发包合同的重要组成部分。发、承包方为了维护各自的利益，保证价格的兑现和风险的补偿，双方都要对工程承发包价格，如工程价款的支付、结算、变更、索赔、奖惩等，做出明确的规定。这就是工程承发包价格的微观管理。

对承包商来说，其根本目标在于最大限度的实现利润。这就使得承包商在施工过程中努力降低成本，扩大利润。降低成本既要控制人工费、材料费、机械费、周转材料费等以减少开支，又要认真会审图纸、加强合同预算管理、制定先进的施工组织计划以增加工程收入，必要时进行索赔。这就是承包商对工程造价的微观管理。

### 三、不同建设阶段的工程造价管理

工程造价管理不仅是指概预算编制，也不仅是指投资管理，而是指建设项目从可行性研究阶段工程造价的预测开始，直至工程造价预控、经济性论证、承发包价格确定、建设期间资金运用管理到工程实际造价的确定和经济后评价为止的整个建设过程的工程造价管理。

由于工程分阶段进行而且生产周期长，应根据不同建设阶段造价控制的要求编制不同深度的造价文件，包括投资估算、设计概算、施工图预算、招投标合同价格、竣工结算、竣工决算等。

（1）在项目建议书阶段，按照有关规定，应编制投资估算。经有关部门批准，作为拟建项目列入国家中长期计划和开展前期工作的造价控制。

（2）可行性研究阶段编制投资估算书，对工程造价进行预测。工程造价的全过程管理要从估算这个"龙头"抓起，充分考虑各种可能的意外和风险及价格上涨等动态因素，打足投资，不留缺口，适当留有余地。

（3）初步设计阶段编制概算，对工程造价作进一步的测算。初步设计阶段对建筑物的布置、结构形式、主要尺寸及设备选型等重大问题都已明确，可行性研究阶段遗留的不确定因素已基本不存在，所以概算对工程造价不是一般的预测，而是具有定位性质的测算。

（4）技术设计阶段和施工图设计阶段，设计单位应分别编制修正概算和施工图预算，要对工程造价作更进一步的计算。

（5）标底或招标控制价（拦标价，以下简称标底）必须控制在业主预算范围以内。对于投标单位则要对投标项目按招标文件给定的条件，在对工程风险及竞争形势分析的基础上做出报价。

（6）工程实施阶段的工程造价管理，包括两个层次的内容：①业主与其代理机构（建设管理单位）之间的投资管理；②建设单位与施工承包单位之间的合同管理。第一个层次的主要内容有编制业主预算、资金的统筹与运作、投资的调整与结算。第二个层次的主要内容有工程价款的支付、调整、结算以及变更和索赔的处理等。

（7）建设项目全部工程完工后，建设单位应编制竣工决算，以反映从工程筹建到竣工验收实际发生的全部建设费用的投资额度和投资效果。

## 思 考 题

1. 基本建设的概念是什么？
2. 基本建设项目是如何划分的？
3. 建筑产品与一般产品相比有哪些特点？
4. 简述工程造价的含义，其职能有哪些？

# 第二章 水利工程概预算概述

工程概预算泛指在工程建设实施以前对所需资金做出的预估。基本建设工程概预算所确定的投资额，实际上是相应工程的计划价格。这种计划价格在实际工作中通常称为概预算造价和预算造价，它是国家对于基本建设实行宏观控制、科学管理和有效监督的重要手段之一，对于提高企业的经营管理水平和经济效益、节约国家建设资金具有重要的意义。

工程的不同建设阶段所编制的工程概预算都有其特定名称。根据我国现行基本建设程序的规定，在可行性研究和设计任务书阶段，应编制投资估算；在初步设计和技术设计阶段，应编制工程总概算和修正工程概算；在施工图设计阶段，应编制施工图概算；在工程实施阶段，施工单位尚需编制施工预算。实行招标承包制进行工程建设时，发包单位编制（或委托设计单位编制）的工程预算表现为标底；而承包单位编制的工程预算则表现为投标报价。

## 第一节 我国预算的发展历程

### 一、中国历史上预算制度的发展历程

中国是一个文明古国，财政产生较早。许多研究者认为中国预算制度产生于氏族公社时期，作为财政收支计划的预算在当时已经出现。从历史上看，我国的预算制度经历了从无到有、由简单到复杂、不完善到完善的发展过程。

**（一）周代——式法制财、收支对口**

周代采用式法制财，通过制度控制政府财用。周代对民众实行社会分工，《周礼》记载"以九赋敛财贿""以九式均节财用"做到 9 种财政收入和 9 种财政支出相对应。除九赋与九式收支对口以外，其他方面也专款专用。

**（二）汉代——公私划分、加强考察**

汉代的预算制度有很多改进，主要表现在 3 个方面：

（1）国家财政和皇室财政分开管理，各有收支。属于国家财政的收入有田赋、算赋、更赋，盐铁专卖收入，公田、屯田收入，运输、商车收入，牲畜税、贯贷税和铸币收入等。

（2）实行的上计制度是财政预算与官吏考核相结合的制度。

（3）国家预算实行"量吏禄、度官用、以赋于民"的原则，即以支定收。

西汉初的统治者鉴于秦代横征暴敛引起农民起义的历史教训，实行与民休息、轻徭薄赋的政策。汉代的田赋较轻，人头税较重。

### （三）唐代——复式预算、简化手续

唐初预算一年一造。预算自上而下，层层编制，户部编制总预算。唐代的预算制度较为健全。杨炎实行两税法时，提出实行"量出以制入"，陆贽则主张"录入为出"。唐宪宗元和年间，宰相李吉甫撰写了《元和国计簿》，记载了当时的预算收支状况，并对全国各地户口和赋税收入情况作了比较详尽的统计和概要分析。

### （四）元代——制国用司、重视监督

元代设立制国用司，负责计算国家收支之数，月终呈上审核。至元八年（1271 年），设置计吏，掌管会计、预算和决算。元代实行包税制与税课法。比较重视财政收支的监督，财政监督由御史台负责。

### （五）明代——财政监督制度完备

明代，中央的户部总掌全国户口、田赋之政策法令以及国库监理。地方财政由布政使负总责，由知府总管包括财赋在内的一府之政。明代比较重视统计、预算、会计、审计等基础工作。明嘉靖二十八年（1549 年）诏令，将一年出纳钱谷，修成会计录，并分为四目，即岁征、岁收、岁支、岁储。布、按二司并直隶府、州，将就库金银钱钞等项开具数目，按期造报，中央不定期派员分赴各地清查。

### （六）清代——正式称编制"预算"

清代，中央高度集权，地方财政收支必须按户部规定或得到户部允许。清代统计、会计制度进一步发展，并已着手建立一套完整的财务奏销审计制度。清代后期，引进了带有近代意义的财政管理机制。从清朝末年的史实来看，清光绪三十四年（1908 年），清政府颁布《清理财政章程》，宣统二年（1910 年）起，由清理财政局主持编制预算工作，这是我国 2000 多年来封建王朝第一次编制国家预算，即中国封建王朝第一次将编制国家年度财政收支计划称为编制"预算"。

### （七）民国时期——预算实行划分收支、超然主计

民国初期的财政管理是在按照清政府旧有财政制度的基础上修改增订而成。民国二年（1913 年），北京市根据规定，按照统一预算册式编制地方预算书，民国十六年（1927 年）至民国二十六年（1937 年），按照统一要求，编制历年的各项预算和决算。从 1928 年开始，南京政府实行了中央、省、县三级财政管理体制。民国二十六年（1937 年），日本侵华战争爆发，国民经济全面崩溃，各项财政管理制度废弛。1941 年为适应抗日战争的需要，实行国家与地方自治两级财政，省级财政并入中央。抗日战争胜利后，国民党政府发动全面内战，军费支出浩大，通货膨胀，增税加捐不断，预算管理无法执行。

## 二、新中国预算制度的发展历程

### （一）概预算管理制度建立时期（1949—1957 年）

新中国成立初期，全国面临着大规模的恢复重建工作。第一个五年计划时期，国家为了基本建设管理、合理使用建设资金、提高投资效果，在总结三年恢复建设经验的基础上，引进苏联管理制度，设立概预算管理部门，并颁布了一系列文件，建立和实施了适应计划经济体制的概预算制度，同时对概预算的编制原则、内容、方法和审批、修正办法、程序等做出了明确规定。

**（二）概预算管理制度削弱时期（1958—1976 年）**

1958 年"大跃进"期间，由于受极"左"思想干扰，只讲政治，不讲经济，造成"设计无概算，施工无预算，竣工无决算"，投资失控的严重局面。施工企业的计划利润被废除，建设单位和承包单位不分，工程竣工后，实报实销。1966—1976 年，概预算制度被完全否定，概预算在工程建设中根本不起作用，国家投资严重失控，专业人员改行，大量资料流失。

**（三）概预算管理制度恢复重建时期（1977—1991 年）**

"文化大革命"之后，随着经济体制的改革，投资制度也进行了一系列改革。从 1977 年开始，国家有关部门着手整顿、健全概预算制度，组织概预算定额的编制和修订工作。1978 年国家计划委员会、国家基本建设委员会、财政部颁发了《关于加强基本建设概、预、决算管理工作的几项规定》，要求认真执行设计有概算、施工有预算、竣工有决算的"三算"制度。同时，各专业主管部门，各省、自治区、直辖市还结合实际情况，对加强"三算"工作做了具体补充规定。1982 年国家计划委员会颁发了《关于加强基本建设经济定额、标准、规范等基础工作的通知》，1983 年国家计划委员会和中国人民银行总行联合颁发了《关于改进工程建设概预算工作的若干规定》等文件。到 1983 年，全国制定和修订的工程建设概预算定额已达 142 种。1990 年，中国建设工程造价管理协会成立，从而推动了工程预算的改革和发展。

**（四）概预算管理制度改革与发展时期（1992 年至今）**

在改革开放的进程中，我国在建设管理体制上进行了重大改革。工程建设中全面推行项目法人责任制、招标投标制、建设监理制和合同管理制。自 20 世纪 80 年代开始，我国一些利用外资建设的工程项目中，按照国际惯例实行国际公开招标，运用国际通用 FIDIC 条件进行工程建设管理，相应地，工程造价管理体制也进行了改革。1992 年，随着工程计价依据改革的不断深化，为了适应国际、国内建设市场改革的要求，住房和城乡建设部提出了"控制量、指导价、竞争费"的改革措施，在我国实行市场经济初期起到了积极作用。住房和城乡建设部从 2000 年开始先后在广东、吉林、天津等地率先实施工程量清单计价，经过 3 年的试点实践后，于 2003 年 2 月发布《建设工程工程量清单计价规范》（GB 50500—2003），并于 2003 年 7 月 1 日起在全国范围内实施。2005 年 8 月，中国水利工程协会成立，标志着我国水利行业的改革与发展开始向政府监管、市场调节、行业自律的新阶段迈进。2007 年 7 月 1 日由水利部主编的《水利工程工程量清单计价规范》（GB 50501—2007）开始实施。它的实施是工程量计价由定额模式向工程量清单模式的过渡，是国家在工程量清单计价模式上的一次革命，是我国深化工程造价管理的重要措施。

# 第二节　工程概预算的概念及作用

## 一、基本概念

工程概预算泛指在工程建设实施以前对所需资金做出的预估。它是国家对基本建设实行宏观控制、科学管理和有效监督的重要手段之一，对于提高企业的经营管理水平和经济效益，节约国家建设资金具有重要的意义。

## 二、工程造价的种类及作用

投资估算、设计概算、调整概算、修正概算、业主预算、标底与报价、施工图预算、施工预算、竣工结算、竣工决算等都属于工程造价的性质，但编制的目的、依据和作用却有区别。

### （一）投资估算

投资估算为水利水电工程项目的兴建与决策提供了可靠的技术经济参考指标，同时它也是水利水电建设项目可行性研究报告的重要组成部分，是国家或主管部门确定基本建设投资计划的重要文件。设计任务书一经批准，其投资估算就是工程造价的最高限额。由此可见，估算的精确程度直接关系到对项目决策的正确性。投资估算是工程造价全过程管理的"龙头"，抓好这个"龙头"对工程投资控制具有十分重要意义。因此，概预算专业人员在编制投资估算时，必须深入调查研究，充分收集和掌握第一手资料，按国家现行的有关规定选定定额标准和项目划分。通过分析比较，合理选取单价指标，以确保投资估算的准确性。

### （二）设计概算

设计概算是指在初步设计阶段，设计单位为确定拟建基本建设项目所需的投资额或费用而编制的一种文件。它是设计文件重要的、不可分割的组成部分。一般地讲，经批准的初步设计总概算有以下几个方面的作用：

（1）国家控制基建项目投资、编制年度基本建设计划的依据。

（2）国家主管部门与建设单位签订投资包干协议的依据。

（3）招标工程编制执行概算和标底的依据。

（4）建设银行接受办理工程项目拨款或贷款的依据。

（5）考核工程建设成本、鉴别设计方案经济合理性的依据。

（6）是控制施工图预算的标准。即施工图预算造价应控制在设计概算范围之内，不得随意突破。

对于某些大型工程或特殊工程，如果出现建设规模、结构选型、设备类型和数量等内容与初步设计相比有较大变化时，还要对初步设计概算进行修正，即编制修正设计概算，作为技术文件的补充组成部分。

### （三）调整概算

工程开工时间与设计概算所采用的价格水平不在同一年份时，按规定由设计单位根据开工年的价格水平和有关政策重新编制设计概算，这时编制的概算一般称为调整概算。调整概算仅仅是在价格水平和有关政策方面的调整，工程规模及工程量与初步设计均保持不变。

### （四）修正概算

对于某些大型工程或特殊工程采用三阶段设计时，在技术设计阶段随着设计内容的深化，可能出现建设规模、结构造型、设备类型和数量等内容与初步设计相比有所变化的情况，设计单位应对投资额进行具体核算。对初步设计总概算进行修改，即编制修正概算，作为技术文件的组成部分。修正概算是在量（指工程规模或设计标准）和价（指价格水平）都有变化的情况下，对设计概算的修改。

**（五）业主预算**

业主预算又称执行概算，业主预算是在已经批准初步设计概算基础上，对已经确定实行投资包干或招标承包制的大中型水利水电工程建设项目，根据工程管理与投资的分配权限，按照管理单位及分标项目的划分，对概算投资实行切块分配，以便于对工程投资进行管理与控制，并作为项目投资主管部门与建设单位签订工程总承包（或投资包干）合同的主要依据。其主要目的是有针对性地计算建设项目各部分的投资，对临时工程费与其他费用进行摊销，以利于设计概算和承包单位的投标报价作同口径比较，便于对投资进行管理控制。业主预算的价格水平与设计概算的人、材、机等基础价格水平应保持一致，以便与设计概算进行对比。

**（六）标底与报价**

标底是招标工程的预期价格，它主要是以招标文件、图纸为依据，按有关规定，结合工程的具体情况，计算出的合理工程价格。它是由业主委托具有相应资质的设计单位或咨询单位编制完成的，包括发包造价、与造价相适应的质量保证措施和主要施工方案以及为了缩短工期所需的措施费等。其中主要是合理的发包造价，应在编制完成后报招标投标管理部门审定。标底的主要作用是招标单位在一定浮动范围内合理控制工程造价、明确自己在发包工程上应承担的财务义务。标底也是投资单位考核发包工程造价的主要尺度。

投标报价即报价，是施工企业（或厂家）对建筑工程施工产品（或机电、金属结构设备）的自主定价。它反映的是市场价格，体现了企业的经营管理、技术和装备水平。中标的报价是基本建设产品的成交价格。

**（七）施工图预算**

施工图预算是指在施工图设计阶段对工程造价的具体计算，它以分部分项工程为基础，根据施工图纸、施工组织设计、国家颁布的预算定额和工程量计算规则、地区材料预算价格、施工管理费标准、企业利润和税金等，计算每项工程所需人力、物力和投资额的文件。它是决定工程造价、实行招标和签订承包合同的重要基础。

施工图预算一般统称土建工程预算。它是确定建筑安装工程预算造价的具体文件，是工程业主与施工单位签订合同、银行拨款结算工程费用的依据，也是施工单位编制施工计划、加强经济核算的依据，是以货币形式表示的关于（扩大）单位或（单项）工程投资额的技术经济文件。

**（八）施工预算**

施工预算是施工单位为向所属的队、班组下达任务或筹备材料、安排劳力等而编制的一种预算。它是在施工图预算的控制下，套用施工定额编制而成的，作为施工单位内部各部门进行备工备料、安排计划、签发任务、内部经济核算的依据和控制各项成本支出的基准。

**（九）竣工结算**

竣工结算是施工单位与建设单位对承建工程项目的最终结算（施工过程中的结算属于中间结算）。

**（十）竣工决算**

竣工决算是指建设项目全部完工后，在工程竣工验收阶段，由建设单位编制的从项目筹建到建成投产全部费用的技术经济文件。竣工决算是整个建设过程的最终价格，是正确核定新增固定资产的价值，考核计划和概预算的执行情况，分析投资效益的文件。竣工决算是竣工验收报告的重要组成部分，是建设投资管理的重要环节，是工程竣工验收、交付使用的重要依据，也是进行建设项目财务总结，银行对其实行监督的必要手段。

### 三、概预算的特点

工程概预算是某一特定时期工程建设技术水平和管理水平的反映。工程概预算是进行工程建设经济分析的基本依据，经过审查批准的工程概预算是确定基本建设工程计划价格的技术经济文件，是具有法律效力的。由于水利水电工程建设受自然条件的制约性较强，为了使工程概预算尽可能地反映工程建设实际需要的投资情况，在编制工程概预算时，必须了解和掌握它的特点，即科学性与客观性、政策性与严肃性共存。前者要求从事概预算编制的人员，除了要熟悉水利水电基本建设工程的技术经济特点外，还必须了解设计过程和施工技术，掌握编制方法。特别是要有实事求是的工作作风，及时注意客观条件和自然环境的变化，在具有一定的设计、施工和工程经济专业知识的基础上，注意把握建设项目设计和建设地点的技术经济、市场信息，才能编制出高质量的工程概预算。而对于后者，则要求从事工程概预算的人员必须具有良好的政治素质和职业道德。编制概预算时不能任意抬高或压低工程造价，一定要正确选用现行定额、标准、费率及价格。总而言之，工程概预算编制要严格执行国家颁发的各项政策、法令规定和制度，它是一项政策性很强的工作。

基本建设程序与各阶段的工程造价之间的关系如图2-1所示。从图2-1中可以看出，建设项目估算、概算、预算及决算，从确定建设项目，确定和控制基本建设投资，进行基本建设经济管理和施工企业经济核算，到最后核定项目的固定资产，它们以价值形态贯穿于整个基本建设过程中。其中设计概算、施工图预算和竣工决算，通常简称为基本建设的"三算"，它是施工企业内部进行管理的依据。

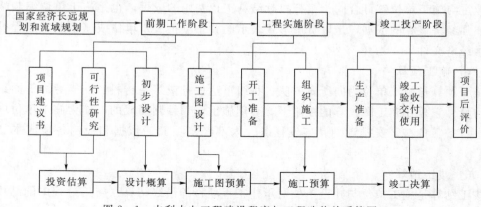

图2-1　水利水电工程建设程序与工程造价关系简图

**（一）竣工结算与竣工决算**

竣工结算与竣工决算是完全不同的两个概念，主要区别在于：①范围不同，竣工结算的范围只是承建工程项目，是基本建设的局部，而竣工决算的范围是基本建设的整体；②成本不同，竣工结算只是承包合同范围内的预算成本，而竣工结算是完整的预算成本，它还要计入工程建设的其他费用、临时费用、建设期融资利息等工程成本和费用。由此可见，竣工结算是竣工决算的基础，只有办理办竣工结算才有条件编制竣工决算。

**（二）设计概算与施工图预算**

建设项目概预算中的设计概算和施工图预算，在编制年度基本建设计划、确定工程造价、评价设计方案、签订工程合同，建设银行据以进行拨款、贷款和竣工结算等方面有着共同的作用，都是业主对基本建设进行科学管理和监督的有效手段，在编制方法上也有相似之处。但由于二者的编制时间、依据和要求不同，他们还是有区别的。设计概算与施工图预算的区别有以下几点：

（1）编制费用内容不完全相同。设计概算包括建设项目从筹建开始至全部项目竣工和交付使用前的全部建设费用。施工图预算一般包括建筑工程、设备及安装工程、施工临时工程等。建设项目的设计概算除包括施工图预算的内容外，还应包括独立费用以及移民和环境部分的费用。

（2）编制阶段不同。建设项目设计概算的编制，是在初步设计阶段进行的，由设计单位编制。施工图预算是在施工图设计完成后，由设计单位编制的。

（3）审批过程及其作用不同。设计概算是初步设计文件的组成部分，由有关主管部门审批，作为建设项目立项和正式列入年度基本建设计划的依据。只有在初步设计图纸和设计概算经审批同意后，施工图设计才能开始，因此它是控制施工图设计和预算总额的依据。施工图预算是先报建设单位初审，然后再送交建设银行经办行审查认定，就可作为拨付工程价款和竣工结算的依据。

（4）概预算的分项大小和采用的定额不同。设计概算分项和采用定额，具有较强的综合性。设计概算采用概算定额，施工图预算用的是预算定额，预算定额是概算定额的基础。另外，设计概算和施工图预算采用的分级项目不一样，设计概算一般采用3级项目，施工图预算一般采用比三级项目更细的项目。

# 第三节　水利工程概预算的编制程序与方法

## 一、工程概预算的编制依据

工程概预算是一门技术与经济、政策与法规联系紧密的科学。编制的主要依据如下：

（1）国家和上级主管部门颁发的有关法令、制度、规定。

（2）设计文件和图纸。编制概算以初步设计为依据，编制施工图预算以施工图设计为依据。

（3）水利水电基本建设工程设计概算编制规定和编制细则。

（4）现行定额与费用标准。编制概算和预算分别采用相应的概算或预算定额。费用标准以现行的有关部门颁发的水利水电工程设计概（估）算费用构成与计算标准为准。

（5）国家或各部委、省、自治区、直辖市颁发的设备、材料的出厂价格，有关合同协议等。

## 二、工程概预算的编制方法

水利水电工程建设项目的特点决定了其概预算的编制方法与一般建筑工程的概预算编制方法有所不同。

水利水电基本建设工程概预算编制的基本方法是单位估价法。其计算方法是：根据概预算编制阶段的设计深度，将整个建设项目按项目划分规定系统地逐级划分为若干个简单的便于计算的基本构成项目。这些项目应当与所采用定额的项目一致，能以适当的计量单位计算工程量和按定额计算人工费、材料费和机械使用费的单位价格。在此基础上再按规定费率计入产品成本的其他有关费用，其总和即构成项目的工程单价。用工程量乘以单价即可以求得各基本构成项目的合价，逐级汇总，再加上设备购置费，便可以计算出建筑安装工程的概预算价格。

对整个建设项目来说，在编制概算阶段，除建筑安装工程概算价格以外，还需要按照国家规定计算出与工程建设有关而又不宜列入建筑安装工程价格的各项费用（称为独立费用）和必要的预备费用。

## 三、工程概预算的编制程序及具体内容

### （一）了解工程概况

从事各阶段概预算编制工作的人员要熟悉上一阶段的设计文件和本阶段的设计工作，从而了解工程规模、地形地质、枢纽布置、机组机型、主要水工建筑物的结构形式和技术数据、施工场地布置、对外交通方式、施工导流、施工进度及主体工程施工方法等。

### （二）调查研究、收集资料

（1）深入现场，实地勘察，了解枢纽工程和施工场地的布置情况、现场地形、砂砾料与天然建筑材料场的开采运输条件、场内外交通运输条件和运输方式等情况。

（2）到上级主管部门和工程所在地省、自治区、直辖市的劳资、计划、物资供应、交通运输和供电等有关部门及施工单位和设备制造厂家，搜集编制概预算的各项基础资料及有关规定，如人工工资及工资性津贴标准、材料设备价格、主要材料来源地、运输方法与运杂费计费标准和供电价格等。

（3）新技术、新工艺、新定额资料的收集与分析，为编制补充施工机械台时费和补充定额搜集必要的资料。

### （三）基础单价的编制

基础单价是编制工程单价时计算人工费、材料费和机械使用费所必需的最基本的价格资料，是编制工程概预算的最重要的基础数据，必须按实际资料和有关规定认真、慎重的计算确定。水利水电工程概预算基础单价有人工、材料预算单价，施工用风、水、电预算价格，施工机械使用费、砂石料单价及混凝土材料单价。

#### （四）主要工程单价的编制

1. 投资估算

投资估算是水利水电建设项目可行性研究报告的重要组成部分，是国家选定水利水电建设项目和批准进行初步设计的重要依据，其估算的准确程度直接影响着对项目的决策和决策的正确性。为了适应投资估算阶段的深度，要求做到估算总投资与初步设计概算总投资的出入不超过10％。

具体编制时，要求编制主体建筑工程、导流工程和主要设备安装工程的单价，对其他建筑工程、交通工程、设备安装工程及临时工程则应根据有关规定确定指标或费率。

2. 设计概算

设计概算是初步设计文件中的重要组成部分，它的内容包括了一个建设项目从筹建到竣工验收过程中发生的全部费用。工程中要求根据初步设计图纸、概算定额及有关规定编制如下的工程单价：

（1）主要建筑工程中除细部结构以外的所有项目。

（2）交通工程中的主要工程。

（3）设备安装工程。

（4）临时工程中的施工导流工程和施工交通工程中影响投资较大的项目。

经批准的初步设计总概算在项目建设中起着重要的组织和控制作用，它是建设项目全部费用的最高限额文件。在概算阶段，设计概算一般按《水利水电基本建设工程项目划分》规定划分至三级项目，依此计算工程单价。

3. 施工图预算

施工图预算的内容包括建筑工程费用和设备安装工程费用两部分，它是确定建筑产品预算价格的文件。具体编制时要求根据施工图、施工组织设计和预算定额及费用标准，以单位工程或扩大单位工程为对象，按分部分项的四级至五级项目编制建筑安装工程的单价。

#### （五）计算工程量

工程量的计算在工程概预算编制中占有相当重要的地位，其精度直接影响到概预算质量的高低，计算时必须按施工图纸和《水利水电工程设计工程量计算规定》进行操作，并列出相应项目的清单。为了防止漏项少算或高估冒算，必须建立和健全检查复核制度，以确保工程量计算的准确性。

#### （六）编制各种概预算表

投资估算要编制工程投资估算表和分年度投资估算表，最后汇总为工程投资总估算表。设计概算要分别编制建筑工程、机电设备及安装工程、金属结构设备及安装工程、临时工程及独立费用概算表，在此基础上编制工程部分总概算表、工程概算总表和分年度投资表。

由于施工图设计阶段常根据工期分期提出施工图纸，所以施工图预算也可根据先后施工的工程项目（一级或二级项目）分期编制。如某水库工程可按照输水隧洞、拦河大坝、溢洪道、水电站、交通工程等分项分期编制施工图预算。施工图预算只编制本工程项目中的建筑工程与设备安装工程预算表。

**（七）编制说明书及附件**

1. 投资估算的编制说明

应根据可行性研究规程的要求编制下列内容：

（1）工程规模、主要技术经济指标、基础单价、主体建筑工程单价的编制依据、机组价格、水库淹没补偿指标及其他有关费用估算原则等。

（2）根据环境保护报告，说明环保投资内容和采取措施所需增加的投资。

（3）由于施工外部协作条件、建设工期、资金渠道、贷款条件等可能变更而影响投资较大时，必要时需做出投资相应变化的分析说明。

（4）其他需要说明的问题。

2. 设计概算的编制说明

（1）工程规模、工程地点、对外交通方式、资金来源、主要编制依据、人工预算单价、主要材料及设备预算价格的计算原则、工程总投资和总造价、单位投资和单位造价，以及其他应说明的问题。最后填列主要技术经济指标简表。

（2）设计概算的附件基本都是前述各项工作的计算书及成果汇总表。

3. 施工图预算的编制说明

（1）编制依据、工程简要情况、编制中需要说明的有关事项及定额执行中的有关问题等内容。

（2）施工图预算的重要附件是人工、材料、机械台时分析表。此表应根据工程量及工程单价表中的工日、材料、机械台时数逐级计算汇总编制。

编制说明的目的主要是让各方人员了解概预算在编制过程中对某些问题的处理情况，至于编制说明的条款多少，则应视单项工程的大小、重要性和繁简程度自行增减。

## 思 考 题

1. 工程概预算分几类，它们的作用各是什么？

2. 基本建设程序与各阶段的工程造价之间的关系各是什么？

3. 工程概预算的编制程序及具体内容有哪些？

# 第三章 水利工程定额

## 第一节 定额的基本概念

### 一、定额的概念

所谓"定额"，是指在一定的外部条件下，预先规定完成某项合格产品所需的要素（人力、物力、财力、时间等）的标准额度。即在合理的劳动组织和合理地使用材料和机械的条件下，预先规定完成单位合格产品所消耗的资源数量的标准，它反映了一定时期的社会生产力水平和管理水平的高低。

在社会生产中，为了生产出合格的产品，就必须有一定数量的人力、材料、机具、资金等。受各种因素的影响，生产一定数量的同类产品其消耗量并不相同，消耗量越大，产品的成本就越高，在产品价格一定的情况下，企业的盈利就会降低，对社会的贡献也就较低，对国家和企业本身都是不利的。因此降低产品生产过程中的消耗具有十分重要的意义。但是，产品生产过程中的消耗不可能无限降低，在一定的技术组织条件下，必然有一个合理的数额。根据一定时期的生产力水平和对产品的质量要求，规定在产品生产中人力、物力或资金消耗的数量标准，这种标准就是定额。

定额水平是一定时期社会生产力水平的反映，它与操作人员的技术水平、机械化程度及新材料、新工艺、新技术的发展和应用有关，同时，也与企业的管理组织水平和全体技术人员的劳动积极性有关。所以定额不是一成不变的，而是随着生产力水平的变化而变化的。一定时期的定额水平，必须坚持平均先进的原则。所谓平均先进水平，就是在一定的生产条件下，大多数企业、班组和个人，经过努力可以达到或超过的标准。

### 二、定额的产生与发展

#### （一）国外工程定额的发展过程

16 世纪，随着工程建设的发展，英国出现了设计和施工分离，并各自形成一个独立的专业，出现了"工料测量师"（Quantity Surveyor），帮助施工工匠对已完成的工程量进行测量和估价，以确定工匠应得到的报酬。这时的工料测量师是在工程设计和施工完成以后，才去测量工程量和估计工程造价的。

从 19 世纪初期开始，资本主义国家在工程建设中开始推行招标投标制，这就要求工料测量师在工程设计以后和开工以前就进行测量和估价，根据图纸算出实物工程量并汇编成工程量清单，为招标者确定标底或为投标者确定报价。但是，这还远没有形成定额体系。

　　定额体系的产生和发展与企业管理的产生和发展紧密相连。工业革命以前的工业是家庭手工业，谈不上企业管理。工业革命以后有了工厂，也就有了企业管理。1771年英国建造了世界上第一个纺织工厂，从此各种类型的工厂如雨后春笋般不断涌现。在工厂里劳动者、劳动手段、劳动对象集中了，为了能生产出更多更好的产品，降低产品的生产成本，获得更多的利润，这就需要合理的管理，企业管理因此也就诞生了。不过当时的企业管理是很落后的，工人凭经验操作，新工人的培养靠老师来传授。由于生产规模小，产品比较单纯，生产中需要多少人力、物力，如何组织生产，往往只凭简单的生产经验就可以了。这个阶段延续了很长时间，这就是企业管理的第一阶段——所谓的传统管理阶段。

　　19世纪末至20世纪初，资本主义生产日益扩大，生产技术迅速发展，劳动分工和协作也越来越细，对生产进行科学管理的要求也就更加迫切。资本主义社会生产的目的是为了攫取最大限度的利润，为了达到这个目的，资本家就要千方百计降低单位产品中的活劳动和物化劳动的消耗，就必须加强对生产消费的研究和管理。因此定额作为现代化科学管理的一门重要学科也就出现了。当时在美国、法国、英国、俄国、波兰等国家中都有企业科学管理这类活动的开展，而以美国最为突出。

　　定额作为一门科学，它伴随资本主义企业管理而产生。20世纪美国工程师弗·温·泰罗（F. W. Taylor，1856—1915年）推出的制定工时定额，实行标准操作方法，采用计件工资，以提高劳动生产效率，这套称为"泰罗制"的方法，使资本主义的企业管理发生了根本变革。

　　弗·温·泰罗22岁时在贝斯勒海姆（Bethlehem）钢铁公司当学徒，同时进入哈佛大学的函授班学习，后来他取得了工程师的职称，当上了这个公司的总工程师。当时美国资本主义正处于上升时期，工业发展得很快。但由于采用传统的管理方法，工人劳动生产率低，而劳动强度很高，每周劳动时间平均在60h以上。在这种背景下，泰罗开始了企业管理的研究，其目的是要解决如何提高工人的劳动效率。从1880年开始，他进行了各种试验，努力把当时科学技术的最新成就应用于企业管理，他着重从工人的操作方法上研究工时的科学利用，把工作时间分成若干组成部分（工序），并利用秒表来记录工人每一动作及消耗的时间，制定出工时定额，作为衡量工人工作效率的尺度。他还十分重视研究工人的操作方法，对工人劳动中的操作和动作，逐一记录，分析研究，把各种最经济、最有效的动作集中起来，制定出最节约工作时间的所谓标准操作方法，并据以制定更高水平的工时定额。为了减少工时消耗，使工人完成这些较高水平的工时定额，泰罗还对工具和设备进行了研究，使工人使用的工具、设备、材料标准化。

　　泰罗通过研究，提出了一套系统的、标准的科学管理方法，1911年出版的《科学管理原理》一书是他的科学管理方法的理论成果，成果的核心是泰罗制。泰罗制可以归纳为：制定科学的工时定额，实行标准的操作方法，强化和协调职能管理，有差别的计件工资，进行科学而合理的分工。泰罗给资本主义企业管理带来了根本性变革，使资本家获得了巨额利润，泰罗被尊称为"科学管理之父"。与泰罗制紧密相关的这一阶段被称为企业管理的第二阶段——科学管理阶段。

　　继泰罗制以后，伴随着世界经济的发展，企业管理又有许多新的进展和创新，对于定额的制定也有了许多更新的研究。20世纪40—60年代，出现了所谓的资本主义管理科学。

20 世纪 70 年代以后，出现了行为科学和系统管理理论，前者从社会心理学的角度研究管理，强调和重视社会环境和人的相互关系对提高工效的影响；后者把管理科学和行为科学结合起来，其特点是利用现代数学和计算机处理各种信息，提供优化决策。这一阶段被称为企业管理的第三阶段——现代企业管理阶段。但在这一阶段中"泰罗制"仍是企业管理不可缺少的。

**（二）我国工程定额的发展过程**

我国的工程定额，是随着国民经济的恢复和发展而逐步建立起来的。新中国成立以后，国家对建立和完善定额工作十分重视，工程定额从无到有、从不健全到逐步健全，经历了一个复杂的发展过程。

国民经济恢复时期（1949—1952 年），我们在借鉴苏联的管理经验基础上，逐步形成了适合我国当时国情的企业管理方式。我国东北地区开展定额工作较早，从 1950 年开始，该地区铁路、煤炭、纺织等部门相继实行了劳动定额，1951 年制定了东北地区统一劳动定额。1952 年前后，华东、华北等地也陆续编制劳动定额或工料消耗定额。这一时期是我国劳动定额工作创立阶段。

第一个五年计划时期（1953—1957 年），随着大规模社会主义经济建设的开始，为了加强企业管理，合理安排劳动力，推行了计件工资制，劳动定额得到迅速发展。为了适应经济建设的需要，各地区各部门编制了一些定额或参考手册，如水利电力部组织编印了《水利工程施工技术定额手册》。为了统一定额水平，劳动部和建筑工程部于 1955 年联合主持编制了《全国统一劳动定额》，这是建筑业第一次编制的全国统一定额。1956 年国家基本建设委员会对 1955 年统一劳动定额进行了修订，增加了材料消耗和机械台班定额部分，编制了《全国统一施工定额》。

从"大跃进"到"文化大革命"前的时期（1958—1966 年），由于中央管理权限部分下放，劳动定额管理体制也进行了探讨性的改革。1958 年，劳动定额的编制和管理工作下放给省（直辖市）以后，在适应地方特点上起到了一定的作用，但也存在一些问题。主要是定额项目过粗，工作内容口径不一，定额水平不平衡。地区之间、企业之间失去了统一衡量的尺度，不利于贯彻执行。同时，各地编制定额的力量不足，定额中技术错误也不少。为此，1959 年，国务院有关部委联合做出决定，定额管理权限收回中央，1962 年正式修订颁发了《全国建筑安装工程统一劳动定额》。这一时期，有关部委也相继颁发了适合行业特点的定额，如 1958 年水利部颁发了《水利水电建筑安装工程施工定额》，以及《水利水电建筑工程设计预算定额》，这基本上满足了水利水电工程建设的需要。

"文化大革命"时期（1967—1976 年），全盘否定了按劳分配原则，将劳动定额工作看做是"管、卡、压"，致使劳动无定额、效率无考核等，阻碍了生产的发展。"文化大革命"的后半段一度对这种情况进行了扭转和整顿，有些单位重新又搞起了定额、计件工资和超额奖。如水利电力部组织修改预算定额，并在此基础上于 1975 年第一次编辑出版了《水电工程概算指标》，可是不久又被废止了。

中共十一届三中全会以后，我国进行了一系列的政治、经济改革，国民经济迅速得到了恢复和发展，使我国进入了社会主义现代化建设的新的历史时期。国家对整顿和加强企业管理和定额管理非常重视，明确指出要加强建筑企业劳动定额工作，全国大多数省、自治区、直辖市先后恢复、建立了劳动定额机构，充实了定额专职人员，同时对原有定额进行了修订，颁布了新定额，这大大地调动了工人的生产积极性，对提高建筑业劳动生产率起到了明显的作用。1978—1981 年国家基本建设委员会和各主管部门分别组织修编了施工定额、预算定额。水利电力部 1980 年组织修订了《水利水电工程设计预算定额》，1981—1982 年又组织修编了《施工机械保修技术经济定额》和《水利水电建筑安装工程统一劳动定额》。1983 年以后着手对 1980 年修订的预算定额和 1975 年概算指标进行修编。为了适应新时期水利水电工程建设的需要，水利电力部及能源部、水利部 1986 年颁发了《水利水电设备安装工程概算定额》《水利水电建筑工程预算定额》《水利水电设备安装工程预算定额》，1988 年颁发了《水利水电建筑工程概算定额》，1991 年颁发了《水利水电工程施工机械台班费定额》；电力工业部 1997 年颁发了《水力发电建筑工程概算定额》《水力发电设备安装工程概算定额》《水力发电工程施工机械台时费定额》；水利部 1999 年颁发了《水利水电设备安装工程概算定额》《水利水电设备安装工程预算定额》；水利部 2002 年颁发了《水利建筑工程预算定额》《水利建筑工程概算定额》《水利工程施工机械台时费定额》；水利部 2005 年颁发了《水利工程概预算补充定额》；水利部 2014 年颁发了《水利工程设计概（估）算编制规定》包括工程部分概（估）算编制规定和建设征地移民补偿概（估）算编制规定，2002 年发布的《水利工程设计概（估）算编制规定》、2009 年发布的《水利水电工程建设征地移民安置规划设计规范》[补偿投资概（估）算内容]同时废止；水利部 2016 年颁发的办水总〔2016〕132 号文《水利工程营业税改征增值税计价依据调整办法》及 2019 年颁发的办财务函〔2019〕448 号文《关于调整水利工程计价依据增值税计算标准的通知》，其中工程部分作为水利部水总〔2014〕429 号文发布的《水利工程设计概（估）算编制规定》（工程部分）等现行计价依据的补充规定，水土保持工程部分作为水利部水总〔2003〕67 号文发布的《水土保持工程概（估）算编制规定》等现行计价依据的补充规定。

中华人民共和国成立 60 多年来，我国工程定额发展的事实证明，凡是按客观经济规律办事，用合理的劳动定额组织生产，实行按劳分配，劳动生产率就提高，经济效益就好，建筑生产就向前发展；反之，不按客观经济规律办事，否定定额作用，否定按劳分配，劳动生产率就明显下降，经济效益就很差，生产就大幅度下降。因此，实行科学的定额管理，发挥定额在组织生产、分配、经营管理中的作用，是社会主义生产的客观要求。定额工作必须更好地为生产服务，为科学管理服务。

### 三、定额的特性和作用

#### （一）定额的特性

1. 定额的法令性

定额是由被授权部门根据当时的实际生产力水平而制定的，并经授权部门颁发供有关单位使用。在执行范围内任何单位必须遵照执行，不得任意调整和修改。如需进行调整、修改和补充，必须经授权编制部门批准。因此，定额具有经济法规的性质。

2. 定额的相对稳定性

定额水平的高低，是根据一定时期社会生产力水平确定的。当生产条件发生了变化，技术有了进步，生产力水平有了提高，原定额也就不适应了，在这种情况下，授权部门应根据新的情况制定出新的定额或补充原有的定额。但是，社会的发展有其自身的规律，有一个量变到质变的过程，而且定额的执行也有一个时间过程，所以每一次制定的定额必须是相对稳定的，决不可朝令夕改，否则定额就难以执行，也会伤害群众的积极性。

3. 定额的针对性

一种产品（或者工序）一般只能套用一项定额，而且一般不能互相套用。一项定额，它不仅是该产品（或工序）的资源消耗的数量标准，而且还规定了完成该产品（或工序）的工作内容、质量标准和安全要求。

4. 定额的科学性

制定工程定额要进行"时间研究"和"动作研究"，以及工人、材料和机具在现场的配置研究，有时还要考虑机具改革、施工生产工艺等技术方面的问题等。工程定额必须符合建筑施工生产客观规律，这样才能促进生产的发展，从这一方面来说定额是一门科学技术。

**（二）定额的作用**

建筑、安装工程定额是建筑安装企业实行科学管理的必备条件。无论是设计、计划、生产、分配、估价、结算等各项工作，都必须以它作为衡量工作的尺度。具体地说，定额主要有以下几方面的作用。

1. 定额是编制计划的基础

无论是国家计划还是企业计划，都直接或间接地以各种定额为依据来计算人力、物力、财力等各种资源需要量，所以，定额是编制计划的基础。

2. 定额是确定产品成本的依据，是评比设计方案合理性的尺度

建筑产品的价格是由其产品生产过程中所消耗的人力、材料、机械台时数量以及其他资源、资金的数量所决定的，而它们的消耗量又是根据定额计算的，定额是确定产品成本的依据。同时，同一建筑产品的不同设计方案的成本，反映了不同设计方案的技术经济水平的高低。因此，定额也是比较和评价设计方案是否经济合理的尺度。

3. 定额是提高企业经济效益的重要工具

定额是一种法定的标准，具有严格的经济监督作用，它要求每一个执行定额的人，都必须严格遵守定额的要求，并在生产过程中尽可能有效地使用人力、物力、资金等资源，使之不超过定额规定的标准，从而提高劳动生产率，降低生产成本。企业在计算和平衡资源需要量、组织材料供应、编制施工进度计划和作业计划、组织劳动力、签发任务书、考核工料消耗、实行承包责任制等一系列管理工作时，都要以定额作为标准。因此，定额是加强企业管理、提高企业经济效益的工具。合理制定并认真执行定额，对改善企业经营管理、提高经济效益具有重要的意义。

4. 定额是贯彻按劳分配原则的尺度

由于工时消耗定额反映了生产产品与劳动量的关系，可以根据定额来对每个劳动者的工作进行考核，从而确定他所完成的劳动量的多少，并以此来支付他的劳动报酬。多劳多得、少劳少得，体现了按劳分配的基本原则，这样企业的效益就同个人的物质利益结合起来了。

5. 定额是总结推广先进生产方法的手段

定额是在先进合理的条件下，通过对生产和施工过程的观察、实测、分析而综合制定

的，它可以准确地反映出生产技术和劳动组织的先进合理程度。因此，我们可以用定额标定的方法，对同一产品在同一操作条件下的不同生产方法进行观察、分析，从而总结比较完善的生产方法，并经过试验、试点，然后在生产过程中予以推广，使生产效率得到提高。

# 第二节　定额的分类

工程定额种类繁多，按其性质、内容、管理体制和使用范围、建设阶段和用途可作以下分类。

## 一、按专业性质划分

### （一）一般通用定额

一般通用定额是指工程性质、施工条件与方法相同的建设工程，各部门都应共同执行的定额。如工业与民用建筑工程定额。

### （二）专业通用定额

专业通用定额是指某些工程项目具有一定的专业性质，但又是几个专业共同使用的定额。如煤炭、冶金、化工、建材等部门共同编制的矿山、巷井工程定额。

### （三）专业专用定额

专业专用定额是指一些专业性工程，只在某一专业内使用的定额。如水利工程定额、邮电工程定额、化工工程定额等。

## 二、按费用性质划分

### （一）直接费定额

直接费定额是指直接用于施工生产的人工、材料、成品、半成品、机械消耗的定额，如《水利水电建筑工程概算定额》《水利水电设备安装工程预算定额》等。

### （二）间接费定额

间接费定额是指施工企业经营管理所需费用定额。

### （三）其他基本建设费用定额

其他基本建设费用定额是指不属于建筑安装工程量的独立费用定额，如勘测设计费。

### （四）施工机械台时费定额

施工机械台时费定额是指各种施工机械在单位台时中，为使机械正常运转所损耗和分摊的费用定额。现行的为2002年版《水利工程施工机械台时费定额》。

## 三、按管理体制和执行范围划分

### （一）全国统一定额

全国统一定额是指工程建设中，各行业、部门普遍使用，需要全国统一执行的定额。一般由国家发展和改革委员会或授权某主管部门组织编制颁发，如《送电线路工程预算定额》《电气工程预算定额》《通信设备安装预算定额》等。

### （二）全国行业定额

全国行业定额是指在工程建设中，部分专业工程在某一个部门或几个部门使用的专业定额。经国家发展和改革委员会批准由一个主管部门或几个主管部门组织编制颁发，在有关部属单位执行。如《水利建筑工程预算定额》《水利建筑工程概算定额》《水力发电建筑工程概算定额》《公路工程预算定额》等。

### （三）地方定额

地方定额一般是指省、自治区、直辖市，根据地方工程特点，编制颁发的在本地区执行的地方通用定额和地方专业定额。如各省、自治区、直辖市的《建筑工程概算定额》等。

### （四）企业定额

企业定额是指建筑、安装企业在其生产经营过程中，在国家统一定额、行业定额、地方定额的基础上，根据工程特点和自身积累资料，结合本企业具体情况自行编制的定额，供企业内部管理和企业投标报价用。

## 四、按定额的内容划分

### （一）劳动定额

劳动定额又称人工定额或工时定额，是指具有某种专长和规定的技术水平的工人，在正常施工技术组织条件下，单位时间内应当完成合格产品的数量或完成单位合格产品所需的劳动时间，它反映了建筑安装工人劳动生产效率的平均先进水平。

劳动定额有时间定额和产量定额两种表达形式。时间定额是指在正常施工组织条件下完成单位合格产品所需消耗的劳动时间，单位以"工日"或"工时"表示。产量定额是指在正常施工组织条件下，单位时间内所生产的合格产品的数量。时间定额与产量定额互为倒数。

### （二）材料消耗定额

材料消耗定额是指在节约和合理使用材料的条件下，生产单位合格产品所必须消耗的一定规格的建筑材料、成品、半成品或配件的数量标准。材料的需求数量大，种类多，因此材料消耗多少、消耗是否合理，不仅关系到资源的有效利用，影响市场供求关系状况，而且对工程项目的投资、建筑产品的成本控制都起着决定性的影响。

### （三）机械使用定额

机械使用定额又称机械台班定额或台时定额，可分为机械产量定额和机械时间定额两种形式。施工机械在正常的施工组织条件下，在单位时间内完成合格产品的数量，称机械产量定额。完成单位合格产品所需的机械工作时间，称机械时间定额，以"台班"或"台时"表示。机械产量定额和机械时间定额互为倒数。

### （四）综合定额

综合定额是指在一定的施工组织条件下，完成单位合格产品所需人工、材料、机械台班或台时的数量。

## 五、按建设阶段和用途划分

### （一）工序定额

工序定额以个别工序为测定对象，它是组成一切工程定额的基本元素，在施工中除了为计算个别工序的用工量外，很少采用，但却是劳动定额形成的基础。

### （二）投资估算指标

投资估算指标是在可行性研究阶段作为技术经济比较或建设投资估算的依据。是由概算定额综合扩大和统计资料分析编制而成的。其主要用于项目建议书及可行性研究阶段技术经济比较和预测（估算）工程造价，它的概略程度与可行性研究阶段的深度相一致。

### （三）概算定额

概算定额是编制初步设计概算和修正概算的依据，是由预算定额综合扩大编制而成的。它规定生产一定计量单位的建筑工程扩大结构构件或扩大分项工程所需的人工、材料和施工机械台班或台时消耗量及其金额。主要用于初步设计阶段预测工程造价。

### （四）概算指标

概算指标是概算定额的扩大和合并，它是以整个建筑物和构筑物为对象，以建筑面积、体积等为计量单位来编制的。概算指标的内容包括劳动力、机械台时、材料定额3个基本部分，同时还列出了结构分部工程的工程量及单位建筑工程的造价，是一种计价定额。

### （五）预算定额

预算定额主要用于施工图设计阶段编制施工图预算或招标阶段编制标底，是在施工定额基础上综合扩大编制而成的。

### （六）施工定额

施工定额主要用于施工阶段施工企业编制施工预算，是企业内部核算的依据。它是指一种工种完成某一计量单位合格产品（如砌砖、浇筑混凝土、安装水轮机等）所需的人工、材料和施工机械台班或台时消耗量的标准，是施工企业内部编制施工作业计划、进行工料分析、签发工程任务单和考核预算成本完成情况的依据。

上述各种定额的属性对比参见表3-1。

表3-1　　　　　　　　　　　　各种定额的属性对比

| 定额分类 | 投资估算指标 | 概算定额 | 概算指标 | 预算定额 | 施工定额 |
|---|---|---|---|---|---|
| 对象 | 独立的单项工程或完整的工程项目 | 扩大的分部分项工程 | 整个建筑物或构筑物 | 分部分项工程 | 工序 |
| 用途 | 编制投资估算 | 编制设计概算 | 编制设计概算 | 编制施工图预算 | 编制施工预算 |
| 定额水平 | 平均 | 平均 | 平均 | 平均 | 平均先进 |
| 定额性质 | 计价性定额 | | | | 生产性定额 |

# 第三节　定额的编制

## 一、定额的编制原则

### （一）平均合理的原则

定额水平应反映社会平均水平，体现社会必要劳动的消耗量，也就是在正常施工条件下，大多数工人和企业能够达到和超过的水平，既不能采用少数先进生产者、先进企业所达到的水平，也不能以落后的生产者和企业的水平为依据。

所谓定额水平，是指规定消耗在单位合格产品上的劳动力、机械和材料数量的多寡。定额水平要与建设阶段相适应，前期阶段（如可行性研究、初步设计阶段）定额水平宜反映平均水平，还要留有适当的余度；而用于投标报价的定额水平宜具有竞争力，合理反映企业的技术、装备和经营管理水平。

**（二）基本准确的原则**

定额是对千差万别的个别实践进行概括、抽象出一般的数量标准。因此，定额的"准"是相对的，定额的"不准"是绝对的。我们不能要求定额编得与自己的实际完全一致，只能要求基本准确。定额项目（节目、子目）按影响定额的主要参数划分，粗细应恰当，步距要合理。定额计量单位、调整系数设置应科学。

**（三）简明适用的原则**

在保证基本准确的前提下，定额项目不宜过细过繁，步距不宜太小、太密，对于影响定额的次要参数可采用调整系数等办法简化定额项目，做到粗而准确，细而不繁，便于使用。

## 二、定额的编制方法

编制水利工程建设定额以施工定额为基础，施工定额由劳动定额、材料消耗定额和机械使用定额 3 部分组成。在施工定额基础上，编制预算定额和概算定额。根据施工定额综合编制预算定额时，考虑各种因素的影响，对人工工时和机械台时按施工定额分别乘以 1.10 和 1.07 的幅度差系数。由于概算定额比预算定额有更大的综合性和包含了更多的可变因素，因此以预算定额为基础综合扩大编制概算定额时，一般对人工工时和机械台时乘以不大于 1.05 的扩大系数。编制定额的基本方法有经验估算法、统计分析法、结构计算法和技术测定法。实际应用中常将这几种方法结合使用。

**（一）经验估算法**

经验估算法又称调查研究法。它是根据定额编制专业人员、工程技术人员和操作工人以往的实际施工及操作经验，对完成某一建筑产品分部工程所需消耗的人力、物力（材料、机械等）的数量进行分析、估计，并最终确定定额标准的方法。这种方法技术简单，工作量小，速度快，但精确性较差，往往缺乏科学的计算依据，对影响定额消耗的各种因素，缺乏具体分析，易受人为因素的影响。

**（二）统计分析法**

统计分析法是根据施工实际中的人工、材料、机械台班（台时）消耗和产品完成数量的统计资料，经科学的分析、整理，剔去其中不合理的部分后，拟定成定额。这种方法简便，只要对过去的统计资料加以分析整理，就可以推算出定额指标。但由于统计资料不可避免地包含着施工生产和经营管理上的不合理因素和缺点，它们会在不同程度上影响定额的水平，降低定额工作的质量。所以，它也只适用于某些次要的定额项目以及某些无法进行技术测定的项目。

**（三）结构计算法**

结构计算法是一种按照现行设计规范和施工规范要求，进行结构计算，确定材料用量、人工及施工机械台班（台时）定额，这种方法比较科学，但计算工作量大，人工和台班（台时）还必须根据实际资料推算而定。

**（四）技术测定法**

技术测定法是根据现场测定资料制定定额的一种科学方法。其基本方法是：首先对施工过程和工作时间进行科学分析，拟定合理的施工工序，然后在施工实践中对各个工序进行实测、查定，从而确定在合理的生产组织措施下的人工、机械台班（台时）和材料消耗定额。这种方法具有充分的技术依据，合理性及科学性较强。但工作量大，技术复杂，普遍推广应用有一定难度，但对关键性的定额项目必须采用这种方法。

## 三、施工定额的编制

施工定额是直接应用于建筑工程施工管理的定额，是编制施工预算、实行内部经济核算的依据，也是编制预算定额的基础。施工定额由劳动定额、材料消耗定额和施工机械台班或台时定额组成。根据施工定额，可以直接计算出各种不同工程项目的人工、材料和机械合理使用量的数量标准。

在施工过程中，正确使用施工定额，对于调动劳动者的生产积极性，开展劳动竞赛和提高劳动生产率以及推动技术进步，都有积极的促进作用。

**（一）施工定额的编制原则**

1. 确定施工定额水平要遵循平均先进的原则

在确定施工定额水平时，既不能以少数先进企业和先进生产者所达到的水平为依据，也不能以落后企业及其生产者的水平为依据，而应该依据在正常的施工和生产条件下，大多数企业或生产者经过努力可以达到或超过，少数企业或生产者经过努力可以接近的水平，即平均先进水平。这个水平略高于企业和生产者的平均水平，低于先进企业的水平。实践证明，如果施工定额水平过高，大多数企业和生产者经过努力仍无法达到，则会挫伤生产和管理者的积极性；定额水平定得过低，企业和生产者不经努力也会达到和超额完成，则起不到鼓励和调动生产者积极性的作用。平均先进的定额水平，可望也可即，既有利于鼓励先进，又可以激励落后者积极赶上，有利于推动生产力向更高的水平发展。

定额水平有一定的时限性，随着生产力水平的发展，定额必须作相应的修订，使其保持平均先进的性质。但是，定额水平作为生产力发展水平的标准，又必须具有相对稳定性。定额水平如果频繁调整，会挫伤生产者的劳动积极性，在确定定额水平时，应注意妥善处理好这个问题。

2. 定额结构形式要结合实际、简明扼要

（1）定额项目划分要合理。要适应生产（施工）管理的要求，满足基层和工人班组签发施工任务书、考核劳动效率和结算工资及奖励的需要，并要便于编制生产（施工）作业计划。项目要齐全配套，要把那些已经成熟和推广应用的新技术、新工艺、新材料编入定额；对于缺漏项目要注意积累资料，组织测定，尽快补充到定额项目中。对于那些已过时，在实际工作中已不采用的结构材料、技术，则应删除。

（2）定额步距大小要适当。步距是指定额中两个相邻定额项目或定额子目的水平差距，定额步距大，项目就少，定额水平的精确度就低；定额步距小，精确度高，但编制定额的工作量大，定额的项目使用也不方便。为了既简明实用，又比较精确，一般来说，对于主要工种、主要项目、常用的项目，步距要小些；对于次要工种、工程量不大或不常用的项目，步距可适当大些。对于手工操作为主的定额，步距可适当小些；而对于机械操作的定额，步距可略大一些。

（3）定额的文字要通俗易懂，内容要标准化、规范化，计算方法要简便，容易为群众掌握运用。

3. 定额的编制要专业和实际相结合

编制施工定额是一项专业性很强的技术经济工作，而且又是一项政策性很强的工作，需要有专门的技术机构和专业人员进行大量的组织、技术测定、分析和资料整理、拟定定额方案和协调等工作。同时，广大生产者是生产力的创造者和定额的执行者，他们对施工生产过程中的情况最为清楚，对定额的执行情况和问题也最了解。因此，在编制定额的过程中必须深入调查研究，广泛征求群众意见，充分发扬他们的民主权利，取得他们的配合和支持，这是确保定额质量的有效方法。

**（二）施工定额的编制依据**

1. 国家的经济政策和劳动制度

这类政策和制度包括《建筑安装工人技术等级标准》、工资标准、工资奖励制度、工作日时制度、劳动保护制度等。

2. 有关规范、规程、标准、制度

现行国家建筑安装工程施工验收规范、技术安全操作规程和有关标准图。全国建筑安装工程统一劳动定额及有关专业部门劳动定额等即属于该类。

3. 技术测定和统计资料

技术测定和统计资料主要指现场技术测定数据及工时消耗的单项和综合统计资料。技术测定数据和统计分析资料必须准确可靠。

**（三）劳动定额**

劳动定额是在一定的施工组织和施工条件下，为完成单位合格产品所必需的劳动消耗标准。劳动定额是人工的消耗定额，因此又称为人工定额。劳动定额按其表现形式不同又分为时间定额和产量定额。

1. 时间定额

时间定额也称为工时定额，是指在合理的劳动组织与一定的生产技术条件下，某种专业、某种技术等级的工人班组或个人，为完成单位合格产品所必须消耗的工作时间。定额时间包括准备时间与结束时间、基本生产时间、辅助生产时间、不可避免的中断时间及工人必需的休息时间。

时间定额的单位一般以"工日"或"工时"表示，一个工日表示一个人工作一个工作班，每个工日工作时间按现行制度为每个人8h。其计算公式为

$$单位产品时间定额（工日或工时）=\frac{1}{每工日或工时产量} \qquad (3-1)$$

2. 产量定额

产量定额是指在合理的劳动组织与一定的生产技术条件下，某种专业、某种技术等级

的工人班组或个人，在单位时间内完成的合格产品数量。其计算公式为

$$每工日或工时产量=\frac{1}{单位产品时间定额（工日或工时）} \qquad (3-2)$$

时间定额和产量定额互为倒数，使用过程中两种形式可以任意选择。在一般情况下，生产过程中需要较长时间才能完成一件产品，采用工时定额较为方便；若需要时间不长的，或者在单位时间内产量很多，采用产量定额较为方便。一般定额中常采用工时定额。

劳动定额是根据国家的经济政策、劳动制度和有关技术文件及资料制定的。制定劳动定额常用经验估计法、统计分析法、比例类推法和技术测定法。

**（四）材料消耗定额**

材料消耗定额是指在既节约又合理地使用材料的条件下，生产单位合格产品所必须消耗的材料数量，它包括合格产品上的净用量以及在生产合格产品过程中的合理的损耗量。前者是指用于合格产品上的实际数量；后者指材料从现场仓库里领出，到完成合格产品的过程中的合理损耗量，包括场内搬运的合理损耗、加工制作的合理损耗、施工操作的合理损耗等。基本建设中建筑材料的费用约占建筑安装费用的60%，因此节约而合理地使用材料具有重要意义。

建筑工程使用的材料可分为直接性消耗材料和周转性消耗材料。材料消耗定额的编制方法有观察法、试验法、统计法和计算法。

1. 直接性消耗材料定额

根据工程需要直接构成实体的消耗材料，为直接性消耗材料，包括不可避免的合理损耗材料。单位合格产品中某种材料的消耗量等于该材料的净耗量和损耗量之和。

$$材料消耗量=净耗量+损耗量=净耗量÷（1-损耗率） \qquad (3-3)$$

$$损耗率=\frac{损耗量}{消耗量}×100\% \qquad (3-4)$$

材料的损耗量是指在合理和节约使用材料情况下的不可避免的损耗量，其多少常用损耗率来表示。之所以用损耗率这种形式表示材料损耗定额，主要是因为净耗量需要根据结构图和建筑产品图来计算或根据试验确定，往往在制定材料消耗定额时，有关图纸和试验结果还没有做出来，而且就是同样产品，其规格型号也各异，不可能在编制定额时把所有的不同规格的产品都编制材料损耗定额，否则这个定额就太烦琐了。用损耗率这种形式表示，则简单省事，在使用时只要根据图纸计算出净耗量，应用式（3-3）、式（3-4）就可以算出单位合格产品中某种材料的消耗量。为了简化计算，采用如下计算公式：

$$损耗率=损耗量÷净耗量 \qquad (3-5)$$

$$材料消耗量=净耗量×（1+损耗率） \qquad (3-6)$$

材料消耗定额是编制物资供应计划的依据，是加强企业管理和经济核算的重要工具，是企业确定材料需要量和储备量的依据，是施工队向工人班组签发领料的依据，是减少材料积压、浪费，促进合理使用材料的重要手段。

2. 周转性材料消耗量

在建筑工程施工中，除直接消耗在工程实体上的各种建筑材料、成品、半成品，还有一些材料是施工作业用料，也称为施工手段用料，如脚手架、模板等，这些材料在施工中

并不是一次消耗完,而是随着使用次数的增加而逐渐消耗,并不断得到补充,多次周转。这些材料称为周转性材料。

周转性材料的消耗量,应按多次使用、分次摊销的方法进行计算。周转性材料每一次在单位产品上的消耗量,称为周转性材料摊销量。周转性材料摊销量与周转次数有直接关系。

(1)现浇混凝土结构模板摊销量的计算。

$$摊销量＝周转使用量－周转回收量 \tag{3-7}$$

$$周转使用量＝\frac{一次使用量＋一次用量×(周转次数－1)×损耗率}{周转次数} \tag{3-8}$$

$$周转回收量＝一次使用量×\frac{1-损耗率}{周转次数} \tag{3-9}$$

式中:一次使用量为周转材料为完成产品每一次生产时所需要的材料数量;损耗率为周转材料使用一次后因损坏而不能复用的数量占一次使用量的比例;周转次数为新的周转材料从第一次使用起,到材料不能再使用时的周转使用次数。

周转次数的确定是制定周转性材料消耗定额的关键。影响周转次数的因素有:材料性质(如木质材料在6次左右,而金属材料可达100次以上),工程结构、形状、规格,操作技术,施工进度,材料的保管维修等。确定材料的周转次数,必须经过长期现场观测,获得大量的统计资料,按平均合理的水平确定。

(2)预制混凝土构件模板摊销量的计算。在水利工程定额中,预制混凝土构件模板摊销量的计算方法与现浇混凝土结构模板摊销量的计算方法不同,预制混凝土构件的模板摊销量是按多次使用平均摊销的计算方法,不计算每次周转损耗率,摊销量直接按下式计算:

$$摊销量＝\frac{一次使用量}{周转次数} \tag{3-10}$$

### (五) 机械台时使用定额

机械台时使用定额是施工机械生产效率的反映。在合理使用机械和合理的施工组织条件下,完成单位合格产品所必须消耗的机械台时的数量标准,称为机械台时使用定额,也称为机械台时消耗定额。

机械台时消耗定额的数量单位,一般用"台班""台时"或"组时"表示。一个台班是指一台机械工作一个工作班,即按现行工作制工作8h。一个台时是指一台机械工作1h。一个组时表示一组机械工作1h。

机械台时使用定额与劳动消耗定额的表示方法相同,有时间和产量两种定额。

#### 1. 机械时间定额

机械时间定额就是在正常的施工条件和劳动组织条件下,使用某种规定的机械,完成单位合格产品所必须消耗的台时数量,用下式计算:

$$机械时间定额(台班或台时)＝\frac{1}{机械台班或台时产量定额} \tag{3-11}$$

#### 2. 机械产量定额

机械产量定额就是在正常的施工条件和劳动组织条件下,某种机械在一个台班或台时内必须完成单位合格产品的数量。所以，机械时间定额和机械产量定额互为倒数。

### 四、预算定额的编制

预算定额是确定一定计量单位的分项工程或构件的人工、材料和机械台时消耗量的数量标准。全国统一预算定额由国家发展和改革委员会或其授权单位组织编制、审批并颁发执行。专业预算定额由专业部委组织编制、审批并颁发执行。地方定额由地方业务主管部门会同同级发展和改革委员会组织编制、审批并颁发执行。

预算定额是编制施工图预算的依据。建设单位按预算定额的规定，为建设工程提供必要的人力、物力和资金供应；施工单位则在预算定额范围内，通过施工活动，保证按期完成施工任务。

#### （一）预算定额的编制原则

**1. 按社会必要劳动时间确定预算定额水平**

在市场经济条件下，预算定额作为确定建设产品价格的工具，应遵照价值规律的要求，按产品生产过程中所消耗的必要劳动时间确定定额水平，注意反映大多数企业的水平，在现实的中等生产条件、平均劳动熟练程度和平均劳动强度下，完成单位的工程基本要素所需要的劳动时间，是确定预算定额的主要依据。

**2. 简明适用、严谨准确**

定额项目的划分要做到简明扼要、使用方便，同时要求结构严谨，层次清楚，各种指标要尽量固定，减少换算，少留"活口"，避免执行中的争议。对于主要、常用和价值量大的项目，定额子目划分宜细，次要、不常用和价值量相对较小的项目，则可以粗一些。

#### （二）预算定额的编制依据

（1）国家或各省、自治区、直辖市现行的施工定额或劳动定额、消耗性材料定额和施工机械台时定额等有关定额资料。

（2）现行的设计规范、施工验收规范、质量评定标准和安全操作规程等文件。这些文件是确定设计标准和设计质量、施工方法和施工质量、保证安全施工的法规，确定预算定额，必须考虑这些法规的要求和规定。

（3）通用设计标准图集、定型设计图纸和有代表性的设计图纸等有关设计文件。

（4）现行的预算定额、过去颁发的预算定额和有关单位颁发的预算定额及其编制的基础材料。

（5）新技术、新结构、新工艺和新材料以及科学实验、技术测定和经济分析等有关最新科学技术资料。

（6）常用的施工方法和施工机具性能资料、现行的人工工资标准、材料预算价格和施工机械台时费等有关价格资料。

#### （三）预算定额与施工定额的关系

预算定额是以施工定额为基础的。但是，预算定额不能简单地套用施工定额，必须考虑到它比施工定额包含了更多的可变因素，需要保留一个合理的幅度差。此外，确定两种定额水平的原则是不相同的。预算定额是社会平均水平，而施工定额是平均先进水平。因此，确定预算定额时，水平要相对低一些，一般预算定额水平要低于施工定额 5％～7％。

预算定额比施工定额包含了更多的可变因素，这些因素有以下 3 种：

（1）确定劳动消耗指标时考虑的因素。包括：①工序搭接的停歇时间；②机械的临时维修、小修、移动等所发生的不可避免的停工损失；③工程检查所需的时间；④细小的难以测定的不可避免工序和零星用工所需的时间等。

（2）确定机械台时消耗指标需要考虑的因素。包括：①机械在与手工操作的工作配合中不可避免的停歇时间；②在工作班内机械变换位置所引起的难以避免的停歇时间和配套机械相互影响的损失时间；③机械临时性维修和小修引起的停歇时间；④机械的偶然性停歇，如临时停水、停电、工作不饱和等所引起的间歇；⑤工程质量检查影响机械工作损失的时间。

（3）确定材料消耗指标时，考虑由于材料质量不符合标准或材料数量不足，对材料耗用量和加工费用的影响。这些不是由施工企业的原因造成的。

**（四）编制预算定额的步骤**

（1）组织编制小组，拟定编制大纲，就定额的水平、项目划分、表示形式等进行统一研究，并对参加人员、完成时间和编制进度作出安排。

（2）调查熟悉基础资料，按确定的项目和图纸逐项计算工程量，并在此基础上，对有关规范、资料进行深入分析和测算，编制初稿。

（3）全面审查，组织有关基本建设部门讨论，听取基层单位和职工的意见，并通过新旧预算定额的对比，测算定额水平，对定额进行必要的修正，报送领导机关审批。

**（五）编制预算定额的方法**

1. 划分定额项目，确定工作内容及施工方法

预算定额项目应在施工定额的基础上进一步综合。通常应根据建筑的不同部位、不同构件，将庞大的建筑物分解为各种不同的、较为简单的、可以用适当计量单位计算工程量的基本构造要素。做到项目齐全、粗细适度、简明实用。同时，根据项目的划分，确定预算定额的名称、工作内容及施工方法，并使施工和预算定额协调一致，以便于相互比较。

2. 选择计量单位

为了准确计算每个定额项目中的消耗指标，并有利于简化工程量计算，必须根据结构构件或分项工程的特征及变化规律来确定定额项目的计量单位。若物体有一定厚度，而长度和宽度不定时，采用面积单位，如层面、地面等；若物体的长、宽、高均不一定时，则采用体积单位，如土方、砖石、混凝土工程等；若物体断面形状、大小固定，则采用长度单位，如管道、止水、伸缩缝等。

3. 计算工程量

选择有代表性的图纸和已确定的定额项目计量单位，计算分项工程的工程量。

4. 确定人工、材料、机械台时的消耗指标

预算定额中的人工、材料、机械台时消耗指标，是以施工定额中的人工、材料、机械台时消耗指标为基础，并考虑预算定额中所包括的其他因素，采用理论计算与现场测试相结合、编制定额人员与现场工作人员相结合的方法确定的。

**（六）预算定额项目消耗指标的确定**

1. 人工消耗指标的确定

预算定额中，人工消耗指标包括完成该分项工程必需的各种用工量。而各种用工量根

据对多个典型工程测算后综合取定的工程量数据和国家颁发的《全国建筑安装工程统一劳动定额》计算求得。预算定额中，人工消耗指标是由基本用工和其他用工两部分组成的。

（1）基本用工。基本用工是指为完成某个分项工程所需的主要用工量。例如，砌筑各种墙体工程中的砌砖、调制砂浆以及运砖和运砂浆的用工量。此外，还包括属于预算定额项目工作内容范围内的一些基本用工量，例如在墙体中的门窗洞、预留抗震柱孔、附墙、烟囱等工作内容。

（2）其他用工。是辅助基本用工消耗的工日或工时，按其工作内容分为3类：

1）人工幅度差用工，是指在劳动定额中未包括的、而在一般正常施工情况下又不可避免的一些工时消耗。例如，施工过程中各种工种的工序搭接、交叉配合所需的停歇时间、工程检查及隐蔽工程验收而影响工人的操作时间、场内工作操作地点的转移所消耗的时间及少量的零星用工等。

2）超运距用工，是指超过劳动定额所规定的材料、半成品运距的用工数量。

3）辅助用工，是指材料需要在现场加工的用工数量，如筛砂子等需要增加的用工数量。

**2.材料消耗指标的确定**

材料消耗指标是指在正常施工条件下，用合理使用材料的方法，完成单位合格产品所必须消耗的各种材料、成品、半成品的数量标准。

（1）材料消耗指标的组成。预算中的材料用量由材料的净用量和材料的损耗量组成。预算定额内的材料，按其使用性质、用途和用量大小划分为主要材料、次要材料和周转性材料。

（2）材料消耗指标的确定。它是在编制预算定额方案中已经确定的有关因素（如工程项目划分、工程内容范围、计量单位和工程量的计算）的基础上，可采用观测法、试验法、统计法和计算法确定。首先确定出材料的净用量，然后确定材料的损耗率，计算出材料的消耗量，并结合测定的资料，采用加权平均的方法计算出材料的消耗指标。

**3.机械台班（台时）消耗量的确定**

（1）编制依据。预算定额中的机械台班（台时）消耗指标是以台时为单位计算的，有的按台班计算，一台机械工作8h为一个台班，其中：①以手工操作为主的工人班组所配备的施工机械（如砂浆、混凝土搅拌机，垂直运输的塔式起重机）为小组配合使用，因此应以小组产量计算机械台班量或台时量；②机械施工过程（如机械化土石方工程、打桩工程、机械化运输及吊装工程所用的大型机械及其他专用机械）应在劳动定额中的台班定额或台时定额的基础上另加机械幅度差。

（2）机械幅度差。机械幅度差是指在劳动定额中机械台班或台时耗用量中未包括的，而机械在合理的施工组织条件下所必需的停歇时间。这些因素会影响机械的生产效率，因此应另外增加一定的机械幅度差的因素，其内容包括：①施工机械转移工作面及配套机械互相影响损失的时间；②在正常施工情况下，机械施工中不可避免的工序间歇时间；③工程质量检查影响机械的操作时间；④临时水、电线路在施工中移动位置所发生的机械停歇时间；⑤施工中工作面不饱满和工程结尾时工作量不多而影响机械的操作时间等。

机械幅度差系数，从本质上讲就是机械的时间利用系数，一般根据测定和统计资料取定。在确定补充机械台班（台时）费时，大型机械可参考以下幅度差系数：土方机械为1.25，打桩机械为1.33，吊装机械为1.30。其他分项工程机械，如木作、蛙式打夯机、水磨石机等专用机械，均为1.10。

（3）预算定额中机械台班（台时）消耗指标的计算方法。具体有以下3种指标：

1）操作小组配合机械台班（台时）消耗指标。操作小组和机械配合的情况很多，如起重机、混凝土搅拌机等，这种机械，计算台班（台时）消耗指标时以综合取定的小组产量计算，不另计机械幅度差。即

$$机械台班（台时）消耗指标 = \frac{分项定额的计算单位量}{小组总产量} \qquad (3-12)$$

$$小组总产量 = 小组总人数 \times \sum（分项计算取定的比重 \times 劳动定额综合每工产量数） \qquad (3-13)$$

2）按机械台班（台时）产量计算机械台班（台时）消耗量。大型机械施工的土石方、打桩、构件吊装、运输等项目机械台班（台时）消耗量按劳动定额中规定的各分项工程的机械台班（台时）产量计算，再加上机械幅度差。即

$$大型机械台班（台时）消耗量 = \frac{工序工程量}{机械台班（台时）产量定额} \times （1+机械幅度差） \qquad (3-14)$$

式中：机械幅度差一般为 20%～40%。

3）打夯、钢筋加工、木作、水磨石等各种专用机械台班（台时）消耗指标。专用机械台班（台时）消耗指标，有的直接将值计入预算定额中，也有的以机械费表示，不列入台班（台时）数量。其计算公式为

$$台班（台时）产量 = 机械配备人数 \times 每工产量 \qquad (3-15)$$

$$台班（台时）消耗量 = \frac{计量单位值}{台班（台时）产量} \times （1+机械幅度差） \qquad (3-16)$$

## 五、概算定额的编制

建筑工程概算定额也叫扩大结构定额，它规定了完成一定计量单位的扩大结构构件或扩大分项工程的人工、材料和机械台班（台时）的数量标准。

概算定额是以预算定额为基础，根据通用图和标准图等资料，经过适当综合扩大编制而成的。定额的计量单位为体积（$m^3$）、面积（$m^2$）、长度（$m$），或以每座小型独立构筑物计算，定额内容包括人工工日或工时、机械台班或台时、主要材料耗用量。

**（一）概算定额的内容**

概算定额一般由目录、总说明、工程量计算规则、分部工程说明或章节说明、有关附录或附表等组成。

在总说明中主要阐明编制依据、使用范围、定额的作用及有关统一规定等。在分部工程说明中主要阐明有关工程量计算规则及本分部工程的有关规定等。在概算定额表中，分节定额的表头部分分列有本节定额的工作内容及计量单位，表格中列有定额项目的人工、材料和机械台时消耗量指标。

**（二）概算定额的编制依据**

（1）现行的建筑工程设计规范，施工验收技术规范，工程质量评定标准。

（2）现行的工程预算定额和施工定额。

（3）经过批准的标准设计和有代表性的设计图纸等。

（4）现行的全国统一劳动定额，地区消耗性材料定额，机械台时消耗定额以及地区（行业）编制的施工定额。

（5）有关的工程概算、施工图预算、工程结算和工程决算等经济资料。

**（三）概算定额的作用**

（1）是编制初步设计、技术设计的设计概算和修正设计概算的依据。

（2）是编制机械和材料需用计划的依据。

（3）是进行设计方案经济比较的依据。

（4）是控制施工图预算的依据。

（5）是编制概算指标的基础。

**（四）概算定额的编制步骤**

概算定额的编制步骤一般分为3个阶段，即编制概算定额准备阶段、编制概算定额初稿阶段和审查定稿阶段。

1. 编制概算定额准备阶段

确定编制定额的机构和人员组成，进行调查研究，了解现行的概算定额执行情况和存在的问题，明确编制目的，并制定概算定额的编制方案和划分概算定额的项目。

2. 编制概算定额初稿阶段

根据所制定的编制方案和定额项目，在收集资料和整理分析各种测算资料的基础上，根据选定有代表性的工程图纸计算出工程量，套用预算定额中的人工、材料和机械消耗量，再加权平均得出概算项目的人工、材料、机械的消耗指标，并计算出概算项目的基价。

3. 审查定稿阶段

对概算定额和预算定额水平进行测算，以保证两者在水平上的一致性。如与预算定额水平不一致或幅度差不合理，则需要对概算定额做必要的修改，经定稿批准后，颁布执行。

**（五）概算定额的编制方法**

概算定额的编制原则、编制方法与预算定额基本相似，由于在可行性研究阶段及初步设计阶段，设计资料尚不如施工图设计阶段详细和准确，设计深度也有限，要求概算定额具有比预算定额更大的综合性，所包含的可变因素更多。因此，概算定额与预算定额之间允许有5％以内的幅度差。在水利工程中，从预算定额过渡到概算定额，一般采用的扩大系数为1.03。编制定额的基本方法较多，常用的有以下4种。

1. 技术测定法

技术测定法是深入施工现场，应用计时观察和材料消耗测定的方法，对各个工序进行实测、查定、取得数据，然后对这些资料进行科学的整理和分析，拟定成定额。这种方法有较充分的科学依据，有较大的说服力，但工作量较大。它适用于产品品种少，经济价值大的定额项目。

2. 统计分析法

统计分析法是根据施工实际中的工、料、台时消耗和产品完成数量的统计资料，经科学的分析、整理，剔除其中不合理的部分后，拟定成定额。

3. 调查研究法

调查研究法是和参加施工实践的老工人、班组长、技术人员讨论，利用他们在施工实践中积累的经验和资料，加以分析整理而成定额。

4. 计算分析法

计算分析法为拟定施工条件，选择典型施工图、计算工程量、拟定定额参数，计算定额数量。这种方法大多适用于材料消耗定额和一些机械（如开挖、运输机械）的作业定额。

**（六）概算定额和预算定额的联系与区别**

1. 概算定额与预算定额的联系

（1）两者都是以建（构）筑物各个结构部分和分部分项工程为单位表示的，内容都包括人工、材料、机械台时使用量定额 3 个基本部分。概算定额表达的主要内容、主要方式及基本使用方法都与预算定额相似。

（2）概算定额的编制以预算定额为基础，是预算定额的综合与扩大。

2. 概算定额与预算定额的区别

（1）项目划分和综合扩大程度上不同。概算定额综合了若干分部分项工程的预算定额，因此概算工程项目划分、工程量计算和概算书的编制都比施工图预算的编制简化。

（2）适用范围不同。概算定额主要用于编制设计概算，同时可以编制概算指标。而预算定额主要用于编制施工图预算。

# 第四节 定 额 的 应 用

## 一、定额的组成内容

水利工程建设中现行的各种定额一般由总说明、章节说明、定额表和有关附录组成。其中定额表是各种定额的主要组成部分。

（1）《水利建筑工程概算定额》（2002 年）（以下简称《概算定额》）和《水利建筑工程预算定额》（2002 年）（以下简称《预算定额》）的定额表内列出了各定额项目完成不同子目的单位工程量所必需的人工、主要材料和主要机械台时消耗量。《概算定额》的部分项目和《预算定额》各定额表上方注明该定额项目的适用范围和工作内容，在定额表内对完成不同子目单位工程量所必须耗用的零星用工、用材料及机具费用，定额内以"零星材料费、其他材料费、其他机械费"表示，并以百分率的形式列出。

（2）现行《水利水电设备安装工程概算定额》（1999 年）（以下简称《安装工程概算定额》）和《水利水电设备安装工程预算定额》（1999 年）（以下简称《安装工程预算定额》）的定额是以实物量或以设备原价为计算基础的安装费率两种形式表示，其中实物量定额占97.1％。定额包括的内容为设备安装和构成工程实体的主要装置性材料安装的直接费。以实物量形式表现的定额中，人工工时、材料和机械台时都以实物量表示，其他材料费和其他机械费按占主要材料费和主要机械费的百分率计列，构成工程实体的装置性材料（即被安装的材料，如电缆、管道、母线等）安装费不包括装置性材料本身的价值；以费率形式表现的定额中，人工费、材料费、机械费及装置性材料费都以占设备原价的百分率计列，除人工费率外，使用时均不予调整。

（3）现行《水利工程施工机械台时费定额》列出了水利工程施工中常见的施工机械每工作一个台时所花的费用。定额内容包括一类费用和二类费用两部分：一类费用包括折旧费、修理及替换设备费和安装拆卸费，按2000年度价格水平计算并用金额表示，使用时根据主管部门规定的系数进行调整（说明：现阶段根据办财务函〔2019〕448号文《关于调整水利工程计价依据增值税计算标准的通知》规定，对2002年版《水利工程施工机械台时费定额》中的折旧费应除以1.13调整系数，修理及替换设备费应除以1.09调整系数，安装拆卸费保持不变）；二类费用包括人工费、动力燃料费，以实物量给出，其费用按国家规定的人工工资计算办法和工程所在地的物价水平分别计算，其中人工费按中级工计算。

## 二、定额的使用原则

### 1. 专业对口的原则

水利水电工程除水工建筑物和水利水电设备外，一般还有房屋建筑、公路、铁路、输电线路、通信线路等永久性设施。水工建筑物和水利水电设备安装应采用水利、电力主管部门颁发的定额。其他永久性工程应分别采用所属主管部门颁发的定额，如铁路工程应采用铁道部颁发的铁路工程定额，公路工程采用交通部颁发的公路工程定额。

### 2. 设计阶段对口的原则

可研阶段编制投资估算应采用估算指标；初设阶段编制概算应采用概算定额；施工图设计阶段编制施工图预算应采用预算定额。如因本阶段定额缺项，须采用下一阶段定额时，应按规定乘过渡系数。按现行规定，采用概算定额编制投资估算时，应乘1.10的过渡系数，采用预算定额编制概算时应乘1.03的过渡系数。

### 3. 工程定额与费用定额配套的使用

在计算各类永久性设施工程时，采用的工程定额除应执行专业对口的原则外，其费用定额也应遵照专业对口的原则，与工程定额相适应。如采用公路工程定额计算永久性公路投资时，应相应采用交通部颁发的费用定额。对于实行招标承包制工程，编制工程标底时，应按照主管部门批准颁发的综合定额和扩大指标，以及相应的间接费定额的规定执行。施工企业投标、报价可根据条件适当浮动。

## 三、定额使用中应注意的问题

（1）要认真阅读定额的总说明和章节说明。对说明中指出的编制原则、依据、适用范围、使用方法、已经考虑和没有考虑的因素以及有关问题的说明等，都要通晓和熟悉。

（2）要了解定额项目的工作内容。根据工程部位、施工方法、施工机械和其他施工条件正确地选用定额项目，做到不错项、不漏项、不重项。

（3）要学会使用定额的各种附录。例如，对建筑工程，要掌握土壤与岩石分级、砂浆与混凝土配合比用量确定等。对于安装工程，要掌握安装费调整和各种装置性材料用量的确定等。

（4）要注意定额调整的各种换算关系。当施工条件与定额项目条件不符时，应按定额说明与定额表附注中的有关规定进行换算调整。例如，各种运输定额的运距换算，各种调整系数的换算等。除特殊说明外，一般乘系数换算均按连乘计算，使用时还要区分调整系数是全面调整系数，还是对人工工时、材料消耗或机械台时的某一项或几项进行调整。

（5）要注意定额单位与定额中数字的适用范围。工程项目单价的计算单位和定额项目的计算单位应一致。要区分土石方工程的自然方和压实方，砂石备料中的成品方、自然方与堆方码方，砌石工程中的砌体方与清料方，沥青混凝土的拌和方与成品方等。定额中凡数字后用"以上""以外"表示的都不包括数字本身，凡数字后用"以下""以内"表示的都包括数字本身。凡用数字上下限表示的，如 1000～2000，相当于 1000 以上至 2000 以下，即大于 1000、小于或等于 2000 的范围内。

（6）水利建筑工程概算定额，应根据施工组织设计确定的工程项目的施工方法和施工条件，查定额项目表的相应子目，确定完成该项目单位工程量所需人工、材料与施工机械台时耗用量，供编制工程概算单价使用。现行概算定额中，已按现行施工规范和有关规定，计入了不构成建筑工程单价实体的各种施工操作损耗，允许的超挖及超填量，合理的施工附加量及体积变化等所需人工、材料及机械台时消耗量，编制设计概算时，工程量应按设计结构几何轮廓尺寸计算；而现行预算定额中均未计入超挖超填量、合理施工附加量和体积变化等，使用预算定额应按有关规定进行计算。

（7）安装工程预算定额，应根据安装设备种类、规格，查相应的定额项目表中子目，确定完成该设备安装所需人工、材料与施工机械台时耗用量，供编制设备安装工程单价使用。定额中零星材料费，以人工费、机械费之和为计算基数。使用电站主厂房桥式起重机进行安装工作时，桥式起重机台时费不计基本折旧费和安装拆卸费。

# 思 考 题

1. 定额的概念是什么？

2. 定额的特性和作用是什么？

3. 按定额的内容、建设阶段和用途划分，定额分别包括哪几部分？

4. 定额的编制方法有哪几种，其各自的优缺点是什么？

5. 劳动定额、材料消耗定额、机械台班（台时）使用定额的定义和具体内容各是什么？

6. 预算定额项目消耗指标是如何确定的？

# 第四章 水利工程费用

## 第一节 水利工程项目划分

### 一、根据项目本身的内部组成划分

一个水利基本建设项目往往工程规模较大、建设周期较长，为了便于编制概预算，编制基本建设计划，组织招投标，及工程施工过程中进行工程量计量、工程款项拨付、投资控制等的需要，一般会根据项目本身的内部组成，将其划分为建设项目、单项工程、单位工程、分部工程和分项工程。

建设项目：是指按照一个总体设计进行施工的各个项目的总和，它具有经济上实行统一核算、行政上实行统一管理的基本属性。如一个独立的灌溉工程、水库工程、水电站工程等。

单项工程：是建设项目的组成部分，一个单项工程具有独立的设计文件，建成后可以独立发挥生产能力或效益。如一个灌溉工程中的引水渠工程、田间工程等。

单位工程：是单项工程的组成部分，是指建设后不能独立发挥生产能力或效益，但具有独立施工条件的工程。如一个引水渠工程中的干渠工程、支渠工程、渡槽工程、倒虹吸工程等。

分部工程：是单位工程的组成部分，它一般按照建筑物的结构部位或施工工种不同进行划分。如渡槽工程，从结构部位角度可划分基础工程、排架工程、槽身工程等；若从施工工种的角度则可划分为土石方工程、砌石工程、混凝土工程等。

分项工程：是分部工程的细分，是建设项目最基本的组成单元，也是最简单的施工过程。如渡槽槽身混凝土工程可分为钢筋制安、模板制安、混凝土浇筑、止水等若干分部工程。有些时候，常将分部工程和分项工程纳在一起统称为分部分项工程，如渡槽工程一般包含一般土方开挖、一般石方开挖、坑石方开挖、土石方回填、浆砌石支墩砌筑、基础混凝土浇筑、排架混凝土浇筑、槽身混凝土浇筑、钢筋制安、排架模板制安、槽身模板制安、止水等若干个分部分项工程。

### 二、根据水利工程性质及项目概（估）算的编制特点划分

在水利工程概（估）算编制过程中，往往根据工程性质的不同，将水利工程项目划分为枢纽工程、引水工程和河道工程。枢纽工程包括水库、水电站、大型泵站、大型拦河水闸和其他大型独立建筑物；引水工程包括供水工程、设计流量不小于 $5m^3/s$ 的灌溉工程；河道工程包括堤防工程、河湖整治工程、设计流量小于 $5m^3/s$ 的灌溉工程和田间工程。

这 3 类工程由于性质不同、施工难易程度有别，故在编制概（估）算的时候，应按现行的水总〔2014〕429 号文《水利工程设计概（估）算编制规定》〔以下简称《编制规定（2014）》〕、办水总〔2016〕132 号文《水利工程营业税改征增值税计价依据调整办法》（以

下简称"办水总〔2016〕132 号文")的要求，对人工单价、有关计费费率标准等有所区别。

水利工程概（估）算的编制由工程部分、建设征地移民补偿、环境保护工程、水土保持工程 4 部分构成。下面主要对工程部分、建设征地移民补偿的项目划分进行阐述。

**（一）工程部分**

工程部分的项目组成包括建筑工程、机电设备及安装工程、金属结构设备及安装工程、施工临时工程、独立费用 5 部分，每部分均下设一级项目、二级项目、三级项目。一级项目相当于单项工程，二级项目相当于单位工程，三级项目相当于分部分项工程。如图 4-1 所示。

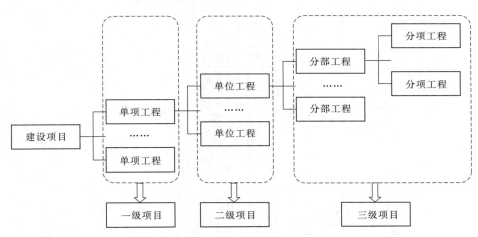

图 4-1　项目分解示意图

在《编制规定（2014）》中，对工程部分的二级项目、三级项目，仅列示了代表性子目，具体见附表 1～附表 5。编制概算时，二级项目、三级项目可根据初步设计阶段的工作深度和工程情况进行增减，以建筑工程为例，三级项目划分时，可参照附表 6 所示的基本要求进行。

**（二）建设征地移民补偿**

建设征地移民补偿的项目组成包括农村部分、城（集）镇部分、工业企业、专业项目、防护工程、库底清理、其他费用、预备费和有关税费 9 部分。除预备费外，其余各部分应根据具体工程情况分别设置下设一级项目、二级项目、三级项目、四级项目、五级项目。根据《编制规定（2014）》，各部分的项目划分见附表 7～附表 14。

# 第二节　水利工程费用构成及计算程序

## 一、水利工程费用构成

水利工程建设项目费用是指工程项目从筹建起直至竣工验收、交付使用等全过程中所需要的各项费用总和。它一般包括工程部分、建设征地移民补偿、环境保护工程及水土保持工程 4 部分，具体费用组成如图 4-2 所示。

本章后续各节将主要针对工程部分，依据《编制规定（2014）》、办水总〔2016〕132 号文和办财务函〔2019〕448 号文《关于调整水利工程计价依据增值税计算标准的通知》

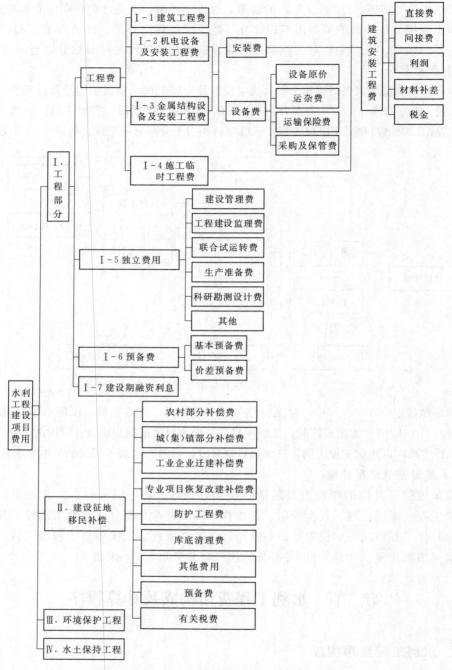

图 4-2 水利工程建设项目费用构成

（以下简称"办财务函〔2019〕448 号文"）的相关规定，介绍其费用的构成情况及相应计算方法。

**（一）建筑及安装工程费**

建筑及安装工程费由直接费、间接费、利润、材料补差及税金 5 项组成。

（1）直接费：包括基本直接费和其他直接费。

（2）间接费：包括规费和企业管理费。

（3）利润。

（4）材料补差。

（5）税金：指增值税销项税额。

**（二）设备费**

设备费由设备原价、运杂费、运输保险费、采购及保管费4项组成。

**（三）独立费用**

**（四）预备费**

预备费由基本预备费和价差预备费组成。

**（五）建设期融资利息**

## 二、水利工程费用的计算程序

编制水利工程概预算时，其一般程序如图4-3所示，具体可归纳为以下7个环节：

（1）熟悉工程概况，编制水利工程费用的工作计划和工作大纲。

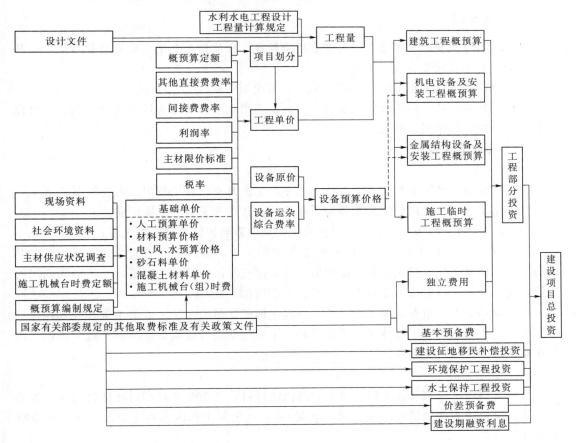

图4-3　水利工程概预算编制程序

（2）收集基础资料，包括：设计文件（即设计报告、图纸等成果资料）；各种现场资料及社会环境资料；主材供应状况调查资料；概预算编制规定及相应定额；国家有关部委规定的相关取费标准及有关政策文件等。

（3）进行项目划分，确定工程量清单。

（4）编制工程基础单价，包括：人工预算单价；材料预算价格（包含主材、次材的预算价格）；施工电、风、水预算价格；砂石料单价；混凝土材料单价；施工机械使用费［即施工机械台（组）时费］。

（5）编制建筑工程单价、安装工程单价，计算设备费。

（6）进行各部分工程概预算的编制，汇总分部分项工程概预算形成单位工程或单项工程概预算，汇总单位工程、单项工程概预算及独立费用，编制形成总概预算。

（7）分级校审，装订成册。

# 第三节　建筑及安装工程费

建筑及安装工程费由直接费、间接费、利润、材料补差及税金组成。

## 一、直接费

直接费指建筑安装工程施工过程中直接消耗在工程项目上的活劳动和物化劳动，由基本直接费、其他直接费组成。

基本直接费包括人工费、材料费、施工机械使用费。

其他直接费包括冬雨季施工增加费、夜间施工增加费、特殊地区施工增加费、临时设施费、安全生产措施费和其他。

### （一）基本直接费

1. 人工费

人工费指直接从事建筑安装工程施工的生产工人开支的各项费用，内容如下：

（1）基本工资。由岗位工资和年应工作天数内非作业天数的工资组成。

1）岗位工资。指按照职工所在岗位各项劳动要素测评结果确定的工资。

2）生产工人年应工作天数以内非作业天数的工资，包括生产工人开会学习、培训期间的工资，调动工作、探亲、休假期间的工资，因气候影响的停工工资，女工哺乳期间的工资，病假在 6 个月以内的工资及产、婚、丧假期的工资。

（2）辅助工资。指在基本工资之外，以其他形式支付给生产工人的工资性收入，包括根据国家有关规定属于工资性质的各种津贴，主要包括艰苦边远地区津贴、施工津贴、夜餐津贴、节假日加班津贴等。

2. 材料费

材料费指用于建筑安装工程项目上的消耗性材料、装置性材料和周转性材料除税摊销费（注：除税指不含增值税进项税额，下同），包括定额工作内容规定应计入的未计价材料和计价材料。

材料预算价格一般包括材料原价、运杂费、运输保险费和采购及保管费 4 项。

（1）材料原价。指材料指定交货地点的除税价格。

（2）运杂费。指材料从指定交货地点至工地分仓库或相当于工地分仓库（材料堆放场）所发生的全部除税费用。包括：运输费、装卸费及其他杂费。

（3）运输保险费。指材料在运输途中的除税保险费。

（4）采购及保管费。指材料在采购、供应和保管过程中所发生的各项除税费用。主要包括材料的采购、供应和保管部门工作人员的基本工资、辅助工资、职工福利费、劳动保护费、养老保险费、失业保险费、医疗保险费、工伤保险费、生育保险费、住房公积金、教育经费、办公费、差旅交通费及工具用具使用费；仓库、转运站等设施的检修费、固定资产折旧费、技术安全措施费；材料在运输、保管过程中发生的损耗等。

3. 施工机械使用费

施工机械使用费指消耗在建筑安装工程项目上的机械磨损、维修和动力燃料除税费用等。包括折旧费、修理及替换设备费、安装拆卸费、机上人工费和动力燃料费等。

（1）折旧费。指施工机械在规定使用年限内回收原值的台时折旧摊销除税费用。

（2）修理及替换设备费。

1）修理费指施工机械使用过程中，为了使机械保持正常功能而进行修理所需的除税摊销费用和机械正常运转及日常保养所需的润滑油料、擦拭用品的除税费用，以及保管机械所需的除税费用。

2）替换设备费指施工机械正常运转时所耗用的替换设备及随机使用的工具附具等除税摊销费用。

（3）安装拆卸费。指施工机械进出工地的安装、拆卸、试运转和场内转移及辅助设施的摊销费用。部分大型施工机械的安装拆卸费不在其施工机械使用费中计列，包含在其他施工临时工程中。

（4）机上人工费。指施工机械使用时机上操作人员人工费用。

（5）动力燃料费。指施工机械正常运转时所耗用的风、水、电、油和煤等除税费用。

**（二）其他直接费**

1. 费用组成及计算

（1）冬雨季施工增加费。冬雨季施工增加费指在冬雨季施工期间为保证工程质量所需增加的费用。包括增加施工工序，增设防雨、保温、排水等设施增耗的动力、燃料、材料以及因人工、机械效率降低而增加的费用。

根据不同地区，冬雨季施工增加费按基本直接费的百分率计算。具体费率标准见表4-1。

表4-1 冬雨季施工增加费费率表

| 序号 | 地区类别 | 各地区所包含的省（自治区、直辖市） | 冬雨季施工增加费费率 | | 计算基础 | 备注 |
|---|---|---|---|---|---|---|
| | | | 建筑工程 | 机电、金属结构设备安装工程 | | |
| 1 | 西南区、中南区、华东区 | 西南区：重庆、四川、贵州、云南等4个省（直辖市）；中南区：河南、湖北、湖南、广东、广西、海南等6个省（自治区）； | 0.5%~1.0% | | 基本直接费 | 按规定不计冬季施工增加费的地区取小值，计算冬季施工增加费的地区可取大值 |

| 序号 | 地区类别 | 各地区所包含的省（自治区、直辖市） | 冬雨季施工增加费费率 | | 计算基础 | 备注 |
|---|---|---|---|---|---|---|
| | | | 建筑工程 | 机电、金属结构设备安装工程 | | |
| 1 | 西南区、中南区、华东区 | 华东区：上海、江苏、浙江、安徽、福建、江西、山东等7个省（直辖市） | 0.5%~1.0% | | 基本直接费 | 按规定不计冬季施工增加费的地区取小值，计算冬季施工增加费的地区可取大值 |
| 2 | 华北区 | 华北区：北京、天津、河北、山西、内蒙古等5个省（自治区、直辖市） | 1.0%~2.0% | | 基本直接费 | 内蒙古等较严寒地区可取大值，其他地区取中值或小值 |
| 3 | 西北区、东北区 | 西北区：陕西、甘肃、青海、宁夏、新疆等5个省（自治区）；东北区：辽宁、吉林、黑龙江等3个省 | 2.0%~4.0% | | 基本直接费 | 陕西、甘肃等省取小值，其他地区可取中值或大值 |
| 4 | 西藏自治区 | | 2.0%~4.0% | | 基本直接费 | |

（2）夜间施工增加费。夜间施工增加费指施工场地和公用施工道路的照明费用。照明线路工程费用包括在"临时设施费"中；施工附属企业系统、加工厂、车间的照明费用，列入相应的产品中，均不包括在本项费用之内。

夜间施工增加费按基本直接费的百分率计算。具体费率标准见表4-2。

表4-2　　　　　　　　　　　　夜间施工增加费费率表

| 序号 | 工程性质 | 计算基础 | 夜间施工增加费费率 | |
|---|---|---|---|---|
| | | | 建筑工程 | 机电、金属结构设备安装工程 |
| 1 | 枢纽工程 | 基本直接费 | 0.5% | 0.7% |
| 2 | 引水工程 | 基本直接费 | 0.3% | 0.6% |
| 3 | 河道工程 | 基本直接费 | 0.3% | 0.5% |

（3）特殊地区施工增加费。特殊地区施工增加费指在高海拔、原始森林、沙漠等特殊地区施工而增加的费用。其中高海拔地区施工增加费已计入定额；其他特殊增加费应按工程所在地区规定标准计算，地方没有规定的不得计算此项费用。

（4）临时设施费。临时设施费指施工企业为进行建筑安装工程施工所必需的但又未被划入施工临时工程的临时建筑物、构筑物和各种临时设施的建设、维修、拆除、摊销等。如供风、供水（支线）、供电（场内）、照明、供热系统及通信支线，土石料场，简易砂石料加工系统，小型混凝土拌和浇筑系统，木工、钢筋、机修等辅助加工厂，混凝土预制构件厂，场内施工排水，场地平整、道路养护及其他小型临时设施等。

临时设施费按基本直接费的百分率计算。具体费率标准见表4-3。

表4-3                                临 时 设 施 费 费 率 表

| 序号 | 工程性质 | 计算基础 | 临时设施费费率 | | 备　　注 |
|---|---|---|---|---|---|
| | | | 建筑工程 | 机电、金属结构设备安装工程 | |
| 1 | 枢纽工程 | 基本直接费 | 3.0% | | |
| 2 | 引水工程 | 基本直接费 | 1.8%～2.8% | | 若工程自采加工人工砂石料，费率取上限；若工程自采加工天然砂石料，费率取中值；若工程采用外购砂石料，费率取下限 |
| 3 | 河道工程 | 基本直接费 | 1.5%～1.7% | | 灌溉田间工程取下限，其他工程取中上限 |

（5）安全生产措施费。安全生产措施费指为保证施工现场安全作业环境及安全施工、文明施工所需要，在工程设计已考虑的安全支护措施之外发生的安全生产、文明施工相关费用。

安全生产措施费按基本直接费的百分率计算。具体费率标准见表4-4。

表4-4                                安全生产措施费费率表

| 序号 | 工程性质 | 计算基础 | 安全生产措施费费率 | | 备　　注 |
|---|---|---|---|---|---|
| | | | 建筑工程 | 机电、金属结构设备安装工程 | |
| 1 | 枢纽工程 | 基本直接费 | 2.0% | | |
| 2 | 引水工程 | 基本直接费 | 1.4%～1.8% | | 一般取下限标准，隧洞、渡槽等大型建筑物较多的引水工程、施工条件复杂的引水工程取上限标准 |
| 3 | 河道工程 | 基本直接费 | 1.2% | | |

（6）其他。包括施工工具用具使用费，检验试验费，工程定位复测及施工控制网测设，工程点移交、竣工场地清理，工程项目及设备仪表移交生产前的维护费，工程验收检测费等。

1）施工工具用具使用费。指施工生产所需，但不属于固定资产的生产工具，检验、试验用具等的购置、摊销和维护费。

2）检验试验费。指对建筑材料、构件和建筑安装物进行一般鉴定、检查所发生的费用，包括自设实验室所耗用的材料和化学药品费用，以及技术革新和研究试验费，不包括新结构、新材料的试验费和建设单位要求对具有出厂合格证明的材料进行试验、对构件进行破坏性试验，以及其他特殊要求检验试验的费用。

3）工程项目及设备仪表移交生产前的维护费。指竣工验收前对已完工程及设备进行保护所需费用。

4）工程验收检测费。指工程各级验收阶段为检测工程质量发生的检测费用。

上述其他费用按基本直接费的百分率计算。具体费率标准见表4-5。

表 4 - 5 　　　　　　　　　　　其 他 费 用 费 率 表

| 序号 | 工程性质 | 计算基础 | 其他费用费率 | |
|---|---|---|---|---|
| | | | 建筑工程 | 机电、金属结构设备安装工程 |
| 1 | 枢纽工程 | 基本直接费 | 1.0% | 1.5% |
| 2 | 引水工程 | 基本直接费 | 0.6% | 1.1% |
| 3 | 河道工程 | 基本直接费 | 0.5% | 1.0% |

根据上述各项费率，可求得其他直接费费率之和，进而计算其他直接费＝基本直接费×其他直接费费率之和。

2. 特别说明

在取定其他直接费费率时，需特别注意以下两方面的问题：

(1) 砂石备料工程，其他直接费费率取 0.5%。

(2) 掘进机施工隧洞工程，其他直接费取费费率执行以下规定：土石方类工程、钻孔灌浆及锚固类工程，其他直接费费率为 2%～3%；掘进机由建设单位采购、设备费单独列项时，台时费中不计折旧费，土石方类工程、钻孔灌浆及锚固类工程，其他直接费费率为 4%～5%。敞开式掘进机费率取低值，其他掘进机费率取高值。

## 二、间接费

间接费指施工企业为建筑安装工程施工而进行组织与经营管理所发生的各项费用，间接费构成产品成本，由规费和企业管理费组成。

### (一) 规费

规费指政府和有关部门规定必须缴纳的费用，包括社会保险费和住房公积金。

1. 社会保险费

(1) 养老保险费，指企业按照规定标准为职工缴纳的基本养老保险费。

(2) 失业保险费，指企业按照规定标准为职工缴纳的失业保险费。

(3) 医疗保险费，指企业按照规定标准为职工缴纳的基本医疗保险费。

(4) 工伤保险费，指企业按照规定标准为职工缴纳的工伤保险费。

(5) 生育保险费，指企业按照规定标准为职工缴纳的生育保险费。

2. 住房公积金

住房公积金指企业按照规定标准为职工缴纳的住房公积金。

### (二) 企业管理费

企业管理费指施工企业为组织施工生产和经营管理活动所发生的费用，及在营业税改征增值税之前原隶属于税金组成部分的城市维护建设税和教育费附加（含地方教育费附加），包括以下内容：

(1) 管理人员工资，指管理人员的基本工资、辅助工资。

(2) 差旅交通费，指施工企业管理人员因公出差、工作调动的差旅费，误餐补助费，职工探亲路费，劳动力招募费，职工离退休、退职一次性路费，工伤人员就医路费，工地转移费，交通工具运行费及牌照费等。

(3) 办公费，指企业办公用文具、印刷、邮电、书报、会议、水电、燃煤（气）等费用。

（4）固定资产使用费，指企业属于固定资产的房屋、设备、仪器等的折旧、大修理、维修费或租赁费等。

（5）工具用具使用费，指企业管理使用不属于固定资产的工具、用具、家具、交通工具和检验、试验、测绘、消防用具等的购置、维修和摊销费。

（6）职工福利费，指企业按照国家规定支出的职工福利费，以及由企业支付离退休职工的易地安置补偿费、职工退休金、6个月以上的病假人员工资、按规定支付给离休干部的各项经费。职工发生工伤时企业依法在工伤保险基金之外支付的费用，其他在社会保险基金之外依法由企业支付给职工的费用。

（7）劳动保护费，指企业按照国家有关部门规定标准发放的一般劳动防护用品的购置及修理费、保健费、防暑降温费、高空作业及进洞津贴、技术安全措施以及洗澡用水、饮用水的燃料费等。

（8）工会经费，指企业按职工工资总额计提的工会经费。

（9）职工教育经费，指企业为职工学习先进技术和提高文化水平按职工工资总额计提的费用。

（10）保险费，指企业财产保险、管理用车辆等保险费用，高空、井下、洞内、水下、水上作业等特殊工种安全保险费、危险作业意外伤害保险费等。

（11）财务费用，指施工企业为筹集资金而发生的各项费用，包括：企业经营期间发生的短期融资利息净支出、汇兑净损失、金融机构手续费，企业筹集资金发生的其他财务费用，以及投标和承包工程发生的保函手续费等。

（12）税金，指企业按规定交纳的房产税、管理用车辆使用税、印花税等。

（13）城市维护建设税和教育费附加（含地方教育费附加）。城市维护建设税，简称城建税，是为了加强城市的维护建设，扩大和稳定城市维护建设资金的来源，对有经营收入的单位和个人征收的一个税种；教育费附加（含地方教育费附加）是指对缴纳增值税、消费税、营业税的单位和个人征收的一种附加费，征收的目的是发展地方性教育事业，扩大地方教育经费的资金来源。在2016年5月1日建筑业全面实行营业税改征增值税之后，水利工程项目缴纳的城乡维护建设税和教育费附加（含地方教育费附加）都是以纳税人实际缴纳的增值税为计税依据，并与增值税同时缴纳。

（14）其他，包括技术转让费、企业定额测定费、施工企业进退场费、施工企业承担的施工辅助工程设计费、投标报价费、工程图纸资料费及工程摄影费、技术开发费、业务招待费、绿化费、公证费、法律顾问费、审计费、咨询费等。

根据工程性质不同，间接费应根据表4-6所列的计算基数和不同费率标准进行计算。

表4-6　　　　　　　　　间接费费率表

| 序号 | 工程类别 | 计算基础 | 间接费费率 | | |
|------|---------|---------|----------|----|----|
| | | | 枢纽工程 | 引水工程 | 河道工程 |
| 一 | 建筑工程 | | | | |
| 1 | 土方工程 | 直接费 | 8.5% | 5%～6% | 4%～5% |

| 序号 | 工程类别 | 计算基础 | 间接费费率 | | |
|---|---|---|---|---|---|
| | | | 枢纽工程 | 引水工程 | 河道工程 |
| 2 | 石方工程 | 直接费 | 12.5% | 10.5%～11.5% | 8.5%～9.5% |
| 3 | 砂石备料工程（自采） | 直接费 | 5% | 5% | 5% |
| 4 | 模板工程 | 直接费 | 9.5% | 7%～8.5% | 6%～7% |
| 5 | 混凝土浇筑工程 | 直接费 | 9.5% | 8.5%～9.5% | 7%～8.5% |
| 6 | 钢筋制安工程 | 直接费 | 5.5% | 5% | 5% |
| 7 | 钻孔灌浆工程 | 直接费 | 10.5% | 9.5%～10.5% | 9.25% |
| 8 | 锚固工程 | 直接费 | 10.5% | 9.5%～10.5% | 9.25% |
| 9 | 疏浚工程 | 直接费 | 7.25% | 7.25% | 6.25%～7.25% |
| 10 | 掘进机施工隧洞工程（1） | 直接费 | 4% | 4% | 4% |
| 11 | 掘进机施工隧洞工程（2） | 直接费 | 6.25% | 6.25% | 6.25% |
| 12 | 其他工程 | 直接费 | 10.5% | 8.5%～9.5% | 7.25% |
| 二 | 机电、金属结构设备安装工程 | 人工费 | 75% | 70% | 70% |
| 备注 | | | | 一般取下限标准，隧洞、渡槽等大型建筑物较多的引水工程、施工条件复杂的引水工程取上限标准 | 灌溉田间工程取下限，其他工程取上限 |

注　工程类别划分说明：

1. 土方工程：包括土方开挖与填筑等。
2. 石方工程：包括石方开挖与填筑、砌石、抛石工程等。
3. 砂石备料工程：包括天然砂砾料和人工砂石料的开采加工。
4. 模板工程：包括现浇各种混凝土时制作及安装的各类模板工程。
5. 混凝土浇筑工程：包括现浇和预制各种混凝土、伸缩缝、止水、防水层、温控措施等。
6. 钢筋制安工程：包括钢筋制作与安装工程等。
7. 钻孔灌浆工程：包括各种类型的钻孔灌浆、防渗墙、灌注桩工程等。
8. 锚固工程：包括喷混凝土（浆）、锚杆、预应力锚索（筋）工程等。
9. 疏浚工程：指用挖泥船、水力冲挖机组等机械疏浚江河、湖泊的工程。
10. 掘进机施工隧洞工程（1）：包括掘进机施工土石方类工程、钻孔灌浆及锚固类工程等。
11. 掘进机施工隧洞工程（2）：指掘进机设备单独列项采购并且在台时费中不计折旧费的土石方类工程、钻孔灌浆及锚固类工程等。
12. 其他工程：指除表中所列 11 类工程以外的其他工程。

## 三、利润

利润指按规定应计入建筑安装工程费用中的利润。

利润按直接费和间接费之和的 7% 计算。

## 四、材料补差

材料补差指根据主要材料消耗量、主要材料除税预算价格与材料基价之间的差值，计算的主要材料补差金额。材料基价是指计入基本直接费的主要材料的限制价格,办水总〔2016〕132号文中对主材基价的规定见表4-7。

当主材的除税预算价格超过表4-7规定的基价时,应按基价计入工程单价参与取费,除税预算价与基价的差值以材料补差形式计算,材料补差金额列入单价表中并计取税金。

当主材除税预算价格低于表4-7规定的基价时,按除税预算价格直接计入工程单价。

计算施工电、风、水价格时,按除税预算价格参与计算。

表4-7                                主 要 材 料 基 价 表

| 序号 | 材 料 名 称 | 单位 | 基价/元 |
|---|---|---|---|
| 1 | 柴油 | t | 2990 |
| 2 | 汽油 | t | 3075 |
| 3 | 钢筋 | t | 2560 |
| 4 | 水泥 | t | 255 |
| 5 | 炸药 | t | 5150 |
| 6 | 外购砂、碎石(砾石)、块石、料石 | m³ | 70 |
| 7 | 商品混凝土 | m³ | 200 |

### 五、税金

在建筑业实行营业税改征增值税之后,税金是指应计入建筑安装工程费用的增值税销项税额。现阶段依据办水总〔2016〕132号文、办财务函〔2019〕448号文的规定,建筑及安装工程费的税率为9%,自采砂石料的税率为3%。

税金可按式(4-1)进行计算:

$$税金=(直接费+间接费+利润+材料补差)×增值税税率 \qquad (4-1)$$

其中:若建筑、安装工程中含未计价装置性材料的,则计算税金时应计入除税的未计价装置性材料费;计算税金时,其计算基数中的各项均不包含增值税进项税额。

# 第四节 设 备 费

设备费包括设备原价、运杂费、运输保险费和采购及保管费。

## 一、设备原价

(1)国产设备。其原价指出厂价。

(2)进口设备。以设备到岸价和进口征收的税金、手续费、商检费及港口费等各项费用之和作为原价。

(3)大型机组及其他大型设备分瓣运至工地后的拼装费用,应包括在设备原价内。

## 二、运杂费

运杂费指设备由厂家运至工地现场所发生的一切运杂费用,包括运输费、装卸费、包装绑扎费、大型变压器充氮费及可能发生的其他杂费。

### 三、运输保险费

运输保险费指设备在运输过程中的保险费用。

### 四、采购及保管费

采购及保管费指建设单位和施工企业在负责设备的采购、保管过程中发生的各项费用。主要包括以下几方面：

（1）采购保管部门工作人员的基本工资、辅助工资、职工福利费、劳动保护费、养老保险费、失业保险费、医疗保险费、工伤保险费、生育保险费、住房公积金、教育经费、办公费、差旅交通费、工具用具使用费等。

（2）仓库、转运站等设施的运行费、维修费、固定资产折旧费、技术安全措施费和设备的检验、试验费等。

## 第五节 独 立 费 用

独立费用由建设管理费、工程建设监理费、联合试运转费、生产准备费、科研勘测设计费和其他等6项组成。

### 一、建设管理费

建设管理费指建设单位在工程项目筹建和建设期间进行管理工作所需的费用。包括建设单位开办费、建设单位人员费、项目管理费3项。

#### （一）建设单位开办费

建设单位开办费指新组建的工程建设单位，为开展工作所必须购置的办公设施、交通工具以及其他用于开办工作的费用。

#### （二）建设单位人员费

建设单位人员费指建设单位从批准组建之日起至完成该工程建设管理任务之日止，需开支的建设单位人员费用。主要包括工作人员的基本工资、辅助工资、职工福利费、劳动保护费、养老保险费、失业保险费、医疗保险费、工伤保险费、生育保险费、住房公积金等。

#### （三）项目管理费

项目管理费指建设单位从筹建到竣工期间所发生的各种管理费用。包括以下几方面：

（1）工程建设过程中用于资金筹措、召开董事（股东）会议、视察工程建设所发生的会议和差旅等费用。

（2）工程宣传费。

（3）土地使用税、房产税、印花税、合同公证费。

（4）审计费。

（5）施工期间所需的水情、水文、泥沙、气象监测费和报汛费。

（6）工程验收费。

（7）建设单位人员的教育经费、办公费、差旅交通费、会议费、交通车辆使用费、技术图书资料费、固定资产折旧费、零星固定资产购置费、低值易耗品摊销费、工具用具使用费、修理费、水电费、采暖费等。

（8）招标业务费。

（9）经济技术咨询费。包括勘测设计成果咨询、评审费，工程安全鉴定、验收技术鉴定、安全评价相关费用，建设期造价咨询，防洪影响评价、水资源论证、工程场地地震安全性评价、地质灾害危险性评价及其他专项咨询等发生的费用。

（10）公安、消防部门派驻工地补贴费及其他工程管理费用。

## 二、工程建设监理费

工程建设监理费指建设单位在工程建设过程中委托监理单位，对工程建设的质量、进度、安全和投资进行监理所发生的全部费用。

## 三、联合试运转费

联合试运转费指水利工程的发电机组、水泵等安装完毕，在竣工验收前，进行整套设备带负荷联合试运转期间所需的各项费用。主要包括联合试运转期间所消耗的燃料、动力、材料及机械使用费，工具用具购置费，施工单位参加联合试运转人员的工资等。

## 四、生产准备费

生产准备费指水利建设项目的生产、管理单位为准备正常的生产运行或管理发生的费用。包括生产及管理单位提前进厂费、生产职工培训费、管理用具购置费、备品备件购置费、工器具及生产家具购置费。

### （一）生产及管理单位提前进厂费

生产及管理单位提前进厂费指在工程完工之前，生产、管理单位一部分工人、技术人员和管理人员提前进厂进行生产筹备工作所需的各项费用。内容包括提前进厂人员的基本工资、辅助工资、职工福利费、劳动保护费、养老保险费、失业保险费、医疗保险费、工伤保险费、生育保险费、住房公积金、教育经费、办公费、差旅交通费、会议费、技术图书资料费、零星固定资产购置费、低值易耗品摊销费、工具用具使用费、修理费、水电费、采暖费等，以及其他属于生产筹建期间应开支的费用。

### （二）生产职工培训费

生产职工培训费指生产及管理单位为保证生产、管理工作顺利进行，对工人、技术人员和管理人员进行培训所发生的费用。

### （三）管理用具购置费

管理用具购置费指为保证新建项目的正常生产和管理所必须购置的办公和生活用具等费用。包括办公室、会议室、资料档案室、阅览室、文娱室、医务室等公用设施需要配置的家具器具。

### （四）备品备件购置费

备品备件购置费指工程在投产运行初期，由于易损件损耗和可能发生的事故，而必须准备的备品备件和专用材料的购置费。不包括设备价格中配备的备品备件。

**（五）工器具及生产家具购置费**

工器具及生产家具购置费指按设计规定，为保证初期生产正常运行所必须购置的不属于固定资产标准的生产工具、器具、仪表、生产家具等的购置费。不包括设备价格中已包括的专用工具。

### 五、科研勘测设计费

科研勘测设计费指工程建设所需的科研、勘测和设计等费用。包括工程科学研究试验费和工程勘测设计费。

**（一）工程科学研究试验费**

工程科学研究试验费指为保障工程质量，解决工程建设技术问题，而进行必要的科学研究试验所需的费用。

**（二）工程勘测设计费**

工程勘测设计费指工程从项目建设书阶段开始至以后各设计阶段发生的勘测费、设计费和为勘测设计服务的常规科研试验费。不包括工程建设征地移民设计、环境保护设计、水土保持设计各设计阶段发生的勘测设计费。

### 六、其他

**（一）工程保险费**

工程保险费指工程建设期间，为使工程能在遭受水灾、火灾等自然灾害和意外事故造成损失后得到经济补偿，而对工程进行投保所发生的保险费用。

**（二）其他税费**

其他税费指按国家规定应缴纳的与工程建设有关的税费。

# 第六节　预备费及建设期融资利息

### 一、预备费

预备费包括基本预备费和价差预备费。

**（一）基本预备费**

基本预备费主要为解决在工程建设过程中，设计变更和有关技术标准调整增加的投资，以及工程遭受一般自然灾害所造成的损失和为预防自然灾害所采取的措施费用。

计算方法：根据工程规模、施工年限和地质条件等不同情况，按工程一至五部分投资（即第一部分建筑工程费、第二部分机电设备及安装工程费、第三部分金属结构设备及安装工程费、第四部分施工临时工程费、第五部分独立费用）合计的百分率计算。初步设计阶段为 5％～8％，可行性研究阶段为 10％～12％，项目建议书阶段为 15％～18％。技术复杂、建设难度大的工程项目取大值，其他工程取中小值。

**（二）价差预备费**

价差预备费主要为解决在工程建设过程中，因人工工资、材料和设备价格上涨以及费用标准调整而增加的投资。

计算方法：根据施工年限，以资金流量表的静态投资为计算基数。

按有关部门实时发布的年物价指数计算。计算公式见式（4-2）：

$$E = \sum_{n=1}^{N} F_n \left[ (1+P)^n - 1 \right] \tag{4-2}$$

式中：$E$ 为价差预备费；$N$ 为合理建设工期；$n$ 为施工年度；$F_n$ 为建设期间资金流量表内第 $n$ 年的投资；$P$ 为年物价指数。

## 二、建设期融资利息

根据国家财政金融政策规定，工程在建设期内需偿还并应计入工程总投资的融资利息。

建设期融资利息的计算公式见式（4-3）：

$$S = \sum_{n=1}^{N} \left[ \left( \sum_{m=1}^{n} F_m b_m - \frac{1}{2} F_n b_n \right) + \sum_{m=0}^{n-1} S_m \right] i \tag{4-3}$$

式中：$S$ 为建设期融资利息；$N$ 为合理建设工期；$n$ 为施工年度；$m$ 为还息年度；$F_n$、$F_m$ 分别为在建设期资金流量表内第 $n$、$m$ 年的投资；$b_n$、$b_m$ 分别为各施工年份融资额占当年投资比例；$i$ 为建设期融资利率；$S_m$ 为第 $m$ 年的付息额度。

## 思 考 题

1. 水利工程建设项目的费用由哪些部分构成？工程部分中各部分费用的构成情况如何？

2. 简述编制水利工程概预算的基本程序。

3. 根据项目性质的不同，如何进行水利工程项目的划分？

4. 在水利工程概（估）算编制过程中，对工程部分中的三级项目划分应遵循的基本要求是什么？

5. 简述建安工程费的构成。

6. 对有限价要求的主要材料而言，其材料除税预算价在进入建安工程单价分析时有什么要求？

7. 基本预备费的用途是什么？

# 第五章  水利工程基础单价的编制

水利工程基础单价是计算工程单价的基本依据，需要根据水利行业的有关规定、材料来源、施工方案、工程所在地区情况等进行确定。

水利工程基础单价包括人工预算单价，材料预算单价，施工机械台时费，施工用电、风、水预算价格，砂石料单价和混凝土、砂浆材料单价等。

## 第一节  人 工 预 算 单 价

人工预算单价是确定工程造价时计算各种生产工人人工费所采用的人工费单价，是计算建筑安装工程单价和施工机械台时费中人工费的基础单价。

需要指出的是，人工预算单价和生产工人的工资不同。工资是施工企业按劳动者的劳动数量（劳动者完成某一合格产品所消耗的必要劳动时间之和，或劳动者完成某一合格产品的总量）与质量（物化在商品中的抽象劳动，是无差别的人类劳动的凝结）以货币形式付给劳动者的劳动报酬。人工预算单价是指一个建筑安装工人工作单位时间（一个工作日或一个工作时）在工程概预算中应计入的全部人工费用。它反映了社会生产工人的工资水平和企业内不同劳动者群体的平均劳动报酬水平，它不能作为建筑安装工人实发工资的标准。影响人工预算单价的主要因素包括社会平均工资水平、生活消费指数、劳动力市场供需情况、人工预算单价的组成内容和政府推行的社会保障和福利政策等。

### 一、人工预算单价的组成

根据现行《编制规定（2014）》和水利部水利企业工资制度改革办法，水利工程企业的工人按技术等级不同分为工长、高级工、中级工和初级工 4 级。各级工的人工预算单价均由基本工资、辅助工资组成。

**（一）基本工资**

基本工资指生产工人的岗位工资及年应工作天数内非作业天数的工资。

（1）岗位工资，指按照职工所在岗位各项劳动要素测评结果确定的工资。

（2）生产工人年应工作天数以内非作业天数的工资，包括生产工人开会学习、培训期间的工资，调动工作、探亲、休假期间的工资，因气候影响的停工工资，女工哺乳期间的工资，病假在 6 个月以内的工资及产、婚、丧假期的工资。

**（二）辅助工资**

辅助工资指在基本工资之外，以其他形式支付给生产工人的工资性收入，包括根据国家有关规定属于工资性质的各种津贴，主要有艰苦边远地区津贴、施工津贴、夜餐津贴、节日加班津贴等。

## 二、人工预算单价的计算标准

根据水总《编制规定（2014）》，人工预算单价按表 5-1 标准计算。

表 5-1　　　　　　　　　　人工预算单价计算标准　　　　　　　　　单位：元/工时

| 类别与等级 | 一般地区 | 一类区 | 二类区 | 三类区 | 四类区 | 五类区<br>西藏二类 | 六类区<br>西藏三类 | 西藏四类 |
|---|---|---|---|---|---|---|---|---|
| 枢纽工程 | | | | | | | | |
| 工长 | 11.55 | 11.80 | 11.98 | 12.26 | 12.76 | 13.61 | 14.63 | 15.40 |
| 高级工 | 10.67 | 10.92 | 11.09 | 11.38 | 11.88 | 12.73 | 13.74 | 14.51 |
| 中级工 | 8.90 | 9.15 | 9.33 | 9.62 | 10.12 | 10.96 | 11.98 | 12.75 |
| 初级工 | 6.13 | 6.38 | 6.55 | 6.84 | 7.34 | 8.19 | 9.21 | 9.98 |
| 引水工程 | | | | | | | | |
| 工长 | 9.27 | 9.47 | 9.61 | 9.84 | 10.24 | 10.92 | 11.73 | 12.11 |
| 高级工 | 8.57 | 8.77 | 8.91 | 9.14 | 9.54 | 10.21 | 11.03 | 11.40 |
| 中级工 | 6.62 | 6.82 | 6.96 | 7.19 | 7.59 | 8.26 | 9.08 | 9.45 |
| 初级工 | 4.64 | 4.84 | 4.98 | 5.21 | 5.61 | 6.29 | 7.10 | 7.47 |
| 河道工程 | | | | | | | | |
| 工长 | 8.02 | 8.19 | 8.31 | 8.52 | 8.86 | 9.46 | 10.17 | 10.49 |
| 高级工 | 7.40 | 7.57 | 7.70 | 7.90 | 8.25 | 8.84 | 9.55 | 9.88 |
| 中级工 | 6.16 | 6.33 | 6.46 | 6.66 | 7.01 | 7.60 | 8.31 | 8.63 |
| 初级工 | 4.26 | 4.43 | 4.55 | 4.76 | 5.10 | 5.70 | 6.41 | 6.73 |

人工预算单价计算标准在使用时，需要注意下列问题：

（1）艰苦边远地区划分执行人事部、财政部《关于印发〈完善艰苦边远地区津贴制度实施方案〉的通知》（国人部发〔2006〕61 号）及各省（自治区、直辖市）关于艰苦边远地区津贴制度实施意见。一类至六类地区的类别划分参见附录Ⅱ，执行时应根据最新文件进行调整。一般地区指附录Ⅱ之外的地区。

（2）西藏地区的类别执行西藏特殊津贴制度相关文件规定，其二类至四类划分的具体内容见附录Ⅲ。

（3）跨地区建设项目的人工预算单价可按主要建筑物所在地确定，也可按工程规模或投资比例进行综合确定。

## 三、人工预算单价实例

【例 5-1】　陕西省宁强县拟建灌溉工程，若：（1）设计流量为 15m³/s；（2）设计流量为 4m³/s。试计算该工程的人工预算单价。

**解：**根据水利工程分类，灌溉工程设计流量不小于 5m³/s 属于引水工程；设计流量小于 5m³/s 属于河道工程。

查附录Ⅱ艰苦边远地区类别划分表可知，陕西省宁强县属于艰苦边远地区一类区。故查表 5-1 知：

（1）当设计流量为 15m³/s 时，其人工预算单价为工长 9.47 元/工时，高级工 8.77 元/工时，中级工 6.82 元/工时，初级工 4.84 元/工时。

（2）当设计流量为 4m³/s 时，其人工预算单价为工长 8.19 元/工时，高级工 7.57 元/工时，中级工 6.33 元/工时，初级工 4.43 元/工时。

# 第二节　材料预算价格

材料是建筑安装工人加工或施工的劳动对象，是工程投资的重要组成部分。材料的预算价格是计算建筑安装工程单价材料费的基础。

## 一、水利工程材料

水利建筑安装工程中使用的材料种类繁多，常表现为原材料、成品、半成品、构件及零件等。

材料根据使用性质可分为消耗性材料、周转性材料和装置性材料。消耗性材料指直接消耗在工程的生产过程中的材料，如石方开挖工程中的火工材料，内燃机械运转中消耗的油料等。周转使用的材料指施工过程只局部消耗（磨损）、可重复使用的材料，如浇筑混凝土用的模板、支撑件等。装置性材料指施工过程中作为安装对象的材料，如安装工程中的电缆、管道、轨道等。

材料根据供应方式分为外购材料和自产材料。外购材料指建设或施工单位以采购的方式从外单位购得的材料。水利工程除当地建筑材料以外，大多属外购材料。自产材料指由施工或建设单位自己生产的用于本工程的材料，大中型水利工程的当地建筑材料（砂、卵石、碎石、块石、料石等）大多属自产材料。

材料根据对工程投资影响程度分为主要材料和其他材料。主要材料指水利工程中对工程投资影响大的材料，一般是工程用量大或用量小但价格昂贵的材料。可根据工程具体条件选水泥、钢材、木材、油料、火工产品、砂石料、电缆、母线等为主要材料。对于混凝土工程和沥青混凝土心（斜）墙大坝工程，由于粉煤灰、沥青的用量大，在编制工程概（估）算时，应将其作为主要材料。其他材料指除主要材料以外的所有材料。

## 二、材料预算价格

材料预算价格是指材料自供应地运至工地分仓库（或相当于工地分仓库的材料堆放场地）的出库价格。

材料预算价格一般包括材料原价、运杂费、运输保险费和采购及保管费。即

材料预算价格＝材料原价＋运杂费＋运输保险费＋采购及保管费　　　（5-1）

需要说明的是，运输保险费并不是对每种材料都会发生。例如不参加运输保险的材料不存在运输保险费。另外，主要材料和其他材料的预算价格在工程概预算中的分析方法和计算方法是不同的。

### 三、主要材料预算价格的编制

#### （一）编制方法

1. 调查收集基本资料

在编制材料的预算价格之前，要认真收集下列基本资料，使编制的材料预算价格符合实际。

（1）确定材料的来源地和供货比例。材料的来源地对材料原价和运输费影响较大；水利工程用材料不仅数量大、品种多，而且同一种材料可能有几个供货点，所以，应综合考虑计算。选择材料的来源地应调查工程涉及的交通情况和现行的运输费用政策，分析确定货物的最佳运输方式和运输路线；应保证货源的可靠性；应尽量就近定点并以厂家直供方式为主采购材料。

（2）调查材料的原价。可通过实际调查和查阅近期的有关物价信息和物价公告，并对其进行认真的分析和论证，以确定该工程采用的材料的原价。

（3）调查并确定合适的运输方式和运费。

2. 材料预算价格的计算

（1）材料原价。材料原价也称材料市场价或交货价格，为除税价格，其价格（火工产品除外）一般是工程所在地区就近大型物资供应公司、材料交易中心的市场成交价或设计选定的生产厂家的出厂价。

均按市场调查价格计算。同一材料因产地、供应商不同，会有不同的供应价。应按产地的市场价和供应比例，采用加权平均的方法计算。一般水利工程的主要材料原价可按下述方法确定：

1）水泥。水泥按其主要成分不同分为硅酸盐类水泥（含普通硅酸盐水泥、矿渣硅酸盐水泥、火山灰硅酸盐水泥、粉煤灰硅酸盐水泥、硅酸盐水泥、抗硫酸盐硅酸盐水泥等）、铝酸盐类水泥和无熟料水泥。水泥产品根据原国家计划委员会、建筑材料工业局计价管理的规定，从 1996 年 4 月 1 日起，全部执行市场价，水泥产品价格由厂家根据市场供求状况和水泥生产成本自主定价。如设计采用早强水泥，可按设计确定的比例计入。在可行性研究阶段编制投资估算时，水泥市场价可统一按袋装水泥价格计算。

2）钢材。水利工程使用的钢材主要包括钢筋、型钢、钢管、钢板等。钢材按市场价计算，钢筋预算价格由热轧光圆钢筋 HPB300 $\phi$16～18mm、热轧带肋钢筋 HRB400 $\phi$20～25mm 按设计比例计算。各种型钢、钢板的预算价格按设计要求的代表型号、规格和比例确定。钢材的原价按工程所在地省会或就近大城市的金属材料公司、钢材交易中心、钢铁厂的市场批发价计算。

3）木材。木材按树种分为针叶树和阔叶树。针叶树树干通直而高大，材质较软，属于软木树，如松、柏、杉等，是建筑工程中使用的主要材种。阔叶树属于硬木树，如桦、樟、青杠等。木材按加工程度分为原条、原木、锯材。其中原条指经修枝、剥皮的伐木，常用作建筑施工的脚手架；原木是伐木经修枝、剥皮后，以其最合适的用途，加以截断的圆形木段，原木既可直接用作电杆、桩木、屋架、檩条和椽子，又可进一步加工使用；锯材又叫成材，是原木加工后的初步产品，包括板材、枋材和枕木。板材指横切面的宽为厚的 3 倍及以上的成材；枋材指宽不足厚的 3 倍的成材。木材按树种的价格差异分为 6 类树木：①樟木、楠木、红豆、紫檀等；②杉木、柏木等；③云杉、冷杉、红杉等；④马尾松、云南松、桦树等；⑤榆木、水杉、泡桐等；⑥杨木、柳木、梧桐等。

木材的等级是以其构造上的缺陷（如弯曲、节子、腐朽、虫害、裂纹等）按国家标准评定的。林业部门将加工原木的直径与长度按一定的档次划分为各级标准尺寸，即为原木的径级和长级。径级以 2cm 进一级；东北、内蒙古原木以 0.5m 进一个长级，其他地区原木以 0.2m 进一个长级。

凡工程所需的各种木材，由林区贮木场直接提供的，原则上均执行设计选定的贮木场的大宗市场批发价；由工程所在地木材公司供给的，执行地区木材公司提供的大宗市场批发价。确定木材市场价的代表规格，按二、三类树木各占 50%，Ⅰ、Ⅱ 等材各占 50%。长度按 2.0～3.8m，原松木径级 $\phi20～28cm$，锯材按中板中枋，杉木径级根据设计由贮木场供应情况确定。

木材的原价按工程所在地就近的木材公司或林区贮木场的市场价计算。

4）油料。汽油按辛烷值分为 66、70、75、80、85、90 等牌号。汽油的牌号应根据发动机的压缩比来选择，压缩比大的选用较高牌号的汽油。柴油分为轻柴油和重柴油。轻柴油是 1000 转/min 以上的高速柴油机的燃料，按凝点分为 −35、−20、−10、0、10 五个牌号；重柴油是 1000 转/min 以下的中速和低速柴油机的燃料，按凝点分为 10、20、30 三个牌号。

汽油、柴油全部按工程所在地区市场价计算其预算价格，汽油代表规格为 70 号，柴油代表规格由工程所在地区气温条件确定。油料的原价按工程所在地就近的石油站大型油库的批发价格计算。

5）火工产品。指炸药、雷管、导火线或导电线。水利工程主要使用硝铵类炸药，其主要成分为硝酸铵，加入 TNT 和木粉。常用的品种有：岩石硝铵炸药、露天硝铵炸药、抗水露天硝铵炸药和煤矿硝铵炸药。硝铵炸药分为 1 号、2 号等。水利工程爆破中用的最多的是 2 号岩石硝铵炸药。

火工产品按全部由工程选定的所在地区化工厂供应，统一按国家定价或化工厂的出厂价计算。现阶段出厂价统一执行国家兵总爆函〔1996〕117 号文颁发的《关于调整民爆产品出厂价格的通知》。

需要说明的是，各种主要材料还有多种规格，不同规格的价格也不同。在概算阶段，可以表 5-2 推荐的代表规格及比例来计算材料的综合价格。在预算阶段，可根据施工图纸设计的规格统计的比例计算。

表 5-2 主要材料代表规格参考表

| 序号 | 材料名称 | | 代 表 规 格 | 比例/% |
|---|---|---|---|---|
| 1 | 钢筋 | 光圆钢筋 | 热轧 HPB300 $\phi16～18mm$ | 70 |
| | | 带肋钢筋 | 热轧 HRB400 $\phi20～25mm$ | 30 |
| 2 | 木材 | 原木 | 东北材，三类材，Ⅰ 等 $\phi18～28mm$，长 2～3.8m | 40 |
| | | | 东北材，三类材，Ⅱ 等 $\phi18～28mm$，长 2～3.9m | 60 |

| 序号 | 材料名称 | | 代 表 规 格 | 比例/% |
|---|---|---|---|---|
| 2 | 木材 | 原木 | 南方材，二、三类材各50%，Ⅰ等 φ18～28mm，长 2～3.8m | 40 |
| | | | 南方材，二、三类材各50%，Ⅱ等 φ18～28mm，长 2～3.9m | 60 |
| | | 板枋材 | 东北材，三类材，中板Ⅰ等 φ18～28mm，长 3～3.8m | 40 |
| | | | 东北材，三类材，中板Ⅱ等 φ18～28mm，长 3～3.9m | 60 |
| | | | 南方材，二、三类材，中板Ⅰ等 φ18～28mm，长 3～3.10m | 40 |
| | | | 南方材，二、三类材，中板Ⅱ等 φ18～28mm，长 3～3.11m | 60 |
| 3 | 油料 | 汽油 | 70 号 | 100 |
| | | 柴油 | Ⅰ类气温区，0 号 | 75～100 |
| | | | Ⅰ类气温区，−10～−20 号 | 0～25 |
| | | | Ⅱ类气温区，0 号 | 55～65 |
| | | | Ⅱ类气温区，−10～−20 号 | 45～60 |
| | | | Ⅲ类气温区，0 号 | 40～55 |
| | | | Ⅲ类气温区，−10～−20 号 | 45～60 |
| 4 | 火工 | 雷管 | 非金属壳 | 100 |
| | | 炸药 | 2 号岩石硝铵炸药，纸箱包装，每箱 1～9kg | 100 |

注　Ⅰ类气温区：广东、广西、云南、贵州、四川、江苏、湖南、浙江、湖北、安徽。

　　Ⅱ类气温区：河南、河北、山西、山东、陕西、甘肃、宁夏、内蒙古。

　　Ⅲ类气温区：青海、新疆、西藏、辽宁、吉林、黑龙江。

（2）材料运杂费。材料运杂费是指材料由产地或交货地点运往工地分仓库或相当于工地分仓库的材料堆放场所需要的费用，包括运输费、装卸费和其他费用。在编制材料预算价格时，应按施工组织设计中所选定的材料来源和运输方式、运输工具，以及厂家和交通部门规定的取费标准，计算材料的运杂费。

材料的运输方式一般分为铁路（火车）运输、公路（汽车）运输、水路（船舶）运输和联合运输 4 种方式。各运输方式的特点见表 5-3。

表 5-3　　　　　　　　铁路、公路、水路运输特点比较表

| 运输方式 | 运价 | 时间 | 中转环节 |
|---|---|---|---|
| 铁路运输 | 中等 | 快 | 中等 |
| 公路运输 | 高 | 中等 | 少 |
| 水路运输 | 低 | 慢 | 可能多 |

1）铁路运输费的计算。委托国有铁路部门运输的材料，在国有线路上行驶时，其运杂费一律按铁道部现行《铁路货物运价规则》及有关规定计算；属于地方营运的铁路，执行地方的规定。

2）施工单位自备机车车辆在自营专用线上行驶的运杂费，按列车台时费和台时货运量以及运行维护人员开支摊销费计算。其运杂费计算公式为

$$每吨运费=\frac{机车台时费+车辆台时费}{每列火车设计载重量×装载系数×列车每小时行使次数}$$
$$+每吨装卸费+现场管理人员开支的摊销费(元/t)$$

$$(5-2)$$

如果自备机车还要通过国有铁路，还应付给铁路部门过轨费。其运杂费计算公式为

$$每吨运费=\frac{机车台时数+车辆台时费+列车过轨费}{每列火车设载重量×装载系数×列车每小时行使次数}$$
$$+每吨装卸费+现场管理人员开支的摊销费(元/t)$$

$$(5-3)$$

列车过轨费按铁道部门的规定计算。

火车整车运输货物，除特殊情况外，一律按车辆标记载重量装载计费。但在实际运输过程中经常出现不能满载的情况，在计算运杂费时，用装载系数（指货物的实际运输重量与货物运输的计费重量之比）来表示。据统计，火车整车运输装载系数见表 5-4，供计算时参考。

表 5-4　　　　　　　　　　　　火车整车运输装载系数

| 序号 | 材　料　名　称 | | 单位 | 装载系数 |
|---|---|---|---|---|
| 1 | 水泥、油料 | | t/车皮 t | 1.0 |
| 2 | 木材 | | m³/车皮 t | 0.90 |
| 3 | 钢材 | 大型工程 | t/车皮 t | 0.90 |
| 4 | | 中型工程 | t/车皮 t | 0.80~0.85 |

在铁路运输方式中，要确定每一种材料运输中的整车与零担比例，据以分别计算其运杂费。整车运价较零担运价便宜，所以要尽可能以整车方式运输。根据已建大、中型水利水电工程实际情况，水泥、木材、炸药、柴油、汽油等可以全部按整车计算，钢材则要考虑一部分零担，其比例，大型工程可按 10%～20% 选取，中型工程按 20%～30% 选取，如有实际资料，应按实际资料选取。

3）公路运杂费的计算。按工程所在省（自治区、直辖市）交通部门现行规定或市场价计算，汽车运输轻浮货物时，按实际载重量计价。轻浮货物是指每立方米重量不足 250kg 的货物。整车运输时，其长、宽、高不得超过交通部门有关规定，以车辆标记吨位计重。零担运输，以货物包装的长、宽、高各自最大值计算体积，按每立方米折算 250kg 计价。

4）水路运输包括内河运输和海洋运输，其运输费按工程所在省（自治区、直辖市）交通部门现行规定或市场价计算。

5）特殊材料或部件运输，要考虑特殊措施费、改造路面和桥梁的费用等。

材料运杂费的计算在表 5-5 中进行。

表 5-5　　　　　　　　　　　　主要材料运输费用计算表

| 编号 | 1 | 2 | 3 | 材料名称 | | | | 材料编号 | |
|---|---|---|---|---|---|---|---|---|---|
| 交货条件 | | | | 运输方式 | 火车 | 汽车 | 船运 | 火车 | |
| 交货地点 | | | | 货物等级 | | | | 整车 | 零担 |
| 交货比例/% | | | | 装载系数 | | | | | |

续表

| 编号 | 运输费用项目 | 运输起讫地点 | 运输距离/km | 计算公式 | 合计/元 |
|---|---|---|---|---|---|
| 1 | 铁路运杂费 | | | | |
| | 公路运杂费 | | | | |
| | 水路运杂费 | | | | |
| | 场内运杂费 | | | | |
| | 综合运杂费 | | | | |
| 2 | 铁路运杂费 | | | | |
| | 公路运杂费 | | | | |
| | 水路运杂费 | | | | |
| | 场内运杂费 | | | | |
| | 综合运杂费 | | | | |
| 3 | 铁路运杂费 | | | | |
| | 公路运杂费 | | | | |
| | 水路运杂费 | | | | |
| | 场内运杂费 | | | | |
| | 综合运杂费 | | | | |
| | 每吨运杂费 | | | | |

（3）材料运输保险费。材料运输保险费是指向保险公司交纳的货物保险费用。材料运输保险费可按工程所在省、自治区、直辖市或中国人民保险公司的有关规定计算。其计算公式为

$$材料运输保险费＝材料原价×材料运输保险费率 \qquad (5-4)$$

（4）材料采购及保管费。材料采购及保管费是指材料在采购、供应和保管过程中所需发生的各项费用。包括：①材料采购、供应和保管部门工作人员的基本工资、辅助工资、职工福利费、劳动保护费、养老保险费、失业保险费、工伤保险费、生育保险费、住房公积金、教育经费、办公费、差旅交通费及工具用具使用费；②仓库和转运站等设施的检修费、固定资产折旧费、技术安全措施费；③材料在运输、保管过程中发生的损耗等。材料采购及保管费的计算公式为

$$材料采购及保管费＝（材料原价＋包装费＋材料运杂费）×采购及保管费率 \qquad (5-5)$$

其中，现行部颁标准中采购及保管费率按表 5-6 计算。

表 5-6　　　　　采 购 及 保 管 费 率 表

| 序号 | 材 料 名 称 | 费率/% |
|---|---|---|
| 1 | 水泥、碎（砾）石、砂、块石 | 3.3 |
| 2 | 钢材 | 2.2 |
| 3 | 油料 | 2.2 |
| 4 | 其他材料 | 2.75 |

综上，材料的预算价格计算公式为

材料预算价格＝材料原价＋包装费＋运杂费＋运输保险费＋采购及保管费

＝（材料原价＋包装费＋运杂费）×（1＋采购及保管费率）

＋运输保险费 (5-6)

## （二）材料价差

为避免因市场价格偏高的材料预算价格影响工程投资预测的合理性，办水总〔2016〕132号文规定，主要材料预算价格超过表5-7规定的材料基价时，应按基价计入工程单价参与取费，预算价与基价的差值以材料补差的形式计算，材料补差列入单价表中并计取税金。但主要材料预算价低于基价时，按预算价计入工程单价。此外应特别注意的是：根据《编制规定（2014）》的要求，计算施工电、风、水价格时，应按预算价参与计算。

表5-7 主要材料基价表

| 序号 | 材料名称 | 单位 | 基价/元 |
|---|---|---|---|
| 1 | 柴油 | t | 2990 |
| 2 | 汽油 | t | 3075 |
| 3 | 钢筋 | t | 2560 |
| 4 | 水泥 | t | 255 |
| 5 | 炸药 | t | 5150 |
| 6 | 外购砂、碎（砾）石、块石、料石 | m³ | 70 |
| 7 | 商品混凝土 | m³ | 200 |

上述规定有两层含义：①概预算编制办法对有些材料规定了上限价（一般根据国家"重要生产资料国家最高限价"和市场调节价确定），称为材料基价，把按市场价计算出的某种材料预算价格与材料基价之差称为该种材料的补差；②指出了材料补差在编制工程单价时的处理办法。

【例5-2】 某水电站大坝用水泥由某水泥厂直供，水泥强度等级为42.5，其中袋装水泥占20%，散装水泥占80%，袋装水泥市场价为320元/t，散装水泥市场价为290元/t。袋装水泥和散装水泥均通过公路由水泥厂运往工地仓库，袋装水泥运杂费为22.0元/t，散装水泥运杂费为10.6元/t；从仓库至拌和楼由汽车运送，运费1.5元/t；进罐费1.3元/t；运输保险费率按1%计，采购保管费率按3.3%计。试计算水泥预算价格和补差。

解：水泥原价＝袋装水泥市场价×20%＋散装水泥市场价×80%

＝320×20%＋290×80%＝296（元/t）

水泥运杂费＝水泥厂至工地仓库运杂费＋工地仓库至拌和楼运杂费＋进罐费

＝（22.0×20%＋10.6×80%）＋1.5＋1.3＝15.68（元/t）

水泥运输保险费＝水泥市场价×运输保险费率

＝296×1%＝2.96（元/t）

水泥预算价格＝（水泥原价＋包装费＋运杂费）×（1＋采购及保管费率）＋运输保险费

＝（296＋0＋15.68）×（1＋3.3%）＋2.96＝324.93（元/t）

以上计算也可在"主要材料预算价格计算表"进行，见表5-8。

表 5－8                           主要材料预算价格计算表

| 编号 | 名称及规格 | 单位 | 价格/(元/t) | | | | |
|---|---|---|---|---|---|---|---|
| | | | 原价 | 运杂费 | 采购及保管费 | 运输保险费 | 预算价格 |
| 1 | 水泥 42.5 | t | 296 | 15.68 | 10.29 | 2.96 | 324.93 |

根据表 5－7，水泥的基价为 255 元/t，故其材料补差为 324.93－255＝69.93(元/t)。

## 四、其他材料预算价格的编制

其他材料一般品种较多，其费用在投资中所占比例很小，一般不必逐一详细计算其预算价格。其他材料预算价格可参考工程所在地区就近城市定额预算管理站公布的工业与民用建筑安装工程材料预算价格或信息价格加运到工地的运杂费用（一般可取为预算价格的5%左右，根据运输距离情况，该比例还可据实测算）来确定。

## 五、材料预算价格汇总表

用以上方法计算出各种材料预算价格后，便可将各计算结果对应地填入表 5－9、表 5－10 的材料预算价格汇总表中，以备计算建筑和安装工程单价用。

需要说明的是，对有基价的材料应注明基价和预算价，并计算和填入材料补差。

表 5－9                           主要材料预算价格汇总表

| 序号 | 名称和规格 | 单位 | 预算价格/元 | 其中/元 | | | | 补差/元 |
|---|---|---|---|---|---|---|---|---|
| | | | | 原价 | 运杂费 | 运输保险费 | 采购及保管费 | |
| 1 | 水泥 425 号 | t | 324.93 | 296.00 | 15.68 | 2.96 | 10.29 | 69.93 |
| 2 | 柴油 | kg | 7.16 | 6.65 | 0.43 | 0.00 | 0.08 | 4.17 |
| 3 | 钢筋 | t | 2996.61 | 2850.00 | 53.60 | 28.50 | 64.51 | 436.61 |
| 4 | 碎石 | m³ | 76.24 | 65.00 | 8.80 | 0.00 | 2.44 | 6.24 |

表 5－10                          其他材料预算价格汇总表

| 序号 | 名 称 与 规 格 | 单位 | 预算价/元 |
|---|---|---|---|
| 1 | 混凝土管 D50 | m | 52.50 |
| 2 | 铁钉 | kg | 6.30 |
| 3 | 电焊条 | kg | 7.35 |

# 第三节  施工机械台时费

我国水利工程的建设实践证明，水力资源的开发从某种程度上说依赖于施工机械的发展。随着水利工程施工机械化程度的不断提高，施工机械购置费和使用费在水利工程建筑安装工程量中所占的比例将不断上升，因此，正确计算施工机械使用费对合理确定工程造价十分重要。

## 一、施工机械和施工机械费用定额

### （一）水利工程施工机械的分类

水利工程施工机械种类很多，按设备的功能分为土石方机械、混凝土机械、运输机械、起重机械、砂石料加工机械、钻孔灌浆机械、工程船舶、动力机械和其他机械 9 大类。按设备动力分为风动、油动、电动 3 类机械。

### （二）施工机械费用定额

我国在水利工程概预算编制中的施工机械费用定额目前有两种：①施工机械台班费定额，常用于地方中、小型水利工程，如现行的《陕西省水利水电工程施工机械台班费定额》（1996 年）就属于此类；②施工机械台时费定额，仅适用于大、中型水利工程，如水利部颁发的《水利工程施工机械台时费定额》（2002 年）就属于该类。在编制施工机械费用时，一定要根据工程规模和资金来源正确选用施工机械费用定额。

## 二、施工机械台时费的概念及作用

施工机械台时费指施工机械在 1h 内正常运行所损耗和分摊的各项费用之和。台时是指施工机械工作运转时间，即施工机械运转时计费，非运转时不计费。非工作运转时间的自然损耗，已在总寿命台时中考虑。施工机械台时费根据施工机械台时费定额进行编制，它是计算建筑安装工程单价中施工机械使用费的基础单价。

## 三、施工机械台时费的组成

施工机械台时费由 3 类费用组成。

### （一）第一类费用

第一类费用包括折旧费、修理及替换设备费（含大修理费、经常性修理费）和安装拆卸费。现行定额中按 2000 年度价格水平计算并用金额表示，使用时应注意：现阶段使用 2002 年版《水利工程施工机械台时费定额》时，根据办财务函〔2019〕448 号文的规定，应对折旧费除以 1.13 调整系数，修理及替换设备费除以 1.09 调整系数，安装拆卸费保持不变。第一类费用包括下列费用。

1. 折旧费

指施工机械在规定使用年限（寿命期）内收回原值的台时折旧摊销费用。计算公式为

$$台时折旧费 = \frac{机械预算价格 \times (1 - 残值率)}{机械经济寿命总台时} \qquad (5-7)$$

或

$$台时折旧费 = \frac{机械预算价格 \times 年折旧率}{机械年工作台时} \qquad (5-8)$$

$$机械预算价格 = 机械市场价 + 运杂费 \qquad (5-9)$$

$$残值率 = \frac{机械残值 - 清理费}{机械预算价格} \times 100\% \qquad (5-10)$$

$$机械经济寿命总台时 = 经济使用年限 \times 年工作台时 \qquad (5-11)$$

式中：运杂费为一般按原价的 5%～7%计算，若有实际资料则按实际资料计算；残值率为机械达到使用寿命需要报废时的残值扣除清理费后占机械预算价格的百分率，残值率一般

可取 4%～5%；机械经济寿命总台时为机械在经济使用期内所运转的总台时数；经济使用年限为国家规定的该种机械从使用到报废的平均工作年数（在经济使用年限内该种机械花费的年费用最少）；年工作台时为该种机械在经济使用期内平均每年运行的台时数。

2. 修理及替换设备费

修理费指机械使用过程中，为了使机械保持正常功能而进行修理所需的摊销费用和机械正常运转及日常保养所需润滑油料费、擦拭用品费以及机械保管费。替换设备费指施工机械正常运转时所耗用的替换设备、随机使用的工具附具等所需的台时摊销费用。

（1）大修理费的计算。

$$台时大修理费 = \frac{一次大修理费 \times 大修理次数}{机械经济寿命总台时} \qquad (5-12)$$

大修理次数是指机械在经济使用期限内需大修理的次数，计算公式为

$$大修理次数 = \frac{机械经济寿命总台时}{大修理间隔台时} - 1 \qquad (5-13)$$

一次大修理费用可按一次大修理所需人工、材料、机械等进行计算，也可参照实际资料按占机械预算价格的百分数计算。

（2）经常性修理费的计算。经常性修理费包括修理费、润滑及擦拭材料费，替换设备及工具、附具摊销费，保管费。

1）修理费。修理费包括中修和各级保养费。计算公式为

$$修理费 = \frac{中修费用 + 各级保养费用}{大修理间隔台时} \qquad (5-14)$$

中修和各级保养费的计算可按大修理消耗工时、材料为基数，按资料确定出中修和各级保养所耗用工时和材料所占的比例。

2）润滑及擦拭材料费。

$$台时润滑及擦拭材料费 = \frac{机械年润滑及擦拭材料费}{年工作台时} \qquad (5-15)$$

其中，润滑油脂的耗用量按机械台时耗用燃料油量的百分比计算，柴油机械按 6%，汽油机械按 5%。棉纱头及其他油耗用量按实际计算。

在实际计算中，一些单位据统计资料按下列公式计算。

$$台时经常性修理费 = 台时大修理费 \times 经常性修理费率 \qquad (5-16)$$

$$经常性修理费率 = \frac{典型机械台时经常修理费}{典型机械台时大修理费} \times 100\% \qquad (5-17)$$

3）替换设备及工具、附具摊销费。

$$台时替换设备及工具、附具摊销费 = \frac{年替换设备及工具、附具费}{年工作台时} \qquad (5-18)$$

表 5-11 是几种施工机械替换设备及工具、附具的参考数量。

在实际中，也可按占大修理费的百分比的方法计算。

4）保管费。

$$台时保管费 = \frac{机械预算价格}{机械年工作台时} \times 保管费率 \qquad (5-19)$$

保管费率的高低与机械预算价格有直接关系。机械预算价格越高，保管费率越低。保管费率一般为0.15%～1.5%。

3. 安装拆卸费

安装拆卸费指施工机械进出工地的安装、拆卸、试运转和场内转移及辅助设施的摊销费用。计算公式为

$$台时安装拆卸费＝台时大修费×安拆卸费率 \tag{5-20}$$

$$安拆卸费率＝\frac{典型机械安装拆卸费}{典型机械台时大修理费}×100\% \tag{5-21}$$

表 5 - 11　　　　　　　　施工机械替换设备及工具、附具的参考数量表

| 机械名称 | 替换设备及工具、附具名称 | 年需要数量/m |
|---|---|---|
| 空压机 | 胶皮管 | 50 |
| 电焊机 | 橡皮软线 50mm² | 100 |
| 对焊机 | 橡皮软线 50mm² | 20 |
| 混凝土振捣器 | 软线 | 30 |
| 凿岩机 | 高压胶皮管 | 20 |
| 水泵 | 弹簧软管 | 8 |
| 塔式起重机 2～6t | 电缆线 | 80 |
| 塔式起重机 15t | 电缆线 | 120 |
| 塔式起重机 25t | 电缆线 | 140 |
| 塔式起重机 40t | 电缆线 | 150 |
| 自升塔式起重机 10t | 电缆线 | 200 |
| 龙门起重机 | 电缆线 | 200 |
| 电动机 | 电缆线 | 10 |

需要说明的是，特大型和部分大型施工机械的安装拆卸费不在其施工机械使用费中计列，包括在其他施工临时工程中，例如，砂石料系统、混凝土拌和及浇筑系统等。机械不需安装拆卸时，台时费中不计列此项费用，例如，自卸汽车、船舶、拖轮等。

**（二）第二类费用**

第二类费用分为人工、动力、燃料或消耗材料等费用。定额以工时数量和实物消耗量表示，其费用按国家规定的人工工资计算办法和工程所在地的物价水平分别计算。

1. 人工费用

指机械使用时机上操作人员的工时消耗乘以机上人工单价得到的费用。机上操作人员的工时消耗包括机械运转时间、辅助时间、用餐、交接班以及必要的机械正常中断时间。机上人工费单价按中级工标准计算。

2. 动力、燃料或消耗材料费用

指机械正常运转所需的风（压缩空气）、水、电、油及煤等各自的消耗量乘以各自相应的材料预算单价所得到的费用。其中，机械消耗电量包括机械本身和最后一级降压变压器低压侧至施工用电点之间的线路损耗，风、水消耗包括机械本身和移动支管的损耗。

(1) 内燃机械台时燃料消耗量。计算公式为

$$台时燃料消耗量(kg)=1(h)×额定耗油量[kg/(kW·h)]×额定功率(kW)$$
$$×发动机综合利用系数 \qquad (5-22)$$

$$发动机综合利用系数=发动机时间利用系数×发动机能量利用系数$$
$$×单位油耗修正系数×油耗损耗增加系数 \qquad (5-23)$$

发动机综合利用系数一般为 0.20～0.40。

(2) 电动机械台时电力消耗量。计算公式为

$$台时电力消耗量(kW·h)=1(h)×电动机综合利用系数 K$$
$$×电动机额定功率 N(kW) \qquad (5-24)$$

$$K=\frac{K_1 K_2}{K_3 K_4} \qquad (5-25)$$

式中：$K$ 为电动机综合利用系数；$K_1$ 为电动机时间利用系数，一般取 0.40～0.60；$K_2$ 为电动机能量利用系数，一般取 0.50～0.70；$K_3$ 为低压线路电力损耗系数，一般取 0.95；$K_4$ 为平均负荷时电动机有效利用系数，一般取 0.78～0.88；$N$ 为电动机额定功率，kW。

(3) 蒸汽机械台时水、煤消耗量。计算公式为

$$台时水(煤)消耗量(kg)=1(h)×蒸汽机额定功率(kW)$$
$$×额定水(煤)单位耗用量[kg/(kW·h)]$$
$$×蒸汽机综合利用系数 \qquad (5-26)$$

式中：综合利用系数，机车取 0.14～0.80，锅炉、打桩机取 0.55～0.75。

(4) 风动机械台时压气消耗量。计算公式为

$$台时压气消耗量(m^3)=60(min)×风动机械压气消耗量(m^3/min)$$
$$×风动机械综合利用系数 \qquad (5-27)$$

式中：综合利用系数一般可取 0.60～0.70。

**（三）第三类费用**

第三类费用是指施工机械每台时所摊销的牌照税、车船使用税、保险费等。按各省、自治区、直辖市现行规定收费标准计算。不领取牌照、不交纳养路费的非车船类施工机械不计算。

## 四、施工机械台时费的计算

施工机械台时费根据施工机械台时费定额进行编制，现执行的是水利部水总〔2002〕116 号文颁发的《水利工程施工机械台时费定额》，使用时应根据办水总〔2016〕132 号文及办财务函〔2019〕448 号文的规定进行相应调整：施工机械台时费定额的折旧费除以 1.13 调整系数，修理及替换设备费除以 1.09 调整系数，安装拆卸费不变；掘进机及其他由建设单位采购、设备费单独列项的施工机械，台时费中不计折旧费，设备费采用不含增值税进项税额的价格。按调整后的施工机械台时费定额和不含增值税进项税额的基础价格计算第一类费用和第二类费用。对于定额没有的施工机械，按上述公式及有关规定编制补充台时费并计算其费用；对定额中列出的施工机械，计算公式为

施工机械台时费＝第一类费用＋第二类费用＋第三类费用 （5-28）

**（一）第一类费用**

根据施工机械的型号和规格，查阅台时费定额得定额第一类费用。则

第一类费用＝定额第一类费用×K （5-29）

式中：$K$ 为物价变化影响系数，一般由行业定额管理部门文件公布。目前，$K=1.0$。

**（二）第二类费用**

查阅台时费定额得人工工时、燃料、动力消耗量，用下式计算：

第二类费用＝定额人工工时×中级工人工预算单价＋∑（定额材料消耗量

×材料预算单价） （5-30）

**（三）第三类费用**

第三类费用根据实际计算。一般机械无第三类费用，但施工机械如果需要通过公共道路时，按工程所在地政府现行的收费标准计算车船使用税。

车船使用税（元/台时）＝车船使用税标准[元/（年·t）]×吨位（t）÷年工作台时（台时/年）

（5-31）

**【例5-3】** 某大型水利枢纽工程，中级工的人工预算单价为8.90元/工时。该地的汽油和柴油预算价分别为8.90元/kg、7.16元/kg，电的预算价格为0.83元/（kW·h），根据现行部颁定额计算3.5t散装水泥车、15t塔式起重机、522kW推土机的台时费。

**解：** 机械台时费的计算结果见表5-12。

表5-12　　　　　　　　　　　施工机械台时费计算表

| 编号 | | | 1 | | 2 | | 3 | |
|---|---|---|---|---|---|---|---|---|
| 名称 | | | 3.5t散装水泥车 | | 15t塔式起重机 | | 522kW推土机 | |
| 定额依据 | | | 3064 | | 4031 | | 1055 | |
| 一类费用 | 折旧费 | | 9.84 | | 46.24 | | 318.89 | |
| | 修理及替换设备费 | | 9.00 | | 18.17 | | 171.91 | |
| | 安装拆卸费 | | | | 3.77 | | 4.29 | |
| | 小计 | | 18.84 | | 68.18 | | 495.09 | |
| 二类费用 | 类别 | 预算价/元 | 基价/元 | 定额数量 | 价格/元 | 定额数量 | 价格/元 | 定额数量 | 价格/元 |
| | 人工/工时 | 8.90 | | 1.3 | 11.57 | 2.7 | 24.03 | 2.4 | 21.36 |
| | 汽油/kg | 8.90 | 3.075 | 5.9 | 18.14 | | | | |
| | 柴油/kg | 7.16 | 2.99 | | | | | 74.9 | 223.95 |
| | 电/（kW·h） | 0.83 | | | | 45.4 | 37.68 | | |
| | 风/m³ | | | | | | | | |
| | 水/m³ | | | | | | | | |
| | 煤/kg | | | | | | | | |
| | 小计 | | | | 29.71 | | 61.71 | | 245.31 |
| 三类费用 | | | | | | | | |
| 施工机械台时费/（元/台时） | | | 48.55 | | 129.89 | | 740.40 | |
| 台时费价差/（元/台时） | | | 34.37 | | | | 312.33 | |

需要说明的是，如果汽油和柴油的预算价高于其对应的基价，上表中的台时费按基价计算，并相应计算台时费价差。

## 五、编制补充台时费的方法

水利工程定额涉及面广，编制难度大，加上大多属于实物量式定额，所以，定额在较长时间内具有相对稳定性。而水利工程建设为提高生产效率，必须不断采用新设备、新技术，所以在编制工程概预算时，经常会遇到一些新设备，其台时费不能直接使用机械台时费定额编制，对此，就要采取下列近似的方法补充台时费定额。

### （一）直线内插法

当所求设备的容量、吨位、动力等设备特征指标在"施工机械台时费定额"范围之内时，常采用"直线内插法"编制补充台时费。计算公式为

$$X=(B-A)(x-a)/(b-a)+A \qquad (5-32)$$

式中：$X$ 为所求设备的定额指标；$A$ 为在定额表中，较所求设备特征指标小而最接近的设备的定额指标；$B$ 为在定额表中，较所求设备特征指标大而最接近的设备的定额指标；$x$ 为所求设备特征指标，如容量、吨位、动力等；$a$ 为 $A$ 设备特征指标，如容量、吨位、动力等；$b$ 为 $B$ 设备特征指标，如容量、吨位、动力等。

### （二）占基本折旧费比例法

当所求设备的容量、吨位、动力等设备特征指标在"施工机械台时费定额"范围之外时，或者是新型设备，常采用"占基本折旧费比例法"编制补充台时费。即首先利用前面介绍的方法，确定所求设备的基本折旧费；再利用定额中类似设备的设备修理及替换设备费、安装拆卸费与其基本折旧费的比例，推求所求设备的台时费一类费用；最后根据有关动力消耗参数确定台时费二类费用。

### （三）图解法

图解法是借助已有的定额资料，计算一系列与所求设备同类的设备台时费，并点绘成曲线，根据曲线的趋势求所求设备的台时费。

## 六、施工机械台时费汇总表

依据上述计算方法，计算出工程所需的所有施工机械的台时费，将计算结果整理填入表 5-13，以备编制建筑工程单价或安装工程单价应用。

表 5-13　　　　　　　　　　施工机械台时费汇总表　　　　　　　　　　单位：元

| 序号 | 名称及规格 | 台时费 | 其中 | | | | |
|---|---|---|---|---|---|---|---|
| | | | 折旧费 | 修理及替换设备费 | 安拆费 | 人工费 | 动力燃料费 |
| 1 | 3.5t 散装水泥车 | 48.55 | 9.84 | 9.00 | | 11.57 | 18.14 |
| 2 | 15t 塔式起重机 | 129.89 | 46.24 | 18.17 | 3.77 | 24.03 | 37.68 |
| 3 | 522kW 推土机 | 740.40 | 318.89 | 171.91 | 4.29 | 21.36 | 223.95 |

# 第四节 施工用电、风、水预算价格

在水利工程施工过程中，风、水、电的耗用量非常大。作为特殊耗材，正确为其定价，是提高工程概算准确性的重要环节。在编制施工用风、水、电预算单价时，要按照施工组织设计确定的风、水、电的布置方式、供应形式、设备供应情况或施工企业的实际资料等进行计算。

## 一、施工用电预算价格

### (一) 施工用电分类

水利工程施工用电，一般有两种供电方式：由国家或地方电网及其他电厂供电的外购电和由施工企业自建发电厂供电的自发电。

施工用电按用途可分为生产用电和生活用电两部分。生产用电是指直接计入工程成本的生产过程用电，包括施工机械用电、施工照明用电和其他生产用电；生活用电是指生活文化福利建筑的室内、外照明和其他生活用电。生活用电不直接用于生产，应在间接费内开支或由职工负担，不在施工用电电价计算范围内。水利工程概算中的电价计算范围仅指生产用电。

### (二) 外购电电价的计算

电网供电由于电源可靠，电价低廉，是水利工程施工的首选和主要电源。外购电价格由基本电价、电能损耗摊销费和供电设施维修摊销费组成。根据施工组织设计确定的供电方式以及不同电源的电量所占比例，按国家或工程所在省、自治区、直辖市规定的电网电价和规定的加价进行计算。

#### 1. 基本电价

基本电价指按国家或工程所在地规定由供电部门收取的供电价格。包括电网电价、电力建设基金及各种按规定的加价。电价按国家或工程所在省、自治区、直辖市物价主管部门规定的电网电价和规定的加价进行计算。电网供电价格中的基本电价应按不含增值税进项税额的价格计算。

#### 2. 电能损耗摊销费

电能损耗摊销费指从施工企业与供电部门的产权分界处（供电单位收费计量点）起到现场各施工点最后一级降压变压器低压侧止，所有变配电设备和输配电线路上所发生的电能损耗摊销费。包括由高压电网到施工主变压器高压侧之间的高压输电线路损耗和由主变压器高压侧至现场各施工点最后一级降压变压器低压侧之间的变配电设备及配电线路损耗两部分。需要说明，从最后一级降压变压器低压侧至施工用电点的配电设备和输配电线路损耗，已包括在各施工设备、工器具的台时耗电定额内，电价中不再考虑。

电能损耗的计算方法有两种：①按月平均总供电量（或典型月总供电量）用近似公式计算，这种方法从理论上讲有一定的科学性，但计算较复杂，在初步设计阶段，繁多的计算参数也不易确定，故一般不采用；②按占供电量的百分率（即损耗率）计算，这种方法虽不够严谨，但因其建立在实际资料的基础上，因而比较可靠。一般高压输电线路损耗率可取 3%～5%，变配电设备及配电线路损耗率可按 4%～7%计取。线路短、用电负荷集中的取小值，反之取大值。

3.供电设施维修摊销费

供电设施维修摊销费指摊入电价的变配电设备的大修理费、安装拆卸费、设备及输配电线路的运行维护费。

摊销费用的计算较繁琐，初步设计阶段的施工组织设计深度往往难于满足计算要求，故一般情况下都采用经验指标直接摊入电价的方法计算。

综上，外购电电价计算公式为

电网供电价格＝基本电价＋电能损耗摊销费＋供电设施维修摊销费＝基本电价

÷(1－高压输电线路损耗率)÷(1－35kV 以下变配电设备及

配电线路损耗率)＋供电设施维修摊销费　　　　　(5－33)

式中：高压输电线路损耗率取 3%～5%；变配电设备及配电线路损耗率取 4%～7%；供电设施维修摊销费取 0.04～0.05 元/(kW·h)。

**(三) 自发电电价的计算**

自发电一般为柴油发电机组供电。供电成本较高，是远离电网的施工工地供电的主要方式，一般作为施工的备用电源或高峰用电时使用。

自发电价格由基本电价、电能损耗摊销费和供电设施维修摊销费组成。自发电的基本电价是指柴油发电机的发电成本。自发电的电能损耗摊销费是指从施工企业自建发电厂的出线侧至现场各施工点最后一级降压变压器低压侧止，所有变配电设备和输配电线路上发生的电能损耗费用。同时，从最后一级降压变压器低压侧至施工用电点的施工设备和低压配电线路损耗，已包括在各用电施工设备、工器具的台时耗电定额内，电价中不再考虑。供电设施维修摊销费同外购电。

因为柴油发电机组供冷却水的方式有两种，其电价计算公式也不同。

(1) 当柴油发电机组用自设水泵供冷却水时，电价计算公式为

柴油发电机供电价格＝\dfrac{柴油发电机组(台)时总费用＋水泵组(台)时总费用}{柴油发电机定额容量之和×K}

÷(1－厂用电率)÷(1－变配电设备及配电线路损耗率)

＋供电设施维修摊销费　　　　　(5－34)

(2) 当柴油发电机组采用循环冷却水，不用水泵时，电价计算公式为

柴油发电机供电价格＝\dfrac{柴油发电机组(台)时总费用}{柴油发电机额定容量之和×K}÷(1－厂用电率)

÷(1－变配电设备及配电线路损耗率)

＋单位循环冷却水费＋供电设施维修摊销费　　　　　(5－35)

式中：$K$ 为发电机出力系数，一般取 0.8～0.85；厂用电率取 3%～5%；单位循环冷却水费取 0.05～0.07 元/(kW·h)；其他同上。

**(四) 综合电价的计算**

若工程同时采用两种和两种以上供电电源，各用电量比例按施工组织设计确定，综合电价可由加权平均法求得。在自发电站缺乏设计时，初估电价可参考表 5－14 和燃料价格计算。

表 5-14　　　　　　　　　　　柴油发电机性能参考表

| 序号 | 发电机装机容量/kW | 固定费/[元/(kW·h)] | 耗油指标/[kg/(kW·h)] |
|------|------------------|-------------------|---------------------|
| 1 | 40～50 | 0.62 | 0.39 |
| 2 | 60～85 | 0.53 | 0.33 |
| 3 | 160～200 | 0.35 | 0.31 |
| 4 | 250～300 | 0.3 | 0.3 |

**【例 5-4】** 某水利工程施工用电 95% 由电网供电，5% 自备柴油发电机发电。已知电网供电基本电价为 0.35 元/(kW·h)；高压线路损耗率取 5%，变配电设备和输电线路损耗率取 7%，供电设施摊销费 0.04 元/(kW·h)，厂用电率取为 5%。柴油发电机总容量为 1000kW，其中 1 台 200kW，2 台 400kW，并配备 3 台水泵（3.7kW 汽油泵）供给冷却水；柴油发电机组出力系数为 0.83；以上 3 种机械台时费分别为 323.21 元/台时、572.75 元/台时和 21.80 元/台时。试计算电网供电、自发电电价和综合电价（其中：中级工预算单价为 8.9 元/工时，柴油预算单价为 7.16 元/kg，汽油预算单价为 8.90 元/kg）。

**解：**（1）电网供电价格。

$$电网供电价格 = 0.35 \div (1-5\%) \div (1-7\%) + 0.04$$
$$= 0.44 [元/(kW·h)]$$

（2）自发电电价。$K$ 取 0.83，则

$$柴油发电机供电价格 = \frac{323.21 + 572.75 \times 2 + 21.80 \times 3}{1000 \times 0.83} \div (1-5\%) \div (1-7\%) + 0.04$$
$$= 2.13 [元/(kW·h)]$$

（3）综合电价。

$$综合电价 = 电网供电价格 \times 95\% + 自发电电价 \times 5\%$$
$$= 0.44 \times 95\% + 2.13 \times 5\% = 0.52 [元/(kW·h)]$$

## 二、施工用风预算价格

### （一）施工用风的作用及分类

施工用风主要指在水利工程施工过程中用于开挖石方、振捣混凝土、处理基础、输送水泥、安装设备等工程施工机械所需的压缩空气，如风钻、潜孔钻、风镐、凿岩台车、爬罐、装岩机、振动器等。

压缩空气一般由自建压气系统供给。常用的有移动式空压机和固定式空压机。在大中型工程中，采用多台固定式空压机集中组成压气系统为主要风源，以移动式空压机为辅助风源。对于工程量小、布局分散的工程，常采用移动式空压机供风，此时可将其与不同施工机械配套，以空压机台时费乘台时使用量直接计入工程单价，不再单独计算风价，相应风动机械台时费中不再计算台时耗风价。

### （二）风价的计算

施工用风的价格由基本风价、供风损耗摊销费和供风设施维修摊销费组成。其中，基本风价是根据施工组织设计所配置的供风系统设备，按台时总费用除以台时总供风量计算的单位风量价格；供风损耗摊销费是指由压气站至用风工作面的固定供风管道，在输送压

气过程中所发生的风量损耗摊销费用，其大小与管路敷设质量好坏、管道直径、长短等有关。但风动机械本身的用风及移动的供风管道损耗已包括在该机械的台时耗风定额内，不在风价中计算；供风设施维修摊销费指摊入风价的供风管道的维护修理费用。

因为空压机系统供冷却水的方式有两种，其施工用风价格的计算公式也不同。

（1）当空压机系统用自设水泵供冷却水时，风价计算公式为

$$施工用风价格 = \frac{空气压缩机组（台）时总费用＋水泵组（台）时总费用}{空气压缩机额定容量之和×60min×K}$$
$$÷（1-供风损耗率）＋供风设施维修摊销费 \qquad (5-36)$$

（2）当空压机系统采用循环冷却水，不用水泵时，风价计算公式为

$$施工用风价格 = \frac{空气压缩机组（台）时总费用}{空气压缩机额定容量之和×60min×K}÷（1-供风损耗率）$$
$$＋单位循环冷却水费＋供风设施维修摊销费 \qquad (5-37)$$

式中：$K$ 为能量利用系数，一般取 0.70～0.85；供风损耗率取 6%～10%；单位循环冷却水费取 0.007 元/$m^3$；供风设施维修摊销费取 0.004～0.005 元/$m^3$。

在压气系统缺乏设计时，初估风价可参考表 5-15 和工地电价计算。

表 5-15　　　　　　　　　　压气系统风价计算参数参考表

| 工程规模 | 组成压气系统的主体空压机/<br>（$m^3$/min） | 固定费/<br>（元/$m^3$） | 耗电指标/<br>（kW·h/$m^3$） |
|---|---|---|---|
| 中小型 | 10 | 0.042 | 0.16 |
| 中型 | 20 | 0.037 | 0.15 |
| 大中型 | 40 | 0.030 | 0.13 |
| 大型 | 60 | 0.023 | 0.11 |
| 特大型 | 100 | 0.020 | 0.1 |

【例 5-5】　某水库大坝施工用风，共设置左坝区和右坝区两个压气系统，总容量为 187$m^3$/min。配置 40$m^3$/min 的固定式空压机 1 台，台时费为 155.99 元/台时；20$m^3$/min 的固定式空压机 6 台，台时费为 88.49 元/台时；9$m^3$/min 的移动式空压机 3 台，台时费为 47.63 元/台时；冷却用 7kW 离心水泵 2 台，台时费为 17.76 元/台时。其他资料：施工用电价格 0.61 元/（kW·h），中级工预算单价 8.90 元/工时，空气压缩机能量利用系数 0.85，风量损耗率 10%。供风设施维修摊销率 0.004 元/$m^3$，试计算施工用风风价。

解：（1）台时总费用。
$$155.99＋88.49×6＋47.63×3＋17.76×2＝865.34（元/台时）$$

（2）施工用风价格。
$$施工用风价格 = \frac{865.34}{187×60×0.85}÷（1-10\%）＋0.004＝0.105（元/m^3）$$

## 三、施工用水预算价格

### （一）施工用水分类

水利工程施工用水包括生产用水和生活用水。生产用水主要包括施工机械用水、砂石料筛洗用水、混凝土拌制养护用水、土石坝砂石料压实用水、钻孔灌浆用水等。生产用水

水价是计算各种用水施工机械台时费用和工程单价的基础。生活用水指职工、家属的饮用水和洗涤用水，在间接费用内开支或由职工自行负担，不计入施工用水水价之内。如果生产、生活用水采用同一系统供水，凡为生活用水而增加的费用（如净化药品费等）不应摊入生产用水的单价内。

**（二）施工用水单价的计算**

施工用水价格由基本水价、供水损耗摊销费和供水设施维修摊销费组成，根据施工组织设计所配置的供水系统设备组（台）时总费用和组（台）时总有效供水量计算。

基本水价是根据施工组织设计确定的按施工高峰用水所配置的供水系统设备（不含备用设备），按台班产量计算的单位水量价格。基本水价大小与生产用水的工艺要求以及施工布置有关，如用水需作沉淀处理，扬程高等，则水价高；反之水价就低。

供水设施维修摊销费是指摊入水价的储水池、供水管路的单位维护修理费用。

供水损耗摊销费是指施工用水在储存、输送、处理过程中造成的水量损失，用损耗率表示。蓄水池及输水管路的设计、施工质量和维修管理水平的高低对损耗率有直接影响。

水价计算公式为

$$施工用水价格＝\frac{水泵组（台）时总费用}{水泵额定容量之和×K}÷（1－供水损耗率）$$
$$＋供水设施维修摊销费$$

$$（5-38）$$

式中：$K$ 为能量利用系数，一般取 $0.75～0.85$；供水损耗率取 $6\%～10\%$；供水设施维修摊销费取 $0.04～0.05$ 元/$m^3$。

水价计算中应注意下列问题：

（1）施工用水有循环用水时，水价要根据施工组织设计的供水工艺流程计算。

（2）供水系统为一级供水，台时总出水量按全部工作水泵的总出水量计。

（3）供水系统为多级供水时，供水全部通过最后一级水泵，台时总出水量按最后一级的出水量计，而台时总费用应包括所有各级工作水泵的台时费。

（4）供水系统为多级供水时，但供水量中有部分不通过最后一级水泵，而由其他各级分别供出，其台时总出水量为各级出水量之和。

（5）在生产、生活采用同一多级水泵系统供水时，如最后一级全部供生活用水，则最后一级的水泵台时费不应计算在台时总费用内，但台时总出水量应包括最后一级出水量。

（6）在计算台时总出水量和总费用时，在总出水量中如不包括备用水泵的出水量，则台时费中也不应包括备用水泵的台时费；反之，如计入备用水泵的出水量，在台时总费用中也应计入备用水泵的台时费。一般不计备用水泵。

（7）计算水泵台时的总出水量，宜根据施工组织设计配备的水泵型号、系统的实际扬程和水泵性能曲线确定。对施工组织设计提出的台时出水量，也应按上述方法进行验证，如相差较远，应在出水量或设备型号、数量上作适当调整（反馈到施工设计调整），使之基本一致、合理。

**【例 5-6】** 某水电工程施工用水为二级泵站供水，一级泵站设 5 台 4DA8×5 型水泵（其中备用一台），包括管道损失在内的扬程为 80m，额定功率为 30kW，额定流量为 54$m^3$/h；二级泵站设 4 台 4DA8×8 型水泵（其中备用一台），包括管道损失在内的扬程为

120m，额定功率为 37kW，额定流量为 65m³/h。按设计要求，一级泵站每小时直接供给用户的水量为 20m³，二级泵站每小时供水量为 120m³。已知水泵的能量利用系数为 0.80，供水损耗率 10%，供水设施维修摊销费 0.04 元/m³，施工用电费 0.61 元/(kW·h)，中级工预算单价为 8.90 元/工时，4DA8×5 型水泵台时费 38.35 元，4DA8×8 型水泵台时费 45.12 元。试计算该工程施工用水水价。

解：（1）计算各级供水量。

实际组时净供水量＝水泵额定功率之和×水泵能量利用系数×（1－供水损耗率）

一级泵站实际组时净供水量＝54×4×0.80×（1－10%）＝155.52（m³/h）

二级泵站实际组时净供水量＝65×3×0.80×（1－10%）＝140.4（m³/h）

（2）计算各级水价。

一级水价＝4×38.35÷155.52＋0.04＝1.03（元/m³）

二级水价＝1.03＋3×45.12÷140.4＋0.04＝2.03（元/m³）

（3）计算综合水价。

各级出水比例：

一级供水比例＝20÷（20＋120）＝14.3%

二级供水比例＝120÷（20＋120）＝85.7%

施工用水价格＝1.03×14.3%＋2.03×85.7%＝1.89（元/m³）

# 第五节　砂石料单价

## 一、砂石料概念及分类

广义的砂石料是砂、卵（砾）石、碎石、块石、条石、料石等的统称。本节所说的砂石料是指砂砾料、砂、砾石、碎石等骨料的统称。按其来源不同可分为天然砂石料和人工砂石料两种。天然砂石料是经岩石风化和水流冲刷而形成的，经开采、筛分、冲洗而得的砂和石子。有河砂、山砂、海砂及河卵石、山卵石和海卵石等；人工砂石料是采用爆破等方式，开采岩体经加工而成的碎石和人工砂（机制砂）。大中型工程的砂石料一般由施工单位自行采备，小型工程一般可就近在市场上采购。外购砂石料的单价可按材料预算价格的编制方法进行编制。自行采备的砂石料必须单独编制单价。

## 二、自采砂石料单价

### （一）基本资料的收集

砂石料的采备方案是根据料场的具体情况、施工单位的设备情况和工程的施工组织等条件确定的，因此，选取砂石料生产工艺前，必须深入现场，调查研究。调查的主要内容有以下几方面：

（1）料场的位置、分布、地形条件、工程地质和水文地质特点、岩石种类及物理特性等。

(2) 料场的储量及可开采量，设计砂石料用量。

(3) 砂石料场的天然级配与设计级配，级配平衡计算成果。

(4) 各料场覆盖层清理厚度、数量及其占毛料开采量的比例和清理方法。

(5) 毛料的开采、运输、堆存方式。

(6) 砂石料加工工序流程、成品堆放、运输方式及废渣处理方法。

**（二）砂石料单价及其计算**

砂石料单价指从覆盖层清除、毛料开采、运输、堆存、破碎、筛分、冲洗、成品料运输、堆存到弃料处理等全部工序流程所发生的直接费用，并计取间接费、利润及税金。

1. 砂石料的主要生产工艺

（1）覆盖层清除。天然砂石料场表面层的杂草、树木、腐殖土或风化及半风化岩石等覆盖物，在毛料开采前必须清理干净。该工序单价应根据施工组织设计确定的开挖方式，套用概预算定额计算，然后摊入砂石料成品单价中。

（2）毛料开采运输。指毛料从料场开采、运输到毛料暂存处（预筛分车间受料仓）的整个过程。该工序费用的计算应根据施工组织设计确定的施工方法及选用的机械规格和型号，选用概预算定额计算。

（3）原料堆存。储备料场砂砾料堆存待用，旨在调节砂砾料开采运输与加工之间的不平衡，也有因其他因素大量储备原料堆存待用的情况，具体储备料场设置位置、储备时间、储备数量应由施工组织设计确定。

（4）毛料的破碎、筛分、冲洗加工。天然砂石料的破碎、筛分、冲洗加工包括预筛分、超径石破碎、筛洗、中间破碎、二次筛分、堆存及废料清除等工序。人工砂石料的加工包括破碎（一般分为粗碎、中碎、细碎）、筛分（一般分为预筛、初筛、复筛）、清洗等过程，最终得到 5 种成品骨料，即砂和 5～20mm、20～40mm、40～80mm、80～150mm 4 组粒径的粗骨料。

编制破碎筛洗加工单价时，应根据施工组织设计确定的施工机械、施工方法，套用概预算定额进行计算。

（5）成品的运输。经过筛洗加工后的成品料，运至混凝土生产系统的储料场堆存。运输方式根据施工组织设计确定，运输单价采用概预算定额相应的子目计算。

2. 计算参数的确定

（1）覆盖层清除摊销率。

$$清除摊销率＝覆盖层清除量÷成品骨料总量×100\% \qquad (5-39)$$

（2）弃料处理摊销率。砂石料加工过程中，不可避免会产生部分不合格或不能用的弃料，包括级配弃料、超径弃料。级配弃料和超径弃料用弃料处理摊销率表示。计算公式为

$$弃料处理摊销率＝弃料量÷成品骨料总量×100\% \qquad (5-40)$$

根据弃料处理单价和弃料处理摊销率将弃料处理的单价摊入到成品骨料单价中。

3. 砂石料的单价计算方法简介

自采砂石料单价计算比较复杂，方法也较多，但常用的方法有 3 种，即系统单价法、工序单价法和典型相近的代表性设备配制法。

（1）系统单价法。系统单价法是以整个砂石料生产系统〔从料源开采运输起到骨料运

至拌和楼（场）骨料料仓（堆）的生产全过程]为计算单元，用系统的班（或时）生产总费用除以系统班（或时）骨料产量求得骨料单价。计算公式为

$$骨料单价＝系统的班（或时）生产总费用÷系统班（或时）骨料产量 \qquad （5-41）$$

系统生产总费用中人工费按施工组织设计确定的劳动组合计算的人工数量乘相应的人工单价求得；机械使用费按施工组织设计确定的机械组合所需机械型号、数量分别乘相应的机械台班（台时）单价[可用部颁施工机械台班（台时）费定额计算]；材料费可按有关定额计算。

系统产量应考虑施工期不同时期（初期、中期、末期）的生产不均匀性等因素，经分析计算后确定。

系统单价法避免了影响计算成果准确性的损耗和体积变化这两个微妙问题，计算原理相对科学。但要求施工组织设计应达到一定的深度，系统的班（时）生产总费用计算才能准确。

砂石生产系统班（时）平均产量值的确定难度较大，有一定程度的任意性。

（2）工序单价法。工序单价法是将砂石料生产系统，分解成若干个工序，以工序为计算单元，先计算工序单价，再计入施工损耗求得骨料单价。按计入损耗的方式，又可分为两种：

1）综合系数法。按各工序计算出骨料单价后，一次计入损耗，即各工序单价之和乘以综合系数。则

$$骨料单价＝覆盖层清除摊销费＋弃料处理摊销费$$
$$＋各工序单价之和乘以综合系数 \qquad （5-42）$$

综合系数法计算简捷方便，但这种笼统地以综合系数来简化处理复杂的损耗问题，难以反映工程实际。

2）单价系数法。将各工序的损耗和体积变化，以工序流程单价系数的形式计入各工序单价。该方法概念明确，结构科学，易于结合工程实际。水利水电系统过去常采用此法。

$$骨料单价＝覆盖层清除摊销费＋弃料处理摊销费$$
$$＋\sum（工序单价×工序系数） \qquad （5-43）$$

自采砂石料单价是指从料场覆盖层清除、毛料开采运输、预筛分破碎、筛洗储存到成品运至混凝土拌制系统骨料仓的全部生产过程所发生的人工费、材料费和施工机械使用费，并含其他直接费、间接费、利润和税金。

（3）典型相近的代表性设备配制法。水利部2002年定额按不同规模，列出了通用工艺设备。砂石的加工工艺可进行模块化组合，根据组合情况进行计算。考虑市场因素，自采砂石料的某些生产过程若委托给别的企业，则单价可包括间接费、利润和税金。用"典型相近的代表性设备配制法"计算砂石料的单价是目前水利部2002年定额推荐采用的方法。需要强调的是，水利部2002年版《水利建筑工程概算定额》和《水利建筑工程预算定额》中已经考虑了骨料加工过程中的损耗，且定额单位均为成品堆方体积，故计算砂石料单价时，不再另计其他任何系数和损耗。

4.砂石料的单价计算步骤

（1）砂石料级配平衡计算。根据地质勘探资料，编制砂砾料天然级配表；根据混凝

土、砂浆的配比列表计算骨料需要量；然后根据天然级配表、骨料需要量进行砂石料级配平衡计算。若骨料级配供求不平衡，则需进行调整。如砾石多而缺砂时，可用砾石制砂，中小石不足时可用超径石或大石破碎补充。

（2）拟定砂石生产流程和工厂规模。砂石生产流程可根据具体情况拟定，砂石加工厂规模由施工组织设计确定。根据《水利水电工程施工组织设计规范》（SL 303—2017）规定，砂石加工厂的生产能力应按混凝土高峰时段（混凝土高峰时段是指混凝土月浇筑强度为最高月浇筑强度70%以上的持续期）月平均骨料需用量及其他砂石需用量计算。砂石料加工系统主要生产车间工作制度：宜采用二班制，施工高峰月可采用三班制；月工作日数为25d；日工作时数为二班制14h，三班制20h。小型工程的砂石加工厂按一班制生产时，每月有效工作小时按180h计。计算求得需要成品的小时生产能力后，即可求得按进料量计的小时处理能力，据此套用相应定额。

（3）选用合适定额计算各工序单价，砂石料加工所有工序单价之和即为基本单价。

（4）选用合适定额计算覆盖层清除单价、弃料处理单价，并计算覆盖层清除摊销率和弃料处理摊销率；单价和相应的摊销率相乘之积即为附加单价。

（5）砂石料的基本单价与附加单价之和组成砂石料的综合单价。

**【例 5-7】** 某施工企业自行采备砂石料：

（1）采取的工艺流程如下：覆盖层清除—毛料开采运输—预筛分、超径破碎运输—筛洗、运输—成品骨料运输。

（2）根据定额计算的工序单价为：覆盖层清除单价11元/m³，弃料运输单价12.5元/m³。粗骨料加工：毛料开采运输单价10.9元/m³，预筛分、超径破碎运输单价7.56元/m³，筛洗、运输单价9.30元/m³，成品骨料运输单价7.78元/m³。砂制备：毛料开采运输单价14元/m³，预筛分、超径破碎运输单价7.15元/m³，筛洗、运输单价8.21元/m³，成品骨料运输单价15.06元/m³。

（3）设计砂石料用量140万m³，其中粗骨料98万m³，砂42万m³。料场覆盖层16万m³，成品储备量148万m³。超径弃料3.5万m³，粗骨料级配弃料23.5万m³，砂级配弃料5.15万m³。

（4）其他直接费率0.5%，间接费、利润分别为5%、7%。

试求该工程的砂石料单价。

**解：**（1）基本单价计算。

粗骨料基本单价＝10.9＋7.56＋9.3＋7.78＝35.54（元/m³）

砂基本单价＝14＋7.15＋8.21＋15.06＝44.42（元/m³）

（2）附加单价计算。

覆盖层清除单价＝11×16/148＝1.19（元/m³）

超径石处理单价＝（10.9＋7.56＋12.5）×3.5/98＝1.11（元/m³）

粗骨料级配处理单价＝（10.9＋7.56＋9.3＋12.5）×23.5/98＝9.65（元/m³）

砂级配处理单价＝（14＋7.15＋8.21＋12.5）×5.15/42＝5.13（元/m³）

（3）粗骨料综合单价基本直接费＝35.54＋1.19＋1.11＋9.65＝47.49（元/m³）

砂综合单价基本直接费＝44.42＋1.19＋5.13＝50.74（元/m³）

(4) 间接费及利润计算。

粗骨料其他直接费＝47.49×0.5％＝0.24(元/m³)

粗骨料间接费＝(47.49＋0.24)×5％＝2.39(元/m³)

粗骨料利润＝(47.49＋0.24＋2.39)×7％＝3.51(元/m³)

故粗骨料的预算单价＝47.49＋0.24＋2.39＋3.51＝53.63(元/m³)

同理也可求出砂子的预算单价。

### 三、外购砂石料单价

对于一些工程，因当地砂石料缺乏或料场储量不能满足工程需要，或者因砂石料用量较少，不宜自采砂石料时，可从附近砂石料场采购。

外购砂石料单价按材料预算价格计算办法，根据市场实际情况和有关规定计算。它包括原价、运杂费、损耗、采购保管费四项费用，其计算公式为

$$外购砂石单价＝(原价＋运杂费)×(1＋损耗率)×(1＋采购保管费率) \quad (5-44)$$

原价指砂石料产地的销售价。运杂费指由砂石料产地运至工地砂石料堆料场所发生的运输费、装卸费等。据统计，每转运一次的运输损耗率为：砂子1.5％，石子1％。

$$堆存损耗率＝砂(石)料仓(堆)的容积×4％(石子用2％)$$
$$÷通过砂(石)料仓(堆)的总堆存量×100％$$

$$(5-45)$$

采购保管费率应为3.3％。

# 第六节  混凝土、砂浆材料单价

## 一、混凝土、砂浆配合比及材料用量

### (一)混凝土配合比

在计算混凝土、砂浆材料单价时，首先要根据设计情况，考虑采购、管理等方便正确地选用混凝土、砂浆的配合比。混凝土配合比的各项材料用量，应根据工程试验提供的资料计算。若无试验资料时，也可参照《水利建筑工程概(预)算定额》附录《混凝土、砂浆配合比及材料用量表》计算。

纯混凝土材料配合比及材料用量见表5-16。

表5-16　　　　　　　　　　纯混凝土材料配合比及材料用量

| 序号 | 混凝土强度等级 | 水泥强度等级 | 水灰比 | 级配 | 最大粒径/mm | 配合比 | | | 预算量 | | | | | |
|---|---|---|---|---|---|---|---|---|---|---|---|---|---|---|
| | | | | | | 水泥 | 砂 | 石子 | 水泥/kg | 粗砂 | | 卵石 | | 水 |
| | | | | | | | | | | kg | m³ | kg | m³ | m³ |
| 1 | C10 | 32.5 | 0.75 | 1 | 20 | 1 | 3.69 | 5.05 | 237 | 877 | 0.58 | 1218 | 0.72 | 0.170 |
| | | | | 2 | 40 | 1 | 3.92 | 6.45 | 208 | 819 | 0.55 | 1360 | 0.79 | 0.150 |
| | | | | 3 | 80 | 1 | 3.78 | 9.33 | 172 | 653 | 0.44 | 1630 | 0.95 | 0.125 |
| | | | | 4 | 150 | 1 | 3.64 | 11.65 | 152 | 555 | 0.37 | 1792 | 1.05 | 0.110 |

续表

| 序号 | 混凝土强度等级 | 水泥强度等级 | 水灰比 | 级配 | 最大粒径/mm | 配合比 | | | 预算量 | | | | | |
|---|---|---|---|---|---|---|---|---|---|---|---|---|---|---|
| | | | | | | 水泥 | 砂 | 石子 | 水泥/kg | 粗砂 | | 卵石 | | 水 |
| | | | | | | | | | | kg | m³ | kg | m³ | m³ |
| 2 | C15 | 32.5 | 0.65 | 1 | 20 | 1 | 3.15 | 4.41 | 270 | 853 | 0.57 | 1206 | 0.7 | 0.170 |
| | | | | 2 | 40 | 1 | 3.2 | 5.57 | 242 | 777 | 0.52 | 1367 | 0.81 | 0.150 |
| | | | | 3 | 80 | 1 | 3.09 | 8.03 | 201 | 623 | 0.42 | 1635 | 0.96 | 0.125 |
| | | | | 4 | 150 | 1 | 2.92 | 9.89 | 179 | 527 | 0.36 | 1799 | 1.06 | 0.110 |
| 3 | C20 | 32.5 | 0.55 | 1 | 20 | 1 | 2.48 | 3.78 | 321 | 798 | 0.54 | 1227 | 0.72 | 0.170 |
| | | | | 2 | 40 | 1 | 2.53 | 4.72 | 289 | 733 | 0.49 | 1382 | 0.81 | 0.150 |
| | | | | 3 | 80 | 1 | 2.49 | 6.80 | 238 | 594 | 0.4 | 1637 | 0.96 | 0.125 |
| | | | | 4 | 150 | 1 | 2.38 | 8.55 | 208 | 498 | 0.34 | 1803 | 1.06 | 0.110 |
| | | 42.5 | 0.6 | 1 | 20 | 1 | 2.8 | 4.08 | 294 | 827 | 0.56 | 1218 | 0.71 | 0.170 |
| | | | | 2 | 40 | 1 | 2.89 | 5.20 | 261 | 757 | 0.51 | 1376 | 0.81 | 0.150 |
| | | | | 3 | 80 | 1 | 2.82 | 7.37 | 218 | 618 | 0.42 | 1627 | 0.95 | 0.125 |
| | | | | 4 | 150 | 1 | 2.73 | 9.29 | 191 | 522 | 0.35 | 1791 | 1.05 | 0.110 |

注　本表仅摘录了《水利建筑工程概（预）算定额》（2002）附录的一部分。

## （二）水泥砂浆材料配合比

水泥砂浆材料配合比见表 5-17 和表 5-18。

表 5-17　　砌筑砂浆材料配合比表

| 序号 | 强度等级 | 32.5 级水泥 | 砂 | 水 |
|---|---|---|---|---|
| | | kg | m³ | m³ |
| 1 | M5 | 211 | 1.13 | 0.127 |
| 2 | M7.5 | 261 | 1.11 | 0.157 |
| 3 | M10 | 305 | 1.10 | 0.183 |
| 4 | M12.5 | 352 | 1.08 | 0.211 |
| 5 | M15 | 405 | 1.07 | 0.243 |
| 6 | M20 | 457 | 1.06 | 0.274 |
| 7 | M25 | 522 | 1.05 | 0.313 |
| 8 | M30 | 606 | 0.99 | 0.364 |
| 9 | M40 | 740 | 0.97 | 0.444 |

表 5 - 18 接缝砂浆配合比表

| 序号 | 砂浆等级 | 体积配合比 | | 矿渣大坝水泥 | | 纯大坝水泥 | | 砂 | 水 |
|---|---|---|---|---|---|---|---|---|---|
| | | 水泥 | 砂 | 强度等级 | 数量/kg | 强度等级 | 数量/kg | m³ | m³ |
| 1 | M10 | 1 | 3.1 | 32.5 | 406 | | | 1.08 | 0.27 |
| 2 | M15 | 1 | 2.6 | 32.5 | 469 | | | 1.05 | 0.27 |
| 3 | M20 | 1 | 2.1 | 32.5 | 554 | | | 1 | 0.27 |
| 4 | M25 | 1 | 1.9 | 32.5 | 633 | | | 0.94 | 0.27 |
| 5 | M30 | 1 | 1.8 | | | 42.5 | 625 | 0.98 | 0.266 |
| 6 | M35 | 1 | 1.5 | | | 42.5 | 730 | 0.93 | 0.266 |
| 7 | M40 | 1 | 1.3 | | | 42.5 | 789 | 0.9 | 0.266 |

**（三）混凝土配合比有关说明**

（1）除碾压混凝土材料配合参考表［见《水利建筑工程概（预）算定额》（2002）附录部分］外，水泥混凝土强度等级均以 28d 龄期用标准试验方法测得的具有 95％保证率的抗压强度标准值确定，如设计龄期超过 28d，按表 5 - 19 系数换算。计算结果如介于两种强度等级之间，应选用高一级的强度等级。

表 5 - 19 混凝土各龄期强度等级折算系数

| 设计龄期/d | 28 | 60 | 90 | 180 |
|---|---|---|---|---|
| 强度等级折算系数 | 1 | 0.83 | 0.77 | 0.71 |

（2）混凝土配合比表系卵石、粗砂混凝土，如改用碎石或中砂、细砂等，按表 5 - 20 系数换算。

表 5 - 20 骨料不同混凝土配合比换算系数

| 项目 | 水泥 | 砂 | 石子 | 水 |
|---|---|---|---|---|
| 卵石换为碎石 | 1.10 | 1.10 | 1.06 | 1.10 |
| 粗砂换为中砂 | 1.07 | 0.98 | 0.98 | 1.07 |
| 粗砂换为细砂 | 1.10 | 0.96 | 0.97 | 1.10 |
| 粗砂换为特细砂 | 1.16 | 0.90 | 0.95 | 1.16 |

注 水泥按重量计，砂、石子、水按体积计。

（3）混凝土细骨料的划分标准为：细度模数 3.19～3.85（或平均粒径 1.2～2.5mm）为粗砂；细度模数 2.5～3.19（或平均粒径 0.6～1.2mm）为中砂；细度模数 1.78～2.5（或平均粒径 0.3～0.6mm）为细砂；细度模数 0.9～1.78（或平均粒径 0.15～0.3mm）为特细砂。

（4）埋块石混凝土，应按配合比表的材料用量，扣除埋块石实体的数量计算。

埋块石混凝土材料量＝配合表列材料用量×（1－埋块石量％）。1 块石实体方＝1.67 码方。因埋块石增加的人工见表 5 - 21。

（5）有抗渗抗冻要求时，按表 5－22 水灰比选用混凝土强度等级。

表 5－21　　　　　　　　　　埋块石混凝土增加的工时表

| 埋块石率/% | 5 | 10 | 15 | 20 |
|---|---|---|---|---|
| 每 100m³ 埋块石混凝土增加的人工工时 | 24.0 | 32.0 | 42.4 | 56.8 |

**注**　不包括块石运输及影响浇筑的工时。

表 5－22　　　　　　　　　抗渗（冻）等级与水灰比关系表

| 抗渗等级 | 水灰比 | 抗冻等级 | 水灰比 |
|---|---|---|---|
| W4 | 0.60～0.65 | F50 | <0.58 |
| W6 | 0.55～0.60 | F100 | <0.55 |
| W8 | 0.50～0.55 | F150 | <0.52 |
| W12 | <0.50 | F200 | <0.50 |
|  |  | F300 | <0.45 |

（6）除碾压混凝土材料配合参考表外，混凝土配合表的预算量包括场内运输及操作损耗在内。不包括搅拌后（熟料）的运输和浇筑损耗，搅拌后的运输和浇筑损耗已根据不同浇筑部位计入定额内。

（7）水泥用量按机械拌和拟定，若系人工拌和，水泥用量增加 5%。

（8）按照国际标准（ISO 3893）的规定，且为了与其他规范相协调，将原规范混凝土及砂浆标号的名称改为混凝土或砂浆强度等级。新强度等级与原标号对照见表 5－23 和表 5－24。

表 5－23　　　　　　　　混凝土新强度等级与原标号对照表

| 原用标号/（kgf/cm²） | 100 | 150 | 200 | 250 | 300 | 350 | 400 |
|---|---|---|---|---|---|---|---|
| 新强度等级 C | C9 | C14 | C19 | C24 | C29.5 | C35 | C40 |

表 5－24　　　　　　　　砂浆新强度等级与原标号对照表

| 原标号/（kgf/cm²） | 30 | 50 | 75 | 100 | 125 | 150 | 200 | 250 | 300 | 350 | 400 |
|---|---|---|---|---|---|---|---|---|---|---|---|
| 新强度等级 M | M3 | M5 | M7.5 | M10 | M12.5 | M15 | M20 | M25 | M30 | M35 | M40 |

（9）在算砂浆材料单价时，若采用的水泥强度等级与表 5－17、表 5－18 不同，可按表 5－25 的系数进行换算。

表 5－25　　　　　　　　　水泥强度等级换算系数参考表

| 原强度等级＼代换强度等级 | 32.5 | 42.5 | 52.5 |
|---|---|---|---|
| 32.5 | 1.00 | 0.86 | 0.76 |
| 42.5 | 1.16 | 1.00 | 0.88 |
| 52.5 | 1.31 | 1.13 | 1.00 |

## 二、混凝土材料单价计算

混凝土材料单价是指按级配计算的砂、石子、水泥、水、掺和料和外加剂等每立方米混凝土的材料费用的价格。不包括拌制、运输、浇筑等工序的费用，也不包括除搅拌损耗外的施工操作损耗及超填量等。

在计算混凝土材料单价时，应按本工程的混凝土级配试验资料计算。如无试验资料，可参照《水利建筑工程概（预）算定额》（2002）附录混凝土级配表（表 5－16 摘录了一部分）及配合比的调整规定计算。若砂石料预算价超过 70 元/m³，还应算出每方混凝土的价差。当采用商品混凝土时，其材料单价应按基价 200 元/m³ 计入工程单价参加取费，预算价与基价的差值以材料补差的形式计算，列入单价表中并计取税金。

**【例 5－8】** 某水利工程设计采用 C20 混凝土闸墩，C10 混凝土地面。若当地材料预算价为：

（1）32.5 号水泥 245 元/t，卵石 45 元/m³，粗砂 50 元/m³，水 0.75 元/m³；

（2）32.5 号水泥 245 元/t，碎石 72 元/m³，中砂 60 元/m³，水 0.75 元/m³。

试分别计算混凝土材料单价。

**解：**（1）混凝土最大粒径取 40mm。查表 5－18，混凝土材料单价计算见表 5－26。

表 5－26　　　　　　　　　　　　混凝土材料单价计算表

| 混凝土强度等级 | 水泥强度等级 | 级配 | 水泥 0.245 元/kg | | 石子 45 元/m³ | | 砂 50 元/m³ | | 水 0.75 元/m³ | | 预算价/（元/m³） | 价差/（元/m³） |
|---|---|---|---|---|---|---|---|---|---|---|---|---|
| | | | 预算量/kg | 价格/元 | 预算量/m³ | 价格/元 | 预算量/m³ | 价格/元 | 预算量/m³ | 价格/元 | | |
| C10 | 32.5 | 2 | 208 | 50.96 | 0.79 | 35.55 | 0.55 | 27.50 | 0.15 | 0.11 | 114.12 | |
| C20 | 32.5 | 2 | 289 | 70.81 | 0.81 | 36.45 | 0.49 | 24.50 | 0.15 | 0.11 | 131.87 | |

（2）混凝土最大粒径取 40mm。碎石的单价应按规定基价 70 元/m³ 计算，每立方米碎石的价差为 72－70＝2（元/m³）。另外，卵石换为碎石，粗砂换为中砂，混凝土配合比按表 5－20 调整，调整系数为：水泥 1.1×1.07＝1.177，砂 1.1×0.98＝1.078，石子 1.06×0.98＝1.039，水 1.1×1.07＝1.177。对 C10 混凝土，每立方米混凝土各材料预算量分别为：水泥 208×1.177＝245（kg），石子 0.79×1.039＝0.82（m³），砂 0.55×1.078＝0.59（m³），水 0.15×1.177＝0.18（m³）。则混凝土材料预算单价＝245×0.245＋0.82×70＋0.59×60＋0.18×0.75＝152.97（元/m³）；价差＝0.82×2＝1.64（元/m³）。同理可求出 C20 混凝土材料单价和价差。将各计算数据填入表 5－27 中。

表 5－27　　　　　　　　　　　　混凝土材料单价计算表

| 混凝土强度等级 | 水泥强度等级 | 级配 | 水泥 0.245 元/kg | | 石子 72 元/m³　70 元/m³ | | 砂 60 元/m³　60 元/m³ | | 水 0.75 元/m³ | | 预算价/（元/m³） | 价差/（元/m³） |
|---|---|---|---|---|---|---|---|---|---|---|---|---|
| | | | 预算量/kg | 价格/元 | 预算量/m³ | 价格/元 | 预算量/m³ | 价格/元 | 预算量/m³ | 价格/元 | | |
| C10 | 32.5 | 2 | 245 | 60.03 | 0.82 | 57.40 | 0.59 | 35.40 | 0.18 | 0.14 | 152.97 | 1.64 |
| C20 | 32.5 | 2 | 340 | 83.30 | 0.84 | 58.80 | 0.53 | 31.80 | 0.18 | 0.14 | 174.04 | 1.68 |

## 三、砂浆材料单价计算

砂浆材料单价计算方法除配合比中无石子，配合比参考表 5－17 和表 5－18 外，其他完全同混凝土，在此不再赘述。

## 思 考 题

1. 调查你所在地的工资标准，按现行部颁概算定额确定在当地建一水利枢纽工程的各级（工长、中级工、中级工、初级工）的人工预算单价。

2. 在编制工程概算书时，怎样区分主要材料和其他材料？它们的单价计算有哪些不同？

3. 某大型水利工程，其中级工的人工预算单价为 8.90 元/工时，柴油预算单价为 7.16 元/kg，从《水利工程施工机械台时费定额》查得，32t 自卸汽车的一类费用为 208.75 元/台时；二类费用中，人工工时为 1.3 工时/台时，柴油耗量为 25.5kg/台时。45t 自卸汽车的一类费用为 267.46 元/台时；二类费用中，人工工时为 1.3 工时/台时，柴油耗量为 37kg/台时。（1）试列表计算上述机械的台时费；（2）用直线内插法计算 40t 自卸汽车的台时费。

4. 某一工程由电网供电 97%，自备柴油发电机供电 3%。电网电价为 0.697 元/(kW·h)，建设基金和其他加价为 0.08 元/(kW·h)，损耗率高压线路取 4%，变配电设备和输电线路损耗率取 6%，供电设施摊销费 0.05 元/(kW·h)；柴油发电机发电的基本电价为 0.89 元/(kW·h)，变配电设备和输电线路损耗率取 10%，供电设施摊销费 0.05 元/(kW·h)，试计算其综合电价。

5. 依据 [例 5-8] 中的条件，分别计算砌筑砂浆 M10 和 M20 的预算单价。

# 第六章 水利建筑工程概算编制

## 第一节 建筑工程概算编制概述

由于水利工程经常包含多个种类的建筑群体，而且其涉及范围广、投资大、建设周期长、影响因素复杂。因此，为了便于编制水利工程概预算，需对一个水利工程建设项目系统地逐级划分为若干个各级项目和费用项目。根据现行的水利部文件《编制规定（2014）》，水利工程概算项目划分为工程部分（包括建筑工程、机电设备及安装工程、金属结构设备及安装工程、施工临时工程、独立费用）、建设征地移民补偿、环境保护工程、水土保持工程4部分。各部分概算下设一级项目、二级项目、三级项目。各部分概算分别执行相应编制规定，并将结果汇总到工程总概算中。

工程部分的建筑工程有枢纽工程、引水工程、河道工程3大类。枢纽工程包括挡水工程、泄洪工程、发电引水工程、发电厂（泵站）工程、升压变电站工程、航运工程、鱼道工程、交通工程、房屋建筑工程、供电设施工程、其他建筑工程。引水工程包括渠（管道）工程、建筑物工程、交通工程、房屋建筑工程、供电设施工程、其他建筑工程。河道工程包括河湖整治与堤防工程、灌溉及田间渠（管）道工程、建筑物工程、交通工程、房屋建筑工程、供电设施工程、其他建筑工程。

建筑工程概算是指水利工程永久建筑物和其他建筑物以货币表现的投资额，是水利工程总投资的主要组成部分。工程竣工之后构成水利枢纽、水电站、水库或其他水利工程管理单位的固定资产。建筑工程中的挡水工程、泄洪工程、引水工程、供水工程、河湖整治与堤防工程、发电厂工程、升压变电站工程、航运工程和鱼道工程为主体建筑工程，交通工程、房屋建筑工程、外部供电线路工程和其他建筑工程为非主体建筑工程。编制建筑工程概算时，首先应分清主体建筑工程和非主体建筑工程，然后根据现行的《编制规定（2014）》的有关规定，结合水利工程的性质、特点和组成内容来进行项目划分，根据不同的设计深度，分别采用不同的方法编制概算。

建筑工程概算编制的方法一般有单价法、指标法及百分率法3种形式，其中以单价法为主。所谓单价法就是以工程量乘以工程单价来计算工程投资的方法，它是建筑工程概算编制的主要方法。

### 一、建筑工程概算编制依据

建筑工程概算编制依据包括以下内容：

（1）国家及省、自治区、直辖市颁发的有关法令、法规、制度、规程。

（2）已批准的设计文件，包括初步设计书、技术设计书和设计图纸等。

（3）现行水利工程概预算定额、有关水利工程设计概（估）算费用构成及计算标准。

（4）工程所在地区施工企业的工人工资标准及有关文件政策。

（5）工程所在地区概算编制当时的材料预算价格信息。

（6）各种有关的合同、协议、决定及资金筹措方案等。

（7）其他。

## 二、建筑工程概算编制步骤

### （一）收集基本资料、熟悉设计图纸

编制工程概算要对工程情况进行充分了解。①要熟悉设计图纸，将工程项目内容、工程部位搞清楚，了解设计意图；②要深入工程现场了解工程现场情况，收集与工程概算有关的基本资料；③还要对施工组织设计（包括施工导流等主要施工技术措施）进行充分研究，了解施工方法、措施、运输距离、机械设备、劳动力配备等情况，以便正确合理编制工程单价及工程概算。

### （二）划分工程项目

建筑工程概算项目划分参考第四章第一节介绍的有关内容和有关规定进行。

### （三）计算工程量

工程量是以物理计量单位来表示的各个三级项目（分部、分项工程）的结构构件、材料等的数量。它是编制工程概算的基本条件之一。工程量计算的准确与否，直接影响工程概算投资大小。因此，工程量计算应严格执行水利工程设计工程量计算有关规定。

### （四）编制工程概算单价

建筑工程单价应根据工程的具体情况和拟定的施工方案，采用国家和地方颁发的现行定额及费用标准进行编制。

### （五）编制工程概算

建筑工程概算要严格按照现行的水利工程设计概（估）算编制规定进行编制。

# 第二节　建筑工程概算单价编制

## 一、建筑工程概算单价的概念

水利工程项目较多，例如，大坝、船闸、发电厂、泵站、渠道、隧洞等。建筑物、构筑物也比较复杂。但就其工程内容和工种类别而言，都有其共同点，它的内容包括有土方开挖工程、石方开挖工程、土石填筑工程、混凝土工程、模板工程、钻孔灌浆及锚固工程、疏浚工程、其他工程等，这就为我们编制概算提供了可遵循的一般规律，工程单价法计算工程概算的方法就是在此基础上产生并发展起来的。

建筑工程单价系指完成建筑工程单位工程量（如 1t、100m$^3$、100m$^2$ 等）所耗用的直接费、间接费、利润、材料补差和税金 5 部分的总和。建筑工程单价是编制水利建筑工程投资的基础，它直接影响工程总投资的准确程度。建筑工程的主要项目均应计算概预算单价，据以编制工程概预算。

建筑工程单价是工程概预算的一个特有的概念，由于建筑产品的特殊性及其定价的特点，没有相同的建筑产品及其价格，无法对整个建筑产品定价，但不同的建筑产品经过分解可以得到比较简单而相同的基本构成要素，完成相同基本构成要素的人工、材料、机械台时消耗量相同。因此，施工方法或工艺确定后，可以从确定其基本构成要素的费用入手，由工程定额查定完成单位（如 1t、100m³、100m² 等）基本构成要素的人工、材料、机械台时消耗量，查定的各种基本构成要素的消耗量与各自的预算价格（基础单价）相乘再加起来就是单位基本构成要素的基本直接费（如元/t、元/100m³、元/100m²），再按有关取费费率可计算其他直接费、间接费、利润、材料补差和税金，将求得的直接费（包括基本直接费、其他直接费）、间接费、利润、材料补差和税金相加，即得单位基本构成要素的价格，也称为建筑工程单价。上述计算工作称为工程单价的编制，也称为单价分析或单位估价。建筑工程单价也可以说是以价格形式表示的完成单位工程量所耗用的全部费用。

## 二、建筑工程单价的编制步骤和方法

### （一）建筑工程单价的编制步骤

（1）了解工程概况，熟悉设计图纸，收集基础资料，弄清工程地质条件，确定取费标准。

编制工程概算要对工程情况进行充分了解：①要熟悉设计图纸，将工程项目内容、工程部位搞清楚，了解设计意图；②要深入工程现场了解工程现场情况，收集与工程概算有关的基本资料；③还要对施工组织设计（包括施工导流等主要施工技术措施）进行充分研究，了解施工方法、措施、运输距离、机械设备、劳动力配备等情况，以便正确合理编制工程单价及工程概算。

（2）根据工程特征和施工组织设计确定的施工条件、施工方法及设备情况，正确选用定额子目。

（3）根据本工程的基础单价和有关费用标准，分别计算直接费、间接费、利润、材料补差和税金，并加以汇总。

### （二）建筑工程单价的编制方法

建筑工程单价的编制通常采用列表法，所得表格称为建筑工程单价表。编制建筑工程单价有规定的表格格式。水利部现行规定的建筑工程单价计算见表 6-1。按下列方法编制建筑工程单价表：

（1）将单价编号、项目名称、定额编号、定额单位、施工方法等分别填入表中相应栏内。其中："施工方法"一栏，应填写施工方法、土或岩石类别、运距等；"名称及规格"一栏，应填写详细和具体，如施工机械的型号、混凝土的标号等。

（2）将定额中的人工、材料、施工机械台时消耗量，以及相应的人工预算单价、材料预算价格和施工机械台时费分别填入表中各栏。

（3）按"消耗量×单价"得出相应的人工费、材料费和施工机械使用费，相加得出基本直接费。

（4）根据规定的费率标准，计算其他直接费、间接费、利润、材料补差、税金，汇总即得出该工程单位产品的价格，即建筑工程单价。

表 6-1　　　　　　　　　　　建筑工程单价计算表

| 单价编号 | | 项目名称 | | | |
|---|---|---|---|---|---|
| 定额编号 | | | | 定额单位 | |
| 施工方法 | | | | | |
| 编号 | 名称及规格 | 单位 | 数量 | 单价/元 | 合计/元 |
| | | 计算方法 | | | |
| 1 | 直接费 | 基本直接费＋其他直接费 | | | |
| (1) | 基本直接费 | 人工费＋材料费＋施工机械使用费 | | | |
| ① | 人工费 | $\Sigma$[定额劳动量(工时)×人工预算单价(元/工时)] | | | |
| ② | 材料费 | $\Sigma$[定额材料用量×材料除税预算价格(或基价)] | | | |
| ③ | 施工机械使用费 | $\Sigma$[定额机械使用量(台时)×施工机械台时费(元/台时)] | | | |
| (2) | 其他直接费 | 基本直接费×其他直接费费率之和 | | | |
| 2 | 间接费 | 直接费×间接费费率 | | | |
| 3 | 利润 | (直接费＋间接费)×利润率 | | | |
| 4 | 材料补差 | $\Sigma$[(材料除税预算价格－材料基价)×材料消耗量] | | | |
| 5 | 税金 | (直接费＋间接费＋利润＋材料补差)×税率 | | | |
| 6 | 单价合计 | 直接费＋间接费＋利润＋材料补差＋税金 | | | |

**（三）编制建筑工程概算单价时应注意的问题**

（1）使用现行《水利建筑工程概算定额》时，必须熟悉定额的总说明、章节说明及定额表附注，根据设计所确定的有关技术条件（如石方开挖工程的岩石等级、断面尺寸、开挖与出渣方式、开挖与运输设备的型号及规格、弃渣运距等），选用定额的相应子目。

（2）现行《水利建筑工程概算定额》中没有的工程项目，可编制补充定额。对于非水利水电专业工程，按照专业专用的原则，执行有关专业部委颁发的相应定额，如公路工程执行交通运输部《公路工程设计概算定额》、铁路工程执行原铁道部《铁路工程设计概算定额》等。

（3）现行《水利建筑工程概算定额》虽有类似定额，但其技术条件有较大差异时，应编制补充定额，作为编制概算单价的依据。

（4）现行《水利建筑工程概算定额》各定额子目中，已按现行施工规范和有关规定，计入了不构成建筑工程单位实体的各种施工操作损耗、允许的超挖及超填量、合理的施工附加量及体积变化等所需增加的人工、材料及施工机械台时消耗量，编制设计概算时，应一律按设计结构工程量（按设计几何轮廓尺寸计算的工程量）乘相应的阶段系数后作为编制建筑工程概算的依据。

（5）现行《水利建筑工程概算定额》中的材料费及其他材料费，按目前水利水电工程平均消耗水平列量；定额中的施工机械台（组）时数量及其他机械使用费，按水利水电工程常用施工机械和典型施工方法的平均水平列量。编制概算单价时，除定额中规定允许调整外，均不得对定额中的人工、材料、施工机械台（组）时数量及施工机械的名称、规格、型号进行调整。

（6）如定额参数（建筑物尺寸、运距等）介于概算定额两子目之间，可用插入法调整定额。调整方法如下：

$$A=(C-B)\frac{a-b}{c-b}+B \qquad (6-1)$$

式中：$A$ 为所求定额数；$B$ 为小于 $A$ 而接近 $A$ 的定额数；$C$ 为大于 $A$ 而接近 $A$ 的定额数；$a$ 为 $A$ 项定额参数；$b$ 为 $B$ 项定额参数；$c$ 为 $C$ 项定额参数。

### 三、土方工程单价编制

#### （一）使用定额应注意的问题

编制土方工程概算单价时应注意以下几个主要问题：

（1）定额计算单位有自然方、松方、实方 3 种类型，工序主要包括土方开挖、运输、备料、回填压实等。

（2）机械定额中，凡一种机械名称之后，同时并列几种型号规格的，如压实机械中的羊脚碾，运输定额中的自卸汽车等，表示这种机械只能选用其中一种型号规格的机械定额进行计价。凡一种机械分几种型号规格与机械名称同时并列的，表示这些名称相同规格不同的机械定额都应同时进行计价。

（3）挖掘机及装载机挖装土自卸汽车运输定额，根据不同运距，定额选用及计算方法如下：

1）运距小于 5km，且又是整数运距时，如 1km、2km、3km，直接按表中定额子目选用。若遇到 0.6km、1.5km、3.4km、4.3km 时，按下列公式计算其定额值：

$$定额值（运距 0.6km）＝1km 值－（2km 值－1km 值）×（1－0.6） \qquad (6-2)$$

运距 1.5km、3.4km、4.3km，采用插入法计算即可。

2）运距 5～10km 时：

$$定额值＝5km 值＋（运距－5）×增运 1km 值 \qquad (6-3)$$

3）运距大于 10km 时：

$$定额值＝5km 值＋5×增运 1km 值＋（运距－10）×增运 1km 值×0.75 \qquad (6-4)$$

4）定额中其他材料费、零星材料费、其他机械费均以费率表示，其计量基数如下：其他材料费以主要材料费之和（即定额中给定消耗量的各种材料的费用之和）为计算基数；零星材料费以人工费、机械费之和为计算基数；其他机械费以主要机械费之和为计算基数。

#### （二）土方工程的分类

土方工程包括土方开挖和土方填筑两大类。土方工程按施工方法可分为机械化施工、半机械化施工和人力施工 3 种。其中，人力施工和半机械化施工适用工程数量较少的土方工程或地方水利工程。影响土方工程工效的主要因素有：土的级别、取（运）土的距离、施工方法、施工条件和质量要求等。因此，土方定额大多按上述影响工效的参数来划分节和子目，所以正确确定这些参数和合理使用定额是编制土方工程单价的关键。

#### （三）土方开挖工程单价计算

土方开挖工程由"挖""运"两个主要工序组成。土方开挖、运输单价是指从场地清理到将土运输到指定地点所需的各项费用。

1. 挖土

影响"挖"这个工序工效的主要因素有以下几点：

（1）土的级别。一般情况下土的级别越高，开挖的阻力越大，工效越低，相应单价越高。

（2）设计要求的开挖形状。设计有形状要求的沟、渠、坑等都会影响开挖的工效，尤其是当断面较小、深度较深时，对机械开挖更会降低其正常效率。因此，定额往往按沟、渠、坑等分节，各节再分别按其宽度、深度、面积等划分子目。

（3）施工条件。施工条件不同，开挖的工效也就不同。如水下开挖、冰冻开挖施工都将严重影响开挖的工效。

2. 运土

土方的运输包括集料、装土、运土、卸土、卸土场整理等工序。影响该工序的主要因素有以下几点：

（1）运土的距离。运土的距离越长，所需时间也越长，但在一定起始范围内，不是直线反比关系，而是对数曲线关系。

（2）土的级别。从运输的角度看，土的级别越高，其密度（$t/m^3$）也越大。由于土方都习惯采用体积作单位，所以土的级别越高，运每方的产量越低。

（3）施工条件。装卸车的条件、道路状况、卸土场地条件等都影响运土的工效。

**（四）土方填筑工程单价计算**

水利工程的大坝、渠堤、道路、围堰等都有大量的土方要回填、压实。土方填筑主要由取土、压实两大工序组成。

1. 取土

（1）料场覆盖层清理。根据填筑土料的质量要求，料场上的树木及表面覆盖的乱石、杂草及不合格的表土等必须予以清除。清除所需的人工、材料、机械台班（时）的数量和费用，应按相应比例摊入土方填筑单价内。

$$覆盖层清除摊销费＝覆盖层清除总费用/设计成品方量$$

$$＝覆盖层清除单价×覆盖层清除量/设计成品方量$$

$$＝覆盖层清除单价×覆盖层清除摊销率 \qquad (6-5)$$

（2）土料开采运输。土料的开采运输，应根据工程规模，尽量采用大料场、大设备，以提高机械生产效率，降低土料成本。土料开采单价的编制与土方开挖、运输单价相同，只是当土料含水量不符合规定时将增加处理费用，同时须考虑土料的损耗和体积变化因素。

（3）土料处理费用计算。当土料的含水量不符合规定标准时，应先采取挖排水沟、扩大取土面积、分层取土等施工措施。如仍不能满足设计要求，则应采取降低含水量（翻晒、分区集中堆存等）或加水处理措施。

（4）土料损耗和体积变化。土料损耗包括开采、运输、雨后清理、削坡、沉陷等的损耗，以及超填和施工附加量。体积变化指设计干密度和天然干密度之间的不同。

现行概算定额的综合定额，已计入了各项施工损耗、超填及施工附加量，体积变化也已在定额中考虑。凡施工方法适用于综合定额的，应采用综合定额，并不得加计任何系数或费用。当施工措施不是挖掘机、装载机挖装自卸汽车运输时，可以套用单项定额。此时，可根据不同施工方法的相应定额，按下式计算取土备料和运输土料的定额数量：

$$成品实方定额数 = 自然方定额数 \times (1+A) \times 设计干密度/天然干密度 \qquad (6-6)$$

式中：$A$ 为综合系数，%，包括开采、上坝运输、雨后清理、边坡削坡、接缝削坡、施工沉陷、试验坑和不可避免的压坏、超填及施工附加量等损耗因素。综合系数 $A$ 可根据不同施工方法与坝型和坝体填料按定额规定选取。

2. 压实

影响压实工效的主要因素有：土料种类、级别、设计要求、碾压工作面等。土方压实定额大多按这些影响因素划分节、子目。

（1）土料种类、级别。土料种类一般有土料、砂砾料、土石渣料等。土料的种类、级别对土方压实工效有较大的影响。

（2）设计要求。设计对填筑体的质量要求主要反映在压实后的干密度。干密度的高低直接影响到碾压参数（如铺土厚度、碾压次数），也直接影响压实工序的工效。

（3）碾压工作面。较小的碾压工作面（如反滤体、堤等）使机械不能正常发挥机械效率。

**（五）计算土方工程单价要注意的问题**

土方工程施工应尽量将开挖出的渣料用于填筑工程，这样对降低工程造价十分有利。在计算工程单价时，要注意以下问题：

（1）对于开挖料直接运至填筑工作面的，以开挖为主的工程，出渣运输宜计入开挖单价。对以填筑为主的工程，宜计入填筑工程单价中，但一定要注意，不得在开挖和填筑单价中重复或遗漏计算土方运输工序单价。

（2）在确定利用料数量时，应充分考虑开挖和填筑在施工进度安排上的时差，一般不可能完全衔接，二次转运（即开挖料卸至某堆料场，填筑时再从某堆料场取土）是经常发生的。对于需要二次转运的，土方出渣运输、取土运输应分别计入开挖和填筑工程单价中。

（3）要注意开挖与填筑的单位不同，前者是自然方，后者是压实方，故要计入前述的体积变化和各种损耗。

（4）土方工程单价计算按照挖、运不同施工工序，既可采用综合定额计算法，也可采用综合单价计算法。所谓综合定额计算法就是先将选定的挖、运不同定额子目进行综合，得到一个挖、运综合定额，而后根据综合定额进行单价计算。综合单价计算法，就是按照不同的施工工序选取不同的定额子目，然后计算出不同工序的分项单价，最后将各工序单价进行综合。可根据工程的具体情况灵活使用两种计算方法，对于某道工序重复较多时，可采用综合单价法，这样可以避免每次计算该道工序单价的重复性。如挖土定额相同，只是运输定额不同，这样就可以计算一个挖土单价，与不同的运输单价组合，而得到不同的挖、运单价。采用综合定额计算单价优点比较突出，由于其人工、材料、机械使用数量都是综合用量，这对以后进行工料分析计算带来很大方便。

**【例 6-1】** 云南某水电站挡水工程为黏土心墙坝，坝长 2000m，心墙设计工程量为

150 万 m³，设计干密度 1.70t/m³，天然干密度 1.55t/m³。土料场中心位于坝址左岸坝头 8km 处，翻晒场中心位于坝址左岸坝头 5km 处，土类级别Ⅲ类。已知：覆盖层清除量 6 万 m³，单价 3.6 元/m³（自然方）；土料开采运输至翻晒场单价 12.80 元/m³（自然方）；土料翻晒单价 2.96 元/m³（自然方）；取土备料及运输计入施工损耗的综合系数 $A = 6.7\%$。初级工 6.55 元/工时，中级工 9.33 元/工时，柴油单价 6.5 元/kg，电价 0.7 元/（kW·h）。

试计算：（1）翻晒后用 5m³ 挖载机配 25t 自卸汽车运至坝上的工程单价。

（2）74kW 拖拉机压实工程单价。

（3）黏土心墙的综合工程单价。

**解**：根据现行的《编制规定（2014）》、办水总〔2016〕132 号文和办财务函〔2019〕448 号文的有关规定，查《水利工程施工机械台时费定额》，列表计算施工机械台时费见表 6-2。其他直接费费率为 7%，间接费费率为 8.5%，利润率为 7%，税率为 9%。

（1）计算翻晒后用 5m³ 装载机配 25t 自卸汽车运至坝上的工程单价。

已知坝长 2000m，翻晒场中心位于坝址左岸坝头 5km，故自卸汽车运距取平均运距为 6km。根据《水利建筑工程概算定额》，列表计算工程单价见表 6-3，其中人工及装载机数量应乘 0.85 系数（注：挖掘机、装载机挖装土料自卸汽车运输定额，系按自然方拟定，如挖装松土时，其中人工和挖装机械应乘 0.85 系数）。

（2）计算 74kW 拖拉机压实工程单价。根据《水利建筑工程概算定额》，列表计算工程单价见表 6-4。

（3）计算黏土心墙综合工程单价。

1）覆盖层清除单价为 3.6 元/m³（自然方），清除摊销率为 6/150＝4%。

2）土料开采、运输单价为 12.80 元/m³（自然方）。

3）土料翻晒单价为 2.96 元/m³（自然方）。

4）翻晒后挖装、运输上坝单价为 23.76 元/m³（自然方）。

5）土料压实单价为 7.07 元/m³（压实方）。

6）土料的备料、运输方量系数。

$$每压实成品方需要的自然方量＝(1+A)×设计干密度÷天然干密度$$
$$＝(1+6.7\%)×1.70÷1.55$$
$$＝1.17$$

7）黏土心墙综合单价：

$$(12.80+2.96+23.76)×1.17+3.6×1.17×4\%+7.07＝53.48(元/m³)(压实方)$$

表 6-2    施 工 机 械 台 时 费    单位：元/台时

| 定额编号 | 名称及规格 | 台时费 | 其　　　中 | | | | |
|---|---|---|---|---|---|---|---|
| | | | 折旧费 | 修理及替换设备费 | 安拆费 | 人工费 | 动力燃料费 |
| 1044 | 推土机 88kW | 111.44 | 23.65 | 26.67 | 1.06 | 22.39 | 37.67 |
| 1032 | 装载机 5m³ | 352.88 | 135.81 | 76.87 | | 22.39 | 117.81 |
| 3020 | 自卸汽车 25t | 189.73 | 76.01 | 39.40 | | 12.13 | 62.19 |

续表

| 定额编号 | 名称及规格 | 台时费 | 其 中 | | | | |
|---|---|---|---|---|---|---|---|
| | | | 折旧费 | 修理及替换设备费 | 安拆费 | 人工费 | 动力燃料费 |
| 1062 | 拖拉机 74kW | 71.51 | 8.54 | 10.44 | 0.54 | 22.39 | 29.60 |
| 1043 | 推土机 74kW | 92.68 | 16.81 | 20.93 | 0.86 | 22.39 | 31.69 |
| 1095 | 蛙式打夯机 2.8kW | 21.49 | 0.15 | 0.93 | | 18.66 | 1.75 |
| 1094 | 刨毛机 | 54.39 | 4.49 | 5.16 | 0.22 | 22.39 | 22.13 |

**表 6-3** 建 筑 工 程 单 价 表

| 单价编号 | | 项目名称 | | 土料运输 | |
|---|---|---|---|---|---|
| 定额编号 | | 10788+10789 | 定额单位 | 100m³（自然方） | |
| 施工方法 | | 5m³ 装载机挖装，25t 自卸汽车运输，运距 6km，Ⅲ类土 | | | |
| 编号 | 名称及规格 | 单位 | 数量 | 单价/元 | 合计/元 |
| 1 | 直接费 | | | | 1442.58 |
| (1) | 基本直接费 | | | | 1348.21 |
| ① | 人工费 | | | | 12.81 |
| | 初级工 | 工时 | 1.955 | 6.55 | 12.81 |
| ② | 材料费 | | | | 26.44 |
| | 零星材料费 | % | 2 | 1321.77 | 26.44 |
| ③ | 施工机械使用费 | | | | 1308.96 |
| | 装载机 5m³ | 台时 | 0.3655 | 352.88 | 128.98 |
| | 推土机 88kW | 台时 | 0.22 | 111.44 | 24.52 |
| | 自卸汽车 25t | 台时 | 6.09 | 189.73 | 1155.46 |
| (2) | 其他直接费 | % | 7 | 1348.21 | 94.37 |
| 2 | 间接费 | % | 8.5 | 1442.58 | 122.62 |
| 3 | 利润 | % | 7 | 1565.20 | 109.56 |
| 4 | 材料补差 | | | | 504.91 |
| | 装载机 5m³ | 台时 | 0.3655 | 138.30 | 50.55 |
| | 推土机 88kW | 台时 | 0.22 | 44.22 | 9.73 |
| | 自卸汽车 25t | 台时 | 6.09 | 73.01 | 444.63 |
| 5 | 税金 | % | 9 | 2179.67 | 196.17 |
| 6 | 单价合计 | | | | 2375.84 |

**表 6-4** 建 筑 工 程 单 价 表

| 单价编号 | | 项目名称 | | 土料压实 | |
|---|---|---|---|---|---|
| 定额编号 | | 30075 | 定额单位 | 100m³（压实方） | |
| 施工方法 | | 拖拉机压实，干密度：1.70t/m³ | | | |
| 编号 | 名称及规格 | 单位 | 数量 | 单价/元 | 合计/元 |
| 1 | 直接费 | | | | 467.17 |

| 编号 | 名称及规格 | 单位 | 数量 | 单价/元 | 合计/元 |
|---|---|---|---|---|---|
| （1） | 基本直接费 | | | | 436.61 |
| ① | 人工费 | | | | 142.79 |
| | 初级工 | 工时 | 21.8 | 6.55 | 142.79 |
| ② | 材料费 | | | | 39.69 |
| | 零星材料费 | % | 10 | 396.92 | 39.69 |
| ③ | 施工机械使用费 | | | | 254.13 |
| | 拖拉机 74kW | 台时 | 2.06 | 71.51 | 147.31 |
| | 推土机 74kW | 台时 | 0.55 | 92.68 | 50.97 |
| | 蛙式打夯机 2.8kW | 台时 | 1.09 | 21.49 | 23.42 |
| | 刨毛机 | 台时 | 0.55 | 54.39 | 29.91 |
| | 其他机械费 | % | 1 | 251.61 | 2.52 |
| （2） | 其他直接费 | % | 7 | 436.61 | 30.56 |
| 2 | 间接费 | % | 8.5 | 467.17 | 39.71 |
| 3 | 利润 | % | 7 | 506.88 | 35.48 |
| 4 | 材料补差 | | | | 106.34 |
| | 拖拉机 74kW | 台时 | 2.06 | 34.75 | 71.59 |
| | 推土机 74kW | 台时 | 0.55 | 37.21 | 20.47 |
| | 蛙式打夯机 2.8kW | 台时 | 1.09 | 0 | 0 |
| | 刨毛机 | 台时 | 0.55 | 25.97 | 14.28 |
| 5 | 税金 | % | 9 | 648.70 | 58.38 |
| 6 | 单价合计 | | | | 707.08 |

## 四、石方工程单价编制

水利工程建设项目的石方工程数量很大，且多为基础和洞井工程，尽量采用先进技术，合理安排施工，减少二次出渣，充分利用石渣作块石、碎石原料等，对加快工程进度、降低工程造价有重要意义。

石方工程单价包括开挖、运输等工序的费用。开挖、运输均以自然方为计量单位。

### （一）石方开挖

1. 石方开挖分类

按施工条件分为明挖石方和暗挖石方两大类。按施工方法可分钻孔爆破法、掘进机开挖等。钻孔爆破方法一般有浅孔爆破法、深孔爆破法、洞室爆破法和控制爆破法（定向、光面、预裂、静态爆破等）。钻爆法是一种传统的石方开挖方法，在水利工程施工中使用十分广泛，故以下将重点介绍这种方法。掘进机是一种新型的开挖专用设备，与传统的钻孔爆破法的区别在于掘进机开挖改钻孔爆破为对岩石进行纯机械的切割或挤压破碎，并使掘进与出渣、支护等作业能平行连续地进行，施工安全、工效较高。但掘进机一次性投人大，费用高。

2. 影响开挖工序的因素

开挖工序由钻孔、装药、爆破、出渣、清理等工序组成。影响开挖工序的主要因素有：

（1）岩石级别。岩石按其成分、性质划分级别，现行部颁定额将土、岩划分成 16 级，其中 V ～ XVI 级为岩石。岩石级别越高，其强度越高，钻孔的阻力越大，钻孔工效越低。岩石级别越高，对爆破的抵抗力也越大，所需炸药也越多。所以，岩石级别是影响开挖工序的主要因素之一。

（2）设计对开挖形状及开挖面的要求。设计对有形状要求的开挖，如沟、槽、坑、洞、井等，其爆破系数（每立方米工作面上的炮孔数）较没有形状要求的一般石方开挖要大得多，对于小断面的开挖尤甚。爆破系数越大，爆破效率越低，耗用爆破器材（炸药、雷管、导线）也越多。设计对开挖面有要求（如爆破对建基面的损伤限制、对开挖面平整度的要求等）时，为了满足这些要求，对钻孔、爆破、清理等工序必须在施工方法和工艺上采取措施。设计对开挖形状及开挖面的要求，也是影响开挖工序的主要因素。因此，石方开挖定额大多按开挖形状及部位分节，各节再按岩石级别分子目。

3. 使用现行概算定额编制开挖单价时应注意的问题

（1）石方开挖各节定额中，均包括了允许的超挖量和合理的施工附加量用工、材料、机械，使用本定额时，不得在工程量计算中另行计取超挖量和施工附加量。

（2）各节石方开挖定额，均已按各部位的不同要求，根据规范的规定，分别考虑了保护层开挖等措施。如预裂爆破、光面爆破等，编制概算工程单价时一律不做调整。

（3）石方开挖定额中的其他材料费，包括脚手架、排架、操作平台、棚架、漏斗等的搭拆摊销费，冲击器、钻杆、空心钢的摊销费，炮泥、燃香、火柴等次要材料费。

（4）石方开挖定额中的炸药，一般情况应根据不同施工条件和开挖部位按下述品种、规格选取：一般石方开挖，按 2 号岩石铵锑炸药选取；露天石方开挖（基础、坡面、沟槽、坑），按 2 号岩石铵锑炸药和 4 号抗水岩石铵锑炸药各半选取；洞挖石方（平洞、斜井、竖井、地下厂房等），按 4 号抗水岩石铵锑炸药选取。

（5）洞井石方开挖定额中的通风机台时量系按一个工作面长度 400m 拟订。如工作面长度超过 400m，应按表 6-5（用插值法计算）系数调整通风机台时定额量。

表 6-5　　　　　　　　　　　　　　通风机台时调整系数

| 工作面长度/m | 系数 | 工作面长度/m | 系数 | 工作面长度/m | 系数 |
| --- | --- | --- | --- | --- | --- |
| 400 | 1.00 | 1000 | 1.80 | 1600 | 2.50 |
| 500 | 1.20 | 1100 | 1.91 | 1700 | 2.65 |
| 600 | 1.33 | 1200 | 2.00 | 1800 | 2.78 |
| 700 | 1.43 | 1300 | 2.15 | 1900 | 2.90 |
| 800 | 1.50 | 1400 | 2.29 | 2000 | 3.00 |
| 900 | 1.67 | 1500 | 2.40 | | |

【例 6-2】　某平洞开挖断面 $15m^2$，X 级岩石，手风钻钻孔。洞长 650m，一个工作面

（单边掘进）。试调整通风机台时量。

**解：** 先计算调整系数 $K$

$$K = 1.33 + (1.43 - 1.33) \times (650 - 600) \div (700 - 600) = 1.38$$

再套用概算定额 20214 子目，37kW 轴流式通风机为 26.48 台时/100m³，则

$$调整后的通风机台时量 = 26.48 \times 1.38 = 36.54（台时/100m³）$$

**（二）石方运输**

1. 运输方案的选择

施工组织设计应根据施工工期、运输数量、运距远近等因素，选择既能满足施工强度要求，又能做到费用最省的最优方案，在做工程单价分析时，应充分考虑所采用运输方案的全部工程投资的比较。

2. 影响石方运输工序的主要因素

影响石方运输工序的主要因素与土方工程基本相同，不再赘述。

3. 使用定额应注意的问题

（1）石方运输单价与开挖综合单价。在概算编制中，石方运输费用不单独表示，而是在开挖费用中体现。反映在概算定额中，即是石方开挖各节定额子目中均列有"石渣运输"项目。该项目的数量，已包括完成每一定额单位有效实体所需增加的超挖量、施工附加量的数量。编制概算工程单价时，按定额石渣运输量乘石方运输单价（仅计算基本直接费）计入开挖综合单价。

（2）洞内运输与洞外运输。各节运输定额，一般都有"露天""洞内"两部分内容。当有洞内、外运输时，应分别套用。洞内运输部分，套用"洞内"定额基本运距（装运卸）及"增运"子目；洞外运输部分，套用"露天"定额及"增运"子目（仅有运输工序）。

**【例6-3】** 某枢纽工程一般石方开挖，采用手风钻钻孔爆破，1m³ 油动挖掘机装 8t 自卸汽车运 2km 至弃渣，岩石类别为 X 级，试计算石方开挖运输综合概算单价。

基本资料：人工预算单价：初级工 6.84 元/工时，中级工 9.62 元/工时，工长 12.26 元/工时。材料预算单价：柴油单价 6.5 元/kg，炸药综合价 7.4 元/kg，合金钻头 70 元/个，电雷管 1.8 元/个，导电线 1.2 元/m。施工用风 0.105 元/m³，施工用水 0.6 元/m³。施工机械台时费：手风钻 21.30 元/台时，1m³ 油动挖掘机 123.49 元/台时，88kW 推土机 112.14 元/台时，8t 自卸汽车 75.43 元/台时。其他直接费费率为 7.5%，间接费费率为 12.5%，利润率为 7%，税率为 9%。

**解：** 根据现行的水总〔2014〕429 号文、办水总〔2016〕132 号文和办财务函〔2019〕448 号文的有关规定，查《水利建筑工程概算定额》石方开挖定额采用 20002 子目，石渣运输采用 20458 子目，计算过程见表 6-6 和表 6-7。

由表 6-7 可得石方开挖运输综合单价为 55.96 元/m³。

表 6-6　　　　　　　　　建 筑 工 程 单 价 表

| 单价编号 | | 项目名称 | | 石渣运输 | |
|---|---|---|---|---|---|
| 定额编号 | | 20458 | | 定额单位 | 100m³（自然方） |
| 施工方法 | | 1m³ 挖掘机挖装，8t 自卸汽车运输，运距 2km | | | |

续表

| 编号 | 名称及规格 | 单位 | 数量 | 单价/元 | 合计/元 |
|---|---|---|---|---|---|
| 1 | 直接费 | | | | |
| (1) | 基本直接费 | | | | 1735.63 |
| ① | 人工费 | | | | 127.91 |
| | 初级工 | 工时 | 18.7 | 6.84 | 127.91 |
| ② | 材料费 | | | | 34.03 |
| | 零星材料费 | % | 2 | 1701.60 | 34.03 |
| ③ | 施工机械使用费 | | | | 1573.69 |
| | 挖掘机 1m³ | 台时 | 2.82 | 123.49 | 348.24 |
| | 推土机 88kW | 台时 | 1.41 | 112.14 | 158.12 |
| | 自卸汽车 8t | 台时 | 14.15 | 75.43 | 1067.33 |

表 6-7　　　　　　　　　建 筑 工 程 单 价 表

| 单价编号 | | 项目名称 | | 一般石方开挖 | |
|---|---|---|---|---|---|
| 定额编号 | | 20002 | 定额单位 | 100m³（自然方） | |
| 施工方法 | | 手风钻钻孔爆破，岩石级别 X 级 | | | |
| 编号 | 名称及规格 | 单位 | 数量 | 单价/元 | 合计/元 |
| 1 | 直接费 | | | | 3588.10 |
| (1) | 基本直接费 | | | | 3337.77 |
| ① | 人工费 | | | | 706.17 |
| | 工长 | 工时 | 2 | 12.26 | 24.52 |
| | 中级工 | 工时 | 18.1 | 9.62 | 174.12 |
| | 初级工 | 工时 | 74.2 | 6.84 | 507.53 |
| ② | 材料费 | | | | 635.67 |
| | 合金钻头 | 个 | 1.74 | 70 | 121.80 |
| | 炸药 | kg | 34 | 5.15 | 175.10 |
| | 雷管 | 个 | 31 | 1.8 | 55.80 |
| | 导线 | m | 155 | 1.2 | 186.00 |
| | 其他材料费 | % | 18 | 538.7 | 96.97 |
| ③ | 施工机械使用费 | | | | 190.49 |
| | 手持式风钻 | 台时 | 8.13 | 21.30 | 173.17 |
| | 其他机械费 | % | 10 | 173.17 | 17.32 |
| ④ | 石渣运输 | m³ | 104 | 17.36 | 1805.44 |
| (2) | 其他直接费 | % | 7.5 | 3337.77 | 250.33 |
| 2 | 间接费 | % | 12.5 | 3588.10 | 448.51 |
| 3 | 利润 | % | 7 | 4036.61 | 282.56 |
| 4 | 材料补差 | | | | 814.53 |

| 编号 | 名称及规格 | 单位 | 数量 | 单价/元 | 合计/元 |
|------|-----------|------|------|---------|---------|
|  | 炸药 | kg | 34 | 2.25 | 76.50 |
|  | 挖掘机 1m³ | 台时 | 2.93 | 49.84 | 146.03 |
|  | 推土机 88kW | 台时 | 1.47 | 44.23 | 65.02 |
|  | 自卸汽车 8t | 台时 | 14.72 | 35.80 | 526.98 |
| 5 | 税金 | % | 9 | 5133.70 | 462.03 |
| 6 | 单价合计 |  |  |  | 5595.73 |

## 五、砌筑工程单价编制

### (一) 砌筑工程

1. 砌筑材料

砌筑材料包括石材、填充胶结材料等。

(1) 石材。常用石料规格及标准如下：

碎石，指经破碎、加工分级后，粒径大于 5mm 的石块。

卵石，指最小粒径大于 20cm 的河卵石，呈不规则圆形。卵石较坚硬，强度高，常用其砌筑护坡或墩墙，定额按码方计量。

块石，指厚度大于 20cm，长、宽各为厚度的 2～3 倍，上下两面平行且大致平整，无尖角、薄边的石块，定额以码方计量。

片石，指厚度大于 15cm，长、宽各为厚度的 3 倍以上，无一定规则形状的石块，定额以码方计量。

毛条石，指一般长度大于 60cm 的长方形四棱方正的石料。定额计量单位为清料方。

料石，指毛条石经过修边打荒加工，外露面方正，各相邻面正交，表面凸凹不超过 10mm 的石料。定额计量单位为清料方。

(2) 填充胶结材料。砌筑工程常用的填充胶结材料有以下几种：

水泥砂浆，强度高，防水性能好，多用于重要建筑物及建筑物的水下部位。

混合砂浆，在水泥砂浆中掺入一定数量的石灰膏、黏土或壳灰（蛎贝壳烧制），适用于强度要求不高的小型工程或次要建筑物的水上部位。

细骨料混凝土，用水泥、砂、水和 40mm 以下的骨料按规定级配混合而成，可节省水泥，提高砌体强度。

2. 砌筑单价

砌筑单价编制步骤如下：

(1) 计算备料单价。套用砂石备料工程定额相应开采、运输定额子目计算（仅计算基本直接费）。如因施工方法不同，采用石方开挖工程定额计算块石备料单价时，须进行自然方与码方的体积换算。如为外购块石、条石或料石时，按材料预算价格计算。

(2) 计算胶结材料价格。如为浆砌石或混凝土砌石，则需先计算胶结材料的半成品价格。

(3) 计算砌筑单价。套用相应定额计算。砌筑定额中的石料数量，均已考虑了施工操作损耗和体积变化（码方、清料方与实方间的体积变化）因素。

**（二）编制堆砌石工程单价应注意的问题**

（1）自料场至施工现场堆放点的运输费用应包括在石料预算单价内。施工现场堆放点至工作面的场内运输已包括在砌石工程定额内。编制砌石工程概算单价时，不得重复计算石料运输费。

（2）编制堆砌石工程概算单价时，应考虑在开挖石渣中捡集块（片）石的可能性，以节省开采费用，其利用数量应根据开挖石渣的多少和岩石质量情况合理确定。

（3）浆砌石定额中已计入了一般要求的勾缝，如设计有防渗要求的开槽勾缝，应增加相应的人工费和材料费。

（4）料石砌筑定额包括了砌体外露面的一般修凿，如设计要求作装饰性修凿，应另行增加修凿所需的人工费。

（5）对于浆砌石拱圈和隧洞砌石定额，要注意是否包括拱架及支撑的制作、安装、拆除、移设的费用。

**【例 6-4】**　某河道节制闸 M7.5 浆砌块石挡土墙，所有砂石材料均需外购，计算节制闸 M7.5 浆砌块石挡土墙工程概算单价。

基本资料：M7.5 砌筑砂浆配合比（每立方米）：32.5 级普通硅酸盐水泥 261.00kg，砂 1.11m³，水 0.157m³。人工预算单价：初级工 4.43 元/工时，中级工 6.33 元/工时，工长 8.19 元/工时。材料预算价格：32.5 级普通硅酸盐水泥 380 元/t，砂 40 元/m³，块石 75 元/m³，施工用水 0.40 元/m³，施工用电 1.5 元/(kW·h)。施工机械台时费：0.4m³ 砂浆拌和机 30.01 元/台时，胶轮车 0.82 元/台时。其他直接费费率为 4.5%，间接费费率为 9%，利润率为 7%，税率为 9%。

**解：**根据砂浆材料配合比计算砂浆预算单价为

预算单价 $261.00 \times 0.38 + 1.11 \times 40 + 0.157 \times 0.40 = 143.64$（元/m³）

基价单价 $261.00 \times 0.255 + 1.11 \times 40 + 0.157 \times 0.40 = 111.02$（元/m³）

价差 $143.64 - 111.02 = 32.62$（元/m³）

根据现行的水总〔2014〕429 号文、办水总〔2016〕132 号文和办财务函〔2019〕448 号文的有关规定，查《水利建筑工程概算定额》，浆砌块石挡土墙定额子目应采用 30033。列表计算浆砌块石挡土墙工程单价见表 6-8。

由表 6-8 可知，浆砌块石挡土墙工程单价为 232.86 元/m³。

表 6-8　　　　　　　　　　　**建 筑 工 程 单 价 表**

| 单价编号 | | 项目名称 | | | 浆砌块石挡土墙 | |
|---|---|---|---|---|---|---|
| 定额编号 | | 30033 | | 定额单位 | | 100m³（砌体方） |
| 施工方法 | | 选石、修石、冲洗、拌制砂浆、砌筑、勾缝 | | | | |
| 编号 | 名称及规格 | | 单位 | 数量 | 单价/元 | 合计/元 |
| 1 | 直接费 | | | | | 16891.95 |
| (1) | 基本直接费 | | | | | 16164.55 |
| ① | 人工费 | | | | | 4404.93 |

| 编号 | 名称及规格 | 单位 | 数量 | 单价/元 | 合计/元 |
|---|---|---|---|---|---|
| | 工长 | 工时 | 16.7 | 8.19 | 136.77 |
| | 中级工 | 工时 | 339.4 | 6.33 | 2148.40 |
| | 初级工 | 工时 | 478.5 | 4.43 | 2119.76 |
| ② | 材料费 | | | | 11435.99 |
| | 块石 | m³ | 108 | 70 | 7560.00 |
| | M7.5 砌筑砂浆 | m³ | 34.4 | 111.02 | 3819.09 |
| | 其他材料费 | % | 0.5 | 11379.09 | 56.90 |
| ③ | 施工机械使用费 | | | | 323.63 |
| | 砂浆搅拌机 0.4m³ | 台时 | 6.38 | 30.01 | 191.46 |
| | 胶轮车 | 台时 | 161.18 | 0.82 | 132.17 |
| (2) | 其他直接费 | % | 4.5 | 16164.55 | 727.40 |
| 2 | 间接费 | % | 9 | 16891.95 | 1520.28 |
| 3 | 利润 | % | 7 | 18412.23 | 1288.86 |
| 4 | 材料补差 | | | | 1662.13 |
| | 块石 | m³ | 108 | 5.00 | 540.00 |
| | M7.5 砌筑砂浆 | m³ | 34.4 | 32.62 | 1122.13 |
| 5 | 税金 | % | 9 | 21363.22 | 1922.69 |
| 6 | 单价合计 | | | | 23285.91 |

## 六、混凝土工程单价编制

混凝土具有强度高、抗渗性好、耐久等优点，在水利工程建设中应用十分广泛。混凝土工程投资在水利工程总投资中常常占有很大的比重。混凝土按施工工艺可分为现浇和预制两大类。现浇混凝土又可分为常规混凝土和碾压混凝土两种。

现浇混凝土的主要生产工序有模板的制作、安装、拆除，混凝土的拌制、运输、入仓、浇筑、振捣、养护、凿毛等。对于预制混凝土，还要增加预制混凝土构件的运输、安装工序。

原定额混凝土浇筑中含有模板用量，由于各工程模板含量不同，在定额子目不能满足需要时，无法进行调整，不能灵活使用。现行《水利建筑工程概算定额》将模板制作、安拆定额单独计列，不再含在混凝土浇筑定额中，这样简化了混凝土定额子目，便于工程概算编制，也符合国际招标工程模板单独计量计价的惯例。

### （一）现浇混凝土单价编制

1. 混凝土材料单价

混凝土材料单价指按级配计算的砂、石、水泥、水、掺和料及外加剂等每立方米混凝土的材料费用的价格。不包括拌制、运输、浇筑等工序的人工、材料和机械费用，也不包含除搅拌损耗外的施工操作损耗及超填量等。

混凝土材料单价在混凝土工程单价中占有较大比重，编制概算单价时，应按本工程的混凝土级配试验资料计算。如无试验资料，可参照《水利建筑工程概算定额》附录混凝土配合比及材料用量表计算混凝土材料单价。

2. 混凝土拌制单价

混凝土的拌制包括配料、运输、搅拌、出料等工序。混凝土搅拌系统布置视工程规模大小、工期长短、混凝土数量多少，以及地形位置条件、施工技术要求和设备拥有情况，采用简单的混凝土搅拌站（一台或数台搅拌机组成）或设置规模较大的搅拌系统（由搅拌楼、骨料、水泥系统组成的一个或数个系统）。一般定额中，混凝土拌制所需人工、机械都已在浇筑定额的相应项目中体现。如浇筑定额中未列混凝土搅拌机械，则须套用拌制定额编制混凝土拌制单价。在使用定额时，要注意以下两点：

(1) 混凝土拌制定额按拌制常态混凝土拟订，若拌制加冰、加掺和料等其他混凝土，则应按定额说明中的系数对混凝土拌制定额进行调整。

(2) 各节用搅拌楼拌制现浇混凝土定额子目中，以组时表示的"骨料系统"和"水泥系统"是指骨料、水泥进入搅拌楼之前与搅拌楼相衔接而必须配备的有关机械设备，包括自搅拌楼骨料仓下廊道内接料斗开始的胶带输送机及其供料设备、自水泥罐开始的水泥提升机械或空气输送设备、胶带运输机和吸尘设备，以及袋装水泥的拆包机械等。其组时费用根据施工组织设计选定的施工工艺和设备配备数自行计算。当用不同容量搅拌机械代换时，骨料和水泥系统也应乘相应系数进行换算。

3. 混凝土运输单价

混凝土运输是指混凝土自搅拌机（楼）出料口至浇筑现场工作面的运输，是混凝土工程施工的一个重要环节，包括水平运输和垂直运输两部分。由于混凝土拌制后不能久存，运输过程又对外界影响十分敏感，工作量大，涉及面广，故常成为制约施工进度和工程质量的关键。

水利工程多采用数种运输设备相互配合的运输方案。不同的施工阶段，不同的浇筑部位，可能采用不同的运输方式。在大体积混凝土施工中，垂直运输常起决定性作用。定额编制时，都将混凝土水平运输和垂直运输单列章节，以供灵活选用。但使用现行概算定额时须注意：

(1) 由于混凝土入仓与混凝土垂直运输这两道工序，大多采用同一机械连续完成，很难分开，因此在一般情况下，大多将混凝土垂直运输并入混凝土浇筑定额内，使用时不要重复计列混凝土垂直运输。

(2) 各节现浇混凝土定额中"混凝土运输"的数量，已包括完成每一定额单位有效实体所需增加的超填量和施工附加量等的数量。为统一表现形式，编制概算工程单价时，一般应根据施工组织设计选定的运输方式，按混凝土运输数量乘以每立方米混凝土运输费用直接计入单价。

4. 混凝土浇筑单价

混凝土的浇筑主要子工序包括基础面清理、施工缝处理、入仓、平仓、振捣、养护、凿毛等。影响浇筑工序的主要因素有仓面面积、施工条件等。仓面面积大，便于发挥人工及机械效率，工效高。施工条件对混凝土浇筑工序的影响很大。例如，隧洞混凝土浇筑的入仓、平仓、振捣的难度较露天浇筑混凝土要大得多，工效也低得多。在使用现行定额编制概算单价时，要注意以下几点：

（1）现行混凝土浇筑定额中包括浇筑和工作面运输（不含浇筑现场垂直运输）所需全部人工、材料和机械的数量和费用。

（2）混凝土浇筑仓面清洗用水，地下工程混凝土浇筑施工照明用电，已分别计入浇筑定额的用水量及其他材料费中。

（3）平洞、竖井、地下厂房、渠道等混凝土衬砌定额中所列示的开挖断面和衬砌厚度按设计尺寸选取。定额与设计厚度不符，可用插入法计算。

（4）混凝土材料定额中的"混凝土"，系指完成单位产品所需的混凝土成品量，其中包括干缩、运输、浇筑和超填等损耗量在内。

以上介绍的是现浇常规混凝土。碾压混凝土在工艺和工序上与常规混凝土不同，碾压混凝土的主要工序有：刷毛、冲洗、清仓、铺水泥砂浆、模板制作、安装、拆除、修整、混凝土配料、拌制、运输、平仓、碾压、切缝、养护等，与常规混凝土有较大差异，故定额中碾压混凝土单独成节。

**（二）混凝土温度控制措施费用的计算**

为防止混凝土坝等大体积混凝土由于温度应力而产生裂缝和坝体接缝灌浆后接缝再度开裂，根据现行设计规程和混凝土设计及施工规范的要求，高、中混凝土坝等大体积混凝土工程的施工，都必须进行混凝土温控设计，并提出温控标准和降温防裂措施。根据不同地区的气温条件、不同坝体结构的温控要求、不同工程的特定施工条件及建筑材料的要求等综合因素，分别采取风或水预冷骨料，加冰或加冷水拌制混凝土，对坝体混凝土进行一、二期通水冷却及表面保护等措施。

1. 编制原则及依据

为统一温控措施费用标准，简化费用计算办法，提高概算的准确性，在计算温控费用时，应根据坝址区月平均气温、设计要求温控标准、混凝土冷却降温后的降温幅度和混凝土浇筑温度，参照下列原则计算和确定混凝土温控措施费用。

（1）月平均气温在20℃以下。当混凝土拌和物的出机口温度能满足设计要求，不需采用特殊降温措施时，不计算温控措施费用。对个别气温较高时段，设计有降温要求的，可考虑一定比例的加冰或加冷水拌制混凝土的费用，其占混凝土总量的比例一般不超过20%。当设计要求的降温幅度为5℃左右，混凝土浇筑温度约18℃时，浇筑前须采用加冰或加冷水拌制混凝土的温控措施，其占混凝土总量的比例一般不超过35%，浇筑后尚须采用坝体预埋冷却水管，对坝体混凝土进行一、二期通水冷却及混凝土表面保护等措施。

（2）月平均气温为20～25℃。当设计要求降温幅度为5～10℃时，浇筑前须采用风或水预冷大骨料、加冰或加冷水拌制混凝土等温控措施，其占混凝土总量的比例一般不超过40%，浇筑后须采用坝体预埋冷却水管，对坝体混凝土进行一、二期通低温水冷却及混凝土表面保护等措施。当设计要求降温幅度大于10℃时，除将风或水预冷大骨料改为风冷大、中骨料外，其余措施同上。

（3）月平均气温在25℃及以上。当设计要求降温幅度为10～20℃时，浇筑前须采用风或水预冷大、中、小骨料，加冰或加冷水拌制混凝土等措施，其占混凝土总量的比例一般不超过50%，浇筑后必须采用坝体预埋冷却水管，对坝体混凝土进行一、二期通低温水冷却及混凝土表面保护等措施。

2. 混凝土温控措施费用的计算步骤

（1）基本参数的选定。基本参数主要有：工程所在地区的多年月平均气温、水温、设计要求的降温幅度及混凝土的浇筑温度和坝体容许温差；拌制每立方米混凝土需加冰或加冷水的数量、时间及相应措施的混凝土数量；混凝土骨料预冷的方式，平均预冷每立方米骨料所需消耗冷风、冷水的数量，温度与预冷时间，每立方米混凝土需预冷骨料的数量，需进行骨料预冷的混凝土数量；设计的稳定温度，坝体混凝土一、二期通水冷却的时间、数量及冷水温度；各制冷或冷冻系统的工艺流程，配置设备的名称、规格、型号和数量及制冷剂的消耗指标等；混凝土表面保护材料的品种、规格与保护方式及应摊入每立方米混凝土的保护材料数量。

（2）温控措施费用计算。首先进行温控措施单价的计算。包括风或水预冷骨料，制片冰，制冷水，坝体混凝土一、二期通低温水和坝体混凝土表面保护等温控措施的单价。一般可按各系统不同温控要求所配置设备的台班（台时）总费用除以相应系统的台班（台时）净产量计算，从而可得各种温控措施的费用单价。当计算条件不具备或计算有困难时，亦可参照《水利建筑工程概算定额》（2002）附录10《混凝土温控费用计算参考资料》计算。

然后进行混凝土温控措施综合费用的计算。混凝土温控措施综合费用，可按每立方米坝体或大体积混凝土应摊销的温控费计算。根据不同温控要求，按工程所需预冷骨料、加冰或加冷水拌制混凝土、坝体混凝土通水冷却及进行混凝土表面保护等温控措施的混凝土量占坝体等大体积混凝土总量的比例，乘以相应温控措施单价再相加，即为每立方米坝体或大体积混凝土应摊销的温控措施综合费用。其各种温控措施的混凝土量占坝体等大体积混凝土总量的比例，应根据工程施工进度、混凝土月平均浇筑强度、温控时段的长短等具体条件确定。其具体计算方法与参数的选用，亦可参照《水利建筑工程概算定额》附录10《混凝土温控费用计算参考资料》确定。

**（三）预制混凝土单价**

预制混凝土有混凝土预制、构件运输、安装3个工序。

混凝土预制的工序与现浇混凝土基本相同。

混凝土预制构件运输包括装车、运输、卸车，应按施工组织设计确定的运输方式、装卸和运输机械、运输距离选择定额。

混凝土预制构件安装与构件重量、设计要求安装有关的准确度以及构件是否分段等有关。当混凝土构件单位重量超过定额中起重机械起重量时，可用相应起重机械替换，但台时量不变。

**（四）钢筋制作安装单价编制**

水利工程除施工定额按钢筋施工工序内容分部位编有加工、绑扎、焊接等定额外，概、预算定额及投资估算指标大多不分工程部位和钢筋规格型号，综合成一节。

现行概算定额该节适用于现浇及预制混凝土的各部位，以"t"为计量单位。定额已包括切断及焊接损耗、截余短头废料损耗，以及搭接帮条等附加量。

**（五）沥青混凝土单价编制**

1. 沥青混凝土材料单价

沥青混凝土半成品单价，系指组成沥青混凝土配合比的多种材料的价格。其组成主要为：沥青，按施工规范要求，北方地区采用低温抗裂性能较好的 100 甲沥青，南方地区可用 60 甲沥青；粗骨料，须采用石灰石、大理石、白云石等轧制的碱性骨料；细骨料，可用天然砂或人工砂；石屑、矿粉，石屑为碱性料，矿粉指小于 0.075mm 的石灰石粉、磨细的矿渣、粉煤灰、滑石粉等。

应根据设计要求、工程部位选取配合比计算半成品单价。配合比的各项材料用量，应按试验资料计算。如无试验资料时，可参照现行《水利建筑工程概算定额》附录 8《沥青混凝土材料配合表》确定。

2. 沥青混凝土运输单价

沥青混凝土运输单价计算同普通混凝土。根据施工组织设计选定的施工方案，分别计算水平运输和垂直运输单价，再按沥青混凝土运输数量乘以每立方米沥青混凝土运输费用计入沥青混凝土单价。水平和垂直运输单价都只能计算基本直接费，以免重复。

3. 沥青混凝土铺筑单价

沥青混凝土心墙。沥青混凝土心墙铺筑内容，包括模板制作、安装、拆除、修理，配料、加温、拌和、铺筑、夯压及施工层铺筑前处理等工作。现行概算定额按心墙厚度、施工方法（夯压或灌注）、立模型式（木模或干砌石模）分列子目，以成品方为计量单位。

沥青混凝土斜墙。斜墙铺筑包括配料、加温、拌制、摊铺、碾压、接缝加热等工作内容。定额按开级配、密级配、岸边接头、人工摊铺和机械摊铺分列子目。

**（六）编制混凝土工程单价应注意的问题**

混凝土施工的一般工序为支立模板→拌制混凝土→运输混凝土至仓面→平仓→振捣（碾压）→养护→拆模等。在现行定额中，各个子目所含的内容不同，在使用时要注意分析清楚定额所包含的工作内容，不要遗漏或重算内容。

现浇混凝土的浇筑定额包括冲（凿）毛、冲洗、清仓、铺水泥砂浆、平仓、振捣、养护、工作面运输等辅助工作。混凝土的拌制、运输，模板安拆和模板材料的摊销费用并未包含在浇筑定额中。其中混凝土的拌制、运输按施工组织设计选定的定额计算基本直接费作为单价，根据浇筑定额中的拌制和运输数量计算费用计入混凝土浇筑单价的基本直接费，再计取其他直接费等各种费用。而模板的安拆和材料周转摊销费用要另行计算单价，工程量根据混凝土浇筑施工的仓面划分计算立模面积，作为三级项目计入概算中。

碾压混凝土从混凝土材料到施工工艺与常态混凝土都有很大不同，但是单价的计算基本相同，其中定额中 RCC 法为全部采用碾压施工的混凝土，其中已经综合了部分常态混凝土的施工；RCD 法为外部为常态混凝土，中心为碾压混凝土，该定额为两种混凝土的综合定额。

预制混凝土包括的工作内容有预制场地的冲洗、清理、配料、拌制、浇筑、振捣、养护、模板的制作安装和拆除、现场的冲洗、拌浆、吊装、砌筑、勾缝以及预制厂和安装现场内运输等辅助工作。在使用预制定额时不用再计算混凝土的拌制和运输，也不用计算模板工程量和单价。但是预制定额中不包括预制构件从预制厂至安装现场的运输，安装用混凝土的运输，需要按施工组织设计确定的运输方式和距离计算。

混凝土的拌制定额以拌和的成品方为计量单位，不含任何损耗。

混凝土运输也不含任何损耗，浇筑定额中虽然只列出了一项运输，但在计算时需要根据施工组织设计分别计算混凝土水平和垂直运输的费用计入浇筑的基本直接费中。

现行混凝土浇筑定额中已包含了混凝土养护所需全部人工、材料的数量和费用。

沥青混凝土面板定额未包括沥青混凝土运输，沥青混凝土心墙铺筑和其他沥青混凝土定额已经包含了运输工序的内容。其中沥青混凝土心墙机械摊铺碾压定额中的过渡料填筑只适于和该型号摊铺机同时摊铺碾压的过渡层的填筑。

**（七）混凝土工程单价计算步骤**

（1）根据混凝土的强度等级及级配计算混凝土材料单价。

（2）根据施工组织设计计算混凝土的拌和单价（现浇混凝土）。

（3）计算混凝土的运输单价。如果有水平和垂直运输，要分别计算。预制混凝土构件要计算从预制厂至安装现场的运输单价。

（4）根据工程参数选用合适的混凝土浇筑施工定额。把拌制、运输计入浇筑基本直接费中，综合取费计算。

**【例 6-5】** 某水电站地下厂房混凝土顶拱衬砌厚度 1.0m，厂房宽 22m，采用 32.5R 矿渣硅酸盐水泥、水灰比 0.44 的 C25 二级配泵用掺外加剂混凝土，用 $2\times1.5m^3$ 混凝土搅拌楼拌制，10t 自卸汽车露天运 500m，洞内运 1000m，转 $30m^3/h$ 混凝土泵入仓浇筑。已知人工、材料、机械台时费及有关费率见表 6-9。计算该混凝土浇筑概算工程单价。

表 6-9　　　　　　　　　　人工、材料、机械台时费、费率汇总表

| 序号 | 名称及规格 | 单位 | 预算单价/元 | 序号 | 名称及规格 | 单位 | 预算单价/元 |
|---|---|---|---|---|---|---|---|
| 1 | 工长 | 工时 | 12.26 | 13 | 混凝土泵 $30m^3/h$ | 台时 | 111.14 |
| 2 | 高级工 | 工时 | 11.38 | 14 | 振动器 1.1kW | 台时 | 2.60 |
| 3 | 中级工 | 工时 | 9.62 | 15 | 风水枪 | 台时 | 25.14 |
| 4 | 初级工 | 工时 | 6.84 | 16 | 自卸汽车 10t | 台时 | 88.57 |
| 5 | 32.5R 矿渣水泥 | t | 360.00 | 17 | 搅拌楼 $2\times1.5m^3$ | 台时 | 302.43 |
| 6 | 中砂 | $m^3$ | 28.00 | 18 | 骨料系统 | 组时 | 157.90 |
| 7 | 碎石 | $m^3$ | 30.00 | 19 | 水泥系统 | 组时 | 194.40 |
| 8 | 外加剂 | kg | 4.00 | 20 | 其他直接费费率 | % | 7.5 |
| 9 | 水 | $m^3$ | 0.80 | 21 | 间接费费率 | % | 9.5 |
| 10 | 电 | kW·h | 1.50 | 22 | 利润率 | % | 7 |
| 11 | 风 | $m^3$ | 0.105 | 23 | 税率 | % | 9 |
| 12 | 柴油 | kg | 6.50 | | | | |

**解：**（1）根据现行的水总〔2014〕429 号文、办水总〔2016〕132 号文和办财务函〔2019〕448 号文的有关规定，计算 C25 二级配泵用掺外加剂泵用混凝土材料单价见表 6-10。

（2）计算混凝土拌制单价。选用《水利建筑工程概算定额》40174 子目计算，见表 6-11。

（3）计算混凝土运输单价。本项混凝土运输只需计算水平运输，选用《水利建筑工程概算定额》40203（露天）＋40207 调（洞内，人工、机械乘以 1.25 系数）×2 计算，

见表 6-12。

表 6-10　　　　　　　　　　　　　混凝土材料单价计算表

| 编号 | 名称及规格 | 单位 | 预算量 | 调整系数 | 单价/元 | 合价（基价）/元 | 合价（预算价）/元 | 合价（价差）/元 |
|------|-----------|------|--------|----------|---------|----------------|-------------------|-----------------|
| C25泵用二级配 | 32.5R 水泥 | t | 0.366 | 1.177 | 360.00 | 154.48 | 199.71 | 45.23 |
| | 中砂 | m³ | 0.54 | 1.078 | 28.00 | | | |
| | 碎石 | m³ | 0.81 | 1.039 | 30.00 | | | |
| | 外加剂 | kg | 0.73 | | 4.00 | | | |
| | 水 | m³ | 0.173 | 1.177 | 0.80 | | | |

（4）计算平洞混凝土衬砌概算工程单价。选用《水利建筑工程概算定额》40025 子目，并将以上计算得到的混凝土材料单价、混凝土拌制单价及混凝土运输单价代入，计算见表 6-13。

地下厂房顶拱混凝土衬砌概算工程单价为 459.99 元/m³。

表 6-11　　　　　　　　　　　　　建 筑 工 程 单 价 表

| 单价编号 | | 项目名称 | 混凝土拌制 | | |
|----------|--|---------|-----------|--|--|
| 定额编号 | | 40174 | 定额单位 | 100m³ | |
| 施工方法 | | 2×1.5m³ 搅拌楼拌制混凝土 | | | |
| 编号 | 名称及规格 | 单位 | 数量 | 单价/元 | 合计/元 |
| 1 | 直接费 | | | | |
| (1) | 基本直接费 | | | | 1757.58 |
| ① | 人工费 | | | | 298.96 |
| | 工长 | 工时 | 1.8 | 12.26 | 22.07 |
| | 高级工 | 工时 | 1.8 | 11.38 | 20.48 |
| | 中级工 | 工时 | 13.5 | 9.62 | 129.87 |
| | 初级工 | 工时 | 18.5 | 6.84 | 126.54 |
| ② | 材料费 | | | | 83.69 |
| | 零星材料费 | % | 5.0 | 1673.89 | 83.69 |
| ③ | 施工机械使用费 | | | | 1374.93 |
| | 搅拌楼 2×1.5m³ | 台时 | 2.1 | 302.43 | 635.10 |
| | 骨料系统 | 组时 | 2.1 | 157.9 | 331.59 |
| | 水泥系统 | 组时 | 2.1 | 194.4 | 408.24 |

表 6-12　　　　　　　　　　　　　建 筑 工 程 单 价 表

| 单价编号 | | 项目名称 | 混凝土水平运输 | |
|----------|--|---------|---------------|--|
| 定额编号 | | 40203+40207 调×2 | 定额单位 | 100m³ |
| 施工方法 | | 10t 自卸汽车洞外运 500m，洞内增运 1000m，洞内运输人工、机械定额×1.25 调整系数 | | |

续表

| 编号 | 名称及规格 | 单位 | 数量 | 单价/元 | 合计/元 |
|------|-----------|------|------|--------|--------|
| 1 | 直接费 | | | | |
| (1) | 基本直接费 | | | | 1314.72 |
| ① | 人工费 | | | | 189.27 |
| | 中级工 | 工时 | 14.2 | 9.62 | 136.6 |
| | 初级工 | 工时 | 7.7 | 6.84 | 52.67 |
| ② | 材料费 | | | | 62.61 |
| | 零星材料费 | % | 5.0 | 1252.11 | 62.61 |
| ③ | 施工机械使用费 | | | | 1062.84 |
| | 自卸汽车 10t | 台时 | 12.00 | 88.57 | 1062.84 |

**表 6-13**　　　　　**建 筑 工 程 单 价 表**

| 单价编号 | | 项目名称 | | 地下厂房 C25 混凝土衬砌 | |
|---------|---|---------|---|---------------------|---|
| 定额编号 | | 40025 | | 定额单位 | 100m³ |
| 施工方法 | | 地下厂房混凝土衬砌，厂房宽 22m，混凝土衬砌厚度为 1.0m，2×1.5m³ 搅拌楼拌制混凝土，10t 自卸汽车露天运 500m，洞内运 1000m，转 30m³/h 混凝土泵入仓浇筑 | | | |

| 编号 | 名称及规格 | 单位 | 数量 | 单价/元 | 合计/元 |
|------|-----------|------|------|--------|--------|
| 1 | 直接费 | | | | 30792.43 |
| (1) | 基本直接费 | | | | 28644.12 |
| ① | 人工费 | | | | 3297.64 |
| | 工长 | 工时 | 11.3 | 12.26 | 138.54 |
| | 高级工 | 工时 | 18.9 | 11.38 | 215.08 |
| | 中级工 | 工时 | 204 | 9.62 | 1962.48 |
| | 初级工 | 工时 | 143.5 | 6.84 | 981.54 |
| ② | 材料费 | | | | 19405.54 |
| | 泵用混凝土 C25 | m³ | 123 | 154.48 | 19001.04 |
| | 水 | m³ | 30 | 0.8 | 24.00 |
| | 其他材料费 | % | 2 | 19025.04 | 380.50 |
| ③ | 施工机械使用费 | | | | 2161.15 |
| | 混凝土泵 30m³/h | 台时 | 12.7 | 111.14 | 1411.48 |
| | 振动器 1.1kW | 台时 | 38.07 | 2.6 | 98.98 |
| | 风水枪 | 台时 | 14.67 | 25.14 | 368.80 |
| | 其他机械费 | % | 15 | 1879.26 | 281.89 |
| ④ | 混凝土拌制 | m³ | 123 | 17.58 | 2162.34 |
| ⑤ | 混凝土运输 | m³ | 123 | 13.15 | 1617.45 |
| (2) | 其他直接费 | % | 7.5 | 28644.12 | 2148.31 |
| 2 | 间接费 | % | 9.5 | 30792.43 | 2925.28 |

| 编号 | 名称及规格 | 单位 | 数量 | 单价/元 | 合计/元 |
|------|-----------|------|------|---------|---------|
| 3 | 利润 | % | 7 | 33717.71 | 2360.24 |
| 4 | 材料补差 | | | | 6122.84 |
| | 泵用混凝土 C25 | m³ | 123 | 45.23 | 5563.29 |
| | 自卸汽车 10t | 台时 | 14.76 | 37.91 | 559.55 |
| 5 | 税金 | % | 9 | 42200.79 | 3798.07 |
| 6 | 单价合计 | | | | 45998.86 |

## 七、模板工程单价编制

模板用于支撑具有溯流性质的混凝土拌和物的重量和侧压力，使之按设计要求的形状凝固成型。混凝土浇筑立模的工作量很大，其费用和耗用的人工较多，故模板作业对混凝土质量、进度、造价影响较大。

**（一）模板工程量计算**

模板工程量应根据设计图纸及混凝土浇筑分缝图计算。在初步设计之前没有详细图纸时，可参考现行《水利建筑工程概算定额》附录9《水利工程混凝土建筑物立模面系数参考表》的数据进行估算。立模面系数是指每单位混凝土（m³）所需的立模面积（m²）。立模面系数与混凝土的体积、形状有关，也就是与建筑物的类型和混凝土的工程部位有关。

**（二）采用现行定额编制模板工程单价应注意的问题**

模板工程单价包括模板及其支撑结构的制作、安装、拆除、场内运输及修理等全部工序的人工、材料和机械费用。

（1）模板制作与安装拆除定额，均以100m²立模面积为计量单位，立模面积即为混凝土与模板的接触面积。

（2）模板材料均按预算消耗量计算，包括了制作、安装、拆除、维修的损耗和消耗，并考虑了周转和回收。

（3）模板定额中的材料，除模板本身外，还包括支撑模板的立柱、围令、桁（排）架及铁件等。对于悬空建筑物（如渡槽槽身）的模板，计算到支撑模板结构的承重梁为止。承重梁以下的支撑结构应包括在"其他施工临时工程"中。

（4）隧洞衬砌钢模台车、针梁模板台车、竖井衬砌的滑模台车及混凝土面板滑模台车中，包括行走机构、构架、模板及支撑型钢、电动机、卷扬机、千斤顶等动力设备，均作为整体设备，以工作台时计入定额。但定额中未包括轨道及埋件，只有溢流面滑模定额中含轨道及支撑轨道的埋件、支架等材料。

（5）坝体廊道预制混凝土模板，按混凝土工程中有关定额子目计算。

（6）现行概算定额中列有模板制作定额，并将模板安装拆除定额子目中嵌套模板制作数量100m²，这样便于计算模板综合工程单价。而预算定额中将模板制作和安装拆除定额分别计列，使用预算定额时将模板制作及安装拆除工程单价算出后再相加，即为模板综合单价。

（7）使用概算定额计算模板综合单价时，模板制作单价有两种计算方法。

若施工企业自制模板，按模板制作定额计算出基本直接费，作为模板的预算价格代入安装拆除定额，统一计算模板综合单价。

若外购模板，安装拆除定额中的模板预算价格计算公式为

$$模板预算价格 = (外购模板预算价格 - 残值) \div 周转次数 \times 综合系数 \qquad (6-7)$$

公式中残值为 10%，周转次数为 50 次，综合系数为 1.15（含露明系数及维修损耗系数）。

(8) 概算定额中凡嵌套有模板 100m² 的子目，计算"其他材料费"时，计算基数不包括模板本身的价值。

【例 6-6】 某混凝土挡土墙工程，用标准钢模板施工，试计算其模板工程概算单价。

基本资料：人工预算单价：初级工 6.84 元/工时，中级工 9.62 元/工时，高级工 11.38 元/工时，工长 12.26 元/工时。材料预算价格：组合钢模板 5.5 元/kg，型钢 4.2 元/kg，卡扣件 5.5 元/kg，铁件 3.8 元/kg，电焊条 3.5 元/kg，预制混凝土柱 350 元/m³，汽油单价 6.7 元/kg，电价 1.5 元/(kW·h)。其他直接费费率为 7.5%，间接费费率为 9.5%，利润率为 7%，税率为 9%。

**解：** 根据现行的水总〔2014〕429 号文、办水总〔2016〕132 号文和办财务函〔2019〕448 号文的有关规定，查《水利工程施工机械台时费定额》，列表计算施工机械台时费，见表 6-14。

表 6-14 施工机械台时费 单位：元/台时

| 定额编号 | 名称及规格 | 台时费 | 其中 | | | | |
|---|---|---|---|---|---|---|---|
| | | | 折旧费 | 修理及替换设备费 | 安拆费 | 人工费 | 动力燃料费 |
| 9146 | 钢筋切断机 20kW | 41.20 | 1.04 | 1.57 | 0.28 | 12.51 | 25.80 |
| 3004 | 载重汽车 5t 预算价 | 77.59 | 6.88 | 9.96 | | 12.51 | 48.24 |
| 3004 | 载重汽车 5t 基价 | 51.49 | 6.88 | 9.96 | | 12.51 | 22.14 |
| 9126 | 交流电焊机 25kVA | 22.41 | 0.29 | 0.28 | 0.09 | 0.00 | 21.75 |
| 4085 | 汽车起重机 5t 预算价 | 87.65 | 11.43 | 11.39 | | 25.97 | 38.86 |
| 4085 | 汽车起重机 5t 基价 | 66.63 | 11.43 | 11.39 | | 25.97 | 17.84 |

由于汽油预算单价超过了限定基价，故计算了载重汽车 5t、汽车起重机 5t 的机械台时预算价和基价，由此可得载重汽车 5t、汽车起重机 5t 的机械台时价差分别为 26.10 元/台时、21.02 元/台时。

查《水利建筑工程概算定额》，选用定额 50062 子目（标准钢模板制作）及定额 50001 子目（一般部位标准钢模板），计算见表 6-15、表 6-16。

该挡土墙的模板工程概算单价为 57.33 元/m²。

表 6-15 建筑工程单价表

| 单价编号 | | 项目名称 | | 标准钢模板制作 | |
|---|---|---|---|---|---|
| 定额编号 | | 50062 | | 定额单位 | 100m² |
| 施工方法 | | | 铁件制作、模板运输 | | |

| 编号 | 名称及规格 | 单位 | 数量 | 单价/元 | 合计/元 |
|---|---|---|---|---|---|
| 1 | 直接费 | | | | |
| (1) | 基本直接费 | | | | 947.24 |
| ① | 人工费 | | | | 108.61 |
| | 工长 | 工时 | 1.2 | 12.26 | 14.71 |
| | 高级工 | 工时 | 3.8 | 11.38 | 43.24 |
| | 中级工 | 工时 | 4.2 | 9.62 | 40.40 |
| | 初级工 | 工时 | 1.5 | 6.84 | 10.26 |
| ② | 材料费 | | | | 798.66 |
| | 组合钢模板 | kg | 81 | 5.5 | 445.50 |
| | 型钢 | kg | 44 | 4.2 | 184.80 |
| | 卡扣件 | kg | 26 | 5.5 | 143.00 |
| | 铁件 | kg | 2 | 3.8 | 7.60 |
| | 电焊条 | kg | 0.6 | 3.5 | 2.1 |
| | 其他材料费 | % | 2 | 783.0 | 15.66 |
| ③ | 施工机械使用费 | | | | 39.97 |
| | 钢筋切断机 20kW | 台时 | 0.07 | 41.20 | 2.88 |
| | 载重汽车 5t | 台时 | 0.37 | 51.49 | 19.05 |
| | 电焊机 25kVA | 台时 | 0.72 | 22.41 | 16.14 |
| | 其他机械费 | % | 5 | 38.07 | 1.90 |

表 6-16　　　　　　　　建 筑 工 程 单 价 表

| 单价编号 | | 项目名称 | | 标准钢模板安装拆卸 | |
|---|---|---|---|---|---|
| 定额编号 | 50001 | | 定额单位 | 100m² | |
| 施工方法 | 钢模板安装、拆除、除灰、刷脱模剂、维修、倒仓 | | | | |
| 编号 | 名称及规格 | 单位 | 数量 | 单价/元 | 合计/元 |
| 1 | 直接费 | | | | 4323.89 |
| (1) | 基本直接费 | | | | 4022.22 |
| ① | 人工费 | | | | 1819.73 |
| | 工长 | 工时 | 14.6 | 12.26 | 179.00 |
| | 高级工 | 工时 | 49.5 | 11.38 | 563.31 |
| | 中级工 | 工时 | 83.7 | 9.62 | 805.19 |
| | 初级工 | 工时 | 39.8 | 6.84 | 272.23 |
| ② | 材料费 | | | | 1541.86 |
| | 模板 | m² | 100 | 9.47 | 947.00 |
| | 铁件 | kg | 124 | 3.8 | 471.20 |
| | 预制混凝土柱 | m³ | 0.3 | 350 | 105.00 |

续表

| 编号 | 名称及规格 | 单位 | 数量 | 单价/元 | 合计/元 |
|------|-----------|------|------|---------|---------|
| | 电焊条 | kg | 2 | 3.5 | 7.00 |
| | 其他材料费 | % | 2 | 583.20 | 11.66 |
| ③ | 施工机械使用费 | | | | 660.63 |
| | 汽车起重机5t | 台时 | 8.75 | 66.63 | 583.01 |
| | 交流电焊机25kVA | 台时 | 2.06 | 22.41 | 46.16 |
| | 其他机械费 | % | 5 | 629.17 | 31.46 |
| （2） | 其他直接费 | % | 7.5 | 4022.22 | 301.67 |
| 2 | 间接费 | % | 9.5 | 4323.89 | 410.77 |
| 3 | 利润 | % | 7 | 4734.66 | 331.43 |
| 4 | 材料补差 | | | | 193.59 |
| | 载重汽车5t | 台时 | 0.37 | 26.10 | 9.66 |
| | 汽车起重机5t | 台时 | 8.75 | 21.02 | 183.93 |
| 5 | 税金 | % | 9 | 5259.68 | 473.37 |
| 6 | 单价合计 | | | | 5733.05 |

## 八、基础处理工程单价的编制

基础处理工程指为提高地基承载能力、改善和加强其抗渗性能及整体性所采取的处理措施。从施工角度讲，主要是开挖、回填、灌浆或桩（井）墙等几种方法的组合应用。其中灌浆是水利工程基础处理中最常用的有效手段。

### （一）钻孔灌浆

灌浆就是利用灌浆机施加一定的压力，将浆液通过预先设置的钻孔或灌浆管，灌入岩石、土或建筑物中，使其胶结成坚固、密实而不透水的整体。按照灌浆材料分类，主要有水泥灌浆、水泥黏土灌浆、黏土灌浆、沥青灌浆和化学灌浆等。按灌浆作用分类，主要有帷幕灌浆、固结灌浆、接触灌浆、接缝灌浆、回填灌浆、劈裂灌浆和高压喷射灌浆。

影响灌浆工效的主要因素如下：

（1）岩石（地层）级别。岩石（地层）级别是钻孔工序的主要影响因素。岩石级别越高，对钻进的阻力越大，钻进工效越低，钻具消耗越多。

（2）岩石（地层）的透水性。透水性是灌浆工序的主要影响因素。透水性强（透水率高）的地层可灌性好，吃浆量大，单位灌浆长度的耗浆量大。反之，灌注每吨浆液干料所需的人工、机械台班（时）用量越少。

（3）施工方法。一次灌浆法和自下而上分段灌浆法的钻孔和灌浆两大工序互不干扰，工效高。自上而下分段灌浆法钻孔与灌浆相互交替，干扰大、工效低。

（4）施工条件。露天作业，机械的效率能正常发挥。隧洞（或廊道）内作业影响机械效率的正常发挥，尤其是对较小的隧洞（或廊道），限制了钻杆的长度，增加了接换钻杆次数，降低了工效。

**（二）混凝土防渗墙**

建筑在冲积层上的挡水建筑物，一般设置混凝土防渗墙是有效的防渗处理方式。防渗墙施工包括造孔和浇筑混凝土两部分内容。

一般都将造孔和浇筑分列，概算定额均以阻水面积（100m²）为单位，按墙厚分列子目。而预算定额中，造孔成槽定额单位为100折算米或100m²，防渗墙浇筑定额单位为100m³。混凝土用量均在浇筑定额中列示。

**（三）编制基础处理工程单价应注意的问题**

1. 关于基础处理工程的项目、工程量

土石方、混凝土、砌石工程等均按几何轮廓尺寸计算工程量，其计算规则简单明了，而基础处理工程的工程量计算相对比较复杂，其项目设置、工程量数量及其单位均必须与概算定额的设置、规定相一致，如不一致，应进行科学的换算，才不致出现差错。例如：

（1）钻孔。有的定额按全孔计量，有的定额将不灌浆孔段（建筑物段）以钻灌比的形式摊入灌浆孔段，使用这种定额，就只能计算灌浆段长度，否则就会重复计量。

（2）灌浆。有的定额以灌浆孔的长度（m）为计量单位，有的定额以灌入水泥量（t）为计量单位，前者的工程量与后者显然是不一样的。

（3）混凝土防渗墙。概算定额用阻水面积（100m²）为单位，预算定额造孔用折算进尺（100折算米）为单位，防渗墙混凝土用100m³为单位，所以一定要按科学的换算方式进行换算。

2. 关于检查孔

钻孔灌浆属隐蔽工程，质量检查至关重要。常用的检查手段是打检查孔，取岩芯，做压水（浆）试验。对于检查孔的钻孔、压水（浆）试验、灌浆等费用的处理，必须与定额的规定相适应。如定额中已摊入检查孔的上述费用，就不应再计算，如未摊入，则要注意不要漏掉上述费用。

3. 关于岩土的平均级别和平均透水率

岩土的级别和透水率分别为钻孔和灌浆两大工序的主要参数，正确确定这两个参数对钻孔灌浆单价有重要意义。由于水工建筑物的地基绝大多数不是单一的地层，通常多达十几层或几十层。各层的岩土级别、透水率各不相同，为了简化计算，几乎所有的工程都采用一个平均的岩石级别和平均的透水率来计算钻孔灌浆单价。在计算这两个重要参数的平均值时，一定要注意计算的范围要和设计确定的钻孔灌浆范围完全一致，也就是说，不要简单地把水文地质剖面图中的数值拿来平均，要注意把上部开挖范围内的透水性强的风化层和下部不在设计灌浆范围的相对不透水地层都剔开。

4. 使用定额应注意的问题

钻孔工程定额，按一般石方工程定额16级分类法中Ⅴ～ⅩⅣ级拟定，大于ⅩⅣ级岩石，可参照有关资料拟定定额。

石按料石相同的岩石级别计算。钻混凝土除节内注明外，一般按粗骨的料岩石级别计算。

灌浆定额中所用的水泥如设计未明确，可按以下标准选取：回填灌浆 32.5，帷幕与固结灌浆 32.5，接缝灌浆 42.5，劈裂灌浆 32.5，高喷灌浆 32.5。

锚杆（索）是指嵌入岩石的有效长度，按规定应留的外露部分和加工损耗已计入定额。

喷浆（混凝土）定额的计量，以喷后的设计有效面积（体积）计算，定额已包括了回弹及施工损耗量。

概算定额中帷幕、固结、高喷、劈裂灌浆钻孔和灌浆的单位都是 m，而回填、接缝灌浆的单位是 $m^2$，防渗墙造孔和混凝土浇筑都是阻水面积。

定额中除了章说明，各节带附注的非常多，使用定额时一定要先看清楚条件再应用。

灌浆工程中一般不存在超挖、超填和施工附加量的问题，但是检查工作量相对来说比较多。概算定额中已包含了检查工作量。

**【例 6 - 7】** 某水库坝基岩石基础固结灌浆，采用手风钻钻孔，一次灌浆法，灌浆孔深 6m，岩石级别为Ⅸ级，试计算坝基岩石固结灌浆综合概算工程单价。

基本资料：坝基岩石层平均透水率 5Lu，灌浆水泥采用 32.5 级普通硅酸盐水泥。人工预算单价：初级工 6.84 元/工时，中级工 9.62 元/工时，高级工 11.38 元/工时，工长 12.26 元/工时。材料预算单价：合金钻头 50 元/个，空心钢 9.8 元/kg，32.5 级普通硅酸盐水泥 380 元/t，水 0.8 元/$m^3$，施工用风 0.3 元/$m^3$，施工用电 1.5 元/（kW·h）。施工机械台时费：手持式风钻 56.48 元/台时，中压灌浆泵（泥浆）51.94 元/台时，灰浆搅拌机 24.98 元/台时，胶轮车 0.82 元/台时。其他直接费费率为 7.5%，间接费费率为 10.5%，利润率为 7%，税率为 9%。

**解：**（1）计算钻孔单价。根据现行的水总〔2014〕429 号文、办水总〔2016〕132 号文和办财务函〔2019〕448 号文的有关规定，查《水利建筑工程概算定额》风钻钻岩石层固结灌浆孔、岩石级别Ⅸ级定额子目为 70018，列表计算钻岩石层固结灌浆孔单价，见表 6 - 17。

表 6 - 17　　　　　　　　　建 筑 工 程 单 价 表

| 单价编号 | | 项目名称 | | 钻岩石层固结灌浆孔 | |
|---|---|---|---|---|---|
| 定额编号 | | 70018 | 定额单位 | 100m | |
| 施工方法 | | 孔位转移、接拉风管、钻孔，孔深 6m | | | |
| 编号 | 名称及规格 | 单位 | 数量 | 单价/元 | 合计/元 |
| 1 | 直接费 | | | | 2925.31 |
| （1） | 基本直接费 | | | | 2721.22 |
| ① | 人工费 | | | | 881.14 |
| | 工长 | 工时 | 3 | 12.26 | 36.78 |
| | 高级工 | 工时 | | | |
| | 中级工 | 工时 | 38 | 9.62 | 365.56 |
| | 初级工 | 工时 | 70 | 6.84 | 478.80 |

| 编号 | 名称及规格 | 单位 | 数量 | 单价/元 | 合计/元 |
|------|-----------|------|------|---------|---------|
| ② | 材料费 | | | | 178.89 |
| | 合金钻头 | 个 | 2.72 | 50 | 136.00 |
| | 空心钢 | kg | 1.46 | 9.8 | 14.31 |
| | 水 | m³ | 10 | 0.8 | 8.00 |
| | 其他材料费 | % | 13 | 158.31 | 20.58 |
| ③ | 施工机械使用费 | | | | 1661.19 |
| | 手持式风钻 | 台时 | 25.8 | 56.48 | 1457.18 |
| | 其他机械费 | % | 14 | 1457.18 | 204.01 |
| (2) | 其他直接费 | % | 7.5 | 2721.22 | 204.09 |
| 2 | 间接费 | % | 10.5 | 2925.31 | 307.16 |
| 3 | 利润 | % | 7 | 3232.47 | 226.27 |
| 4 | 材料补差 | | | | 0 |
| 5 | 税金 | % | 9 | 3458.74 | 311.29 |
| 6 | 单价合计 | | | | 3770.03 |

由表 6-17 可知，钻岩石层固结灌浆孔概算工程单价为 37.70 元/m。

（2）计算基础固结灌浆概算单价。查《水利建筑工程概算定额》，岩石层透水率为 5Lu 的基础固结灌浆定额子目为 70047，列表计算基础固结灌浆单价见表 6-18。

由表 6-18 可知，基础固结灌浆概算工程单价为 189.08 元/m。

（3）计算坝基岩石基础固结灌浆综合概算工程单价。

坝基岩石基础固结灌浆综合概算单价包括钻孔单价和灌浆单价，即

$$37.70+189.08=226.78(元/m)$$

表 6-18　　　　　　　　建 筑 工 程 单 价 表

| 单价编号 | | 项目名称 | | 基础固结灌浆 | |
|----------|------|----------|------|-------------|------|
| 定额编号 | | 70047 | 定额单位 | 100m | |
| 施工方法 | | 冲洗、制浆、封孔、孔位转移、检查孔压水试验、灌浆，岩石层透水率为 5Lu | | | |
| 编号 | 名称及规格 | 单位 | 数量 | 单价/元 | 合计/元 |
| 1 | 直接费 | | | | 14238.14 |
| (1) | 基本直接费 | | | | 13244.78 |
| ① | 人工费 | | | | 3974.98 |
| | 工长 | 工时 | 24 | 12.26 | 294.24 |
| | 高级工 | 工时 | 50 | 11.38 | 569.00 |
| | 中级工 | 工时 | 145 | 9.62 | 1394.90 |
| | 初级工 | 工时 | 251 | 6.84 | 1716.84 |
| ② | 材料费 | | | | 1707.15 |

续表

| 编号 | 名称及规格 | 单位 | 数量 | 单价/元 | 合计/元 |
|---|---|---|---|---|---|
| | 水泥 | t | 4.1 | 255 | 1045.50 |
| | 水 | m³ | 565 | 0.8 | 452.00 |
| | 其他材料费 | % | 14 | 1497.5 | 209.65 |
| ③ | 机械使用费 | | | | 7562.65 |
| | 中压灌浆泵（泥浆） | 台时 | 96 | 51.94 | 4986.24 |
| | 灰浆搅拌机 | 台时 | 88 | 24.98 | 2198.24 |
| | 胶轮车 | 台时 | 22 | 0.82 | 18.04 |
| | 其他机械费 | % | 5 | 7202.52 | 360.13 |
| (2) | 其他直接费 | % | 7.5 | 13244.78 | 993.36 |
| 2 | 间接费 | % | 10.5 | 14238.14 | 1495.00 |
| 3 | 利润 | % | 7 | 15733.14 | 1101.32 |
| 4 | 材料补差 | | | | 512.50 |
| | 水泥 | t | 4.1 | 125 | 512.50 |
| 5 | 税金 | % | 9 | 17346.96 | 1561.23 |
| 6 | 单价合计 | | | | 18908.19 |

# 第三节　工程量计算方法

## 一、工程量计算

水利工程的造价计算中，建筑工程、设备及安装工程、施工临时工程的三级项目（分部、分项）工程概算多以工程量乘以工程单价为计算的主要方法。工程量的计算作为水利工程造价编制的重要工作之一，工程量计算的准确性就直接影响到了水利工程造价的准确性。因此，工程造价专业人员除应掌握本专业的知识外，还应具有一定程度的水工、施工、机电等专业知识，应掌握工程量计算的基本要求、计算方法、计算规则。按照概算编制有关规定，正确处理各类工程量。编制概算时，工程造价专业人员应查阅主要设计图纸和设计说明，对设计各专业提供的工程量，要认真分析、核实，对不符合概算编制有关规定的应及时修正。

**（一）工程量计算的基本要求**

1. 合理设置工程项目

工程项目的设置除必须满足《水利水电工程设计工程量计算规定》（SL 328—2005）提出的基本要求（如土石方开挖工程，应按不同土、岩石类别分别列项；洞挖应将平洞、斜井、竖井分列；混凝土工程按不同强度等级分列……）外，还必须与概算定额子目划分相适应，如土石方填筑工程应按抛石、堆石料、过渡料、垫层料等分列，固结灌浆应按深孔（地质钻机钻孔）、浅孔（风钻钻孔）分列等。

2. 计量单位的一致性

工程量的计量单位要与定额子目的单位相一致。如坝基砂砾石帷幕灌浆，单位用"m"表示；地下连续墙成槽，单位用阻水面积"m²"来表示，而不用"m³"；伸缩缝用"m²"而不用"m"表示。因此，设计提供的工程量单位要与选用的定额单位相一致，否则应按有关规定进行换算，使其一致。

3. 计量状态的符合性

工程量的计量状态要与定额子目的状态相一致。如土方分自然方、松方、实方，土方的开挖采用自然方，运输大多对应的是松方，填土对应的是实方；石方开挖对应自然方，建筑物实体中有抛投方、砌体方、实方；但材料的定额中砂石料的计量单位，砂、碎石堆石料为堆方，块石、卵石为码方，条石、料石为清料方。因此，工程量的计量状态要与所套定额子目的状态相一致。

**（二）水利工程建筑工程量分类**

1. 设计工程量

设计工程量由图纸工程量和设计阶段扩大工程量组成。

（1）图纸工程量，指按设计图纸计算出的工程量。对于各种水工建筑物，也就是按照设计的几何轮廓尺寸计算出的工程量。对于钻孔灌浆工程，就是按设计参数（孔距、排距、孔深等）求得的工程量。

（2）设计阶段扩大工程量，系指由于可行性研究阶段和初步设计阶段勘测、设计工作的深度有限，有一定的误差，为留有一定的余地而增加的工程量。

2. 施工超挖工程量

为保证建筑物的安全，施工开挖一般都不允许欠挖，以保证建筑物的设计尺寸，施工超挖自然不可避免。影响施工超挖工程量的因素主要有施工方法、施工技术及管理水平、地质条件等。

3. 施工附加量

施工附加量系指为完成本项目工程必须增加的工程量。例如，小断面圆形隧洞为满足交通需要扩挖下部而增加的工程量；隧洞工程为满足交通、放炮的需要设置洞内错车道、避炮洞所增加的工程量；为固定钢筋网而增加固定筋工程量等。

4. 施工超填工程量

施工超填工程量是指由施工超挖量、施工附加量相应增加的回填工程量。

5. 施工损失量

（1）体积变化损失量，如土石方填筑工程中的施工期沉陷而增加的工程量，混凝土体积收缩而增加的工程量等。

（2）运输及操作损耗量，如混凝土、土石方在运输、操作过程中的损耗，以及围垦工程、堵坝抛填工程的冲损等。

（3）其他损耗量，如土石方填筑工程施工后，按设计边坡要求的削坡损失工程量，接缝削坡损失工程量，黏土心（斜）墙及土坝的雨后坝面清理损失工程量，混凝土防渗墙一、二期槽段接头孔重复造孔及混凝土浇筑增加的工程量。

6. 质量检查工程量

（1）基础处理工程检查量，基础处理工程多采用钻一定数量检查孔的方法进行质量检查。

（2）其他检查工程量，如土石方填筑工程通常采用挖试验坑的方法来检查其填筑成品方的干密度。

7. 试验工程量

试验工程量，如土石坝工程为取得石料场爆破参数和坝上碾压参数而进行的爆破试验、碾压试验而增加的工程量。

**（三）各类工程量在概（估）算中的处理**

在编制概（估）算时，应按工程量计算规定和项目划分及定额等有关规定，正确处理上述的各类工程量。

1. 设计工程量

设计工程量就是编制概（估）算的工程量。图纸工程量乘以设计阶段系数，即是设计工程量。可行性研究、初步设计阶段的设计系数应采用《水利水电工程设计工程量计算规定》（SL 328—2005）中水利水电工程设计工程量计算阶段系数表的数值（表 6-19）。利用施工图设计阶段成果计算工程造价的，不论是预算或是调整概算，其设计阶段系数均为 1.0，即设计工程量就是图纸工程量，不再保留设计阶段扩大工程量。新的工程量计算规则颁布后，按新规则计算。

表 6-19　　　　　　　　水利水电工程设计工程量计算阶段系数表

| 类别 | | 永久工程或建筑物 | | | 施工临时工程 | | |
|---|---|---|---|---|---|---|---|
| 设计阶段 | | 项目建议书 | 可行性研究 | 初步设计 | 项目建议书 | 可行性研究 | 初步设计 |
| 土石方开挖工程量/万 m³ | >500 | 1.03~1.05 | 1.02~1.03 | 1.01~1.02 | 1.05~1.07 | 1.04~1.06 | 1.02~1.04 |
| | 500~200 | 1.05~1.07 | 1.03~1.04 | 1.02~1.03 | 1.07~1.10 | 1.06~1.08 | 1.04~1.06 |
| | 200~50 | 1.07~1.09 | 1.04~1.06 | 1.03~1.04 | 1.10~1.12 | 1.08~1.10 | 1.06~1.08 |
| | <50 | 1.09~1.11 | 1.06~1.08 | 1.04~1.05 | 1.12~1.15 | 1.10~1.13 | 1.08~1.10 |
| 混凝土工程量/万 m³ | >300 | 1.03~1.05 | 1.02~1.03 | 1.01~1.02 | 1.05~1.07 | 1.04~1.06 | 1.02~1.04 |
| | 300~100 | 1.05~1.07 | 1.03~1.04 | 1.02~1.03 | 1.07~1.10 | 1.06~1.08 | 1.04~1.06 |
| | 100~50 | 1.07~1.09 | 1.04~1.06 | 1.03~1.04 | 1.10~1.12 | 1.08~1.10 | 1.06~1.08 |
| | <50 | 1.09~.11 | 1.06~1.08 | 1.04~1.05 | 1.12~1.15 | 1.10~1.13 | 1.08~1.10 |
| 土石方填筑、砌石工程量/万 m³ | >500 | 1.03~1.05 | 1.02~1.03 | 1.01~1.02 | 1.05~1.07 | 1.04~1.06 | 1.02~1.04 |
| | 500~200 | 1.05~1.07 | 1.03~1.04 | 1.02~1.03 | 1.07~1.10 | 1.06~1.08 | 1.04~1.06 |
| | 200~50 | 1.07~1.09 | 1.04~1.06 | 1.03~1.04 | 1.10~1.12 | 1.08~1.10 | 1.06~1.08 |
| | <50 | 1.09~1.11 | 1.06~1.08 | 1.04~1.05 | 1.12~1.15 | 1.10~1.13 | 1.08~1.10 |
| 钢筋 | | 1.08 | 1.06 | 1.03 | 1.10 | 1.08 | 1.05 |
| 钢材 | | 1.06 | 1.05 | 1.03 | 1.10 | 1.08 | 1.05 |
| 模板 | | 1.11 | 1.08 | 1.05 | 1.12 | 1.09 | 1.06 |
| 灌浆 | | 1.16 | 1.15 | 1.10 | 1.18 | 1.17 | 1.12 |

注　1. 若采用混凝土立面积系数乘以混凝土工程量计算模板工程量时，不应再考虑模板阶段系数。

　　2. 若采用混凝土含钢率或含钢量乘以混凝土工程量计算钢筋工程量时，不应再考虑钢筋阶段系数。

　　3. 截流工程的工程量阶段系数可取 1.25~1.35。

2. 施工超挖量、施工附加量及施工超填量

在水利工程施工中一般不允许欠挖，为保证建筑物的设计尺寸，施工中允许一定的超挖量；而施工附加量是指为完成本项工程而必须增加的工程量，如土方工程中的取土坑、试验坑，隧洞工程中为满足交通、放炮要求而设置的内错车道、避炮洞以及下部扩挖所需增加的工程量；施工超填量是指由于施工超挖及施工附加相应增加的回填工程量。

现行部颁《水利建筑工程概算定额》已按有关施工规范计入了合理的超挖量、超填量和施工附加量，故编制概算时，工程量不应再计算这 3 项工程量。

现行部颁《水利建筑工程预算定额》未计入施工超挖量、施工附加量及施工超填量 3 项工程量，故采用时，应将这 3 项合理的工程量，采用相应的超挖、超填预算定额，摊入单价中，而不是简单地乘以这 3 项工程量的扩大系数。

3. 施工损耗量

施工损耗量包括运输及操作损耗、体积变化损耗及其他损耗。运输及操作损耗量指土石方、混凝土在运输及操作过程中的损耗。体积变化损耗量指土石方填筑工程中的施工期沉陷而增加的数量，混凝土体积收缩而增加的工程数量等。其他损耗量包括土石方填筑工程施工中的削坡，雨后清理损失数量，基础处理工程中混凝土灌注桩桩头的浇筑凿除及混凝土防渗墙一、二期槽段接头重复造孔和混凝土浇筑等增加的工程量。

现行部颁《水利建筑工程概算定额》对这几项损耗已按有关规定计入相应定额之中。因此，采用不同的定额编制工程单价时应仔细阅读有关定额说明，以免漏算或重算。

使用部颁《水利建筑工程预算定额》时，应在计算备料量和运输量时考虑土石坝填筑的施工沉陷、雨后清理等体积变化损失工程量；混凝土防渗墙一、二期槽段接头孔重复造孔及混凝土浇筑增加的工程量，也应在计算工程量时考虑。

4. 质量检查工程量

现行部颁《水利建筑工程概算定额》已计入检查孔的钻孔、检查工作；而《水利建筑工程预算定额》中检查孔钻孔、检查工作单独列项。

现行部颁《水利建筑工程概算定额》已计入了一定数量的土石坝填筑质量检测所需的试验坑，故不应再计列试验坑的工程量。

使用现行部颁《水利建筑工程预算定额》时，应在计算备料量和运输量时考虑试验坑工程量。

5. 试验工程量

爆破试验、碾压试验、级配试验、灌浆试验等大型试验均为设计工作提供重要参数，应列入在勘测设计费的专项费用或工程科研试验费中。

## 二、水利工程工程量计算规定

为规范水利水电工程量计算工作，水利部发布了《水利水电工程设计工程量计算规定》（SL 328—2005），以下内容为介绍该规定中工程量计算的有关内容。

**（一）总则**

（1）水利水电工程各设计阶段的设计工程量，是设计工作的重要成果和编制工程概

（估）算的主要依据。为统一设计工程量的计算工作，特制定本标准。

（2）本标准适用于大型、中型水利水电工程项目的项目建议书、可行性研究和初步设计阶段的设计工程量计算。

（3）各设计阶段计算的工程量乘表 6-19 所列相应的阶段系数后，作为设计工程量提供给造价专业编制工程概（估）算。

（4）施工中允许的超挖、超填量、合理的施工附加量及施工操作损耗，已计入概算定额，不应包括在设计工程量中。

（5）本标准中不包括机电设备需要量计算的内容。

**（二）永久工程建筑工程量**

（1）土石方开挖工程量应按岩土分类级别计算，并将明挖、暗挖分开。明挖宜分一般、坑槽、基础、坡面等；暗挖宜分平洞、斜井、竖井和地下厂房等。

（2）土石方填（砌）筑工程工程量计算应符合下列规定：

1）土石方填筑工程量应根据建筑物设计断面中不同部位不同填筑材料的设计要求分别计算，以建筑物实体方计量。

2）砌筑工程量应按不同砌筑材料、砌筑方式（干砌、浆砌等）和砌筑部位分别计算，以建筑物砌体方计量。

（3）疏浚与吹填工程的工程量计算应符合下列规定：

1）疏浚工程量的计算，宜按设计水下方计量，开挖过程中的超挖及回淤量不应计入。

2）吹填工程量计算，除考虑吹填区填筑量，还应考虑吹填土层固结沉降、吹填区地基沉降和施工期泥沙流失等因素，计量单位为水下方。

（4）土工合成材料工程量宜按设计铺设面积或长度计算，不应计入材料搭接及各种形式嵌固的用量。

（5）混凝土工程量计算应以成品实体方计量，并应符合下列规定：

1）项目建议书阶段混凝土工程量宜按工程各建筑物分项、分强度、分级配计算。可行性研究和初步设计阶段混凝土工程量应根据设计图纸分部位、分强度、分级配计算。

2）碾压混凝土宜提出工法，沥青混凝土宜提出开级配或密级配。

3）钢筋混凝土的钢筋可按含钢率或含钢量计算。混凝土结构中的钢衬工程量应单独列出。

（6）混凝土立模面积应根据建筑物结构体形、施工分缝要求和使用模板的类型计算。

项目建议书和可行性研究阶段可参考现行部颁《水利建筑工程概算定额》附录 9，初步设计阶段可根据工程设计立模面积计算。

（7）钻孔灌浆工程量计算应符合下列规定：

1）基础固结灌浆与帷幕灌浆的工程量，自起灌基面算起，钻孔长度自实际孔顶高程算起。基础帷幕灌浆采用孔口封闭的，还应计算灌注孔口管的工程量，根据不同孔口管长度以孔为单位计算。地下工程的固结灌浆，其钻孔和灌浆工程量根据设计要求以 m 计。

2）回填灌浆工程量按设计的回填接触面积计算。

3）接触灌浆和接缝灌浆的工程量，按设计所需面积计算。

（8）混凝土地下连续墙的成槽和混凝土浇筑工程量应分别计算，并应符合下列规定：

1）成槽工程量按不同墙厚、孔深和地层以面积计算。

2）混凝土浇筑的工程量，按不同墙厚和地层以成墙面积计算。

（9）锚固工程量可按下列要求计算：

1）锚杆支护工程量，按锚杆类型、长度、直径和支护部位及相应岩石级别以根数计算。

2）预应力锚索的工程量按不同预应力等级、长度、形式及锚固对象以束计算。

（10）喷混凝土工程量应按喷射厚度、部位及有无钢筋以体积计，回弹量不应计入。喷浆工程量应根据喷射对象以面积计。

（11）混凝土灌注桩的钻孔和灌筑混凝土工程量应分别计算，并应符合下列规定：

1）钻孔工程量按不同地层类别以钻孔长度计。

2）灌筑混凝土工程量按不同桩径以桩长度计。

（12）其他工程量计算：

1）枢纽工程对外公路工程量，项目建议书和可行性研究阶段可根据 1/50000～1/10000 的地形图按设计推荐（或选定）的线路，分公路等级以长度计算工程量。初步设计阶段应根据不小于 1/5000 的地形图按设计确定的公路等级提出长度或具体工程量。

若对外公路有委托设计成果，应参照上述要求，按经过审查后的成果提出线路挖、填及桥涵隧道的各项工程量。

公路沿线桥梁的等级及工程量，按设计推荐线路的实际需要和规模确定；小桥、涵管以及沿线的一般防护工程，可采用《公路设计手册》中的扩大指标计算。

2）场内公路，包括工区（或生活区）与工区、工区与施工现场、施工现场与现场仓库、料场、骨料筛分及混凝土生产系统、堆渣场等之间的主要交通道路。场内永久公路中主要交通道路，项目建议书和可行性研究阶段应根据 1/10000～1/5000 的施工总平面布置图按设计确定的公路等级以长度计算工程量。初步设计阶段应根据 1/5000～1/2000 的施工总平面布置图，按设计要求提出长度或具体工程量。其所需桥梁、小桥涵及防护工程，按上述对外交通相同的要求计算。

3）引（供）水、灌溉等工程的永久公路工程量可参照上述要求计算。

4）桥梁、涵洞按工程等级分别计算，提出延米或具体工程量。

5）永久供电线路工程量，按电压等级、回路数以长度计算。

**（三）施工临时工程的工程量**

（1）施工导流工程工程量计算要求与永久水工建筑物计算要求相同，其中永久与临时结合的部分应计入永久工程量中，阶段系数按施工临时工程计取。

（2）施工支洞工程量应按永久水工建筑物工程量计算要求进行计算，阶段系数按施工临时工程计取。临时支护的锚杆、喷混凝土（或砂浆）、钢支撑以及混凝土衬砌施工用的钢筋、钢材，均应根据设计要求和有关规范、定额计算其用量。

（3）施工场地平整，包括生活区、辅助企业区、砂石料场、混凝土拌和系统、骨料筛分系统以及其他所有的施工场地开挖和填筑工程量，可行性研究阶段按 1/5000 的施工总平面布置图，以相应的精度切取剖面计算工程量。初步设计阶段按 1/2000 的施工总平面布置图并实测若干剖面计算工程量。

（4）大型施工设施及施工机械布置所需土建工程量，如缆式起重机平台的开挖或混凝土基层、排架和门、塔机栈桥等，按永久建筑物的要求计算工程量，阶段系数按施工临时工程计取。

（5）施工临时公路的工程量可根据相应设计阶段施工总平面布置图或设计提出的运输线路分等级计算公路长度或具体工程量。

（6）施工供电线路工程量可按设计的线路走向、电压等级和回路数计算。

**（四）金属结构工程量**

（1）水工建筑物的各种钢闸门和拦污栅的工程量以 t 计，项目建议书可按已建工程类比确定；可行性研究阶段可根据初选方案确定的类型和主要尺寸计算；初步设计阶段应根据选定方案的设计尺寸和参数计算。各种闸门和拦污栅的埋件工程量计算均应与其主设备工程量计算精度一致。

（2）启闭设备工程量计算，宜与闸门和拦污栅工程量计算精度相适应，并分别列出设备重量（t）和数量（台、套）。

（3）压力钢管工程量应按钢管形式（一般、叉管）、直径和壁厚分别计算，以 t 为计量单位，不应计入钢管制作与安装的操作损耗量。

水工建筑物各种钢闸门的重量，在可行性研究阶段，可参照《水工闸门技术特性手册》或已建工程资料用类比法确定；初步设计阶段应按《水利水电工程钢闸门设计规范》（SL 74—2013）中各种门型的自重计算方法算出，并按已建工程资料用类比法综合研究确定。

与各种钢闸门配套的门槽埋件及各种启闭机的重量，无论可行性研究或初步设计阶段，均可参考上述手册及现行启闭机系列标准的有关资料类比选用。

**（五）机电设备工程量**

（1）可行性研究阶段，机电设备及安装工程量按四大主要机电设备系统计算，水轮发电机组按台（t）计算，厂内起吊设备按台（t）计算，主变压器按台（组）计算，升压站高压设备按台（间隔）计算。对属于发电厂工程、升压变电工程和其他的机电设备，根据可行性研究报告并按已建工程资料用类比法综合研究选择。

（2）初步设计阶段，机电设备及安装工程量，应根据水利水电工程设计概算编制规定中发电设备、升压变电设备及安装工程所列细项，分别计算其设备及安装工程量。对其他机电设备及安装工程量，按其归属范围，分别按发电设备及安装工程量或升压变电设备及安装工程量计算。

# 第四节　建 筑 工 程 概 算 编 制

建筑工程概算编制的方法一般有单价法、指标法及百分率法 3 种形式，其中以单价法为主。单价法是以工程量乘以工程单价来计算工程投资的方法，它是建筑工程概算编制的主要方法。指标法是用综合工程量乘以综合指标的方法计算工程投资。在初步设计阶段，由于设计深度不足，工程中的细部结构难以提出具体的工程数量，常用指标法来计算该部分投资。例如交通工程、房屋建筑工程常用综合指标来计算（万元/km、元/m²）。百分率法是按某部分工程投资占主体建筑工程的百分率来计算的方法。例如在初步设计阶段编制工程概算时，厂坝区动力线路工程、厂坝区照明线路及设施工程、通信线路工程、供水、供热、排水及绿化、环保、水情测报系统、建筑内部观测工程等很难提出具体的工程数量，则按主体建筑工程投资的百分率来粗略计算。

## 一、主体建筑工程概算编制

### （一）主体建筑工程概算

（1）主体建筑工程项目概算采用单价法计算，即采用工程量乘以工程单价来计算。

（2）在按照《水利工程设计概（估）算编制规定》对主体建筑工程项目进行划分时，有些项目在编制工程概算时可再划分为第四级、甚至第五级项目。例如，土方开挖工程，应将土方开挖与砂砾石开挖分开；石方开挖工程，应将明挖与平洞、竖井开挖分开，或者按施工部位分进口石方开挖和出口石方开挖等；土石方回填工程，应将土方回填与石方回填分列；混凝土工程，应按不同的施工部位不同设计强度等级划分，例如，闸墩 C25 混凝土、闸底板 C20 混凝土等；砌石工程，应将干砌石、浆砌石、抛石、铅丝笼块石分列等。

对于单个建筑物工程，项目划分中的二级项目可视为一级项目计列。具体工程项目划分可根据工程的具体特点，参照《水利工程设计概（估）算编制规定》中规定的项目划分内容作必要的增删调整，并应与相应概算定额子目要求一致，力求简单明了，符合实际。

（3）主体建筑工程量计算按照第六章第三节计算办法，由各专业设计人员提供，在概算阶段均应按照建筑物的几何轮廓尺寸计算工程量。并按《水利水电工程设计工程量计算规定》乘以不同设计阶段工程量阶段系数作为工程概算的工程量。施工中应增加的超挖、超填和施工附加量及各种损耗和体积变化，均已按现行施工规范和有关规定计入概算定额。设计工程量中不再另行计算。

（4）当设计对建筑物混凝土施工有温控要求时，可根据温控措施设计计算其费用，也可以经过分析确定指标，再按建筑物混凝土方量进行计算。

（5）细部结构工程概算可按坝型或其他工程形式，参考类似工程分析确定，也可参照水工建筑工程细部结构指标表（表 6-20）计算。

表 6-20　　　　　　　　　　水工建筑工程细部结构指标表

| 项 目 名 称 | 单位 | 综合指标 |
|---|---|---|
| 混凝土重力坝、重力拱坝、宽缝重力坝、支墩坝 | 元/m³（坝体方） | 16.2 |
| 混凝土双曲拱坝 | 元/m³（坝体方） | 17.2 |
| 土坝、堆石坝 | 元/m³（坝体方） | 1.15 |
| 水闸 | 元/m³（混凝土） | 48 |
| 冲砂闸、泄洪闸 | 元/m³（混凝土） | 42 |
| 进水口、进水塔 | 元/m³（混凝土） | 19 |

续表

| 项 目 名 称 | 单位 | 综合指标 |
|---|---|---|
| 溢洪道 | 元/m³（混凝土） | 18.1 |
| 隧洞 | 元/m³（混凝土） | 15.3 |
| 竖井、调压井 | 元/m³（混凝土） | 19 |
| 高压管道 | 元/m³（混凝土） | 4 |
| 电（泵）站地面厂房 | 元/m³（混凝土） | 37 |
| 电（泵）站地下厂房 | 元/m³（混凝土） | 57 |
| 船闸 | 元/m³（混凝土） | 30 |
| 倒虹吸、暗渠 | 元/m³（混凝土） | 17.7 |
| 渡槽 | 元/m³（混凝土） | 54 |
| 明渠（衬砌） | 元/m³（混凝土） | 8.45 |

**注**　1. 表内综合指标包括多孔混凝土排水管、廊道木模板制作与安装、止水工程（面板坝除外）、伸缩缝工程、接缝灌浆管路、冷却水管路、栏杆、照明工程、爬梯、通气管道、排水工程、排水渗井钻孔及反滤料、坝坡踏步、孔洞钢盖板、厂房内上下水工程、防潮层、建筑钢材及其他细部结构工程。

　　2. 表中综合指标仅包括基本直接费内容。

　　3. 改扩建及加固工程根据设计确定细部结构工程的工程量。其他工程，如果工程设计能够确定细部结构工程的工程量，可按设计工程量乘以工程单价进行计算，可不按表内指标计算。

采用指标时还应注意：细部结构项目的选取，应根据工程的具体情况而定，没有的子项目应删去，漏缺的子项目应添上，若内部观测设备及安装工程在概算中单独列出，在细部结构项目中应予删除；砌石重力坝按混凝土重力坝指标选取。这些指标的选取应考虑物价因素进行调整。

**（二）建筑工程概算表**

建筑工程概算表格见表6-21。表中的工程或费用名称，按照工程项目划分填至三级或四级项目，甚至五级，以能说清楚为止。计算时首先从最末一级即五级或四级项目开始，采用工程量乘单价的办法计算合计投资，合计以万元为单位，取两位小数，然后向上逐级合并汇总，即得主体建筑工程概算投资。

表 6 - 21　　　　　　　　　建 筑 工 程 概 算 表

| 序号 | 工程或费用名称 | 单位 | 数量 | 单价/元 | 合计/万元 |
|---|---|---|---|---|---|
|  |  |  |  |  |  |

## 二、非主体建筑工程概算编制

非主体建筑工程项目包括交通工程、房屋建筑工程、供电设施工程和其他建筑工程，其概算编制既可采用单价法，也可采用扩大单位指标法进行编制。

**（一）交通工程**

交通工程系指水利水电工程的永久对外公路、铁路、桥梁、码头等工程，其主要工程投资应按设计提供的工程量乘以相应单价计算，也可按经审核的委托单位专项概算数列入或按工程所在地区造价指标采用扩大指标计算。其主要内容如下：

（1）公路工程：指水利工程的公路工程，其投资按设计提供的里程（km），乘以工程所在地的造价指标计算，或根据设计提供的三级项目工程量，进行单价分析做出概算。也可以按经审核的委托单位专项概算数列入。

（2）铁路工程：指水利工程的铁路工程，其投资按设计提供的里程（km），乘以工程所在地的造价指标计算，或根据设计提供的三级项目工程量，进行单价分析做出概算。同样也可以按经审核的委托单位专项概算数列入。

（3）桥梁工程：指水利工程的桥梁工程，其投资按设计提供的特征性（延米或座）工程量，乘以工程所在地的造价指标计算，或根据设计提供的三级项目工程量，进行单价分析做出概算。同样也可以按经审核的委托单位专项概算数列入。

（4）码头工程：指水利工程的码头工程，其投资按设计提供的码头数量，乘以工程所在地的造价指标计算，或根据设计提供的三级项目工程量，进行单价分析做出概算。同样也可以按经审核的委托单位专项概算数列入。

**（二）房屋建筑工程**

房屋建筑工程指水利工程的永久性生产用房、办公室、宿舍、住宅等生活及文化福利建筑，办公室、生活区内的道路和室外给排水、照明、挡土墙等室外工程，以及未包括在附属辅助设备安装工程内的基础工程等。

*1. 永久房屋建筑*

（1）用于生产、办公的房屋建筑面积，由设计单位按有关规定结合工程规模确定，其投资按建筑面积和工程所在省、自治区、直辖市的单位建筑面积造价指标计算。

（2）值班宿舍及文化福利建筑的投资按主体建筑工程投资的百分率计算（表6-22）。

表6-22　　　　　　　　　值班宿舍及文化福利建筑工程投资计算费率表

| 工程类别 | 建筑安装工程投资额/万元 | 费率/% |
|---|---|---|
| 枢纽工程 | ≤50000 | 1.0～1.5 |
| | >50000～100000 | 0.8～1.0 |
| | >100000 | 0.5～0.8 |
| 引水工程 | | 0.4～0.6 |
| 河道工程 | | 0.4 |

注　投资小或工程位置偏远者取大值；反之取小值。

*2. 室外工程*

室外工程指办公室、宿舍、住宅和生活及文化福利建筑等区域内的道路、室外给排水、照明、挡土墙绿化等室外工程，以及未包括在附属辅助设备安装工程内的基础工程等。室外工程投资一般按占房屋建筑工程投资的15%～20%计算。

**（三）供电设施工程**

供电设施工程根据设计的电压等级、线路架设长度及所需配备的变配电设施要求，采用工程所在地区造价指标或有关实际资料计算。

**（四）其他建筑工程**

其他建筑工程主要包括安全监测设施工程、照明线路及设施工程、通信线路工程等。

（1）安全监测设施工程指属于建筑工程性质的内外部观测设施。内外部观测设施指埋设在建筑物内部及固定于建筑物表面的观测设备仪器及安装等，主要包括变形观测、渗流观测、渗压观测等。安全监测工程项目投资应按设计资料计算。如无设计资料时，可根据坝型或其他工程形式，按照主体建筑工程投资的百分率计算（表6-23），工程以及地质条件复杂的，取大值或中值；反之取小值。

表6-23　　　　　　　　　　安全监测设施工程投资计算费率表

| 坝型（其他工程形式） | 费率/% | 坝型（其他工程形式） | 费率/% |
|---|---|---|---|
| 当地材料坝 | 0.9～1.1 | 引水式电站（引水建筑物） | 1.1～1.3 |
| 混凝土坝 | 1.1～1.3 | 堤防工程 | 0.2～0.3 |

（2）照明线路及设施工程，指厂坝区照明线路及其设施（户外变电站的照明也包括在本项内）。不包括应分别列入拦河坝、溢洪道、引水系统、船闸等水工建筑物其他工程项目内的照明设施。照明线路及设施工程投资按设计工程量乘以单价或采用扩大单位指标编制。

（3）通信线路工程，包括对内、对外的架空线路和户外通信电缆工程及枢纽工程至本电站（或水库）所属的水文站、气象站的专用通信线路工程等。通信线路工程投资按设计工程量乘以单价或采用扩大单位指标编制。

（4）其余各项按设计要求分析计算。

# 第五节　工料分析方法

## 一、工料分析

### （一）工料分析的概念及作用

工料分析就是对工程建设项目所需的人工及主要材料数量进行分析计算，进而统计出单位工程及分部分项工程所需的人工数量及主要材料用量，最后汇总出整个工程项目的劳动力和主材用量。主要材料一般包括水泥、钢筋、钢材、木材、炸药、沥青、粉煤灰、汽油、柴油等，不同的工程主要材料种类一般不同。

工料分析的目的主要是为施工企业调配劳动力、做好备料及组织材料供应、合理安排施工及核算工程成本提供依据。工料分析是工程概算的一项基本内容，也是施工组织设计中安排施工进度不可缺少的资料。

### （二）工料分析方法

工料分析计算就是按照概算项目内容中所列的工程数量乘以相应单价中所需的定额人工数量及定额材料用量，计算出每一工程项目所需的工时、材料用量，然后按照概算编制的步骤逐级向上合并汇总。

计算步骤及填写说明如下：

（1）填写工程项目及工程量，按照概算项目分级顺序逐项填写表格中的工程项目名称及工程量。工程项目的填写范围为枢纽工程（主体建筑物）和施工导流工程。

（2）填写单位定额用工、材料用量，按照各工程项目所对应的单价编号，查找该单价所需的单位定额用工数量及单位定额材料用量、单位定额机械台时用量，逐项填写。对于汽油、柴油用量计算，除填写单位定额机械台时用量外，还要填写不同施工机械的台时用油数量（查施工机械台时费定额）。需要强调的是，单位定额用工数量，既要考虑单价表中的用工量，还要计算施工机械台时费中的用工数量，不能漏算。

（3）计算工时及材料数量。工时用量及水泥、钢筋、钢材、木材、炸药、沥青、粉煤灰等材料用量，按照单位定额工时、材料用量分别乘以本项工程量即得本工程项目工时及材料合计数量；汽油、柴油材料用量，按照单位定额台时用量乘以台时耗油量，再乘以本项工程量，即得本项汽油、柴油合计用量。

（4）按照上述（3）计算方法逐项计算，然后再逐级向上合并汇总，即得所需计算的工时、材料用量。

（5）按照概算表格要求填写主体工程工时数量汇总表及主体工程主要材料量汇总表。

可以看出，工料分析的关键是要求出各建筑（安装）工程单价所对应的人工和材料消耗数量，统计时不要重算和漏算。对人工，除定额中所给出的人工数量外，还应包括施工机械中的中级工用工数量；安装工程以百分率表示的定额无法直接统计人工数量，需要用人工费和人工单价反推出人工用工数量。水泥、砂、石等的数量部分必须由混凝土、砂浆的配合比中推导出来。另外，对不是直接由定额计算得到的工程项目，还要设法估算工料消耗。

## 二、工料统计

### （一）主要工程量统计

水利工程概算中要求统计主要工程量，并将统计结果写入"工程概算的编制说明"中。这样做的目的是让审核及编制人员能概况了解工程规模、工程主要工作的类型和数量，从而了解工程的特点，以便审核人员将该工程的相关参数与类似工程进行比较，初步判断该工程的技术经济指标是否合理。

主要工程量统计不仅为施工企业派遣劳动人员、组织施工机械、进行备料和安排材料供应提供基本资料，而且是施工企业编制施工组织设计、安排施工进度、合理组织施工及计算工程成本不可缺少的条件。

水利工程概算要求统计主要工程量，而不是全部工程量。一般工程项目的统计范围为枢纽工程（主体建筑物）和施工导流工程。主要工程量的项目类别选择根据具体工程的不同而不同，一般选择对投资影响较大的项目。常包括工程量较大的项目和工程量虽不大但单价较大的项目。一般水利工程需统计土石方明挖、石方洞挖、土石方填筑、混凝土、模板、钢筋、帷幕灌浆、固结灌浆等项目。

统计主要工程量时，一般应按《水利水电工程设计工程量计算规定》要求计算，统计采用的单位应与水利工程定额单位一致。主要工程量汇总表格式见表6-24。

表6-24　　　　　　　　　　　　主 要 工 程 量 汇 总 表

| 序号 | 项目 | 土石方明挖/m³ | 石方洞挖/m³ | 土石方填筑/m³ | 混凝土/m³ | 模板/m² | 钢筋/t | 帷幕灌浆/m | 固结灌浆/m |
|------|------|------|------|------|------|------|------|------|------|
|  |  |  |  |  |  |  |  |  |  |

**注** 表中统计的工程类别可根据工程实际情况调整。

### （二）主要材料量汇总表和工时数量汇总表

主要材料量汇总表和工时数量汇总表是工程概算的重要组成部分，是反映工程规模的重要参数，是编写工程概算编制说明的重要内容。将按上述计算方法所得的结果填入规定的"主要材料量汇总表"和"工时数量汇总表"中。主要材料量汇总表格式见表 6-25，工时数量汇总表表格式见表 6-26。

表 6-25                           主 要 材 料 量 汇 总 表

| 序号 | 项目 | 水泥 /t | 钢筋 /t | 钢材 /t | 木材 /m³ | 炸药 /t | 沥青 /t | 粉煤灰 /t | 汽油 /t | 柴油 /t |
|------|------|---------|---------|---------|----------|---------|---------|-----------|---------|---------|
|      |      |         |         |         |          |         |         |           |         |         |

表 6-26                           工 时 数 量 汇 总 表

| 序号 | 项目 | 工时数量 | 备注 |
|------|------|----------|------|
|      |      |          |      |

## 思 考 题

1. 建筑工程概算单价的概念是什么？

2. 建筑工程概算的编制步骤和方法是什么？

3. 土方工程、石方工程、砌筑工程、混凝土工程、模板工程、基础处理工程单价编制的主要内容及应注意的问题分别是什么？

4. 什么是图纸工程量？什么是设计工程量？为什么编制工程概算时要采用设计工程量？

5. 主体工程项目概算编制的主要内容和方法各是什么？

6. 结合已学过的内容，试论述工程定额、基础单价、工程单价三者在建筑工程概算中的相互关系。

7. 编制工程概算时为什么要进行工料分析？一般对哪些材料进行用料分析？一般对哪些工程项目进行工料分析？

8. 工程概算为什么要统计主要工程量？怎样确定统计的项目？

# 第七章　水利设备及安装工程概算编制

## 第一节　设备及安装工程项目组成

### 一、机电设备及安装工程项目组成

#### （一）枢纽工程

指构成枢纽工程固定资产的全部机电设备及安装工程。本部分由发电设备及安装工程、升压变电设备及安装工程、公用设备及安装工程 3 项组成。

（1）发电设备及安装工程，包括水轮机、发电机、主阀、起重机、水力机械辅助设备、电气设备等设备及安装工程。

（2）升压变电设备及安装工程，包括主变压器、高压电气设备、一次拉线等设备及安装工程。

（3）公用设备及安装工程，包括通信设备、通风采暖设备、机修设备、计算机监控系统、工业电视系统、管理自动化系统、全厂接地及保护网，电梯，坝区馈电设备，厂坝区供水、排水、供热设备，水文、泥沙监测设备，水情自动测报系统设备，视频安防监控设备，安全监测设备，消防设备，劳动安全与工业卫生设备，交通设备等设备及安装工程。

#### （二）引水工程及河道工程

指构成引水工程及河道工程固定资产的全部机电设备及安装工程。一般由泵站设备及安装工程、水闸设备及安装工程、电站设备及安装工程、供变电设备及安装工程、公用设备及安装工程 5 项组成。

（1）泵站设备及安装工程，包括水泵、电动机、主阀、起重设备、水力机械辅助设备、电气设备等设备及安装工程。

（2）水闸设备及安装工程，包括电气一次设备及电气二次设备及安装工程。

（3）电站设备及安装工程，其组成内容可参照枢纽工程的发电设备及安装工程和升压变电设备及安装工程。

（4）供变电设备及安装工程，包括供电、变配电设备及安装工程。

（5）公用设备及安装工程，包括通信设备、通风采暖设备、机修设备、计算机监控系统、工业电视系统、管理自动化系统、全厂接地及保护网，厂坝（闸、泵站）区供水、排水、供热设备，水文、泥沙监测设备，水情自动测报系统设备，视频安防监控设备，安全监测设备，消防设备，劳动安全与工业卫生设备，交通设备等设备及安装工程。

灌溉田间工程还包括首部设备及安装工程、田间灌水设施及安装工程等。

（1）首部设备及安装工程，包括过滤、施肥、控制调节、计量等设备及安装工程等。

（2）田间灌水设施及安装工程，包括田间喷灌、微灌等全部灌水设施及安装工程。

机电设备及安装工程的三级项目划分，参照附表2进行。

## 二、金属结构设备及安装工程项目组成

指构成枢纽工程、引水工程和河道工程固定资产的全部金属结构设备及安装工程，包括闸门、启闭机、拦污设备、升船机等设备及安装工程，水电站（泵站等）压力钢管制作及安装工程和其他金属结构设备及安装工程。

金属结构设备及安装工程的一级项目应与建筑工程的一级项目相对应。三级项目的划分，参照附表3进行。

# 第二节 设 备 费 计 算

## 一、设备费

机电设备及安装工程、金属结构设备及安装工程中，设备费的计算方法相同。设备费包括设备原价、运杂费、运输保险费和采购及保管费。

**（一）设备原价**

（1）国产设备。以出厂价或设计单位分析论证后的询价作为设备原价。

（2）进口设备。以设备到岸价和进口征收环节征收的关税、增值税、银行财务费、外贸手续费、进口商品检验费（商检费）及港口费等各项费用之和作为设备原价。

（3）大型机组及其他大型设备分瓣运至工地后的拼装费用，应包括在设备原价内。

**（二）运杂费**

运杂费指设备由厂家运至工地现场所发生的一切运杂费用。包括运输费、装卸费、包装绑扎费、大型变压器充氮费及可能发生的其他杂费。

运杂费分主要设备运杂费和其他设备运杂费，均按占设备原价的百分率计算。

（1）主要设备运杂费费率，见表7-1。

表 7-1　　　　　　　　　　　　　主要设备运杂费费率表　　　　　　　　　　　　　　%

| 设备分类 | | 铁路 | | 公路 | | 公路直达基本费率 |
|---|---|---|---|---|---|---|
| | | 基本运距1000km | 每增运500km | 基本运距100km | 每增运20km | |
| 水轮发电机组 | | 2.21 | 0.30 | 1.06 | 0.15 | 1.01 |
| 主阀、桥机 | | 2.99 | 0.50 | 1.85 | 0.20 | 1.33 |
| 主变压器 | 120000kVA及以上 | 3.50 | 0.40 | 2.80 | 0.30 | 1.20 |
| | 120000kVA以下 | 2.97 | 0.40 | 0.92 | 0.15 | 1.20 |

注　1. 设备由铁路直达或铁路、公路联运时，分别按里程求得费率后叠加计算。

　　2. 如果设备由公路直达，应按公路里程计算费率后，再加公路直达基本费率。

（2）其他设备运杂费费率，见表7-2。

| 表 7-2 | 其他设备运杂费费率表 | % |
|---|---|---|
| 类别 | 适用地区 | 费率 |
| Ⅰ | 北京、天津、上海、江苏、浙江、江西、安徽、湖北、湖南、河南、广东、山西、山东、河北、陕西、辽宁、吉林、黑龙江等省（直辖市） | 3～5 |
| Ⅱ | 甘肃、云南、贵州、广西、四川、重庆、福建、海南、宁夏、内蒙古、青海等省（自治区、直辖市） | 5～7 |

注　1. 工程地点距铁路线近者费率取小值，远者取大值。

　　2. 新疆、西藏地区的设备运杂费费率可视具体情况另行确定。

**（三）运输保险费**

运输保险费指设备在运输过程中的保险费用。按有关规定计算。

**（四）采购及保管费**

采购及保管费指建设单位和施工企业在负责设备的采购、保管过程中发生的各项费用。主要包括以下几方面：

（1）采购保管部门工作人员的基本工资、辅助工资、职工福利费、劳动保护费、养老保险费、失业保险费、医疗保险费、工伤保险费、生育保险费、住房公积金、教育经费、办公费、差旅交通费、工具用具使用费等。

（2）仓库、转运站等设施的运行费、维修费、固定资产折旧费、技术安全措施费和设备的检验、试验费等。

采购及保管费按设备原价、运杂费之和的 0.7% 计算。

**（五）运杂综合费率**

在工程概预算编制过程中，常将上述第（二）、第（三）及第（四）项的费用计算合并在一起考虑，用"运杂综合费"表示：

$$运杂综合费 = 设备原价 \times 运杂综合费率 \qquad (7-1)$$

$$运杂综合费率 = 运杂费费率 + (1 + 运杂费费率) \times 采购及保管费费率 + 运输保险费费率$$
$$\qquad (7-2)$$

$$设备预算单价 = 设备原价 + 运杂综合费 = 设备原价 \times (1 + 运杂综合费率) \qquad (7-3)$$

上述运杂综合费率，适用于计算国产设备运杂费。进口设备的国内段运杂综合费率，按国产设备运杂综合费率乘以相应国产设备原价占进口设备原价的比例系数进行计算（即按相应国产设备价格计算运杂综合费率）。

**【例 7-1】**　某水电站采用的水轮发电机组（主机）自重 200t/台、出厂价为 2.9 万元/t（含增值税），生产厂家到安装现场的运距共 2000km，其中：卸货火车站—工地设备库 60km、工地设备库—安装现场 5km 均为公路运输，其余为铁路运输。运输保险费率为 0.4%。请计算该主机的设备预算单价。

**解：**（1）铁路运输里程：2000－60－5＝1935（km）

基本运距 1000km，运杂费费率为 2.21%。

增运里程为 1935－1000＝935（km），935÷500＝1.87，则增运 2 段，运杂费费率为 0.3%×2＝0.6%。

铁路运杂费费率小计：2.21%＋0.6%＝2.81%。

（2）公路运输里程：$60+5=65$（km）

基本运距 100km，运杂费费率为 1.06%，则公路运杂费费率小计：1.06%。

（3）运杂费费率合计：$2.81\%+1.06\%=3.87\%$。

（4）运杂综合费率 $=3.87\%+（1+3.87\%）\times0.7\%+0.4\%=5\%$。

（5）设备原价 $=2.9\times200=580.00$（万元/台）。

（6）水轮发电机组（主机）预算单价 $=580.00\times（1+5\%）=609.00$（万元/台）。

【例 7-2】 某大型水电站位于西南地区某县（二类区）的边远山村，需要安装 4 台混流式水轮机，其型号为 HL286-LJ-800，调速器为 DT-150，油压装置为 YS-8，每台套设备自重 1750t（其中：主机自重 1680t），全套设备平均出厂价为 3.3 万元/t（含增值税）。全电站水轮机用透平油 1000t，其预算单价为 17000 元/t，设备运杂费费率为 7%，运输保险费率为 0.4%。请计算该水电站的水轮机设备投资。

解：（1）设备原价 $=3.3\times1750=5775.00$（万元/台）

（2）运杂费 $=5775.00\times7\%=404.25$（万元/台）

（3）运输保险费 $=5775.00\times0.4\%=23.10$（万元/台）

（4）采购及保管费 $=（5775.00+404.25）\times0.7\%=43.25$（万元/台）

（5）每台水轮机的透平油价款 $=（1000\div4）\times1.7=425.00$（万元/台）

（6）水轮机预算单价 $=5775.00+404.25+23.10+43.25+425.00=6670.60$（万元/台）

（7）该电站的水轮机设备投资 $=6670.60$ 万元/台 $\times4$ 台 $=26682.40$（万元）

【例 7-3】 某工程从国外进口主机设备一套，经海运抵达上海后再转运至工地。已知：

汇率，1 美元 $=6.7$ 元人民币；设备重量，净重 1245t/套，毛重系数 1.05；

设备离岸价（FOB）：900 万美元/套；设备到岸价（CIF）：940 万美元/套；

银行财务费：0.5%；外贸手续费：1.5%；

进口关税：10%；增值税：17%；

商检费：0.24%；港口费：150 元/t；

运杂费：同类国产设备由上海港运至工地运杂费费率为 7%；

同类国产设备原价：3.2 万元/t（含增值税）；运输保险费率：0.4%；采购及保管费率：0.7%。

请计算该进口设备费。

解：（1）设备原价。

1）设备到岸价 $=940\times6.7=6298.00$（万元）

2）银行财务费 $=（900\times6.7）\times0.5\%=30.15$（万元）

3）外贸手续费 $=6298\times1.5\%=94.47$（万元）

4）进口关税 $=6298\times10\%=629.80$（万元）

5）增值税 $=（6298+629.80）\times17\%=1177.73$（万元）

6）商检费 $=6298\times0.24\%=15.12$（万元）

7）港口费 $=1245\times1.05\times（150\div10000）=19.61$（万元）

8）进口设备原价 $=6298.00+30.15+94.47+629.80+1177.73+15.12+19.61=$

8264.88（万元）

（2）国内段运杂综合费。

国产设备运杂综合费率＝7％＋（1＋7％）×0.7％＋0.4％＝8.15％

进口设备国内段运杂综合费率＝8.15％×（3.2×1245÷8264.88）＝3.93％

进口设备国内段运杂综合费＝8264.88×3.93％＝324.81（万元）

（3）进口设备预算价格。

该套进口主机设备预算单价＝8264.88＋324.81＝8589.69（万元）

## 二、交通工具购置费

交通工具（交通设备）的购置，是机电设备及安装工程中设备购置的一项重要内容。

交通工具购置费指工程竣工后，为保证建设项目初期生产管理单位正常运行必须配备的车辆和船只所产生的费用。

交通设备数量，应由设计单位按有关规定、结合工程规模确定，设备价格根据市场情况、结合国家有关政策确定。无设计资料时，可以第一部分建筑工程投资为基数，按表7-3的费率，以超额累进方法计算，其简化计算公式为

第一部分建筑工程投资×该档费率＋辅助参数

应注意的相关规定：除高原、沙漠地区外，不得用于购置进口、豪华车辆。灌溉田间工程不计此项费用。

表7-3　　　　　　　　　　　交通工具购置费费率表

| 第一部分建筑工程投资/万元 | 费率/% | 辅助参数/万元 |
|---|---|---|
| 10000 及以内 | 0.50 | 0 |
| 10000～50000 | 0.25 | 25 |
| 50000～100000 | 0.10 | 100 |
| 100000～200000 | 0.06 | 140 |
| 200000～500000 | 0.04 | 180 |
| 500000 以上 | 0.02 | 280 |

# 第三节　安　装　费　计　算

安装费是项目费用构成中的一个重要组成部分，在机电设备及安装工程、金属结构设备及安装工程中均有涉及。

## 一、安装工程单价编制

在安装费计算中，最重要的一个工作环节就是编制安装工程单价。

水利部水建管〔1999〕523号文发布的《水利水电设备安装工程概算定额》《水利水电设备安装工程预算定额》[以下简称《安装工程概（预）算定额（1999）》]中，安装

工程定额分为实物量定额、安装费率定额两种表现形式，其对应的安装工程单价编制方法有所不同。

**(一) 实物量形式的安装工程单价**

1. 直接费

(1) 基本直接费。

$$人工费＝定额劳动量(工时)×人工预算单价(元/工时) \qquad (7-4)$$

$$材料费＝定额材料用量×材料除税预算价格(或基价) \qquad (7-5)$$

$$机械使用费＝定额机械使用量(台时)×施工机械台时费(元/台时) \qquad (7-6)$$

(2) 其他直接费。

$$其他直接费＝基本直接费×其他直接费费率之和(\%) \qquad (7-7)$$

2. 间接费

$$间接费＝人工费×间接费费率(\%) \qquad (7-8)$$

3. 利润

$$利润＝(直接费＋间接费)×利润率(\%) \qquad (7-9)$$

4. 材料补差

当主材的预算除税价格超过表4-7规定的基价时，按以下方法计算材料补差：

$$材料补差＝(材料除税预算价格－材料基价)×材料消耗量 \qquad (7-10)$$

5. 未计价装置性材料费

$$未计价装置性材料费＝未计价装置性材料用量×材料除税预算价格 \qquad (7-11)$$

6. 税金

$$税金＝(直接费＋间接费＋利润＋材料补差＋未计价装置性材料费)×税率(\%)$$
$$(7-12)$$

7. 实物量形式的安装工程单价

安装工程单价＝直接费＋间接费＋利润＋材料补差＋未计价装置性材料费＋税金
$$(7-13)$$

具体编制程序见表7-4。

表7-4 实物量形式安装工程单价表的编制程序

| 序号 | 名称 | 计算方法 |
|---|---|---|
| 一 | 直接费 | (1) ＋ (2) |
| (1) | 基本直接费 | ①＋②＋③ |
| ① | 人工费 | $\sum$[定额劳动量(工时)×人工预算单价(元/工时)] |
| ② | 材料费 | $\sum$[定额材料用量×材料除税预算价格(或基价)]<br>说明：对部分主材(如柴油、汽油等)而言，当其除税预算价格超过表4-7规定的基价时，此处应按基价计入以计算材料费，材料除税预算价格与基价的差值则以材料补差形式在第四项进行计算；当主材除税预算价格低于表4-7规定的基价时，则此处应直接采用除税预算价格来计算材料费，此时则无第四项材料补差 |
| ③ | 机械使用费 | $\sum$[定额机械使用量(台时)×施工机械台时费(元/台时)] |
| (2) | 其他直接费 | (1)×其他直接费费率之和(\%) |

| 序号 | 名称 | 计算方法 |
|---|---|---|
| 二 | 间接费 | ①×间接费费率（％） |
| 三 | 利润 | （一＋二）×利润率（％） |
| 四 | 材料补差 | 当材料除税预算价格超过表4-7规定的基价时：<br>材料补差＝Σ［（材料除税预算价格－材料基价）×材料消耗量］ |
| 五 | 未计价装置性材料费 | Σ（未计价装置性材料用量×材料除税预算价格） |
| 六 | 税金 | （一＋二＋三＋四＋五）×税率（％） |
|  | 安装工程单价 | 一＋二＋三＋四＋五＋六 |

**（二）费率形式的安装工程单价**

1. 直接费

（1）基本直接费（％）。

$$人工费（％）＝定额人工费（％） \tag{7-14}$$

$$材料费（％）＝定额材料费（％） \tag{7-15}$$

$$装置性材料费（％）＝定额装置性材料费（％） \tag{7-16}$$

$$机械使用费（％）＝定额机械使用费（％） \tag{7-17}$$

（2）其他直接费。

$$其他直接费（％）＝基本直接费（％）×其他直接费费率之和（％） \tag{7-18}$$

2. 间接费

$$间接费（％）＝人工费（％）×间接费费率（％） \tag{7-19}$$

3. 利润

$$利润（％）＝［直接费（％）＋间接费（％）］×利润率（％） \tag{7-20}$$

4. 税金

$$税金＝［直接费（％）＋间接费（％）＋利润（％）］×税率（％） \tag{7-21}$$

5. 费率形式的安装工程单价

$$安装工程单价（％）＝直接费（％）＋间接费（％）＋利润（％）＋税金（％） \tag{7-22}$$

$$安装工程单价＝安装工程单价（％）×含增值税的设备原价 \tag{7-23}$$

具体编制程序见表7-5。

**表 7-5　　　　　　费率形式安装工程单价表的编制程序**

| 序号 | 名称 | 计算方法 |
|---|---|---|
| 一 | 直接费/％ | （1）＋（2） |
| （1） | 基本直接费/％ | ①＋②＋③＋④ |
| ① | 人工费/％ | 定额人工费（％） |
| ② | 材料费/％ | 定额材料费（％） |
| ③ | 装置性材料费/％ | 定额装置性材料费（％） |
| ④ | 机械使用费/％ | 定额机械使用费（％） |

续表

| 序号 | 名称 | 计算方法 |
|------|------|----------|
| （2） | 其他直接费/% | （1）×其他直接费费率之和（%） |
| 二 | 间接费/% | ①×间接费费率（%） |
| 三 | 利润/% | （一＋二）×利润率（%） |
| 四 | 税金/% | （一＋二＋三）×税率（%） |
| 五 | 安装工程单价/% | 一＋二＋三＋四 |
| | 安装工程单价 | 〔五〕×含增值税的设备原价 |

## 二、采用《安装工程概（预）算定额（1999）》编制安装工程单价时应注意的几个问题

### （一）装置性材料

装置性材料是安装工程中的一个专用名词，它本身属于材料，但又是被安装对象，安装后构成工程实体。

装置性材料可分为主要装置性材料（即未计价装置性材料）和次要装置性材料（即已计价装置性材料或定额装置性材料或一般装置性材料）两大类。

1. 主要装置性材料（未计价装置性材料）

主要装置性材料，是本身作为安装对象的装置性材料，如电缆、母线、绝缘子、滑触线、轨道、管路、伸缩节、压力钢管等。

主要装置性材料的安装费，应以实物量形式表示，但《安装工程概（预）算定额（1999）》中未列出该部分材料及用量（即定额中未计价），编制概预算时，应根据设计确定的品种、型号、规格及数量（并计入操作损耗量，参见表 7-6），乘以该工程材料除税预算价格，在定额以外另外计价（所以主要装置性材料又被称作未计价装置性材料）。

表 7-6　　　　　　　　　　　　　装置性材料操作损耗率表

| 序号 | 材料名称 | | 损耗率/% |
|------|---------|------|---------|
| 1 | 钢板（齐边） | （1）压力钢管直管 | 5 |
| | | （2）压力钢管弯管、叉管、渐变管 | 15 |
| | | （3）各种闸门及埋件 | 13 |
| | | （4）容器 | 10 |
| 2 | 钢板（毛边），压力钢管、容器等 | | 17 |
| 3 | 型钢 | | 5 |
| 4 | 管材及管件，机组管路、系统管路及其他管路 | | 3 |
| 5 | 电力电缆 | | 1 |
| 6 | 控制电缆、高频电缆 | | 1.5 |
| 7 | 绝缘导线 | | 1.8 |
| 8 | 硬母线（包括铜、铝、钢质的带形、管形及槽形母线） | | 2.3 |
| 9 | 裸软导线（包括铜、铝、钢及钢芯铝绞线） | | 1.3 |

续表

| 序号 | 材料名称 | 损耗率/% |
|------|---------|---------|
| 10 | 压接式线夹、螺栓、垫圈、铝端头、护线条及紧固件 | 2 |
| 11 | 金具 | 1 |
| 12 | 绝缘子 | 2 |
| 13 | 塑料制品（包括塑料槽板、塑料管、塑料板等） | 5 |

注 1. 裸软导线的损耗率中包括了因弧垂及因杆位高低差而增加的长度；但变电站中的母线、引下线、跳线、设备连接线等因弯曲而增加的长度，均不应以弧垂看待，应计入基本长度中。

2. 电力电缆及控制电缆的损耗率中未包括预留、备用段长度，敷设时因各种弯曲而增加的长度，以及为连接电气设备而预留的长度。这些长度均应计入设计长度中。

**2. 次要装置性材料（已计价装置性材料）**

次要装置性材料，是机电设备、金属结构设备在安装过程中所需的装置性材料，如螺栓、电缆支架等。次要装置性材料品种多、规格杂、且价值较低，故在《安装工程概（预）算定额（1999）》中已计入其费用（按%表示，该定额中共列出了 14 个安装费子目，见表 7-7），所以次要装置性材料又被称作已计价装置性材料（或定额装置性材料，或一般装置性材料）。

表 7-7　　　　　包括有次要装置性材料的安装费子目统计表

| 序号 | 名称 | 装置性材料的表现形式 | 安装费子目数/个 |
|------|------|---------------------|----------------|
| 1 | 发电电压设备 | 用%表示 | 3 |
| 2 | 控制保护系统 | 用%表示 | 1 |
| 3 | 计算机监控系统 | 用%表示 | 1 |
| 4 | 直流系统设备 | 用%表示 | 3 |
| 5 | 厂用电系统设备 | 用%表示 | 1 |
| 6 | 变电站高压电气设备 | 用%表示 | 5 |
| | 合　计 | | 14 |

**（二）设备与材料的划分**

（1）制造厂成套供货范围的部件、备品备件、设备体腔内定量填充物（透平油、变压器油、六氟化硫气体等）均作为设备。

（2）不论成套供货、现场加工或零星购置的储气罐、储油罐、阀门、盘用仪表、机组本体上的梯子、平台和栏杆等均作为设备，不能因供货来源不同而改变设备的性质。

（3）管道和阀门如构成设备本体部件时，应作为设备，否则应作为材料。

（4）随设备供应的保护罩、网门等，凡已计入相应设备出厂价格内的，应作为设备，否则应作为材料。

（5）电缆、电缆头、电缆和管道用的支架、母线、金具、滑触线和架、屏、盘的基础型钢、钢轨、石棉板、穿墙隔板、绝缘子、一般用保护网、罩、门、梯子、平台、栏杆和蓄电池木架等，均作为材料。

**(三) 安装费率定额中费率调整换算的相关规定**

**1. 人工费率的调整**

应根据概算编制期定额主管部门发布的工程所在地安装人工工时预算单价 (中级工预算单价) 与同期北京地区安装人工工时预算单价 (中级工预算单价), 测算出人工费比例系数, 据此调整人工费率指标。

$$安装人工费比例系数 = \frac{工程地区中级工预算单价}{北京地区中级工预算单价} \qquad (7-24)$$

**2. 进口设备的安装费率换算**

进口设备安装应按《安装工程概 (预) 算定额 (1999)》的费率, 乘相应国产设备含增值税原价水平对进口设备原价的比例系数, 换算为进口设备安装费率。

例如: 某进口设备原价为同类国产设备含增值税原价的 1.6 倍, 该国产设备的安装费率为 8%, 则

$$该进口设备安装费率 = 国产设备安装费率 8\% \times \frac{1}{1.6} = 5\%$$

**(四) 按设备重量划分子目的定额的使用**

按设备重量划分子目的定额, 当所求设备的重量介于同型号设备的子目之间时, 可按式 (7-25) 所示的插入法计算安装费。

$$A = \frac{(C-B)(a-b)}{(c-b)} + B \qquad (7-25)$$

式中: $A$ 为所求设备的安装费; $a$ 为 $A$ 项设备的重量; $B$ 为较所求设备小而最接近的设备安装费; $b$ 为 $B$ 项设备的重量; $C$ 为较所求设备大而最接近的设备安装费; $c$ 为 $C$ 项设备的重量。

**【例 7-4】** 基本资料同 [例 7-2], 请计算该工程水轮机主机安装费 (辅机安装费暂不计)。

**解:** (1) 水轮机主机的安装工程单价分析见表 7-8。

表 7-8　　　　　　　　　安 装 工 程 单 价 表

| 单价编号 | A01 | 项目名称 | | 水轮机主机安装 | | |
|---|---|---|---|---|---|---|
| 定额编号 | GA01029×0.6+GA01030×0.4 | | | 定额单位 | | 台 |
| 型号规格 | 混流式水轮机 HL286-LJ-800, 主机自重 1680t | | | | | |
| 编号 | 名称 | | 单位 | 数量 | 单价/元 | 合价/元 |
| 一 | 直接费 | | | | | 3221408.07 |
| (一) | 基本直接费 | | | | | 2991093.84 |
| 1 | 人工费 | | | | | 1646569.08 |
| | 工长 | | 工时 | 8670.2 | 11.98 | 103869.00 |
| | 高级工 | | 工时 | 41616.2 | 11.09 | 461523.66 |
| | 中级工 | | 工时 | 98838.8 | 9.33 | 922166.00 |
| | 初级工 | | 工时 | 24276.4 | 6.55 | 159010.42 |
| 2 | 材料费 | | | | | 488341.87 |

| 编号 | 名称 | 单位 | 数量 | 单价/元 | 合价/元 |
|------|------|------|------|---------|---------|
|  | 电 | kW·h | 62938 | 0.68 | 42797.84 |
|  | 汽油 | kg | 2514.6 | 3.075 | 7732.40 |
|  | 钢板（综合） | kg | 7505.6 | 3.75 | 28146.00 |
|  | 型钢 | kg | 28155.6 | 3.77 | 106146.61 |
|  | 木材 | m³ | 15.1 | 1312 | 19811.20 |
|  | 电焊条 | kg | 5014 | 6.31 | 31638.34 |
|  | 钢管 | kg | 2368.8 | 5.44 | 12886.27 |
|  | 铜材 | kg | 518.2 | 56.8 | 29433.76 |
|  | 透平油 | kg | 266 | 17 | 4522.00 |
|  | 油漆 | kg | 1886.2 | 15.53 | 29292.69 |
|  | 氧气 | m³ | 6472.2 | 6.8 | 44010.96 |
|  | 乙炔气 | m³ | 2789 | 14.56 | 40607.84 |
|  | 其他材料费 | % | 23 | 397025.91 | 91315.96 |
| 3 | 机械费 |  |  |  | 856182.89 |
|  | 电焊机 交流 25kVA | 台时 | 4413.6 | 10.52 | 46431.07 |
|  | 普通车床 Φ400~600mm | 台时 | 856.2 | 27.32 | 23391.38 |
|  | 摇臂钻床 Φ35~50mm | 台时 | 940.8 | 21.79 | 20500.03 |
|  | 牛头刨床 B=650mm | 台时 | 694.6 | 17.76 | 12336.10 |
|  | 压力滤油机 150型 | 台时 | 525.2 | 14.07 | 7389.56 |
|  | 桥式起重机 | 台时 | 1677.8 | 342.65 | 574898.17 |
|  | 其他机械费 | % | 25 | 684946.31 | 171236.58 |
| （二） | 其他直接费 | % | 7.7 | 2991093.84 | 230314.23 |
| 二 | 间接费 | % | 75 | 1646569.08 | 1234926.81 |
| 三 | 企业利润 | % | 7 | 4456334.88 | 311943.44 |
| 四 | 未计价装置性材料费 |  |  |  |  |
| 五 | 价差 |  |  |  | 9718.93 |
|  | 汽油 | kg | 2514.6 | 3.865 | 9718.93 |
| 六 | 税金 | % | 9 | 4777997.25 | 430019.75 |
| 七 | 小计 |  |  |  | 5208017.00 |
|  | 单价 |  |  |  | 5208017.00 |

（2）该工程水轮机主机安装费 = 4台 × 5208017.00元/台 ÷ 10000 = 2083.21（万元）。

【例7-5】　基本资料同［例7-2］，该工程中需制安电气设备保护网 2800m²，保护网（金属网）除税预算价格为 63.11元/m²。请计算该工程的保护网制安费。

解：（1）安装工程单价分析。选用保护网制安的定额（GA06023），并补充保护网、型钢等未计价装置性材料，从而计算得单价见表 7-9。

表 7-9　　　　　　　　　　　　安 装 工 程 单 价 表

| 单价编号 | A02 | 项目名称 | | | 保护网制安 | |
|---|---|---|---|---|---|---|
| 定额编号 | | GA06023 | | 定额单位 | | 100m² |
| 型号规格 | | | 保护网、铁构件——保护网制安 | | | |
| 编号 | 名称 | 单位 | 数量 | 单价/元 | 合价/元 | |
| 一 | 直接费 | | | | 15369.65 | |
| (一) | 基本直接费 | | | | 14270.80 | |
| 1 | 人工费 | | | | 9166.83 | |
| | 工长 | 工时 | 57 | 11.98 | 682.86 | |
| | 高级工 | 工时 | 286 | 11.09 | 3171.74 | |
| | 中级工 | 工时 | 476 | 9.33 | 4441.08 | |
| | 初级工 | 工时 | 133 | 6.55 | 871.15 | |
| 2 | 材料费 | | | | 2132.72 | |
| | 电焊条 | kg | 20 | 6.31 | 126.20 | |
| | 油漆 | kg | 40 | 15.53 | 621.20 | |
| | 氧气 | m³ | 20 | 6.8 | 136.00 | |
| | 乙炔气 | m³ | 10 | 14.56 | 145.60 | |
| | 镀锌螺拴 M10×70 | 套 | 408 | 2.23 | 909.84 | |
| | 其他材料费 | % | 10 | 1938.84 | 193.88 | |
| 3 | 机械费 | | | | 2971.25 | |
| | 空压机 电动 移动式 3.0m³/min | 台时 | 84 | 27.05 | 2272.20 | |
| | 电焊机 交流 25kVA | 台时 | 53 | 10.52 | 557.56 | |
| | 其他机械费 | % | 5 | 2829.76 | 141.49 | |
| (二) | 其他直接费 | % | 7.7 | 14270.80 | 1098.85 | |
| 二 | 间接费 | % | 75 | 9166.83 | 6875.12 | |
| 三 | 企业利润 | % | 7 | 22244.77 | 1557.13 | |
| 四 | 未计价装置性材料费 | | | | 12710.20 | |
| | 保护网（金属网） | m² | 110 | 63.11 | 6942.10 | |
| | 型钢 | kg | 1530 | 3.77 | 5768.10 | |
| 五 | 税金 | % | 9 | 36512.10 | 3286.09 | |
| 六 | 小计 | | | | 39798.19 | |
| | 单价 | | | | 397.98 | |

　　（2）保护网制安费＝2800m²×397.98 元/m²÷10000＝111.43（万元）。

　　【例 7-6】　某水电站发电电压设备 15.75kV，其设备出厂价为 480 万元（含增值税），已知条件同［例 7-2］。请计算该发电电压设备安装单价。

　　解：（1）人工费率的调整。

$$该工程安装人工费比例系数 = \frac{工程地区中级工预算单价}{北京地区中级工预算单价} = \frac{9.33}{8.90} = 1.048$$

故应将定额人工费率 3.7% 调整为 3.7%×1.048＝3.88%。

该发电电压设备的安装工程单价分析见表 7-10。

表 7-10　　　　　　　　　　　　安 装 工 程 单 价 表

| 单价编号 | A03 | | 项目名称 | 发电电压设备 (15.75kV) | | |
|---|---|---|---|---|---|---|
| 定额编号 | | GA06003 | | | 定额单位 | 项 |
| 型号规格 | 发电电压设备电压＞10.5kV（注：根据工程区中级工预算单价，人工费应乘以 9.33/8.90＝1.048 的比例系数） | | | | | |
| 编号 | 名称及规格 | 单位 | 数量 | 单价 | | 合计 |
| 一 | 直接费 | % | | | | 10.51 |
| （一） | 基本直接费 | % | | | | 9.76 |
| 1 | 人工费 | % | 3.88 | | | 3.88 |
| 2 | 材料费 | % | 2.14 | | | 2.14 |
| 3 | 装置性材料费 | % | 2.65 | | | 2.65 |
| 4 | 机械使用费 | % | 1.09 | | | 1.09 |
| （二） | 其他直接费 | % | 7.7 | 9.76 | | 0.75 |
| 二 | 间接费 | % | 75 | 3.88 | | 2.91 |
| 三 | 企业利润 | % | 7 | 13.42 | | 0.94 |
| 四 | 税金 | % | 9 | 14.36 | | 1.29 |
| 五 | 小计 | % | | | | 15.65 |
| | 单价 | % | | | | 15.65 |

（2）发电电压设备的安装单价＝15.65%×480 万元＝75.12（万元）。

# 第四节　设备及安装工程概算编制

在水利工程概算编制中，设备及安装工程的概算编制共包括两部分：机电设备及安装工程以及金属结构设备及安装工程。

## 一、机电设备及安装工程

依照本章第二节、第三节所述方法，按设备费和安装费分别进行计算。

机电设备及安装工程项目清单中，一级项目和二级项目均应执行《编制规定 (2014)》中项目划分的有关规定，三级项目可根据设计工作深度要求和工程实际情况增减项目，并按设计提供的工程量计列。

### （一）设备费

机电设备费按设计的设备清单工程量乘以设备预算单价计算。

**（二）安装费**

安装工程单价为实物量形式时，按设计的设备清单工程量乘以安装工程单价计算。

安装工程单价为费率时，按设备费乘安装费率计算。

## 二、金属结构设备及安装工程

编制方法和深度同机电设备及安装工程。应注意的是，金属结构设备及安装工程的一级项目应与建筑工程的一级项目相对应。

以某水库工程为例，其设备及安装工程概算表的编制样式见表 7-11、表 7-12。

表 7-11　　　　　　　　　　设备及安装工程概算表

| 序号 | 名称及规格 | 单位 | 数量 | 单价/元 | | 合价/万元 | |
| --- | --- | --- | --- | --- | --- | --- | --- |
| | | | | 设备费 | 安装费 | 设备费 | 安装费 |
| | 第二部分　机电设备安装工程 | | | | | 174.49 | 19.22 |
| 一 | 公用设备及安装工程 | | | | | 174.49 | 19.22 |
| （一） | 厂坝区供水、排水、供电、消防、通信设备及安装工程 | 项 | 1 | 250000.00 | 37500.00 | 25.00 | 3.75 |
| （二） | 水情自动测报系统设备及安装工程 | 项 | 1 | 402910.00 | 86746.00 | 40.29 | 8.67 |
| （三） | 安全监测设备及安装工程 | 项 | 1 | 592000.00 | 68000.00 | 59.20 | 6.80 |
| （四） | 交通设备 | | | | | 50.00 | |
| | 越野车 | 辆 | 1 | 250000.00 | | 25.00 | |
| | 工具车 | 辆 | 1 | 100000.00 | | 10.00 | |
| | 机动船 | 艘 | 1 | 150000.00 | | 15.00 | |

表 7-12　　　　　　　　　　设备及安装工程概算表

| 序号 | 名称及规格 | 单位 | 数量 | 单价/元 | | 合价/万元 | |
| --- | --- | --- | --- | --- | --- | --- | --- |
| | | | | 设备费 | 安装费 | 设备费 | 安装费 |
| | 第三部分　金属结构设备及安装工程 | | | | | 153.93 | 31.00 |
| 一 | 泄洪工程－泄洪输水隧洞 | | | | | 113.48 | 23.69 |
| （一） | 闸门设备及安装工程 | | | | | 61.10 | 14.36 |
| | 弧形工作闸门（单重 15t） | t | 15 | 13000.00 | 2979.82 | 19.50 | 4.47 |
| | 弧形工作闸门埋件（单重 12t） | t | 12 | 11500.00 | 3988.52 | 13.80 | 4.79 |
| | 平板事故检修闸门（单重 7t） | t | 7 | 12000.00 | 2189.75 | 8.40 | 1.53 |
| | 平板事故检修闸门埋件（单重 8t） | t | 8 | 11000.00 | 3988.52 | 8.80 | 3.19 |
| | 加重块 | t | 10 | 6000.00 | 382.63 | 6.00 | 0.38 |
| | 小计 | | | | | 56.50 | |
| | 设备运杂综合费 | % | 8.15 | 565000.00 | | 4.60 | |
| （二） | 启闭设备及安装工程 | | | | | 48.88 | 7.66 |
| | 630kN 液压启闭机（单重 8t） | 台 | 1 | 320000.00 | 63873.38 | 32.00 | 6.39 |

续表

| 序号 | 名称及规格 | 单位 | 数量 | 单价/元 | | 合价/万元 | |
|---|---|---|---|---|---|---|---|
| | | | | 设备费 | 安装费 | 设备费 | 安装费 |
| | QP400kN 固定卷扬启闭机（单重 6t） | 台 | 1 | 132000.00 | 12736.67 | 13.20 | 1.27 |
| | 小计 | | | | | 45.20 | |
| | 设备运杂综合费 | % | 8.15 | 452000.00 | | 3.68 | |
| （三） | 钢管制作及安装工程 | | | | | 3.50 | 1.67 |
| | DN600 钢管制作安装 | t | 0.95 | | 12000.00 | | 1.14 |
| | DN600 电动蝶阀 D971X-16 | 个 | 1 | 35000.00 | 5250.00 | 3.50 | 0.53 |
| 二 | 引水工程—输水隧洞 | | | | | 40.45 | 7.31 |
| （一） | 闸门设备及安装工程 | | | | | 21.41 | 3.81 |
| | 平板工作闸门（单重 2t） | t | 2 | 12000.00 | 2189.75 | 2.40 | 0.44 |
| | 平板事故检修闸门（单重 2t） | t | 2 | 12000.00 | 2189.75 | 2.40 | 0.44 |
| | 闸门埋件（单重 3t） | t | 6 | 11000.00 | 3988.52 | 6.60 | 2.39 |
| | 加重块 | t | 14 | 6000.00 | 382.63 | 8.40 | 0.54 |
| | 小计 | | | | | 19.80 | |
| | 设备运杂综合费 | % | 8.15 | 198000.00 | | 1.61 | |
| （二） | 启闭设备及安装工程 | | | | | 14.28 | 2.55 |
| | QP250kN 固定卷扬启闭机（单重 3t） | 台 | 2 | 66000.00 | 12736.67 | 13.20 | 2.55 |
| | 小计 | | | | | 13.20 | |
| | 设备运杂综合费 | % | 8.15 | 132000.00 | | 1.08 | |
| （三） | 拦污设备及安装工程 | | | | | 4.76 | 0.95 |
| | 拦污栅体 | t | 2.5 | 10000.00 | 930.09 | 2.50 | 0.23 |
| | 拦污栅槽 | t | 2 | 9500.00 | 3619.85 | 1.90 | 0.72 |
| | 小计 | | | | | 4.40 | |
| | 设备运杂综合费 | % | 8.15 | 44000.00 | | 0.36 | |

## 思　考　题

1. 金属结构设备及安装工程的项目划分时，对一级项目划分的基本要求是什么？

2. 设备费由哪些部分所组成？

3. 如何确定设备原价？设备运杂综合费率如何计算？

4. 实物量形式安装工程单价与费率形式安装工程单价中，装置性材料的计价方式有何不同？

5. 采用《安装工程概（预）算定额（1999）》分析安装工程单价时，进口设备的安装费率应如何换算？

6. 在安装工程单价和建筑工程单价计算分析时，间接费的计算基数要求有何不同？

7. 基本资料同［例7-2］，起重机安装中 QU120 轨道钢用量为 2×120m，请补充未计价装置性材料，并依据《编制规定（2014）》、办水总〔2016〕132 号文和办财务函〔2019〕448 号文完善以下安装工程单价分析表，计算该轨道的安装费。已知材料除税预算单价为：施工用电 0.68 元/(kW·h)、柴油 5.51 元/kg、钢轨 6.75 元/kg、垫板 8.63 元/kg、螺栓 9.66 元/kg，其他材料除税单价和施工机械台时单价见表 7-13。

表 7-13　　　　　　　　　　　安 装 工 程 单 价 表

| 单价编号 | A04 | 项目名称 | | 轨道 | |
|---|---|---|---|---|---|
| 定额编号 | | GA09095 | | 定额单位 | 双 10m |
| 型号规格 | | 轨道轨型 QU120 | | | |
| 编号 | 名称 | 单位 | 数量 | 单价/元 | 合价/元 |
| 一 | 直接费 | | | | |
| （一） | 基本直接费 | | | | |
| 1 | 人工费 | | | | |
| | 工长 | 工时 | 22 | | |
| | 高级工 | 工时 | 87 | | |
| | 中级工 | 工时 | 217 | | |
| | 初级工 | 工时 | 108 | | |
| 2 | 材料费 | | | | |
| | 钢板（综合） | kg | 56.4 | 3.75 | |
| | 型钢 | kg | 48.3 | 3.77 | |
| | 电焊条 | kg | 9.7 | 6.31 | |
| | 乙炔气 | m³ | 6.3 | 14.56 | |
| | 其他材料费 | % | 10 | | |
| 3 | 机械费 | | | | |
| | 汽车起重机 8t | 台时 | 3.3 | 80.16 | |
| | 电焊机 交流 25kVA | 台时 | 14.2 | 10.52 | |
| | 其他机械费 | % | 5 | | |
| （二） | 其他直接费 | % | 7.7 | | |
| 二 | 间接费 | % | 75 | | |
| 三 | 企业利润 | % | 7 | | |
| 四 | 未计价装置性材料费 | | | | |
| | | | | | |
| | | | | | |
| | | | | | |
| | | | | | |
| 五 | 价差 | | | | |
| | 柴油 | kg | 25.41 | | |
| 六 | 税金 | % | 9 | | |
| 七 | 小计 | | | | |
| | 单价 | | | | |

# 第八章　施工临时工程与独立费用概算的编制

## 第一节　施工临时工程概算编制

### 一、施工临时工程概述

在水利工程建设中，为保证主体工程施工的顺利进行，按施工进度要求，需建造一系列的临时性工程，不论这些工程结构如何，均视为临时工程。包括施工导流工程、施工交通工程、施工场外供电线路工程、施工房屋建筑工程、其他大型临时工程、其他施工临时工程。这些工程因其在施工结束后要拆除报废，所以其费用也应计入工程投资。

#### （一）施工导流工程

施工导流工程包括导流明渠、导流洞、土石围堰工程、混凝土围堰工程、蓄水期下游供水工程、金属结构制作及安装等。有关专业施工有土方开挖、混凝土及钢筋混凝土工程、金属结构的制作及安装工程等内容。下面仅简要介绍土石围堰和混凝土围堰的施工方法及工程内容。

围堰工程按作用分上游围堰、下游围堰、纵向围堰；按围堰结构材料分有土围堰、铅丝笼填石围堰、土石混合围堰、混凝土围堰以及钢板桩、钢筋混凝土桩等结构为基础的各种形式的围堰等。

1. 土围堰工程

土围堰工程包括草（麻）袋围堰工程及草土围堰工程等。草（麻）袋围堰工程是将黄土（黏土）装入草（麻）袋封包，然后按照标准的工程断面，采用人力堆筑而成。这种形式的围堰工程多适用于小型水利水电工程。草土围堰是采用一层麦草（或稻草）、一层土在水中进占或在干地堆筑而成的一种挡水建筑物。

土围堰工程施工的主要项目内容有清基、土料及草袋（麻袋）备料、填筑、围堰接头处理、防冲刷措施、围堰拆除清理等。

2. 土石混合围堰工程

土石混合围堰工程是普遍采用的一种围堰工程，其结构及施工方法和土石坝一样，其工程项目内容包括清基、抛填堆筑堰体、干砌块石护顶护坡、浇筑溢流面混凝土、围堰拆除等。

3. 木笼围堰工程

木笼围堰工程是将做好的木笼放入水中，在木笼框格里填充块石、泥土所筑成的一种围堰工程。其工程项目内容有：水下清基、木笼制作沉放、土石料填充、水下封底混凝土浇筑、止水设施安装、夹缝混凝土浇筑、盖面混凝土浇筑、木笼拆除等。

4．混凝土围堰工程

混凝土围堰工程包括预制块的制作、清基、浇筑、止水设施、拆除等工程内容。

**（二）施工交通工程**

施工交通工程包括施工现场内外为工程建设服务的临时交通工程，如铁路、公路、桥梁、码头、施工支洞、转运站等工程项目。

**（三）施工场外供电工程**

施工场外供电工程包括从现有电网向施工现场供电的高压输电线路（枢纽工程 35kV及以上等级；引水工程、河道工程 10kV 及以上等级；掘进机施工专用线路）、施工变（配）电设施设备（场内除外）工程。

**（四）施工房屋建筑工程**

施工房屋建筑工程项目包括为工程建设服务的施工仓库和办公生活及文化福利建筑两部分。施工仓库，指为施工而兴建的设备、材料、工器具等全部仓库建筑工程，办公、生活及文化福利建筑指施工单位、建设单位、设计代表及工程项目相关工作人员在工程建设期所需的办公室、宿舍、招待所和其他文化福利设施等房屋建筑。

**（五）其他施工临时工程**

其他施工临时工程指除施工导流、施工交通、施工场外供电工程、施工房屋建筑、缆机平台、掘进机泥水处理系统和管片预制系统土建设施以外的施工临时工程。主要包括施工供水（大型泵房及干管）、砂石料系统、混凝土拌和浇筑系统、大型机械安装拆卸、防汛、防冰、施工排水、对外通信等工程。

根据工程实际情况可单独列示缆机平台、掘进机泥水处理系统和管片预制系统土建设施的项目。

施工排水指基坑排水、河道降水等，包括排水工程建设及运行。

## 二、临时工程概算编制

临时工程概算根据不同设计深度，分别采用不同方法编制。

**（一）导流工程概算**

导流工程费用计算同主体建筑工程编制方法一样，按设计工程量乘以工程单价（按照施工组织设计确定施工方法及施工程序，用相应的工程定额计算单价）进行计算。施工导流工程概算表格与建筑工程概算相同，按项目划分规定填写具体的工程项目，对项目划分中的三级项目根据需要可进行必要的再划分。

围堰定额分袋装土石围堰填筑和拆除、钢板桩围堰的打拔、石笼围堰填筑、围堰水下混凝土和截流体填筑等子目，计算围堰投资时需结合施工组织设计正确选用有关定额。

概算定额中已包括场内材料运输，超挖超填施工附加量及施工损耗等。围堰填筑与拆除按堰体方计，钢板桩按阻水面积 $m^2$ 计。

编制临时工程概算，套用临时工程定额时应注意材料数量为备料量，未考虑周转回收。周转及回收量可按该临时工程使用时间参照表 8-1 所列材料使用寿命及残值进行计算。

表 8-1 　　　　　　　　　　　　　　临时工程材料使用寿命及残值表

| 材料名称 | 使用寿命 | 残值/% | 材料名称 | 使用寿命 | 残值/% |
|---|---|---|---|---|---|
| 钢板桩 | 6 年 | 5 | 钢管（脚手架用） | 10 年 | 10 |
| 钢轨 | 12 年 | 10 | 阀门 | 10 年 | 5 |
| 钢丝绳（吊桥用） | 10 年 | 5 | 卡扣件（脚手架用） | 50 次 | 10 |
| 钢管（风水管道用） | 8 年 | 10 | 导线 | 10 年 | 10 |

### （二）施工交通工程概算

施工交通工程费用按设计工程量乘以工程单价计算，也可根据工程所在地区造价指标或有关实际资料，采用扩大单位指标编制。在概算编制阶段，由于受设计深度限制，常采用扩大单位造价指标进行编制。

### （三）施工场外供电工程概算

施工场外供电工程费用应根据设计确定的电压等级、线路架设长度及所需配备的变配电设施要求，采用工程所在地区造价指标或有关实际资料计算。

### （四）施工房屋建筑工程概算

施工房屋建筑工程费用包括施工仓库和办公、生活及文化福利建筑两部分费用。

**1. 施工仓库**

施工仓库的建筑面积和建筑标准由施工组织设计确定，其单位造价指标根据当地相应建筑造价水平确定。

**2. 办公、生活及文化福利建筑**

（1）枢纽工程，按下列公式计算。

$$I = \frac{AUP}{NL} K_1 K_2 K_3 \tag{8-1}$$

式中：$I$ 为房屋建筑工程投资；$A$ 为建安工作量，按工程一至四部分建安工作量（不包括办公用房、生活及文化福利建筑和其他施工临时工程）之和乘以（1＋其他施工临时工程百分率）计算；$U$ 为人均建筑面积综合指标，按 $12\sim15\text{m}^2$/人标准计算；$P$ 为单位造价指标，参考工程所在地的永久房屋造价指标（元/$\text{m}^2$）计算；$N$ 为施工年限，按施工组织设计确定的合理工期计算；$L$ 为全员劳动生产率，一般为 80000～120000 元/（人·年），施工机械化程度高取大值，反之取小值，采用掘进机施工为主的工程全员劳动生产率应适当提高；$K_1$ 为施工高峰人数调整系数，取 1.10；$K_2$ 为室外工程系数，取 1.10～1.15，地形条件差的可取大值，反之取小值；$K_3$ 为单位造价指标调整系数，按不同施工年限，采用表 8-2 的调整系数。

表 8-2 　　　　　　　　　　　　　　单位造价指标调整系数表

| 工期 | 2 年以内 | 2～3 年 | 3～5 年 | 5～8 年 | 8～11 年 |
|---|---|---|---|---|---|
| 调整系数 | 0.25 | 0.40 | 0.55 | 0.70 | 0.80 |

（2）引水工程按一至四部分建安工作量的百分率计算（表 8-3）。

**表 8-3**　　　　　　　　引水工程施工房屋建筑工程费率表

| 工期 | 百分率 | 工期 | 百分率 |
|------|--------|------|--------|
| ≤3 年 | 1.5%～2.0% | >3 年 | 1.0%～1.5% |

注　一般引水工程取中上限，大型引水工程取下限。掘进机施工隧洞工程按上表中费率乘 0.5 调整系数。

（3）河道工程按一至四部分建安工作量的百分率计算（表 8-4）。

**表 8-4**　　　　　　　　河道工程施工房屋建筑工程费率表

| 工期 | 百分率 | 工期 | 百分率 |
|------|--------|------|--------|
| ≤3 年 | 1.5%～2.0% | >3 年 | 1.0%～1.5% |

### （五）其他施工临时工程

其他施工临时工程投资，按一至四部分建安工作量（不包括其他施工临时工程）之和的百分率计算。

（1）枢纽工程为 3.0%～4.0%。

（2）引水工程为 2.5%～3.0%。一般引水工程取下限，隧洞、渡槽等大型建筑物较多的引水工程、施工条件复杂的引水工程取上限。

（3）河道工程为 0.5%～1.5%。灌溉田间工程取下限，建筑物较多、施工排水量大或施工条件复杂的河道工程取上限。

【例 8-1】　表 8-5 是根据以上原则计算的某工程的临时工程费用。

从表中可以看出，施工导流工程的费用是按工程量乘以单价计算的；施工道路的费用是按施工组织设计确定的长度和本地区的道路造价指标计算的；施工仓库费用、场外供电工程费用的确定方法与施工道路类似，办公、生活及文化福利建筑费是按上文中介绍的公式计算的；其他临时工程是第一至第四部分建安工作量的百分率计算的。

**表 8-5**　　　　　　　　　临 时 工 程 概 算 表

| 编号 | 工程或费用名称 | 单位 | 数量 | 单价/元 | 合计/元 |
|------|----------------|------|------|---------|---------|
| 一 | 导流工程 | | | | 12492065.82 |
| | 围堰工程 | | | | 12492065.82 |
| | 碎石土开挖 | m³ | 3734 | 15.28 | 57055.52 |
| | 截流体填筑 | m³ | 860 | 230.23 | 197997.80 |
| | 砂砾石填筑 | m³ | 389765 | 30.50 | 11887832.50 |
| | 土工膜防渗 | m² | 16432 | 21.25 | 349180.00 |
| 二 | 施工交通工程 | | | | 1040000.00 |
| | 砂碎石路 | km | 13 | 80000.00 | 1040000.00 |
| 三 | 房屋建筑工程 | | | | 9710780.00 |
| | 施工仓库 | m² | 3200 | 300.00 | 960000.00 |
| | 办公、生活及文化福利建筑 | 项 | 1 | 8750780.00 | 8750780.00 |
| 四 | 场外供电工程 | km | 3.5 | 15000.00 | 52500.00 |
| 五 | 其他临时工程 | 项 | 1 | 1232488.00 | 1232488.00 |
| | 合计 | | | | 24527833.82 |

# 第二节 独立费用概算的编制

水利建设工程独立费用是指按照基本建设工程投资统计范围的规定，应在投资中支付并列入建设项目概算或单项工程综合概算内，与工程直接有关而又难以直接摊入某个单位工程的其他工程和费用。独立费用由建设管理费、工程建设监理费、联合试运转费、生产准备费、科研勘测设计费和其他6项组成。

## 一、建设管理费

建设管理费指建设单位在工程项目筹建和建设期间进行管理工作所需的各项费用。

### （一）枢纽工程

枢纽工程建设管理费以一至四部分建安工作量为计算基数，按表8-6所列费率，以超额累进方法计算。

表8-6 枢纽工程建设管理费费率表

| 一至四部分建安工作量/万元 | 费率/% | 辅助参数/万元 |
|---|---|---|
| ≤50000 | 4.5 | 0 |
| 50000~100000 | 3.5 | 500 |
| 100000~200000 | 2.5 | 1500 |
| 200000~500000 | 1.8 | 2900 |
| >500000 | 0.6 | 8900 |

简化计算公式：一至四部分建安工作量×该档费率＋辅助参数。

### （二）引水工程

引水工程建设管理费以一至四部分建安工作量为计算基数，按表8-7所列费率，以超额累进方法计算。原则上应按整体工程投资统一计算，工程规模较大时可分段计算。

表8-7 引水工程建设管理费费率表

| 一至四部分建安工作量/万元 | 费率/% | 辅助参数/万元 |
|---|---|---|
| ≤50000 | 4.2 | 0 |
| 50000~100000 | 3.1 | 550 |
| 100000~200000 | 2.2 | 1450 |
| 200000~500000 | 1.6 | 2650 |
| >500000 | 0.5 | 8150 |

简化计算公式：一至四部分建安工作量×该档费率＋辅助参数。

### （三）河道工程

河道工程建设管理费以一至四部分建安工作量为计算基数，按表8-8所列费率，以超额累进方法计算。原则上应按整体工程投资统一计算，工程规模较大时可分段计算。

表 8-8　　　　　　　　　　河道工程建设管理费费率表

| 一至四部分建安工作量/万元 | 费率/% | 辅助参数/万元 |
|---|---|---|
| ≤10000 | 3.5 | 0 |
| 10000~50000 | 2.4 | 110 |
| 50000~100000 | 1.7 | 460 |
| 100000~200000 | 0.9 | 1260 |
| 200000~500000 | 0.4 | 2260 |
| >500000 | 0.2 | 3260 |

简化计算公式：一至四部分建安工作量×该档费率＋辅助参数。

## 二、工程建设监理费

工程建设监理费是指在工程建设过程中聘任监理单位，对工程的质量、进度、安全和投资进行监理所发生的全部费用。

工程建设监理费按照国家发展和改革委员会发改价格〔2007〕670号文颁发的《建设工程监理与相关服务收费管理规定》及其他相关规定执行。

## 三、联合试运转费

联合试运转费指水利工程中的发电机组、水泵等安装完毕。在竣工验收前，进行整套设备带负荷联合试运转期间所需的各项费用。包括联合试运转期间所消耗的燃料、动力、材料及机械使用费，工具用具购置费，施工单位参加联合试运转人员工资等。

根据《编制规定（2014）》，联合试运转费费用指标见表8-9。

表 8-9　　　　　　　　　　联合试运转费费用指标表

| 类　别 | 项　目 | 指　　标 | | | | | | | | | | |
|---|---|---|---|---|---|---|---|---|---|---|---|---|
| 水电站 | 单机容量/万kW | ≤1 | ≤2 | ≤3 | ≤4 | ≤5 | ≤6 | ≤10 | ≤20 | ≤30 | ≤40 | >40 |
| 工程 | 费用/(万元/台) | 6 | 8 | 10 | 12 | 14 | 16 | 18 | 22 | 24 | 32 | 44 |
| 泵站工程 | 电力泵站/(元/kW) | 50~60 | | | | | | | | | | |

## 四、生产准备费

生产准备费指水利建设项目的生产、管理单位为准备正常的生产运行或管理发生的费用。内容包括生产及管理单位提前进厂费、生产职工培训费、管理用具购置费、备品备件购置费、工器具及生产家具购置费五项。

### （一）生产及管理单位提前进厂费

生产及管理单位提前进厂费指生产、管理单位在工程完工之前，有一部分工人、技术人员和管理人员提前进厂进行生产筹备工作所需的各项费用。包括提前进厂人员的基本工资、辅助工资、职工福利费、劳动保护费、养老保险费、失业保险费、医疗保险费、工伤保险费、生育保险费、住房公积金、教育经费、办公费、差旅交通费、会议费、技术图书资料费、零星固定资产购置费、修理费、低值易耗品摊销费、工具用具使用费、水电费、取暖费等，以及其他属于生产筹建期间应开支的费用。

取费标准：枢纽工程按一至四部分建安工作量的 0.15%～0.35% 计算。大（1）型工程取小值，大（2）型工程取大值。引水工程视工程规模参照枢纽工程计算。河道工程、除险加固工程、田间工程原则上不计此项费用，若工程含有新建大型泵站、泄洪闸、船闸等建筑物时，按建筑物投资参照枢纽工程计算。

**（二）生产职工培训费**

生产职工培训费指工程在竣工验收之前，生产及管理单位为保证生产、管理工作能顺利进行，需对工人、技术人员与管理人员进行培训所发生的费用。

取费标准：按一至四部分建安工作量的 0.35%～0.55% 计算，枢纽工程、引水工程取中上限，河道工程取下限。

**（三）管理用具购置费**

管理用具购置费指为保证新建项目的正常生产和管理所必须购置的办公和生活用具等费用。包括办公室、会议室、档案资料室、阅览室、文娱室、医务室等公用设施需要的家具器具。

取费标准：枢纽工程按一至四部分建安工作量的 0.04%～0.06% 计算，大（1）型工程取小值，大（2）型工程取大值。引水工程按建安工作量的 0.03% 计算。河道工程按建安工作量的 0.02% 计算。

**（四）备品备件购置费**

备品备件购置费指工程在投产以后的运行初期，由于易损件损耗和可能发生的事故，而必须准备的备品备件和专用材料的购置费。不包括设备价格中配备的备品备件。

取费标准：按占设备费的 0.4%～0.6% 计算。大（1）型工程取下限，其他工程取中、上限。应注意：①设备费应包括机电设备、金属结构设备以及运杂费等全部设备费；②电站、泵站同容量、同型号机组超过一台时，只计算一台的设备费。

**（五）工器具及生产家具购置费**

工器具及生产家具购置费指按设计规定，为保证初期生产正常运行所必须购置的不属于固定资产标准的生产工具、器具、仪表、生产家具等的购置费。不包括设备价格中已包括的专用工具。

取费标准：工器具及生产家具购置费，按占设备费的 0.1%～0.2% 计算。枢纽工程取下限，其他工程取中、上限。

# 五、科研勘测设计费

科研勘测设计费指为工程建设所需的科研、勘测和设计等费用。包括工程科学研究试验费和工程勘测设计费。

**（一）工程科学研究试验费**

工程科学研究试验费指为保障工程质量，解决工程建设技术问题，而进行必要的科学研究试验所需的费用。

取费标准：按工程一至四部分建安工作量的百分率计算。其中，枢纽工程和引水工程取 0.7%计算，河道工程取 0.3%。灌溉田间工程一般不计此项费用。

## （二）工程勘测设计费

工程勘测设计费指工程从项目建议书开始以后各设计阶段发生的勘测费、设计费和为勘测设计服务的常规科研试验费。不包括工程建设征地移民设计、环境保护设计、水土保持设计各设计阶段发生的勘测设计费。

项目建议书、可行性研究阶段的勘测设计费及报告编制费，执行国家发展和改革委员会发改价格〔2006〕1352 号文颁布的《水利水电工程建设项目前期工作工程勘察收费标准》和原国家发展计划委员会计价格〔1999〕1283 号文颁布的《建设项目前期工作咨询收费暂行规定》。

初步设计、招标设计和施工图设计阶段的勘测设计费，执行原国家发展计划委员会、住房和城乡建设部计价格〔2002〕10 号文颁布的《工程勘察设计收费管理规定》。

应根据所完成相应勘测设计工作阶段确定工程勘测设计费，未发生的工作阶段不计相应阶段勘测设计费。

# 六、其他

## （一）工程保险费

工程保险费指工程建设期间，为使工程能在遭受水灾、火灾等自然灾害和意外事故造成损失后得到经济补偿，而对建筑、设备及安装工程保险所发生的保险费用。按工程一至四部分投资合计的 4.5‰～5.0‰计算。田间工程原则上不计此项费用。

## （二）其他税费

其他税费指按国家规定应缴纳的与工程建设有关的税费。按国家有关规定计取。

## 思 考 题

1. 施工临时工程与建筑工程中都有房屋建筑工程、交通工程等分项，是否属于重复计算？为什么？

2. 独立费用包括哪些费用？其计算依据各是什么？

# 第九章　水利工程设计概算编制

## 第一节　设计概算文件的组成

设计概算由设计单位编制，并作为初步设计的一个组成部分同时上报和审批，编制设计概算时，必须严格执行设计概算的编制办法和程序，不得任意减少内容和简化编制方法。概算文件包括设计概算报告（正件）、附件、投资对比分析报告。

### 一、编制说明

**（一）工程概况**

工程概况包括流域、河系，兴建地点，工程规模，工程效益，工程布置形式，主体建筑工程量，主要材料用量，施工总工期等。

**（二）投资主要指标**

投资主要指标包括工程总投资和静态总投资，年度价格指数，基本预备费，建设期融资制度、利率和利息等。

**（三）编制原则和依据**

（1）概预算编制原则和依据。

（2）人工预算单价，主要材料，施工用电、水、风以及砂石料等基础单价的计算依据。

（3）主要设备价格的编制依据。

（4）建筑安装工程定额、施工机械台时费定额和有关指标的采用依据。

（5）费用计算标准及依据。

（6）工程资金筹措方案。

**（四）概算编制中其他应说明的问题**

**（五）主要技术经济指标表**

主要技术经济指标表根据工程特性表编制，反映工程主要技术经济指标。

### 二、工程概算总表

工程概算总表应汇总工程部分、建设征地移民补偿、环境保护工程、水土保持工程总概算表。

### 三、工程部分概算表和概算附表

**（一）概算表**

（1）工程部分总概算表。

(2) 建筑工程概算表。

(3) 机电设备及安装工程概算表。

(4) 金属结构设备及安装工程概算表。

(5) 施工临时工程概算表。

(6) 独立费用概算表。

(7) 分年度投资表。

(8) 资金流量表（枢纽工程）。

**（二）概算附表**

(1) 建筑工程单价汇总表。

(2) 安装工程单价汇总表。

(3) 主要材料预算价格汇总表。

(4) 次要材料预算价格汇总表。

(5) 施工机械台时费汇总表。

(6) 主要工程量汇总表。

(7) 主要材料量汇总表。

(8) 工时数量汇总表。

## 四、概算附件

(1) 人工预算单价计算表。

(2) 主要材料运输费用计算表。

(3) 主要材料预算价格计算表。

(4) 施工用电价格计算书（附计算说明）。

(5) 施工用水价格计算书（附计算说明）。

(6) 施工用风价格计算书（附计算说明）。

(7) 补充定额计算书（附计算说明）。

(8) 补充施工机械台时费计算书（附计算说明）。

(9) 砂石料单价计算书（附计算说明）。

(10) 混凝土材料单价计算表。

(11) 建筑工程单价表。

(12) 安装工程单价表。

(13) 主要设备运杂费率计算书（附计算说明）。

(14) 临时房屋建筑工程投资计算书（附计算说明）。

(15) 独立费用计算书（勘测设计费可另附计算书）。

(16) 分年度投资计算表。

(17) 资金流量计算表。

(18) 价差预备费计算表。

(19) 建设期贷款利息计算书（附计算说明）。

(20) 作为计算人工、材料、设备预算价格和费用依据的有关文件、询价报价资料及其他。

### 五、投资对比分析报告

应从价格变动、项目及工程量调整、国家政策性变化等方面进行详细分析，说明初步设计阶段与可行性研究阶段（或可行性研究阶段与项目建议书阶段）相比较的投资变化原因和结论，编写投资对比分析报告。工程部分报告应包括以下附表：

（1）总投资对比表。

（2）主要工程量对比表。

（3）主要材料和设备价格对比表。

（4）其他相关表格。

投资对比分析报告应汇总工程部分、建设征地移民补偿、环境保护、水土保持各部分对比分析内容。

注：（1）设计概算报告（正件）、投资对比分析报告可单独成册，也可作为初步设计报告（设计概算章节）的相关内容。

（2）设计概算附件宜单独成册，并应随初步设计文件报审。

## 第二节　分年度投资及资金流量

### 一、分年度投资

分年度投资是根据施工组织设计确定的施工进度和合理工期而计算出的工程各年度预计完成的投资额。分年投资表的编制应按概算的项目划分分别计算。工程建设工期包括筹建期、施工准备期、主体施工期和工程完工期4个阶段。

**（一）建筑工程**

（1）建筑工程分年度投资表应根据施工进度的安排，对主要工程按各单项工程分年度完成的工程量和相应的工程单价计算。对于次要的和其他工程，可根据施工进度，按各年所占完成投资的比例，摊入分年度投资表。

（2）建筑工程分年度投资的编制可视不同情况按项目划分列至一级项目或二级项目，分别反映各自的建筑工程量。

**（二）设备及安装工程**

设备及安装工程分年度投资应根据施工组织设计确定的设备安装进度计算各年预计完成的设备费和安装费。

**（三）费用**

根据费用性质和费用发生的时段，按相应年度分别进行计算。

### 二、资金流量

资金流量是为满足工程项目在建设过程中各时段的资金需求，按工程建设所需资金投入时间计算的各年度使用的资金量。资金流量表的编制以分年度投资表为依据，按建筑安装工程、永久设备购置费和独立费用3种类型分别计算。本资金流量计算办法主要用于初步设计概算。

**（一）建筑及安装工程资金流量**

（1）建筑工程可根据分年度投资表的项目划分，以各年度建筑工程量作为计算资金流量的依据。

（2）资金流量是在原分年度投资的基础上，考虑预付款、预付款的扣回、保留金和保留金的偿还等编制出的分年度资金安排。

（3）预付款一般可划分为工程预付款和工程材料预付款两部分。

1）工程预付款按划分的单个工程项目的建安工作量的10%～20%计算，工期在3年以内的工程全部安排在第一年，工期在3年以上的可安排在前两年。工程预付款的扣回从完成建安工作量的30%起开始，按完成建安工作量的20%～30%扣回至预付款全部回收完毕为止。

对于需要购置特殊施工机械设备或施工难度较大的项目，工程预付款可取大值，其他项目取中值或小值。

2）工程材料预付款。水利工程一般规模较大，所需材料的种类及数量较多，提前备料所需资金较大，因此考虑向施工企业支付一定数量的材料预付款。可按分年度投资中次年完成建安工作量的20%在本年提前支付，并于次年扣回，以此类推，直至本项目竣工。

**（二）永久设备购置费资金流量**

永久设备购置费资金流量计算，划分为主要设备和一般设备两种类型分别计算。

（1）主要设备的资金流量计算。主要设备为水轮发电机组、大型水泵、大型电机、主阀、主变压器、桥机、门机、高压断路器或高压组合器、金属结构闸门启闭设备等。按设备到货周期确定各年资金流量比例，具体比例见表9-1。

表9-1　　　　　　　　　　　　主要设备资金流量比例表

| 到货周期/年　　时间 | 第一年 | 第二年 | 第三年 | 第四年 | 第五年 | 第六年 |
|---|---|---|---|---|---|---|
| 1 | 0.15 | 0.75[①] | 0.1 | | | |
| 2 | 0.15 | 0.25 | 0.5[①] | 0.1 | | |
| 3 | 0.15 | 0.25 | 0.1 | 0.4[①] | 0.1 | |
| 4 | 0.15 | 0.25 | 0.1 | 0.1 | 0.3[①] | 0.1 |

① 数据的年份为设备到货年份。

（2）其他设备。其资金流量按到货前一年预付15%定金，到货年支付85%的剩余价款。

**（三）独立费用资金流量表**

独立费用资金流量需注意的主要是勘测设计费的支付方式应考虑质量保证金的要求，其他项目则均按分年投资表中的资金安排计算。

（1）可行性研究和初步设计阶段的勘测设计费按合理工期分年平均计算。

（2）施工图设计阶段勘测设计费的 95％ 按合理工期分年平均计算，其余 5％ 的勘测设计费用作为设计保证金，计入最后一年的资金流量表内。

# 第三节　设计总概算的编制

## 一、工程概算总表

工程概算总表应汇总工程部分、建设征地移民补偿、环境保护工程、水土保持工程总概算表。

工程概算总表由工程部分的总概算表与建设征地移民补偿、环境保护工程、水土保持工程的总概算表汇总并计算而成，见表 9-2。其中：

Ⅰ为工程部分总概算表，按项目划分的五部分填表并列示至一级项目。

Ⅱ为建设征地移民补偿总概算表，列示至一级项目。

Ⅲ为环境保护工程总概算表。

Ⅳ为水土保持工程总概算表。

Ⅴ包括静态总投资（Ⅰ～Ⅳ静态投资合计）、价差预备费、建设期融资利息、总投资。

表 9-2　　　　　　　　　　　工　程　概　算　总　表　　　　　　　　　　单位：万元

| 序号 | 工程或费用名称 | 建安工程费 | 设备购置费 | 独立费用 | 合计 |
|---|---|---|---|---|---|
| 1 | 2 | 3 | 4 | 5 | 6 |
| Ⅰ | 工程部分投资 | | | | |
| | 第一部分　建筑工程 | | | | |
| | …… | | | | |
| | 第二部分　机电设备及安装工程 | | | | |
| | …… | | | | |
| | 第三部分　金属结构设备及安装工程 | | | | |
| | …… | | | | |
| | 第四部分　施工临时工程 | | | | |
| | …… | | | | |
| | 第五部分　独立费用 | | | | |
| | …… | | | | |
| | 一至五部分投资合计 | | | | |
| | 基本预备费 | | | | |
| | 静态投资 | | | | |

| 序号 | 工程或费用名称 | 建安工程费 | 设备购置费 | 独立费用 | 合计 |
|------|----------------|------------|------------|----------|------|
| 1 | 2 | 3 | 4 | 5 | 6 |
| Ⅱ | 建设征地移民补偿投资 | | | | |
| 一 | 农村部分补偿费 | | | | |
| 二 | 城（集）镇部分补偿费 | | | | |
| 三 | 工业企业补偿费 | | | | |
| 四 | 专业项目补偿费 | | | | |
| 五 | 防护工程费 | | | | |
| 六 | 库底清理费 | | | | |
| 七 | 其他费用 | | | | |
| | 一至七项小计 | | | | |
| | 基本预备费 | | | | |
| | 有关税费 | | | | |
| | 静态投资 | | | | |
| Ⅲ | 环境保护工程投资 | | | | |
| | 静态投资 | | | | |
| Ⅳ | 水土保持工程投资 | | | | |
| | 静态投资 | | | | |
| Ⅴ | 工程投资总计（Ⅰ～Ⅳ合计） | | | | |
| | 静态总投资 | | | | |
| | 价差预备费 | | | | |
| | 建设期融资利息 | | | | |
| | 总投资 | | | | |

## 二、工程部分概算表

工程部分概算表包括工程部分总概算表、建筑工程概算表、设备及安装工程概算表、分年度投资表、资金流量表。

1. 工程部分总概算表

按项目划分的五部分填表并列示至一级项目。五部分之后的内容为：一至五部分投资合计、基本预备费、静态投资。见表9-3。

表9-3　　　　　　　　工程部分总概算表　　　　　　　　单位：万元

| 序号 | 工程或费用名称 | 建安工程费 | 设备购置费 | 独立费用 | 合计 | 占一至五部分投资比例/% |
|------|----------------|------------|------------|----------|------|------------------------|
| 1 | 2 | 3 | 4 | 5 | 6 | 7 |
| | 各部分投资 | | | | | |
| | 一至五部分投资合计 | | | | | |

| 序号 | 工程或费用名称 | 建安工程费 | 设备购置费 | 独立费用 | 合计 | 占一至五部分投资比例/% |
|------|------|------|------|------|------|------|
| 1 | 2 | 3 | 4 | 5 | 6 | 7 |
| | 基本预备费 | | | | | |
| | 静态投资 | | | | | |

**2. 建筑工程概算表**

按项目划分列示至三级项目。见表9-4。

本表适用于编制建筑工程概算、施工临时工程概算和独立费用概算。

**表9-4**　　　　　　　　　　　建 筑 工 程 概 算 表

| 序号 | 工程或费用名称 | 单位 | 数量 | 单价/元 | 合计/万元 |
|------|------|------|------|------|------|
| 1 | 2 | 3 | 4 | 5 | 6 |
| | | | | | |

**3. 设备及安装工程概算表**

按项目划分列示至三级项目。见表9-5。

本表适用于编制机电和金属结构设备及安装工程概算。

**表9-5**　　　　　　　　　　设备及安装工程概算表

| 序号 | 名称及规格 | 单位 | 数量 | 单价/元 | | 合计/万元 | |
|------|------|------|------|------|------|------|------|
| | | | | 设备费 | 安装费 | 设备费 | 安装费 |
| 1 | 2 | 3 | 4 | 5 | 6 | 7 | 8 |
| | | | | | | | |

**4. 分年度投资表**

按表9-6编制分年度投资表，可视不同情况按项目划分列示至一级项目或二级项目。

**表9-6**　　　　　　　　　　分 年 度 投 资 表　　　　　　　　单位：万元

| 序号 | 项目 | 合计 | 建设工期/年 | | | | | | |
|------|------|------|------|------|------|------|------|------|------|
| | | | 1 | 2 | 3 | 4 | 5 | 6 | ... |
| 1 | 2 | 3 | 4 | 5 | 6 | 7 | 8 | 9 | 10 |
| Ⅰ | 工程部分投资 | | | | | | | | |
| 一 | 建筑工程 | | | | | | | | |
| 1 | 建筑工程 | | | | | | | | |
| | ×××工程（一级项目） | | | | | | | | |
| 2 | 施工临时工程 | | | | | | | | |
| | ×××工程（一级项目） | | | | | | | | |
| 二 | 安装工程 | | | | | | | | |
| 1 | 机电设备安装工程 | | | | | | | | |

续表

| 序号 | 项目 | 合计 | 建设工期/年 | | | | | | |
|---|---|---|---|---|---|---|---|---|---|
| | | | 1 | 2 | 3 | 4 | 5 | 6 | … |
| 1 | 2 | 3 | 4 | 5 | 6 | 7 | 8 | 9 | 10 |
| | ×××工程（一级项目） | | | | | | | | |
| 2 | 金属结构设备安装工程 | | | | | | | | |
| | ×××工程（一级项目） | | | | | | | | |
| 三 | 设备购置费 | | | | | | | | |
| 1 | 机电设备 | | | | | | | | |
| | ×××设备 | | | | | | | | |
| 2 | 金属结构设备 | | | | | | | | |
| | ×××设备 | | | | | | | | |
| 四 | 独立费用 | | | | | | | | |
| 1 | 建设管理费 | | | | | | | | |
| 2 | 工程建设监理费 | | | | | | | | |
| 3 | 联合试运转费 | | | | | | | | |
| 4 | 生产准备费 | | | | | | | | |
| 5 | 科研勘测设计费 | | | | | | | | |
| 6 | 其他 | | | | | | | | |
| | 一至四项合计 | | | | | | | | |
| | 基本预备费 | | | | | | | | |
| | 静态投资 | | | | | | | | |
| Ⅱ | 建设征地移民补偿投资 | | | | | | | | |
| | …… | | | | | | | | |
| | 静态投资 | | | | | | | | |
| Ⅲ | 环境保护工程投资 | | | | | | | | |
| | …… | | | | | | | | |
| | 静态投资 | | | | | | | | |
| Ⅳ | 水土保持工程投资 | | | | | | | | |
| | …… | | | | | | | | |
| | 静态投资 | | | | | | | | |
| Ⅴ | 工程投资总计（Ⅰ～Ⅳ合计） | | | | | | | | |
| | 静态总投资 | | | | | | | | |
| | 价差预备费 | | | | | | | | |
| | 建设期融资利息 | | | | | | | | |
| | 总投资 | | | | | | | | |

5. 资金流量表

需要编制资金流量表的项目可按表 9-7 编制。

可视不同情况按项目划分列示至一级项目或二级项目。项目排列方法同分年度投资表。资金流量表应汇总征地移民、环境保护、水土保持部分投资，并计算总投资。资金流量表是资金流量计算表的成果汇总。

表 9 - 7 <center>资 金 流 量 表</center> 单位：万元

| 序号 | 项目 | 合计 | 建设工期/年 | | | | | | |
|---|---|---|---|---|---|---|---|---|---|
| | | | 1 | 2 | 3 | 4 | 5 | 6 | … |
| 1 | 2 | 3 | 4 | 5 | 6 | 7 | 8 | 9 | 10 |
| I | 工程部分投资 | | | | | | | | |
| 一 | 建筑工程 | | | | | | | | |
| （一） | 建筑工程 | | | | | | | | |
| | ×××工程（一级项目） | | | | | | | | |
| （二） | 施工临时工程 | | | | | | | | |
| | ×××工程（一级项目） | | | | | | | | |
| 二 | 安装工程 | | | | | | | | |
| （一） | 机电设备安装工程 | | | | | | | | |
| | ×××工程（一级项目） | | | | | | | | |
| （二） | 金属结构设备安装工程 | | | | | | | | |
| | ×××工程（一级项目） | | | | | | | | |
| 三 | 设备购置费 | | | | | | | | |
| 1 | 机电设备 | | | | | | | | |
| | ×××设备 | | | | | | | | |
| 2 | 金属结构设备 | | | | | | | | |
| | ×××设备 | | | | | | | | |
| 四 | 独立费用 | | | | | | | | |
| | …… | | | | | | | | |
| | 一至四项合计 | | | | | | | | |
| | 基本预备费 | | | | | | | | |
| | 静态投资 | | | | | | | | |
| II | 建设征地移民补偿投资 | | | | | | | | |
| | …… | | | | | | | | |
| | 静态投资 | | | | | | | | |
| III | 环境保护工程投资 | | | | | | | | |
| | …… | | | | | | | | |
| | 静态投资 | | | | | | | | |
| IV | 水土保持工程投资 | | | | | | | | |
| | …… | | | | | | | | |
| | 静态投资 | | | | | | | | |
| V | 工程投资总计（I～IV合计） | | | | | | | | |
| | 静态总投资 | | | | | | | | |
| | 价差预备费 | | | | | | | | |

续表

| 序号 | 项目 | 合计 | 建设工期/年 | | | | | | |
|---|---|---|---|---|---|---|---|---|---|
| | | | 1 | 2 | 3 | 4 | 5 | 6 | … |
| 1 | 2 | 3 | 4 | 5 | 6 | 7 | 8 | 9 | 10 |
| | 建设期融资利息 | | | | | | | | |
| | 总投资 | | | | | | | | |

## 三、工程部分概算附表

工程部分概算附表包括建筑工程单价汇总表、安装工程单价汇总表、主要材料预算价格汇总表、其他材料预算价格汇总表、施工机械台时费汇总表、主要工程量汇总表、主要材料量汇总表、工时数量汇总表。

### 1. 建筑工程单价汇总表（表9-8）

表 9-8　　　　　　　　　　　　建筑工程单价汇总表

| 单价编号 | 名称 | 单位 | 单价/元 | 其中 | | | | | | | |
|---|---|---|---|---|---|---|---|---|---|---|---|
| | | | | 人工费 | 材料费 | 机械使用费 | 其他直接费 | 间接费 | 利润 | 材料补差 | 税金 |
| 1 | 2 | 3 | 4 | 5 | 6 | 7 | 8 | 9 | 10 | 11 | 12 |
| | | | | | | | | | | | |

### 2. 安装工程单价汇总表（表9-9）

表 9-9　　　　　　　　　　　　安装工程单价汇总表

| 单价编号 | 名称 | 单位 | 单价/元 | 直接工程费 | | | | | | | | |
|---|---|---|---|---|---|---|---|---|---|---|---|---|
| | | | | 人工费 | 材料费 | 机械使用费 | 其他直接费 | 间接费 | 利润 | 材料补差 | 未计价装置性材料费 | 税金 |
| 1 | 2 | 3 | 4 | 5 | 6 | 7 | 8 | 9 | 10 | 11 | 12 | 13 |
| | | | | | | | | | | | | |

### 3. 主要材料预算价格汇总表（表9-10）

表 9-10　　　　　　　　　　主要材料预算价格汇总表

| 序号 | 名称及规格 | 单位 | 预算价格/元 | 其中 | | | |
|---|---|---|---|---|---|---|---|
| | | | | 原价 | 运杂费 | 运输保险费 | 采购及保管费 |
| 1 | 2 | 3 | 4 | 5 | 6 | 7 | |

### 4. 其他材料预算价格汇总表（表9-11）

表 9-11　　　　　　　　　　其他材料预算价格汇总表

| 序号 | 名称及规格 | 单位 | 原价/元 | 运杂费/元 | 合计/元 |
|---|---|---|---|---|---|
| 1 | 2 | 3 | 4 | 5 | 6 |
| | | | | | |

5. 施工机械台时费汇总表（表 9-12）

| 表 9-12 | | | 施工机械台时费汇总表 | | | | |
|---|---|---|---|---|---|---|---|
| 序号 | 名称及规格 | 台时费/元 | 其中/元 | | | | |
| | | | 折旧费 | 修理及替换设备费 | 安拆费 | 人工费 | 动力燃料费 |
| 1 | 2 | 3 | 4 | 5 | 6 | 7 | 8 |

6. 主要工程量汇总表（表 9-13）

| 表 9-13 | | | | | 主要工程量汇总表 | | | | |
|---|---|---|---|---|---|---|---|---|---|
| 序号 | 项目 | 土石方明挖/m³ | 石方洞挖/m³ | 土石方填筑/m³ | 混凝土/m³ | 模板/m² | 钢筋/t | 帷幕灌浆/m | 固结灌浆/m |
| 1 | 2 | 3 | 4 | 5 | 6 | 7 | 8 | 9 | 10 |
| | | | | | | | | | |

注　表中统计的工程类别可根据工程实际情况调整。

7. 主要材料量汇总表（表 9-14）

| 表 9-14 | | | | | 主要材料量汇总表 | | | | | |
|---|---|---|---|---|---|---|---|---|---|---|
| 序号 | 项目 | 水泥/t | 钢筋/t | 钢材/t | 木材/m³ | 炸药/t | 沥青/t | 粉煤灰/t | 汽油/t | 柴油/t |
| 1 | 2 | 3 | 4 | 5 | 6 | 7 | 8 | 9 | 10 | 11 |
| | | | | | | | | | | |

注　表中统计的主要材料种类可根据工程实际情况调整。

8. 工时数量汇总表（表 9-15）

| 表 9-15 | | 工时数量汇总表 | |
|---|---|---|---|
| 序号 | 项目 | 工时数量 | 备注 |
| 1 | 2 | 3 | 4 |
| | | | |

## 四、工程部分概算附件附表

工程部分概算附件附表包括人工预算单价计算表、主要材料运输费用计算表、主要材料预算价格计算表、混凝土材料单价计算表、建筑工程单价表、安装工程单价表、资金流量计算表。

1. 人工预算单价计算表（表 9-16）

| 表 9-16 | | 人工预算单价计算表 | |
|---|---|---|---|
| 艰苦边远地区类别 | | 定额人工等级 | |
| 序号 | 项目 | 计算式 | 单价/元 |
| 1 | 2 | 3 | 4 |
| 1 | 人工工时预算单价 | | |
| 2 | 人工工日预算单价 | | |

## 2. 主要材料运输费用计算表（表 9-17）

**表 9-17** 主要材料运输费用计算表

| 编号 | | 1 | 2 | 3 | 4 | 材料名称 | | | | 材料编号 | |
|---|---|---|---|---|---|---|---|---|---|---|---|
| 交货条件 | | | | | | 运输方式 | 火车 | 汽车 | 船运 | 火车 | |
| 交货地点 | | | | | | 货物等级 | | | | 整车 | 零担 |
| 交货比例/% | | | | | | 装载系数 | | | | | |

| 编号 | 运输费用项目 | 运输起讫地点 | 运输距离/km | 计算公式 | 合计/元 |
|---|---|---|---|---|---|
| 1 | 铁路运杂费 | | | | |
| | 公路运杂费 | | | | |
| | 水路运杂费 | | | | |
| | 综合运杂费 | | | | |
| 2 | 铁路运杂费 | | | | |
| | 公路运杂费 | | | | |
| | 水路运杂费 | | | | |
| | 综合运杂费 | | | | |
| 3 | 铁路运杂费 | | | | |
| | 公路运杂费 | | | | |
| | 水路运杂费 | | | | |
| | 综合运杂费 | | | | |
| | 每吨运杂费 | | | | |

## 3. 主要材料预算价格计算表（表 9-18）

**表 9-18** 主要材料预算价格计算表

| 编号 | 名称及规格 | 单位 | 原价依据 | 单位毛重/t | 每吨运费/元 | 价格/元 | | | | |
|---|---|---|---|---|---|---|---|---|---|---|
| | | | | | | 原价 | 运杂费 | 采购及保管费 | 运输保险费 | 预算价格 |
| 1 | 2 | 3 | 4 | 5 | 6 | 7 | 8 | 9 | 10 | 11 |

## 4. 混凝土材料单价计算表（表 9-19）

**表 9-19** 混凝土材料单价计算表

| 编号 | 名称及规格 | 单位 | 预算量 | 调整系数 | 单价/元 | 合价/元 |
|---|---|---|---|---|---|---|
| 1 | 2 | 3 | 4 | 5 | 6 | 7 |

注 1. "名称及规格"栏要求标明混凝土强度等级及级配、水泥强度等级等。

2. "调整系数"为卵石换碎石、粗砂换中细砂及其他调整配合比材料用量系数。

## 5. 建筑工程单价表 (表9-20)

表9-20　　　　　　　　　　　建 筑 工 程 单 价 表

| 单价编号 | | 项目名称 | | | |
|---|---|---|---|---|---|
| 定额编号 | | | | 定额单位 | |
| 施工方法 | | (填写施工方法、土或岩石类别、运距等) | | | |
| 编号 | 名称及规格 | 单位 | 数量 | 单价/元 | 合计/元 |
| 1 | 2 | 3 | 4 | 5 | 6 |
| | | | | | |

## 6. 安装工程单价表 (表9-21)

表9-21　　　　　　　　　　　安 装 工 程 单 价 表

| 单价编号 | | 项目名称 | | | |
|---|---|---|---|---|---|
| 定额编号 | | | | 定额单位 | |
| 型号规格 | | | | | |
| 编号 | 名称及规格 | 单位 | 数量 | 单价/元 | 合计/元 |
| 1 | 2 | 3 | 4 | 5 | 6 |
| | | | | | |

## 7. 资金流量计算表

资金流量计算表可视不同情况按项目划分列示至一级或二级项目。项目排列方法同分年度投资表。资金流量计算表应汇总征地移民、环境保护、水土保持等部分投资，并计算总投资。见表9-22。

表9-22　　　　　　　　　　　资 金 流 量 计 算 表　　　　　　　　　　单位：万元

| 序号 | 项目 | 合计 | 建设工期/年 | | | | | | |
|---|---|---|---|---|---|---|---|---|---|
| | | | 1 | 2 | 3 | 4 | 5 | 6 | … |
| 1 | 2 | 3 | 4 | 5 | 6 | 7 | 8 | 9 | 10 |
| I | 工程部分投资 | | | | | | | | |
| 一 | 建筑工程 | | | | | | | | |
| (一) | ×××工程 | | | | | | | | |
| 1 | 分年度完成工作量 | | | | | | | | |
| 2 | 预付款 | | | | | | | | |
| 3 | 扣回预付款 | | | | | | | | |
| 4 | 保留金 | | | | | | | | |
| 5 | 偿还保留金 | | | | | | | | |
| (二) | ×××工程 | | | | | | | | |
| | …… | | | | | | | | |
| 二 | 安装工程 | | | | | | | | |

| 序号 | 项目 | 合计 | 建设工期/年 | | | | | | |
|---|---|---|---|---|---|---|---|---|---|
| | | | 1 | 2 | 3 | 4 | 5 | 6 | … |
| 1 | 2 | 3 | 4 | 5 | 6 | 7 | 8 | 9 | 10 |
| | …… | | | | | | | | |
| 三 | 设备购置费 | | | | | | | | |
| | …… | | | | | | | | |
| 四 | 独立费用 | | | | | | | | |
| | …… | | | | | | | | |
| 五 | 一至四项合计 | | | | | | | | |
| 1 | 分年度费用 | | | | | | | | |
| 2 | 预付款 | | | | | | | | |
| 3 | 扣回预付款 | | | | | | | | |
| 4 | 保留金 | | | | | | | | |
| 5 | 偿还保留金 | | | | | | | | |
| | 基本预备费 | | | | | | | | |
| | 静态投资 | | | | | | | | |
| II | 建设征地移民补偿投资 | | | | | | | | |
| | …… | | | | | | | | |
| | 静态投资 | | | | | | | | |
| III | 环境保护工程投资 | | | | | | | | |
| | …… | | | | | | | | |
| | 静态投资 | | | | | | | | |
| IV | 水土保持工程投资 | | | | | | | | |
| | …… | | | | | | | | |
| | 静态投资 | | | | | | | | |
| V | 工程投资总计（I～IV合计） | | | | | | | | |
| | 静态总投资 | | | | | | | | |
| | 价差预备费 | | | | | | | | |
| | 建设期融资利息 | | | | | | | | |
| | 总投资 | | | | | | | | |

## 五、投资对比分析报告附表

### 1. 总投资对比表

格式参见表 9-23，可根据工程情况进行调整。可视不同情况按项目划分列示至一级项目或二级项目。

表 9 - 23　　　　　　　　　　　　总 投 资 对 比 表　　　　　　　　　单位：万元

| 序号 | 工程或费用名称 | 可研阶段投资 | 初步设计阶段投资 | 增减幅度 | 增减幅度/% | 备注 |
|------|----------------|--------------|------------------|----------|-----------|------|
| (1) | (2) | (3) | (4) | (4)－(3) | $[(4)-(3)]$ $/(3)$ | |
| Ⅰ | 工程部分投资 | | | | | |
| | 第一部分　建筑工程 | | | | | |
| | …… | | | | | |
| | 第二部分　机电设备及安装工程 | | | | | |
| | …… | | | | | |
| | 第三部分　金属结构设备及安装工程 | | | | | |
| | …… | | | | | |
| | 第四部分　施工临时工程 | | | | | |
| | …… | | | | | |
| | 第五部分　独立费用 | | | | | |
| | …… | | | | | |
| | 一至五部分投资合计 | | | | | |
| | 基本预备费 | | | | | |
| | 静态投资 | | | | | |
| Ⅱ | 建设征地移民补偿投资 | | | | | |
| 一 | 农村部分补偿费 | | | | | |
| 二 | 城(集)镇部分补偿费 | | | | | |
| 三 | 工业企业补偿费 | | | | | |
| 四 | 专业项目补偿费 | | | | | |
| 五 | 防护工程费 | | | | | |
| 六 | 库底清理费 | | | | | |
| 七 | 其他费用 | | | | | |
| | 一至七项小计 | | | | | |
| | 基本预备费 | | | | | |
| | 有关税费 | | | | | |
| | 静态投资 | | | | | |
| Ⅲ | 环境保护工程投资 | | | | | |
| | 静态投资 | | | | | |
| Ⅳ | 水土保持工程投资 | | | | | |
| | 静态投资 | | | | | |
| Ⅴ | 工程投资总计（Ⅰ～Ⅳ合计） | | | | | |
| | 静态总投资 | | | | | |
| | 价差预备费 | | | | | |
| | 建设期融资利息 | | | | | |
| | 总投资 | | | | | |

2. 主要工程量对比表

格式参见表 9 - 24，可根据工程情况进行调整。应列示主要工程项目的主要工程量。

表 9 - 24                   主 要 工 程 量 对 比 表

| 序号 | 工程或费用名称 | 单位 | 可研阶段 | 初步设计阶段 | 增减数量 | 增减幅度/% | 备注 |
|------|----------------|------|----------|--------------|----------|-------------|------|
| (1) | (2) | (3) | (4) | (5) | (5)—(4) | [(5)—(4)]/(4) | |
| 1 | 挡水工程 | | | | | | |
| | 石方开挖 | | | | | | |
| | 混凝土 | | | | | | |
| | 钢筋 | | | | | | |
| | …… | | | | | | |

3. 主要材料和设备价格对比表

格式参见表 9 - 25，可根据工程情况进行调整。设备投资较少时，可不附设备价格对比。

表 9 - 25                   主要材料和设备价格对比表                   单位：元

| 序号 | 工程或费用名称 | 单位 | 可研阶段 | 初步设计阶段 | 增减数量 | 增减幅度/% | 备注 |
|------|----------------|------|----------|--------------|----------|-------------|------|
| (1) | (2) | (3) | (4) | (5) | (5)—(4) | [(5)—(4)]/(4) | |
| 1 | 主要材料价格 | | | | | | |
| | 水泥 | | | | | | |
| | 油料 | | | | | | |
| | 钢筋 | | | | | | |
| | …… | | | | | | |
| 2 | 主要设备价格 | | | | | | |
| | 水轮机 | | | | | | |
| | …… | | | | | | |

# 六、其他说明

编制概算小数点后位数取定方法：

基础单价、工程单价单位为"元"，计算结果精确到小数点后两位。

一至五部分概算表、分年度概算表及总概算表单位为"万元"，计算结果精确到小数点后两位。

计量单位为"$m^3$""$m^2$""m"的工程量精确到整数位。

## 七、主要技术经济指标

根据工程具体情况进行编制，反映出主要技术经济指标即可。一般包括总投资、静态总投资。其中含工程部分总投资和静态总投资；移民和环境总投资和静态总投资。工程单位千瓦投资，单位库容投资。采用的年物价指数，价差预备费占总投资的百分比，工程建设期融资利率和利息。主要技术经济指标见表9-26。

表9-26　　　　　　主要技术经济指标简表

| 河系 | | | | 生产管理单位定员 | | 人 |
|---|---|---|---|---|---|---|
| 建设地点 | | | | | 形式 | |
| 设计单位 | | | | 厂房尺寸(长×宽×高) | | m×m×m |
| 建设单位 | | | | 水轮机型号 | | |
| 水库 | 正常蓄水位 | | m | 发电厂 | 装机容量(单机容量×台) | 万kW×台 |
| | 总库容 | | 亿m³ | | 保证出力 | 万kW |
| | 有效库容 | | 亿m³ | | 年发电量 | 亿kW·h |
| | 淹没耕地 | | 亩 | | 年利用小时 | h |
| | 迁移人口 | | 人 | | 建筑工程投资 | 万元 |
| | 迁移费用 | | 万元 | | 单位千瓦指标 | 元/kW |
| | 单位指标 | | 元/人 | | 单位空间体积指标 | 元/m³ |
| 拦河坝(闸) | 型式 | | | | 发电设备投资 | 万元 |
| | 最大坝高/坝顶长 | | m/m | | 单位千瓦指标 | 元/kW |
| | 坝体方量 | | 万m³ | | 单位发电量指标 | 元/(kW·h) |
| | 投资 | | 万元 | 主体工程量 | 开挖 | 明挖土石方 | 万m³ |
| | 单位指标 | | 元/m³ | | | 洞挖石方 | 万m³ |
| 引水隧洞 | 形式 | | | | 填筑 | 土石方 | 万m³ |
| | 直径 | | m | | | 混凝土 | 万m³ |
| | 长度 | | m | 主要材料用量 | 水泥 | 万t |
| | 投资 | | 万元 | | 钢材 | 万t |
| | 单位指标 | | 元/m | | 木材 | 万m³ |
| 静态总投资 | | | 万元 | | 粉煤灰 | 万t |
| 总投资 | | | 万元 | 全员人数 | 高峰人数 | 人 |
| 单位千瓦投资 | | | 元/kW | | 平均人数 | 人 |
| 单位库容投资 | | | 元/m³ | | 总工时 | 万工时 |
| 第一台机组发电静态总投资 | | | 万元 | 施工计划 | 开工日期 | |
| 第一台机组发电总投资 | | | 万元 | | 第一台机组发电日期 | |
| 工程建设期贷款利息 | | | 万元 | | 竣工日期 | |
| 送出工程投资 | | | 万元 | | 总工期 | 年 |

# 第四节 工 程 案 例

## 一、编制说明

### （一）工程概况

×××水利枢纽工程位于 Z 省 H 县境内，是综合利用的水利工程，主要任务以城乡生活和工业供水、农业灌溉为主，并结合发电。电站总装机容量为 2.4 万 kW，主要枢纽建筑物由面板堆石坝、坡式溢洪道、泄洪隧洞、引水式电站和供水灌溉取水系统等组成，工程规模属大（2）型水库。

主体工程主要建筑工程量：土石方明挖 83.93 万 $m^3$，石方洞挖 4.57 万 $m^3$，土石方填筑 215.82 万 $m^3$，混凝土 15.42 万 $m^3$。主要建筑材料用量：水泥 67310t，木材 53$m^3$，钢筋 8213t。

工程建设由×××公司投资。资本金为工程总投资的 20％。

### （二）投资主要指标

该工程静态总投资 86027.85 万元，其中：建筑工程 43487.11 万元，机电设备及安装工程 7479.53 万元，金属结构设备及安装工程 4174.32 万元，施工临时工程 9384.77 万元，独立费用 12284.85 万元，基本预备费 9217.27 万元。

### （三）编制原则及依据

1. 投资概算编制标准依据

水利部办公厅办财务函〔2019〕448 号文颁发的《关于调整水利工程计价依据增值税计算标准的通知》。

水利部水总〔2016〕132 号文颁发的《水利工程营业税改征增值税计价依据调整办法》。

水利部水总〔2014〕429 号文颁发的《水利工程设计概（估）算编制规定》。

水利部水总〔2002〕116 号文颁发的《水利建筑工程概算定额》。

水利部水建管〔1999〕523 号文颁发的《水利水电设备安装工程概算定额》。

水利部水总〔2002〕116 号文颁发的《水利工程施工机械台时费定额》。

2. 本投资概算按 2019 年第二季度物价水平计算

3. 费用标准

（1）人工预算单价。人工预算单价执行水利部水总颁发《编制规定（2014）》，按枢纽工程二类区标准取值，结果如下：

工长：11.98 元/工时。

高级工：11.09 元/工时。

中级工：9.33 元/工时。

初级工：6.55 元/工时。

（2）主要材料预算价格。水泥、钢筋等主要材料考虑在 Y 市购买，按出厂价加计工地运杂费、采保费计算其预算价格，汽油和柴油按最新市场零售价格计算。主要材料的预算价格如下：

钢筋：3654.44 元/t，水泥 32.5：431.57 元/t，水泥 42.5：483.07 元/t，炸药：14000.00 元/t，汽油：7645.00 元/t，柴油：6676.00 元/t，规定进入单价的材料价格为：

钢筋：2560.00 元/t。

水泥：255.00 元/t。

汽油：3075.00 元/t。

柴油：2990.00 元/t。

炸药：5150.00 元/t。

（3）施工用电、风、水单价。根据施工组织设计提供的供电方式，下网基本电价为 0.7024 元/(kW·h)，考虑 100% 电网供电，施工用电预算单价为 0.85 元/(kW·h)。

施工用风风价为 0.14 元/m$^3$。

（4）砂石料单价。工程砂石料根据施工组织设计的工艺流程计算。运到拌和楼的运输距离为 5km，运到坝上的运输距离为 7km，预算价格如下：

运输 5km 的预算价格：

砂：86.85 元/m$^3$。

碎石：63.39 元/m$^3$。

块石：50.15 元/m$^3$。

运输 7km 的预算价格：

砂：90.40 元/m$^3$。

碎石：66.94 元/m$^3$。

块石：53.79 元/m$^3$。

（5）主要设备价格的编制依据。主要金属结构设备价格均采用近期厂家报价或市场价格编制。

（6）费用计算标准及依据。按水利部《水利工程营业税改征增值税计价依据调整办法》（办水总〔2016〕132 号）取费见表 9-27。

表 9-27　　　　　　　　　　　　间 接 费 费 率 表

| 序号 | 工程类别 | 计算基础 | 间接费/% |
|---|---|---|---|
| 一 | 建筑工程 | | |
| 1 | 土方工程 | 直接费 | 8.5 |
| 2 | 石方工程 | 直接费 | 12.5 |
| 3 | 模板工程 | 直接费 | 9.5 |
| 4 | 混凝土工程 | 直接费 | 9.5 |
| 5 | 钻孔灌浆及锚固工程 | 直接费 | 10.5 |
| 6 | 其他工程 | 直接费 | 10.5 |
| 7 | 砂石备料工程 | 直接费 | 5 |
| 8 | 钢筋制安 | 直接费 | 5.5 |
| 二 | 机电、金属结构设备安装工程 | 人工费 | 75 |

**（四）概算编制中其他应说明的问题**

主体工程根据设计提供的工程量乘单价计算。

独立费用根据《编制规定（2014）》计算。

基本预备费按一至五部分投资合计的8％计算。

移民和环境部分概算编制政策性较强，可按照相关编制办法及计算标准、相关政策规定计算，本设计概算暂不计入。

## 二、概算表（工程部分）

1. 总概算表及分部概算表

总概算表及分部概算表见表9－28～表9－35。

表9－28　　　　　工 程 总 概 算 表　　　　单位：万元

| 序号 | 工程或费用名称 | 建安工程费 | 设备购置费 | 独立费用 | 合计 |
|---|---|---|---|---|---|
| 1 | 2 | 3 | 4 | 5 | 6 |
| I | 工程部分投资 | | | | |
| | 第一部分　建筑工程 | 43487.11 | | | 43487.11 |
| 一 | 挡水工程 | 22011.15 | | | 22011.15 |
| 二 | 泄洪工程 | 10210.86 | | | 10210.86 |
| 三 | 引水工程 | 5937.40 | | | 5937.40 |
| 四 | 交通工程 | 819.00 | | | 819.00 |
| 五 | 房屋建筑工程 | 634.55 | | | 634.55 |
| 六 | 供电设施工程 | 1270.00 | | | 1270.00 |
| 七 | 其他工程 | 2604.14 | | | 2604.14 |
| | 第二部分　机电设备及安装工程 | 1171.61 | 6307.92 | | 7479.53 |
| 一 | 发电设备及安装工程（坝后式） | 556.51 | 2655.00 | | 3211.51 |
| 二 | 升压变电设备及安装工程 | 49.11 | 508.85 | | 557.96 |
| 三 | 公用设备及安装工程 | 565.99 | 3144.07 | | 3710.06 |
| | 第三部分　金属结构设备及安装工程 | 1403.41 | 2770.91 | | 4174.32 |
| 一 | 泄洪工程 | 250.27 | 1525.10 | | 1775.37 |
| 二 | 取水口工程 | 94.99 | 1085.91 | | 1180.90 |
| 三 | 发电厂工程 | 1058.15 | 159.91 | | 1218.06 |
| | 第四部分　施工临时工程 | 9384.77 | | | 9384.77 |
| 一 | 导流工程 | 3919.59 | | | 3919.59 |
| 二 | 交通工程 | 2575.00 | | | 2575.00 |
| 三 | 房屋建筑工程 | 757.61 | | | 757.61 |
| 四 | 其他施工临时工程 | 2132.57 | | | 2132.57 |
| | 第五部分　独立费用 | | | 12284.85 | 12284.85 |
| 一 | 建设管理费 | | | 2440.64 | 2440.64 |
| 二 | 工程监理费 | | | 1279.16 | 1279.16 |
| 三 | 联合试运转费 | | | 18.00 | 18.00 |
| 四 | 生产准备费 | | | 455.70 | 455.70 |
| 五 | 科研勘测设计费 | | | 7800.98 | 7800.98 |
| 六 | 其他 | | | 290.37 | 290.37 |

续表

| 序号 | 工程或费用名称 | 建安工程费 | 设备购置费 | 独立费用 | 合计 |
|---|---|---|---|---|---|
| 1 | 2 | 3 | 4 | 5 | 6 |
| | 一至五部分投资合计 | 55446.90 | 9078.83 | 12284.85 | 76810.58 |
| | 基本预备费 | | | | 6144.85 |
| | 静态投资 | | | | 82955.43 |
| Ⅱ | 建设征地移民补偿投资 | 按有关规定计算 | | | |
| Ⅲ | 环境保护工程投资 | 按有关规定计算 | | | |
| Ⅳ | 水土保持工程投资 | 按有关规定计算 | | | |
| Ⅴ | 工程投资总计（Ⅰ～Ⅳ合计） | | | | |

表 9-29　　　　　　　　　　　工 程 部 分 总 概 算 表　　　　　　　　　　单位：万元

| 序号 | 工程或费用名称 | 建安工程费 | 设备购置费 | 独立费用 | 合计 | 占一至五部分投资比例/% |
|---|---|---|---|---|---|---|
| | 第一部分　建筑工程 | 43487.11 | | | 43487.11 | 56.62 |
| 一 | 挡水工程 | 22011.15 | | | 22011.15 | |
| 二 | 泄洪工程 | 10210.86 | | | 10210.86 | |
| 三 | 引水工程 | 5937.40 | | | 5937.40 | |
| 四 | 交通工程 | 819.00 | | | 819.00 | |
| 五 | 房屋建筑工程 | 634.55 | | | 634.55 | |
| 六 | 供电设施工程 | 1270.00 | | | 1270.00 | |
| 七 | 其他工程 | 2604.14 | | | 2604.14 | |
| | 第二部分　机电设备及安装工程 | 1171.61 | 6307.92 | | 7479.53 | 9.74 |
| 一 | 发电设备及安装工程（坝后式） | 556.51 | 2655.00 | | 3211.51 | |
| 二 | 升压变电设备及安装工程 | 49.11 | 508.85 | | 557.96 | |
| 三 | 公用设备及安装工程 | 565.99 | 3144.07 | | 3710.06 | |
| | 第三部分　金属结构设备及安装工程 | 1403.41 | 2770.91 | | 4174.32 | 5.43 |
| 一 | 泄洪工程 | 250.27 | 1525.10 | | 1775.37 | |
| 二 | 取水口工程 | 94.99 | 1085.91 | | 1180.90 | |
| 三 | 发电厂工程 | 1058.15 | 159.91 | | 1218.06 | |
| | 第四部分　施工临时工程 | 9384.77 | | | 9384.77 | 12.22 |
| 一 | 导流工程 | 3919.59 | | | 3919.59 | |
| 二 | 交通工程 | 2575.00 | | | 2575.00 | |
| 三 | 房屋建筑工程 | 757.61 | | | 757.61 | |
| 四 | 其他施工临时工程 | 2132.57 | | | 2132.57 | |
| | 第五部分　独立费用 | | | 12284.85 | 12284.85 | 15.99 |
| 一 | 建设管理费 | | | 2440.64 | 2440.64 | |
| 二 | 工程监理费 | | | 1279.16 | 1279.16 | |

| 序号 | 工程或费用名称 | 建安工程费 | 设备购置费 | 独立费用 | 合计 | 占一至五部分投资比例/% |
|---|---|---|---|---|---|---|
| 三 | 联合试运转费 | | | 18.00 | 18.00 | |
| 四 | 生产准备费 | | | 455.70 | 455.70 | |
| 五 | 科研勘测设计费 | | | 7800.98 | 7800.98 | |
| 六 | 其他 | | | 290.37 | 290.37 | |
| | 一至五部分投资合计 | 55446.90 | 9078.83 | 12284.85 | 76810.58 | |
| | 基本预备费 | | | | 6144.85 | |
| | 静态投资 | | | | 82955.43 | |

表 9 - 30　　　　　　　　　　建 筑 工 程 概 算 表

| 编号 | 项目名称 | 单位 | 数量 | 单价/元 | 合计/万元 |
|---|---|---|---|---|---|
| | 第一部分　建筑工程 | | | | 43487.11 |
| 一 | 挡水工程 | | | | 22011.15 |
| (一) | 混凝土面板堆石坝工程 | | | | 18848.28 |
| | 土方开挖 | m³ | 73130 | 13.96 | 102.09 |
| | 基础石方开挖 | m³ | 290570 | 61.07 | 1774.51 |
| | C20 截水墙混凝土（R28 二级配） | m³ | 560 | 491.10 | 27.50 |
| | 普通模板（一般）（2.1m²/m³） | m² | 1176 | 61.19 | 7.20 |
| | C15 排水沟混凝土（R28 二级配） | m³ | 240 | 666.08 | 15.99 |
| | 渠道模板（3.0m²/m³） | m³ | 720 | 85.79 | 6.18 |
| | C30 面板混凝土（R28 二级配） | m³ | 13505 | 543.42 | 733.89 |
| | 面板滑模（2.09m²/m³） | m² | 28225 | 54.34 | 153.37 |
| | C30 趾板混凝土（R28 二级配） | m³ | 3620 | 573.23 | 207.51 |
| | 普通模板（一般）（0.73m²/m³） | m² | 2643 | 61.19 | 16.17 |
| | C20 混凝土墙（R28 二级配） | m³ | 1960 | 491.20 | 96.28 |
| | 普通模板（一般）（2.1m²/m³） | m² | 4116 | 61.19 | 25.19 |
| | C20 路面混凝土（R28 二级配） | m³ | 1680 | 454.10 | 76.29 |
| | 普通模板（一般）（0.3m²/m³） | m² | 504 | 61.19 | 3.08 |
| | 碎石垫层 | m³ | 1820 | 104.20 | 18.96 |
| | 过渡料填筑 | m³ | 91530 | 102.59 | 939.01 |
| | 垫层料填筑 | m³ | 93870 | 133.50 | 1253.16 |
| | 特殊垫层料 | m³ | 5140 | 142.02 | 73.00 |
| | 粉土铺盖 | m³ | 44150 | 40.96 | 180.84 |
| | 盖重料填筑 | m³ | 60405 | 12.36 | 74.66 |
| | 粉煤灰填筑 | m³ | 8460 | 242.99 | 205.57 |
| | 堆石填筑 | m³ | 1594870 | 61.31 | 9778.15 |

续表

| 编号 | 项目名称 | 单位 | 数量 | 单价/元 | 合计/万元 |
|---|---|---|---|---|---|
| | 干砌块石护坡 | m² | 21685 | 149.27 | 323.69 |
| | 钢筋制安 | t | 1470 | 7056.51 | 1037.31 |
| | 坝顶水平缝 | m | 380 | 3066.97 | 116.54 |
| | 周边缝 | m | 560 | 3839.87 | 215.03 |
| | 防浪墙横缝 | m | 250 | 2834.20 | 70.86 |
| | 趾板分缝 | m | 450 | 2834.20 | 127.54 |
| | 面板张性缝 | m | 1080 | 2613.81 | 282.29 |
| | 面板压性缝 | m | 2510 | 2369.52 | 594.75 |
| | 细部结构 | m³ | 1948015 | 1.60 | 311.68 |
| （二） | 其他工程（略） | | | | 3162.87 |
| 二 | 泄洪工程 | | | | 10210.86 |
| （一） | 溢洪道工程 | | | | 5370.37 |
| | 溢洪道土方开挖 | m³ | 34090 | 16.47 | 56.15 |
| | 溢洪道石方开挖 | m³ | 306810 | 65.00 | 1994.27 |
| | C35HF 混凝土墙（R28 二级配） | m³ | 5485 | 670.54 | 367.79 |
| | 普通模板（一般）（2.1m²/m³） | m² | 11519 | 61.19 | 70.48 |
| | C25 混凝土闸墩（R28 二级配） | m³ | 6570 | 446.25 | 293.19 |
| | 普通模板（一般）（0.72m²/m³） | m² | 4730 | 61.19 | 28.94 |
| | C35HF 混凝土溢流面（R28 二级配） | m³ | 895 | 637.97 | 57.10 |
| | 普通模板（一般）（0.61m²/m³） | m² | 546 | 61.19 | 3.34 |
| | C15 混凝土溢流堰（R28 三级配） | m³ | 6415 | 429.38 | 275.45 |
| | 普通模板（一般）（0.5m²/m³） | m² | 3207 | 61.19 | 19.62 |
| | C25 护坦混凝土（R28 二级配） | m³ | 225 | 526.58 | 11.85 |
| | 普通模板（一般）（0.21m²/m³） | m² | 47 | 61.19 | 0.29 |
| | C35HF 底板混凝土（R28 二级配） | m³ | 7235 | 702.15 | 508.01 |
| | 普通模板（一般）（0.13m²/m³） | m² | 941 | 61.19 | 5.76 |
| | C20 引渠混凝土（R28 二级配） | m³ | 1325 | 474.77 | 62.91 |
| | 渠道模板（3.0m²/m³） | m² | 3975 | 85.79 | 34.10 |
| | C15 埋石混凝土（R28 二级配） | m³ | 7990 | 412.55 | 329.63 |
| | 普通模板（一般）（0.1m²/m³） | m² | 970 | 61.19 | 5.94 |
| | C25 板梁混凝土（R28 二级配） | m³ | 100 | 599.24 | 5.99 |
| | 普通模板（板梁柱）（3.5m²/m³） | m² | 350 | 59.14 | 2.07 |
| | M7.5 浆砌块石 | m³ | 3450 | 277.16 | 95.62 |
| | 喷混凝土（地面）20cm | m³ | 310 | 797.77 | 24.73 |
| | 锚杆（$\phi28$ $L=6$m）地面 | 根 | 2675 | 321.56 | 86.02 |

| 编号 | 项目名称 | 单位 | 数量 | 单价/元 | 合计/万元 |
|---|---|---|---|---|---|
| | 钢筋制安 | t | 1173 | 7056.51 | 827.73 |
| | 铜片止水 | m | 830 | 779.00 | 64.66 |
| | 固结灌浆钻孔 | m | 600 | 26.16 | 1.57 |
| | 固结灌浆 | m | 800 | 179.55 | 14.36 |
| | 排水盲沟 | m | 860 | 250.00 | 21.50 |
| | 栏杆 | m | 190 | 180.00 | 3.42 |
| | DN50PVC 管 | m | 3830 | 15.00 | 5.75 |
| | 细部结构 | m$^3$ | 36240 | 25.43 | 92.16 |
| （二） | 其他工程（略） | | | | 4840.49 |
| 三 | 引水工程 | | | | 5937.40 |
| （一） | 取水口 | | | | 1787.92 |
| | 土方开挖 | m$^3$ | 1720 | 16.47 | 2.83 |
| | 一般石方开挖 | m$^3$ | 15430 | 52.78 | 81.44 |
| | M7.5 浆砌块石 | m$^3$ | 280 | 277.16 | 7.76 |
| | C25 交通桥混凝土（R28 二级配） | m$^3$ | 280 | 595.77 | 16.68 |
| | 普通模板（板梁柱）（3.1m$^2$/m$^3$） | m$^2$ | 868 | 59.14 | 5.13 |
| | C25 井筒混凝土（R28 二级配） | m$^3$ | 10690 | 732.91 | 783.48 |
| | 普通模板（一般）（0.5m$^2$/m$^3$） | m$^2$ | 5345 | 61.19 | 32.71 |
| | C25 板梁混凝土（R28 二级配） | m$^3$ | 490 | 547.45 | 26.83 |
| | 普通模板（板梁柱）（3.5m$^2$/m$^3$） | m$^2$ | 1715 | 59.14 | 10.14 |
| | C30 二期混凝土（R28 二级配） | m$^3$ | 570 | 777.52 | 44.32 |
| | 普通模板（一般）（3.0m$^2$/m$^3$） | m$^2$ | 1710 | 61.19 | 10.46 |
| | C10 埋石混凝土（R28 二级配） | m$^3$ | 830 | 378.72 | 31.43 |
| | 普通模板（一般）（0.1m$^2$/m$^3$） | m$^2$ | 83 | 61.19 | 0.51 |
| | 锚杆（$\phi$25 $L$=4.5m）地面 | 根 | 850 | 205.62 | 17.48 |
| | 挂网钢筋制安 | t | 9 | 6631.20 | 5.97 |
| | 钢筋制安 | t | 946 | 7056.51 | 667.55 |
| | 排水孔 | m | 80 | 26.16 | 0.21 |
| | 砖墙 | m$^3$ | 150 | 400.00 | 6.00 |
| | 固结灌浆钻孔 | m | 130 | 26.16 | 0.34 |
| | 固结灌浆 | m | 130 | 179.55 | 2.33 |
| | 细部结构（进水口） | m$^3$ | 12860 | 26.69 | 34.32 |
| （二） | 其他工程（略） | | | | 4149.48 |
| 四 | 交通工程 | | | | 819.00 |
| 五 | 房屋建筑工程 | | | | 634.55 |
| 六 | 供电设施工程 | | | | 1270.00 |
| 七 | 其他工程 | | | | 2604.14 |

表 9 - 31 　　　　　　　　　　机电设备及安装工程概算表

| 编号 | 项目名称 | 单位 | 数量 | 单价/元 | | 合计/万元 | |
|---|---|---|---|---|---|---|---|
| | | | | 设备 | 安装 | 设备 | 安装 |
| | 第二部分　机电设备及安装工程 | | | | | 6307.92 | 1171.61 |
| 一 | 发电设备及安装工程（坝后式） | | | | | 2665.00 | 556.51 |
| （一） | 水轮机设备及安装工程 | | | | | 584.20 | 98.41 |
| | 水轮机（42t） | 台 | 2 | 1596000 | 245620.57 | 319.20 | 49.12 |
| | 水轮机（23t） | 台 | 1 | 900000 | 154400.77 | 90.00 | 15.44 |
| | 调速器 | 台 | 2 | 230000 | 91583.13 | 46.00 | 18.32 |
| | 调速器 | 台 | 1 | 180000 | 91583.13 | 18.00 | 9.16 |
| | 油压装置 | 台 | 2 | 180000 | 21227.10 | 36.00 | 4.25 |
| | 油压装置 | 台 | 1 | 150000 | 21227.10 | 15.00 | 2.12 |
| | 自动化元件 | 套 | 3 | 200000 | | 60.00 | |
| （二） | 其他工程（略） | | | | | 2080.80 | 458.10 |
| 二 | 升压变电设备及安装工程 | | | | | 508.85 | 49.11 |
| （一） | 主变压器设备及安装工程 | | | | | 338.00 | 21.13 |
| | 主变压器 | 台 | 1 | 2280000 | 126746.03 | 228.00 | 12.67 |
| | 主变压器 | 台 | 1 | 1100000 | 84589.50 | 110.00 | 8.46 |
| （二） | 高压电器设备及安装工程 | | | | | 160.34 | 12.98 |
| （三） | 一次拉线及其他安装工程 | | | | | 10.51 | 15.00 |
| 三 | 公用设备及安装工程 | | | | | 3144.07 | 565.99 |
| （一） | 通信设备及安装工程 | | | | | 135.00 | 9.28 |
| | 数字程控交换机（64门） | 套 | 1 | 400000 | 29868.33 | 40.00 | 2.99 |
| | 通信电源 300AH48V | 套 | 1 | 150000 | 2973.96 | 15.00 | 0.30 |
| | 调度端接口费 | 项 | 1 | 200000 | | 20.00 | |
| | 光通信设备 | 套 | 1 | 600000 | 60000.00 | 60.00 | 6.00 |
| | 小计 | | | | | 135.00 | |
| （二） | 通风采暖设备及安装工程 | | | | | 96.53 | 9.00 |
| （三） | 机修设备 | | | | | 4.29 | |
| （四） | 计算机监控系统 | | | | | 96.53 | 19.32 |
| （五） | 管理自动化系统 | | | | | 986.70 | 60.00 |
| （六） | 全厂接地及保护网 | | | | | 9.78 | 42.98 |
| （七） | 坝区馈电设备及安装工程 | | | | | 71.86 | 12.37 |
| （八） | 厂区供水、供热设备及安装工程 | | | | | 38.61 | 4.00 |
| （九） | 水情自动测报系统设备及安装工程 | | | | | 144.68 | 13.49 |
| （十） | 安全监测设备及安装工程 | | | | | 805.40 | 312.97 |
| （十一） | 消防设备 | | | | | 241.31 | 22.50 |
| （十二） | 交通设备 | | | | | 213.00 | |
| （十三） | 其他 | | | | | 300.38 | 60.08 |
| | 其他 5% | 项 | 1 | 3003770 | 600754.00 | 300.38 | 60.08 |

表 9-32　　　　　　　　　　　金属结构设备及安装工程概算表

| 编号 | 项目名称 | 单位 | 数量 | 单价/元 | | 合计/万元 | |
|---|---|---|---|---|---|---|---|
| | | | | 设备 | 安装 | 设备 | 安装 |
| | 第三部分　金属结构设备及安装工程 | | | | | 2770.91 | 1403.41 |
| 一 | 泄洪工程 | | | | | 1525.10 | 250.27 |
| (一) | 闸门设备及安装工程 | | | | | 487.00 | 140.59 |
| | 溢洪道弧型工作门（50t/扇） | t | 150 | 12000 | 2969.50 | 180.00 | 44.54 |
| | 闸门埋件（10t/扇） | t | 30 | 10000 | 4761.78 | 30.00 | 14.29 |
| | 泄洪兼放空泄洪隧洞事故平面闸门（50t/扇） | t | 50 | 11000 | 2422.30 | 55.00 | 12.11 |
| | 闸门埋件（35t/扇） | t | 35 | 10000 | 4348.87 | 35.00 | 15.22 |
| | 泄洪兼放空泄洪弧型工作门（70t/扇） | t | 70 | 12000 | 2629.26 | 84.00 | 18.40 |
| | 闸门埋件（30t/扇） | t | 30 | 10000 | 4348.87 | 30.00 | 13.05 |
| | 溢洪道平面检修门（35t/扇） | t | 35 | 11000 | 2422.30 | 38.50 | 8.48 |
| | 闸门埋件（10t/扇） | t | 30 | 10000 | 4761.78 | 30.00 | 14.29 |
| | 闸门压重物 | t | 5 | 9000 | 428.22 | 4.50 | 0.21 |
| (二) | 启闭设备及安装工程 | | | | | 1038.10 | 109.68 |
| 二 | 取水口工程 | | | | | 1085.91 | 94.99 |
| (一) | 闸门设备及安装工程 | | | | | 688.50 | 46.02 |
| | 上层隔水平面闸门（53t/扇） | t | 53 | 110000 | 2422.30 | 583.00 | 12.84 |
| | 闸门埋件（20t/扇） | t | 20 | 10000 | 4491.29 | 20.00 | 8.98 |
| | 下层隔水平面闸门（55t/扇） | t | 55 | 11000 | 2422.30 | 60.50 | 13.32 |
| | 闸门埋件（25t/扇） | t | 25 | 10000 | 4348.87 | 25.00 | 10.87 |
| (二) | 拦污设备及安装 | | | | | 216.16 | 36.48 |
| (三) | 启闭机清污机设备及安装 | | | | | 181.25 | 12.49 |
| 三 | 发电厂工程 | | | | | 159.91 | 1058.15 |
| (一) | 闸门设备及安装工程 | | | | | 56.60 | 20.08 |
| | 大机组尾水平面检修闸门（10t/扇） | t | 20 | 11000 | 2594.52 | 22.00 | 5.19 |
| | 闸门埋件（10t/扇） | t | 20 | 10000 | 4761.78 | 20.00 | 9.52 |
| | 小机组厂房检修平面闸门（6t/扇） | t | 6 | 11000 | 2594.52 | 6.60 | 1.56 |
| | 闸门埋件（8t/扇） | t | 8 | 10000 | 4761.78 | 8.00 | 3.81 |
| (二) | 启闭设备及安装工程 | | | | | 70.81 | 11.06 |
| (三) | 钢管制作及安装 | | | | | | 1023.76 |
| (四) | 尾水生态管工程 | | | | | 32.50 | 3.25 |
| | 检修闸阀 DN600 | 个 | 1 | 15000 | 1500.00 | 1.50 | 0.15 |
| | 工作阀（活塞式多功能控制阀）DN600 | 个 | 1 | 300000 | 30000 | 30.00 | 3.00 |
| | 伸缩节 DN600 | 个 | 1 | 10000 | 1000.00 | 1.00 | 0.10 |

表 9 - 33　　　　　施工临时工程概算表

| 编号 | 项目名称 | 单位 | 数量 | 单价/元 | 合计/万元 |
|------|----------|------|------|---------|-----------|
| | 第四部分　施工临时工程 | | | | 9384.77 |
| 一 | 导流工程 | | | | 3919.59 |
| 二 | 交通工程 | | | | 2575.00 |
| （一） | 施工交通工程 | | | | 2575.00 |
| | 新建临时公路（$B=10m$ 泥结石路面三级） | km | 5 | 3000000.00 | 1500.00 |
| | 新建临时公路（$B=8.5m$ 石渣路面四级） | km | 2.7 | 2500000.00 | 675.00 |
| | 改建临时公路（$B=10m$ 泥结石路面三级） | km | 2 | 2000000.00 | 400.00 |
| 三 | 房屋建筑工程 | | | | 757.61 |
| | 施工仓库 | m² | 1500 | 450.00 | 67.50 |
| | 办公、生活文化福利建筑 | 项 | 1 | 6901062.70 | 690.11 |
| 四 | 其他施工临时工程 | | | | 2132.57 |
| | 其他施工临时工程 | 项 | 1 | 21325730.62 | 2132.57 |

表 9 - 34　　　　　独 立 费 用 概 算 表

| 编号 | 项目名称 | 单位 | 数量 | 单价/元 | 合计/万元 |
|------|----------|------|------|---------|-----------|
| | 第五部分　独立费用 | | | | 12284.85 |
| 一 | 建设管理费 | | | | 2440.64 |
| | 辅助参数 | 万元 | | | 500.00 |
| | 费率计算 | % | 3.5 | 554468996.12 | 1940.64 |
| 二 | 工程监理费 | 万元 | | | 1279.16 |
| 三 | 联合试运转费 | 万元 | | | 18.00 |
| 四 | 生产准备费 | | | | 455.70 |
| | 生产管理单位提前进厂费 | % | 0.15 | 554468996.12 | 83.17 |
| | 生产职工培训费 | % | 0.55 | 554468996.12 | 304.96 |
| | 管理用具购置费 | % | 0.04 | 554468996.12 | 22.18 |
| | 备品备件购置费 | % | 0.4 | 90788304.82 | 36.32 |
| | 工器具及生产家具购置费 | % | 0.1 | 90788304.82 | 9.08 |
| 五 | 科研勘测设计费 | | | | 7800.98 |
| | 科学研究试验费 | % | 0.7 | 554468996.12 | 388.13 |
| | 勘测设计费 | 万元 | | | 7412.85 |
| 六 | 其他 | | | | 290.37 |
| | 工程保险费 | % | 0.45 | 645257300.94 | 290.37 |

表 9 - 35 　　　　　　　　　分 年 度 投 资 表 　　　　　　　　单位：万元

| 序号 | 项目 | 合计 | 建设工期/年 | | |
|---|---|---|---|---|---|
| | | | 1 | 2 | 3 |
| I | 工程部分投资 | | | | |
| 一 | 建筑工程 | 52871.88 | 25575.18 | 19076.43 | 8220.32 |
| 1 | 建筑工程 | 43487.11 | 21035.57 | 15690.36 | 6761.21 |
| (1) | 挡水工程 | 22011.15 | 11445.80 | 7483.79 | 3081.56 |
| (2) | 泄洪工程 | 10210.86 | 4084.34 | 4594.89 | 1531.63 |
| (3) | 引水工程 | 5937.40 | 1307.02 | 3611.68 | 1018.74 |
| (4) | 交通工程 | 819.00 | 819.00 | | |
| (5) | 房屋建筑工程 | 634.55 | 634.55 | | |
| (6) | 供电设施工程 | 1270.00 | 1270.00 | | |
| (7) | 其他工程 | 2604.14 | 1474.85 | | 1129.29 |
| 2 | 施工临时工程 | 9384.77 | 4539.61 | 3386.07 | 1459.11 |
| 二 | 安装工程 | 2575.02 | 1245.59 | 929.09 | 400.36 |
| 1 | 机电设备安装工程 | 1171.61 | 566.73 | 422.73 | 182.16 |
| 2 | 金属结构设备安装工程 | 1403.41 | 678.86 | 506.36 | 218.20 |
| 三 | 设备购置费 | 9078.83 | 593.60 | 7163.03 | 1322.21 |
| 四 | 独立费用 | 12284.85 | 5942.31 | 4432.45 | 1910.01 |
| | 一至四项合计 | 76810.58 | 33356.68 | 31601.00 | 11852.90 |
| | 基本预备费 | 6144.85 | 2668.54 | 2528.08 | 948.23 |
| | 静态投资 | 82955.43 | 36025.22 | 34129.08 | 12801.13 |

2. 概算附表

概算附表见表 9 - 36～表 9 - 42。

表 9 - 36 　　　　　　　　建筑工程单价汇总表 　　　　　　　　单位：元

| 序号 | 名称 | 单位 | 合计 | 其中 | | | | | | | |
|---|---|---|---|---|---|---|---|---|---|---|---|
| | | | | 人工费 | 材料费 | 机械费 | 其他直接费 | 间接费 | 利润 | 材料补差 | 税金 |
| 一 | 土方工程 | | | | | | | | | | |
| | 大坝土方开挖 | m³ | 13.96 | 0.29 | 0.31 | 9.10 | 0.68 | 0.88 | 0.79 | 0.76 | 1.15 |
| | 副坝土方开挖 | m³ | 11.92 | 0.29 | 0.27 | 7.73 | 0.58 | 0.75 | 0.67 | 0.65 | 0.98 |
| | 溢洪道土方开挖 | m³ | 16.47 | 0.29 | 0.37 | 10.78 | 0.80 | 1.04 | 0.93 | 0.90 | 1.36 |
| | 粉土铺盖 | m³ | 40.96 | 2.27 | 1.12 | 25.16 | 2.00 | 2.60 | 2.32 | 2.11 | 3.38 |
| 二 | 石方工程 | | | | | | | | | | |
| | 大坝基础石方开挖 | m³ | 61.07 | 8.74 | 8.78 | 24.41 | 2.94 | 5.61 | 3.53 | 2.02 | 5.04 |
| | 副坝基础石方开挖 | m³ | 57.87 | 8.74 | 8.74 | 22.31 | 2.79 | 5.32 | 3.35 | 1.84 | 4.78 |

续表

| 序号 | 名称 | 单位 | 合计 | 其中 | | | | | | | |
|---|---|---|---|---|---|---|---|---|---|---|---|
| | | | | 人工费 | 材料费 | 机械费 | 其他直接费 | 间接费 | 利润 | 材料补差 | 税金 |
| | 溢洪道石方开挖 | m³ | 65 | 8.74 | 8.82 | 27.01 | 3.12 | 5.96 | 3.76 | 2.22 | 5.37 |
| | 一般石方开挖 | m³ | 52.78 | 7.48 | 5.07 | 23.53 | 2.53 | 4.83 | 3.04 | 1.94 | 4.36 |
| | 弃渣回填 | m³ | 12.36 | 1.71 | 0.59 | 6.11 | 0.59 | 1.13 | 0.71 | 0.50 | 1.02 |
| | 泄洪兼放空洞开挖（$S=42m^2$） | m³ | 202.08 | 49.00 | 19.01 | 71.37 | 9.76 | 18.64 | 11.74 | 5.87 | 16.69 |
| | 石方洞挖（压力管道） | m³ | 219.9 | 55.34 | 19.26 | 77.11 | 10.62 | 20.29 | 12.78 | 6.34 | 18.16 |
| | 石方洞挖（引水隧洞） | m³ | 319.42 | 86.04 | 31.97 | 102.96 | 15.47 | 29.56 | 18.62 | 8.43 | 26.37 |
| | 主堆石填筑（运输7km） | m³ | 61.31 | 4.27 | 6.31 | 31.09 | 2.92 | 5.57 | 3.51 | 2.58 | 5.06 |
| | 过渡料填筑（运输7km） | m³ | 102.59 | 4.27 | 34.90 | 31.88 | 4.97 | 9.50 | 5.99 | 2.61 | 8.47 |
| | 细部结构（堆石坝） | m³ | 1.60 | 1.15 | | | 0.08 | 0.14 | 0.10 | | 0.13 |
| | …… | | | | | | | | | | |

表 9‑37　　　　　　　　　　安装工程单价汇总表　　　　　　　　　单位：元

| 序号 | 名称 | 单位 | 合计 | 其中 | | | | | | | |
|---|---|---|---|---|---|---|---|---|---|---|---|
| | | | | 人工费 | 材料费 | 机械费 | 其他直接费 | 间接费 | 利润 | 材料补差 | 税金 |
| 1 | 水轮机（42t） | 台 | 245620.57 | 93357.25 | 27232.47 | 9014.47 | 9979.52 | 70017.94 | 14672.12 | 1066.20 | 20280.60 |
| 2 | 水轮机（23t） | 台 | 154400.77 | 59285.91 | 16007.88 | 5750.79 | 6240.43 | 44464.43 | 9222.46 | 680.18 | 12748.69 |
| 3 | 发电机 | 台 | 394958.34 | 154778.40 | 34646.27 | 15618.78 | 15788.35 | 116083.80 | 23584.09 | 1847.41 | 32611.24 |
| 4 | 发电机 | 台 | 223075.43 | 89213.40 | 17429.64 | 8002.24 | 8827.69 | 66910.05 | 13326.81 | 946.53 | 18419.07 |
| 5 | 蝶阀 DN2000 | 台 | 86926.41 | 35460.66 | 5621.22 | 3108.18 | 3402.63 | 26595.50 | 5193.17 | 367.64 | 7177.41 |
| 6 | 蝶阀 DN1700 | 台 | 75108.55 | 30854.43 | 4633.99 | 2557.51 | 2929.54 | 23140.82 | 4488.14 | 302.50 | 6201.62 |
| 7 | 桥式起重机 | 台 | 110970.26 | 37961.67 | 6459.14 | 15860.37 | 4641.65 | 28471.25 | 6537.59 | 1875.91 | 9162.68 |
| 8 | 调速器 | 台 | 91583.13 | 36648.01 | 7329.95 | 3093.98 | 3624.54 | 27486.01 | 5472.77 | 365.96 | 7561.91 |
| 9 | 油压装置 | 台 | 21227.10 | 8901.90 | 1307.05 | 445.39 | 820.38 | 6676.43 | 1270.58 | 52.67 | 1752.70 |
| 10 | 油系统 | % | 11.73 | 3.55 | 2.01 | 1.31 | 0.53 | 2.66 | 0.70 | | 0.97 |
| 11 | 水系统 | % | 21.47 | 7.30 | 3.69 | 1.02 | 0.92 | 5.48 | 1.29 | | 1.77 |
| 12 | 气系统 | % | 7.54 | 2.38 | 1.13 | 0.84 | 0.33 | 1.79 | 0.45 | | 0.62 |
| 13 | 油系统管路 | t | 32756.42 | 9156.86 | 9073.31 | 1334.03 | 1506.44 | 6867.65 | 1955.68 | 157.79 | 2704.66 |
| 14 | 水系统管路 | t | 26916.41 | 7518.91 | 7481.22 | 1081.35 | 1238.27 | 5639.18 | 1607.13 | 127.89 | 2222.46 |
| 15 | 气系统管路 | t | 33193.43 | 9963.64 | 8052.60 | 1334.04 | 1489.97 | 7472.73 | 1981.91 | 157.80 | 2740.74 |
| | …… | | | | | | | | | | |

表 9 - 38　　　　　　　　　　　主要材料预算价格汇总表　　　　　　　　　　单位：元

| 编号 | 名称及规格 | 单位 | 预算价格 | 其中 | | | |
|---|---|---|---|---|---|---|---|
| | | | | 原价 | 运杂费 | 保险费 | 采保费 |
| M0080 | 汽油 | t | 7645.00 | 7645.00 | | | |
| M0090 | 柴油 | t | 6670.00 | 6670.00 | | | |
| M0120 | 钢筋 | t | 3654.44 | 3400.00 | 148.00 | | 106.44 |
| M0138 | Q235 钢板 | t | 3860.44 | 3600.00 | 148.00 | | 112.44 |
| M0139 | 16MnR 钢板 | t | 4375.44 | 4100.00 | 148.00 | | 127.44 |
| M0204 | 板枋材 | m³ | 1194.80 | 1100.00 | 60.00 | | 34.80 |
| M0253 | 水泥 P. C32.5 | t | 431.57 | 305.00 | 114.00 | | 12.57 |
| M0254 | 水泥 P. C42.5 | t | 483.07 | 355.00 | 114.00 | | 14.07 |
| M0300 | 炸药（综合） | t | 14000.00 | 14000.00 | | | |
| Ml449 | 粉煤灰 | t | 172.00 | 60.00 | 112.00 | | |

表 9 - 39　　　　　　　　　　　施工机械台时费汇总表　　　　　　　　　　单位：元

| 编号 | 机械名称 | 台时费 | 其中 | | |
|---|---|---|---|---|---|
| | | | 一类费用 | 二类费用 | 三类费用 |
| P1009 | 单斗挖掘机液压 1m³ | 126.81 | 57.07 | 69.74 | |
| P1011 | 单斗挖掘机液压 2m³ | 218.13 | 132.54 | 85.59 | |
| | …… | | | | |

表 9 - 40　　　　　　　　　　　主 要 工 程 量 汇 总 表

| 编号 | 项目名称 | 土石方明挖 /m³ | 石方洞挖 /m³ | 土石方填筑 /m³ | 混凝土 /m³ | 模板 /m² | 钢材 /t | 帷幕灌浆 /m | 固结灌浆 /m |
|---|---|---|---|---|---|---|---|---|---|
| | 第一部分　建筑工程 | 826615 | 45735 | 1921770 | 144725 | 103241 | 6912 | 20455 | 14575 |
| 一 | 挡水工程 | 397230 | | 1913470 | 50205 | 44995 | 1615 | 19105 | 5760 |
| 二 | 泄洪工程 | 379835 | 31245 | | 54280 | 45455 | 2798 | 800 | 5845 |
| 三 | 引水工程 | 49550 | 14490 | 8300 | 40240 | 12791 | 2499 | 550 | 2970 |
| 四 | 交通工程 | | | | | | | | |
| | 第四部分　施工临时工程 | 12641 | | 236383 | 9512 | 11159 | 482 | | |
| 一 | 导流工程 | 12641 | | 236383 | 9512 | 11159 | 482 | | |
| 二 | 交通工程 | | | | | | | | |
| | 合计 | 839256 | 45735 | 2158153 | 154237 | 114400 | 7394 | 20455 | 14575 |

表 9 - 41　　　　　　　　　　　　主要材料用量汇总表

| 编号 | 项目名称 | 钢材/t | 木材/m³ | 水泥/t | 汽油*/t | 柴油/t | 砂/m³ | 石子/m³ | 块石/m³ |
|---|---|---|---|---|---|---|---|---|---|
|  | 第一部分　建筑工程 | 7214 |  | 61785 | 96 | 4938 | 152702 | 202883 | 42288 |
| 一 | 挡水工程 | 1664 |  | 19211 | 24 | 4127 | 98169 | 123490 | 31083 |
| (一) | 混凝土面板堆石坝工程 | 1503 |  | 8334 | 10 | 4092 | 80123 | 97457 | 25155 |
| (二) | 基础处理工程 | 144 |  | 2842 |  |  | 2373 | 2193 |  |
| (三) | 副坝工程 | 16 |  | 8035 | 14 | 34 | 15672 | 23841 | 5928 |
| 二 | 泄洪工程 | 2956 |  | 26288 | 47 | 679 | 24948 | 38867 | 7511 |
| (一) | 溢洪道工程 | 1208 |  | 12617 | 19 | 495 | 12863 | 21909 | 5827 |
| (二) | 放空泄洪底孔 | 1748 |  | 13671 | 28 | 184 | 12086 | 16957 | 1683 |
| 三 | 引水工程 | 2594 |  | 16287 | 24 | 132 | 29585 | 40526 | 3694 |
| (一) | 取水口 | 978 |  | 5881 | 8 | 25 | 10492 | 14563 | 510 |
| (二) | 发电引水隧洞工程 | 269 |  | 1731 | 1 | 51 | 2864 | 3849 |  |
| (三) | 压力管道工程 | 26 |  | 447 | 1 | 14 | 911 | 1323 |  |
| (四) | 发电厂房工程 | 1320 |  | 8229 | 14 | 43 | 15319 | 20790 | 3184 |
| 1 | 厂区工程 | 7 |  | 1180 |  | 43 | 3199 | 3310 | 3184 |
| 2 | 主副厂房工程 | 1199 |  | 6507 | 10 |  | 11393 | 16241 |  |
| 3 | 尾水工程 | 114 |  | 541 | 4 |  | 727 | 1239 |  |
| 四 | 交通工程 |  |  |  |  |  |  |  |  |
| (一) | 公路工程 |  |  |  |  |  |  |  |  |
|  | …… |  |  |  |  |  |  |  |  |

表 9 - 42　　　　　　　　　　　工 时 数 量 汇 总 表

| 编号 | 项目名称 | 合计工时/工时 | 备注 |
|---|---|---|---|
|  | 第一部分　建筑工程 | 5981141 |  |
| 一 | 挡水工程 | 3234841 |  |
| (一) | 混凝土面板堆石坝工程 | 2465447 |  |
| (二) | 基础处理工程 | 427795 |  |
| (三) | 副坝工程 | 341599 |  |
| 二 | 泄洪工程 | 1763614 |  |
| (一) | 溢洪道工程 | 881165 |  |
| (二) | 放空泄洪底孔 | 882449 |  |
| 三 | 引水工程 | 982686 |  |
| (一) | 取水口 | 285970 |  |
| (二) | 发电引水隧洞工程 | 238069 |  |
| (三) | 压力管道工程 | 37596 |  |
| (四) | 发电厂房工程 | 421050 |  |

| 编号 | 项目名称 | 合计工时/工时 | 备注 |
|---|---|---|---|
| 1 | 厂区工程 | 93723 | |
| 2 | 主副厂房工程 | 289328 | |
| 3 | 尾水工程 | 37999 | |
| 四 | 交通工程 | | |
| （一） | 公路工程 | | |
| 五 | 房屋建筑工程 | | |
| 六 | 供电设施工程 | | |
| 七 | 其他工程 | | |
| （一） | 安全监测设施工程 | | |
| （二） | 照明线路 | | |
| （三） | 通信线路 | | |
| （四） | 厂坝区供水、供热、排水 | | |
| （五） | 劳动安全与工业卫生 | | |
| （六） | 水文泥沙监测设施 | | |
| （七） | 水情自动测报工程 | | |
| （八） | 其他 | | |
| | 第二部分　机电设备及安装工程 | 144179 | |
| 一 | 发电设备及安装工程（坝后式） | 123556 | |
| （一） | 水轮机设备及安装工程 | 37637 | |
| …… | | | |

# 思 考 题

1. 简述设计概算文件的组成。

2. 简述资金流量的计算办法。

3. 投资对比分析报告应该包括哪些内容？

# 第十章 投资估算、施工图预算与施工预算的编制

## 第一节 投 资 估 算

### 一、概述

#### (一) 投资估算的概念

水利水电工程投资估算，是指在项目建议书阶段、可行性研究阶段对工程造价的预测，它是设计文件的重要组成部分。按照国家和主管部门规定的编制方法，估算指标、概算指标或类似工程的预（决）算资料、各项取费标准，现行的人工、材料、设备价格，以及工程具体条件编制的技术经济文件。投资估算控制初步设计概算，它是工程投资的最高限额。

项目建议书阶段的投资估算，是建设项目初步经济评价中计算费用部分的原始资料，而且是立项决策的重要依据。项目建议书编制一般委托有相应资质的设计单位承担，并按照国家规定权限向上级主管部门申请审批。

可行性研究阶段的投资估算是报告的重要组成部分，是建设项目进行经济评价及投资决策的依据，是前期工作的关键性环节。可行性研究报告是基本建设程序中决策的前期工作阶段，是建设项目是否可行的重要论证依据。可行性研究报告经批准后，是进行初步设计或施工图设计（采用一阶段设计）的依据。投资估算的准确性将直接影响国家对项目选定的决策。

#### (二) 投资估算的作用

由于投资决策过程可进一步划分为规划阶段、项目建议书阶段、可行性研究阶段、编制设计任务书 4 个阶段，所以，投资估算工作也相应分为 4 个阶段。不同阶段所具备的条件和掌握的资料不同，因此投资估算的准确程度不同，进而每个阶段投资估算所起的作用也不同。总的来说，投资估算是前期各个阶段工作中，作为论证拟建项目经济是否合理的重要文件，具有下列作用。

1. 国家决定拟建项目是否继续进行研究的依据

规划阶段的投资估算，是国家根据国民经济和社会发展的要求，制定区域性、行业性发展规划阶段而编制的经济文件。是国家决策部门判断拟建项目是否继续进行研究的依据之一。仅作为一项参考的经济指标。

2. 国家审批项目建议书的依据

项目建议书阶段的投资估算，是国家决策部门领导审批项目建议书的依据之一。用以判断拟建项目在经济上是否列为经济建设的长远规划基本建设前期工作计划。项目建议书

阶段的估算，在决策过程中，也是一项参考性的经济文件。

3. 国家批准设计任务书的重要依据

可行性研究的投资估算，是研究分析拟建项目经济效果和各级主管部门决定立项的重要依据。因此，它是决策性质的经济文件。可行性研究报告被批准后，投资估算就作为控制设计任务书下达的投资限额，对初步设计概算编制起控制作用，也可作为筹集资金和向银行贷款的计划依据。

4. 国家编制中长期规划，保持合理比例和投资结构的重要依据

拟建项目的投资，是编制固定资产长远投资规划和制定国民经济中长期发展计划的重要依据。根据各个拟建项目的投资估算，可以准确核算国民经济的固定资产投资需要量，确定国民经济积累的合理比例，保持适度的投资规模和合理的投资结构。

## 二、投资估算的内容及编制依据

### （一）投资估算的内容

整个建设项目的投资估算总额，是指工程从筹建、施工直到建成投产的全部建设费用，其包括的内容应视项目的性质和范围而定。

可行性研究投资估算与初步设计概算在组成内容、项目划分和费用构成上基本相同，但两者设计深度不同。对初步设计概算规定的部分内容进行适当简化、合并和调整。

投资估算按照水利部《编制规定（2014）》、办水总〔2016〕132 号文和办财务函〔2019〕448 号文及《水利水电工程项目建议书编制规程》或《水利水电工程可行性研究报告编制规程》的有关规定编制。

1. 编制说明

（1）工程概况。包括：河系、兴建地点、对外交通条件、水库淹没耕地及移民人数、工程规模、工程效益、工程布置形式、主体建筑工程量、主要材料用量、施工总工期和工程从开工至开始发挥效益工期、施工总工日和高峰人数等。

（2）投资主要指标。投资主要指标为：工程静态总投资和总投资，工程从开工至开始发挥效益静态投资，单位千瓦静态投资和投资，单位电能静态投资和投资，或单位库容静态投资和投资，或单位渠道（河道）长度静态投资和投资，或单位灌溉面积静态投资和投资，年物价上涨指数，价差预备费额度和占总投资百分率，工程施工期贷款利息和利率等。

2. 投资估算表

投资估算表（与概算基本相同）包括：①总投资表；②建筑工程估算表；③设备及安装工程估算表；④分年度投资表。

3. 投资估算附表

投资估算附表包括：①建筑工程单价汇总表；②安装工程单价汇总表；③主要材料预算价格汇总表；④次要材料预算价格汇总表；⑤施工机械台时费汇总表；⑥主要工程量汇总表；⑦主要材料量汇总表；⑧工时数量汇总表；⑨建设及施工征地数量汇总表。

4. 附件

附件材料包括：①人工预算单价计算表；②主要材料运输费用计算表；③主要材料预

算价格计算表；④混凝土材料单价计算表；⑤建筑工程单价表；⑥安装工程单价表；⑦资金流量计算表；⑧主要技术经济指标表。

**（二）投资估算的编制依据**

投资估算编制的主要依据如下：

（1）经批准的项目建议书投资估算文件。

（2）水利部《水利水电工程可行性研究投资估算编制办法（规程）》或《水利水电工程项目建议书编制规程》。

（3）水利部《水利工程设计概（估）算编制规定》。

（4）水利部《水利建筑工程概算定额》《水利水电设备安装工程概算定额》《水利工程概预算补充定额》《水利工程施工机械台时费定额》等。

（5）可行性研究报告提供的工程规模、工程等级、主要工程项目的工程量等资料。

（6）投资估算指标、概算指标。

（7）建设项目中的有关资金筹措的方式、实施计划、贷款利率、对建设投资的要求等。

（8）工程所在地的人工预算单价、材料供应价格、运输条件、运费标准及地方性材料储备量等资料。

（9）当地政府有关征地、拆迁、安置、补偿标准等文件或通知。

（10）编制可行性研究报告的委托书、合同或协议。

## 三、投资估算的计算方法

水利水电工程中的主体建筑工程以及主要设备及安装工程是永久工程的主体，在工程总投资中占有举足轻重的份额，所以为了保证投资估算的基本精度，采用与概算相同的项目划分，并以工程量乘工程单价的方法计算其投资。永久工程中的次要工程，由于项目繁多，工程量及投资相对较小，在可行性研究阶段由于受设计深度限制，难以提出各分项工程的数量，所以在估算中采用合并项目，用粗略的方法（指标或百分率）估算其投资。

**（一）建筑工程**

主体建筑工程由主体建筑工程、交通工程、房屋建筑工程、供电设施工程和其他建筑工程组成。

1. 主体建筑工程

主体建筑工程投资的计算方法，采用主体建筑工程的工程量乘以相应单价。一般均采用概算定额编制投资估算单价，则要乘以扩大系数，扩大系数见表10-1。

2. 交通工程

交通工程的投资按设计交通工程量乘以公里或延长米指标计算。铁道工程可根据地形、地区经济状况，按每公里造价指标估算。

3. 房屋建筑工程

编制方法与概算基本相同。

4. 供电设施工程

供电设施工程按设计工程量乘以地区单位造价指标估算。

表 10-1    建筑安装工程单价扩大系数表

| 序号 | 工程类别 | 单价扩大系数/% |
|---|---|---|
| 一 | 建筑工程 | |
| 1 | 土方工程 | 10 |
| 2 | 石方工程 | 10 |
| 3 | 砂石备料工程（自采） | 0 |
| 4 | 模板工程 | 5 |
| 5 | 混凝土浇筑工程 | 10 |
| 6 | 钢筋制安工程 | 5 |
| 7 | 钻孔灌浆及锚固工程 | 10 |
| 8 | 疏浚工程 | 10 |
| 9 | 掘进机施工隧洞工程 | 10 |
| 10 | 其他工程 | 10 |
| 二 | 机电、金属结构设备及安装工程 | |
| 1 | 水利机械设备、通信设备、起重设备及闸门等设备安装工程 | 10 |
| 2 | 电气设备、变电站设备及钢管制作安装工程 | 10 |

5. 其他建筑工程

指除主体建筑工程和交通工程以外的永久性建筑物，采用占主体建筑工程投资的百分率估算其投资。

**（二）机电设备及安装工程**

由主要机电设备及安装工程和其他机电设备及安装工程两项组成。

1. 主要机电设备及安装工程

主要机电设备及安装工程投资，包括设备出厂价、运杂费和安装费。

2. 其他机电设备及安装工程

初步设计概算采用定额编制建安工程单价，而估算则采用综合性更强的投资估算指标编制建安工程单价。

估算指标的项目划分比概算定额的项目划分粗，估算指标的分项一般是概算定额中若干个分项的综合，并在此基础上综合扩大。因此，如采用概算定额编制估算的工程单价时，考虑投资工作深度和精度，应乘以扩大系数 10%。

**（三）金属结构设备及安装工程**

其投资估算按各单项工程金属结构设备数量和每台（套）单位重量估算，与概算的计算方法基本相同。

**（四）施工临时工程**

施工临时工程，估算编制方法及计算标准与概算相同。

1. 导流工程

采用工程量乘以单价计算，其他难以估量的项目，可按计算出的导流投资的 10% 增列。

2. 施工交通工程

参照主体建筑工程中交通工程的方法编制。

3. 施工房屋建筑工程

按估算编制办法的有关规定估算。

4. 施工供电工程

依据设计电压等级、线路架设要求和长度，参考表 10-2 指标计算。

表 10-2　　　　　　　施工供电线路估算指标　　　　　　单位：万元/km

| 地区 | 电压等级 | |
|---|---|---|
| | 110kV | 220kV |
| 平原 | 4.5～5.5 | 7.0～9.0 |
| 丘陵 | 5.5～6.0 | 9.0～11.0 |
| 山岭 | 6.0～7.0 | 11.0～13.0 |

5. 其他施工临时工程

一般可按工程项目一至四部分的建安工作量的百分率计算，其计算标准与设计概算相同。

**（五）独立费用**

编制方法及计算标准基本与概算相同。

**（六）预备费**

预算费可分为基本预备费和价差预备费

1. 基本预备费

计算方法：按工程估算一至五部分投资合计数的百分数计算。可行性研究投资估算基本预备费率取 10%～12%，项目建议书阶段基本预备费率取 15%～18%。

2. 价差预备费

计算方法：按国家规定的物价指数计算。

**（七）建设期融资利息**

根据合理建设工期，按工程估算一至五部分分年度投资、基本预备费、价差预备费之和，按国家规定的贷款利率复利计算。

# 第二节　施　工　图　预　算

## 一、概述

### （一）施工图预算的概念

施工图预算是指在施工图纸已设计完成后，设计单位根据施工图纸计算的工程量，施工组织设计和现行的水利建筑工程预算定额、单位估价表及各项费用的取费标准，基础单价、国家及地方有关规定，进行编制的反映单位工程或单项工程建设费用的经济文件。施工图预算应在已批准的初步设计概算控制下进行编制。

**（二）施工图预算的作用**

（1）是确定单位工程造价的依据。预算比主要起控制造价作用的概算更为具体和详细，因而可以起确定造价的作用。

（2）是签订工程承包合同、实行投资包干和办理工程价款结算的依据。因预算确定的投资较概算准确，故对于不进行招投标的特殊或紧急工程项目，常采用预算包干。按照规定程序，经过工程量增减、价差调整后的预算可以作为结算依据。

（3）是施工企业内部进行经济核算和考核工程成本的依据。施工图预算确定的工程造价，是工程项目的预算成本，其与实际成本的差额即为施工利润，是企业利润总额的主要组成部分。这就促使施工企业必须加强经济核算，提高经济管理水平，以降低成本，提高经济效益。

（4）是进一步考核设计经济合理性的依据。施工图预算的成果，因其更详尽和切合实际，可以进一步考核设计方案技术先进性和经济合理程度。施工图预算，也是编制固定资产的依据。

## 二、施工图预算的编制内容和编制依据

**（一）施工图预算的编制内容**

施工图预算有单位工程预算、单项工程预算和建设项目总预算。单位工程预算是根据施工图设计文件、现行预算定额、单位估价表、费用标准以及人工、材料、机械台班（台时）等预算价格资料，以一定方法，编制单位工程的施工图预算。然后汇总所有各单位工程施工图预算，成为单项工程施工图预算，再汇总所有各单项工程施工图预算，便是一个建设项目建筑安装工程的总预算。

**（二）施工图预算的编制依据**

（1）已批准的施工图设计及其说明书。经审定的施工图纸、说明书和有关技术资料，是计算工程量和进行预算列项的主要依据。

（2）现行的《水利水电工程预算定额》、工程所在地的有关补充规定、地方政府公布的关于基本建设其他各项费用的取费标准等。

现行的预算定额（或单位估价表）是编制预算时确定分项工程单价，计算工程量直接费，确定人工、材料和机械等实物消耗量的主要依据。

（3）工程所在地人工预算单价和材料预算单价的计算资料。

（4）现行《水利工程施工机械台时费定额》及有关部门公布的其他与施工机械有关的取费标准。

（5）施工组织设计或施工方案。施工组织设计是确定单位工程进度计划，施工方法或主要技术措施，以及施工现场平面布置等内容的文件。

（6）工程量计算规则。

**（三）施工图预算的编制**

施工图预算与设计概算的项目划分、编制程序、费用构成、计算方法都基本相同。施工图预算，较概算编制要精细，具体表现在以下几个方面。

1. 主体工程

施工图预算与概算都采用工程量乘单价的方法计算投资，但深度不同。

概算根据概算定额和初步设计工程量编制，其三级项目经综合扩大，概括性强；而预算则依据预算定额和施工图设计工程量编制，其三级项目较为详细。

2. 非主体工程

概算中的非主体工程以及主体工程中的细部结构采用综合指标（如道路以元/km）或百分率乘二级项目工程量的方法估算投资，而预算则均要求按三级项目工程单价的方法计算投资。

3. 造价文件的结构

概算是初步设计报告的组成部分，在初步设计阶段一次完成，完整地反映整个建设项目所需要的投资，施工图预算则不同。由于施工图设计工作量大、历时长，大多以满足施工为前提陆续出图，因此，施工图预算通常以单项工程为单位，陆续编制，各单项工程单独成册，最后汇总成总预算。

概算是初步设计报告的组成部分，概算完整地反映整个建设项目所需要的投资；施工图预算通常以单位工程为单位编制的，各单项工程单独成册，最后汇总成总预算。

## 三、施工图预算编制程序

### （一）收集资料

收集资料是指与编制施工图预算相关的资料，如会审通过的施工图设计资料，初步设计概算，修正概算，施工组织设计，现行与本工程相一致的预算定额，各类费用取费标准，人工、材料、机械价格资料，施工地区的水文、地质情况资料。

### （二）熟悉施工图设计资料

全面熟悉施工图设计资料、了解设计意图、掌握工程全貌，是准确、迅速地编制施工预算的关键。

### （三）熟悉施工组织设计

施工组织设计是指导拟建工程施工准备、施工各现场空间布置的技术文件，同时施工组织设计亦是设计文件的组成部分之一。根据施工组织设计提供的施工现场平面布置、料场、堆场、仓库位置、资源供应及运输方式、施工进度计划、施工方案等资料才能准确地计算人工、材料、施工机械台时单价及工程数量，正确地选用相应的定额项目，从而确定反映客观实际的工程造价。

### （四）了解施工现场情况

主要包括：了解施工现场的工程地质和水文地质情况；现场内需拆迁处理和清理的构造物情况；水、电、路情况；施工现场的平面位置、各种材料、生活资源的供应等情况。这些资料对于准确、完整地编制施工图预算有着重要的作用。

### （五）计算工程量

工程量的计算是一项既简单、又繁杂，并且十分关键的工作。由于建筑实体的多样性和预算定额条件的相对固定性，为了在各种条件下保证定额的正确性，各专业、各分部分项工程都视定额制定条件的不同，对其相应项目的工程量作了具体规定。在计算工程量时，必须严格按工程量计算规则执行。

**（六）明确预算项目划分**

水利水电工程施工图预算的编制必须严格按预算项目表的序列及内容进行划分（见有关表格）。

**（七）编制预算文件**

预算文件是设计文件的组成部分，由封面、目录、编制说明及全部预算计算表格组成。

# 第三节 施 工 预 算

## 一、概述

**（一）施工预算的概念**

施工预算是施工企业内部根据施工图纸、施工措施及施工定额编制的唯一能够确定建筑安装工程在施工过程中所需要控制的人工、材料、施工机械台时消耗限额的数据文件。一般来说，这个消耗的限额不能超过施工图预算所限定的数额，这样企业的经营才能收到效益。

**（二）施工预算的作用**

1. 施工预算是编制施工作业计划的依据

施工作业计划是施工企业计划管理的中心环节，也是计划管理的基础和具体化。编制施工作业计划，必须依据施工预算计算的单位工程或分部分项工程的工程量、构配件、劳力等进行有计划管理。

2. 施工预算是施工单位向施工班组签发施工任务单和限额领料的依据

施工任务单是把施工作业计划落实到班组的计划文件，也是记录班组完成任务情况和结算班组工人工资的凭证。

3. 施工预算是计算超额奖和计算计件工资、实行按劳分配的依据

施工预算是企业进行劳动力调配，物资技术供应，组织队伍生产，下达施工任务单和限额领料单，控制成本开支，进行成本分析和班组经济核算以及"二算"对比的依据。施工预算和建筑安装工程预算之间的差额，反映了企业个别劳动量与社会劳动量之间的差别，能体现降低工程成本计划的要求。

施工预算所确定的人工、材料、机械使用量与工程量的关系是衡量工人劳动成果，计算应得报酬的依据。它把工人的劳动成果与劳动报酬联系起来，很好地体现了多劳多得、少劳少得的按劳分配原则。

4. 施工预算是施工企业进行经济活动分析的依据

进行经济活动分析是企业加强经营管理，提高经济效益的有效手段。经济活动分析，主要是应用施工预算的人工、材料和机械台时数量等与实际消耗量对比，同时与施工图预算的人工、材料和机械台时数量进行对比，分析超支、节约的原因，改进操作技术和管理手段，有效地控制施工中的消耗，节约开支。

施工企业进行施工管理的"三算"是施工预算、施工图预算和竣工结算。

## 二、施工预算的编制依据

### (一) 施工图纸

施工图纸和说明书必须是经过建设单位、设计单位和施工单位会审通过的,不能采用未经会审通过的图纸。

### (二) 施工定额及补充定额

包括全国建筑安装工程统一劳动定额和各部、各地区颁发的专业施工定额。凡是已有施工定额可以参照使用的,应参考施工定额编制施工预算中的人工、材料及机械使用费。在缺乏施工定额作用依据的情况下,可按有关规定自行编制补充定额。施工定额是编制施工预算的基础,也是施工预算与施工图预算的主要差别之一。

### (三) 施工组织设计或施工方案

由施工单位编制详细的施工组织设计,据以确定应采取的施工方法、进度以及所需的人工、材料和施工机械,作为编制施工预算的基础。

### (四) 有关的手册、资料

例如《建筑材料手册》,人工、材料、机械台时费用标准等。

## 三、施工预算的编制步骤

编制施工预算和编制施工图预算的步骤相似。应熟悉设计图纸及施工定额,对施工单位的人员、劳力、施工技术等有大致了解;对工程的现场情况、施工方法及工艺要比较清楚;对施工定额的内容及所包括的范围进行深入理解。为了便于与施工图预算相比较,编制施工预算时,应尽可能与施工图预算的分部、分项项目相对应。在计算工程量时所采用的计算单位要与定额的计量单位相适应。具备施工预算所需的资料,并已熟悉了基础资料和施工定额的内容后,就可以按以下步骤编制施工预算。

### (一) 计算工程实物量

凡能够利用施工图预算的工程量,可不必再计算,但工程项目、名称和单位一定要符合施工定额。工程量的计算方法可参考本书有关章节的内容。工程量要仔细核对无误后,根据施工定额的内容和要求,按工程项目的划分逐项汇总。

### (二) 施工定额的套用

分项工程的名称、规格、计量单位必须与施工定额所列内容相一致,逐项计算分部分项工程所需人工、材料、机械台时使用量。

### (三) 工料分析和汇总

按照工程的分项名称顺序,套用施工定额的单位人工、材料、机械台时消耗量,逐一计算出各个工程项目的人工、材料和机械台时的用工用料量,把同类项目工料相加并汇总,形成完整的分部分项工料汇总表。

### (四) 编写编制说明

主要内容有:编制依据,包括采用的图纸名称及编号,采用的施工定额,施工组织设计或施工方案;遗留项目或暂估项目的原因和存在的问题以及处理的办法等。施工预算的主要表格采用规定的专用表格。

### 四、施工预算和施工图预算对比

施工预算和施工图预算是两个不同概念性的预算，前者属于企业内部生产管理系统，后者属于对外经营管理系统。它们所表示的内容也不一样，前者是以分部分项所消耗的人工、材料、机械的数量来表示的，而后者则以货币形式直接表示的。施工预算、施工图预算不同之处，详见表 10-3。施工预算和施工图预算对比是建筑企业加强经营管理的手段，通过对比分析，找出节约、超支的原因，研究解决措施，防止人工、材料和机械费的超支，避免发生计划成本亏损。

表 10-3                                            施工图预算和施工预算的区别

| 序号 | 项目 | 施工图预算 | 施工预算 |
|---|---|---|---|
| 1 | 编制时间不同 | 施工图设计阶段 | 施工阶段 |
| 2 | 依据的定额不同 | 预算定额 | 施工定额 |
| 3 | 用途不同 | （1）是编制施工计划的依据；<br>（2）是签订承包合同的依据；<br>（3）是工程价款结算的依据；<br>（4）是进行经济核算和成本核算的依据 | （1）是施工企业内部管理的依据；<br>（2）是下达施工任务和限额领料的依据；<br>（3）是劳动力、施工机械调配的依据；<br>（4）是进行成本分析和班组经济核算的依据 |
| 4 | 编制单位不同 | 设计单位编制 | 施工单位编制 |
| 5 | 投资额不同 | 小于概算<br>大于施工预算 | 小于施工图预算 |
| 6 | 预备费大小不同 | 基本预备费率为 3%～5% | 不列预备费或按合同列部分预备费 |

施工预算和施工图预算对比是将施工预算计算的工程量，套用施工定额中的人工定额、材料定额、分析出人工和主要材料数量，然后按施工图预算计算的工程量套用预算定额中的人工、材料定额，得出人工和主要材料数量，对两者的人工和主要材料数量进行对比，对机械台时数量也应进行对比，这种对比称为"实物对比法"。

将施工预算计算的人工和主要材料和机械台时数量分别乘以单价，汇总成人工、材料和机械费与施工图预算相应的人工、材料和机械费进行对比。这种对比法称为"实物金额对比法"。由于两者用的定额水平不同，一般施工预算应低于施工图预算，否则要调查分析原因，必要时要改变施工方案。

## 思 考 题

1. 项目建议书阶段和可行性研究阶段投资估算的概念？
2. 施工图预算有哪些作用？
3. 编制施工图预算有哪些主要依据？
4. 施工预算有哪些作用？
5. 编制施工预算有哪些主要依据？
6. 施工预算和施工图预算有哪些区别？

# 第十一章 水利工程招标与投标

水利工程招标与投标是确定水利工程建设承发包关系的一种方式，是基本建设工作的基本内容之一。建设单位通过招标来选择勘察设计单位、监理单位、施工企业以及与水利工程建设有关的重要设备、材料采购等，设计单位、监理单位和施工企业则通过投标来获得工程建设项目，招标与投标是一种被广泛使用的交易手段和竞争方式，它对市场资源的有效配置起到了积极的作用。水利工程实行全面招标与投标制度，对确保工程质量、缩短建设工期、提高投资效益、降低工程造价、保护公平竞争以及推广应用先进技术等具有十分重要的意义，同时也对水利工程的勘测设计质量、施工企业素质的提高以及工程建设市场的良性发展有很好的促进作用。

## 第一节 水利建设项目招标与投标

工程项目招标是建设单位（项目业主）将拟建项目的全部或部分工作内容和要求，以文件的形式昭告有兴趣的项目承包单位（承包商），要求他们按照规定条件各自提出完成该项目的计划和实施价格，业主从中择优选定建设时间短、技术力量强、质量好、报价低、信誉度高的承包单位，通过签订合同的方式将招标项目的工作内容交予其完成的活动。对于业主来说，招标就是择优。由于工程项目性质和业主对项目的要求不同，择优的标准不同，一般会关注如下方面：较低的价格、先进的技术、优良的质量和较短的工期。业主通过招标从众多的投标者中进行了优选，最后确定中标者。

工程项目投标是指承包商向招标单位提出承包该工程项目的价格和条件，供招标单位选择以获得承包权的活动。对于承包商来说，参与投标就如同参加一场赛事竞争。不仅比报价的高低，而且比技术经验实力和信誉。

标是指发标单位标明的项目的内容、条件、工程量、质量、标准等要求，以及不公开的工程价格（标底）。

水利水电工程招标投标不仅广泛应用于工程建设项目的施工，在材料与机械设备的采购、科研攻关技术合作、勘测规划设计等方面也被广泛采用。

根据《水利工程建设项目招标投标管理规定》（水利部令第14号），水利工程建设项目招标投标（包括施工、勘察设计、监理、重要设备材料采购等）的基本要求如下：

（1）水利工程建设项目招标投标活动应当遵循公开、公平、公正和诚实信用的原则。建设项目的招标工作由招标人负责，任何单位和个人不得以任何方式非法干涉招标投标活动。

（2）符合下列具体范围并达到规模标准之一的水利工程建设项目必须进行招标。

具体范围如下：

1) 关系社会公共利益、公共安全的防洪、排涝、灌溉、水力发电、引（供）水、滩涂治理、水土保持、水资源保护等水利工程建设项目。

2) 使用国有资金投资或者国家融资的水利工程建设项目。

3) 使用国际组织或者外国政府贷款、援助资金的水利工程建设项目。

规模标准如下：

1) 施工单项合同估算价在 200 万元人民币以上的项目。

2) 重要设备、材料等货物的采购，单项合同估算价在 100 万元人民币以上的项目。

3) 勘察设计、监理等服务的采购，单项合同估算价在 50 万元人民币以上的项目。

4) 项目总投资额在 3000 万元人民币以上，但分标单项合同估算价低于本项 1)、2)、3) 规定的标准的项目。

## 一、工程招标

### （一）招标方式

#### 1. 公开招标

招标单位通过规定的发布媒介（中国招标投标公共服务平台或者项目所在地省级电子招标投标公共服务平台等）发布招标公告，凡符合公告要求的承包商均可申请投标，经资格审查合格后，按规定时间进行投标竞争。

公开招标的优点是招标单位有较大的选择范围，可在众多的投标单位之间选择报价合理、工期较短、信誉良好的投标单位。公开招标有助于开展竞争，打破垄断，促使投标单位努力提高工程质量和服务水平，缩短工期和降低成本。其缺点是招标单位审查投标者资格及其证书的工作量比较大，招标费用的支出也比较大。

公开招标体现了招标中的公开、公正、竞争的基本原则。按规定国家重点水利项目、地方重点水利项目及全部使用国有资金投资或者国有资金投资占控股或者主导地位的项目应当公开招标。

#### 2. 邀请招标

邀请招标又称选择性招标或限制性招标，是基于潜在投标人的数量有限和招标采购的经济性考虑而采用的招标方法。招标单位根据信息分析或咨询公司的推荐，选择几家有能力承担该工程或该采购任务、信誉良好的承包商，邀请其参加投标。采用邀请招标方式的，招标人应当向 3 个以上有投标资格的法人或其他组织发出投标邀请书。投标人少于 3 个的，招标人应当重新招标。

邀请招标不发布招标公告，不进行资格预审，简化了招标程序，因此，节省招标费用和时间。而且由于对承包商比较了解，减少了违约风险。邀请招标的缺点是投标竞争性差，有可能将好的承包商排除在外，而且可能抬高标价。

依法必须招标的项目中，有下列情况之一的可采用邀请招标：

(1) 项目总投资额在 3000 万元人民币以上，但施工单项合同估算价在 200 万元人民币以下的项目；重要设备、材料等货物的采购，单项合同估算价在 100 万元人民币以下的项目；勘察设计、监理等服务的采购，单项合同估算价在 50 万元人民币以下的项目。

(2) 项目技术复杂，有特殊要求或涉及专利权保护，受自然资源或环境限制，新技术或技术规格事先难以确定的项目。

（3）应急度汛项目。

（4）其他特殊项目。

采用邀请招标的，招标前招标人必须履行下列批准手续：

（1）国家重点水利项目经水利部初审后，报国家发展和改革委员会批准；其他中央项目报水利部或其委托的流域管理机构批准。

（2）地方重点水利项目经省、自治区、直辖市人民政府水行政主管部门会同同级发展计划行政主管部门审核后，报本级人民政府批准；其他地方项目报省、自治区、直辖市人民政府水行政主管部门批准。

3. 议标

即由建设单位逐一邀请某些承包商进行协商，直到与某一承包商达成协议将工程任务委托其去完成。

议标通常适用于下列情况：

（1）专业性非常强，需要专门经验或特殊设备的工程。

（2）与已发包的大工程有联系的新增工程。

（3）性质特殊、内容复杂，发包时工程量和若干技术细节尚难确定的工程以及某些紧急工程。

（4）公开招标或选择性招标未能产生中标单位，预计重新组织招标仍不会有结果。

（5）建设单位开发新技术，承包商从设计阶段就参加合作，实施阶段也需要该承包商继续合作。

（6）为加强双方友好关系或双方协议中规定由对方承包的项目。

**（二）招标类型**

1. 按工程建设业务范围分

（1）工程建设全过程招标，是从项目建议书开始，包括可行性研究、设计任务书、勘测设计、设备和材料的询价与采购、工程施工、生产准备、投料试车等，直到竣工和交付使用，这一建设全过程实行招标。

（2）勘测设计招标，是工程建设项目的勘测设计任务向勘测设计单位招标。

（3）材料设备供应招标，是工程建设项目所需全部或主要材料、设备向专门的采购供应单位招标。

（4）工程施工招标，是工程建设项目的施工任务向施工单位招标。

2. 按工程的施工范围分

（1）全部工程施工招标。全部工程施工招标就是招标单位把建设项目全部的施工任务作为一个"标的"进行招标，建设单位只与一个承包单位发生关系。该方式合同管理工作较为简单。

（2）单项或单位工程招标。

（3）分部工程招标。

（4）专业工程招标。

上述（2）、（3）、（4）招标方式是把整个工程分成若干单位工程、分部工程或专业工程分别进行招标和发包。这样可以发挥各承包单位的专业特长，合同比（1）方式容易落实，风险小。即使出现问题，也是局部的，容易纠正和补救。

3. 按照招标的区域分

（1）国际招标。国际招标需要有外汇支付手段。利用外资和世界银行贷款的工程一般要求实行国际招标。

（2）国内招标和地方招标。我国绝大多数工程建设项目实行国内招标。根据工程大小的技术难度的不同，可以在国内、省内、地区内甚至市县范围内招标。

**（三）招标条件与程序**

1. 招标人及建设项目招标条件

当招标人具备以下条件时，按有关规定和管理权限经核准可自行办理招标事宜：

（1）具有项目法人资格（或法人资格）。

（2）具有与招标项目规模和复杂程度相适应的工程技术、概预算、财务和工程管理等方面专业技术力量。

（3）具有编制招标文件和组织评标的能力。

（4）具有从事同类工程建设项目招标的经验。

（5）设有专门的招标机构或者拥有 3 名以上专职招标业务人员。

（6）熟悉和掌握招标投标法律、法规、规章。

当招标人不具备上述的条件时，应当委托符合相应条件的招标代理机构办理招标事宜。

水利工程建设项目招标应当具备以下条件：

（1）勘察设计招标应当具备的条件。

1）勘察设计项目已经确定。

2）勘察设计所需资金已落实。

3）必需的勘察设计基础资料已收集完成。

（2）监理招标应当具备的条件。

1）初步设计已经批准。

2）监理所需资金已落实。

3）项目已列入年度计划。

（3）施工招标应当具备的条件。

1）初步设计已经批准。

2）建设资金来源已落实，年度投资计划已经安排。

3）监理单位已确定。

4）具有能满足招标要求的设计文件，已与设计单位签订适应施工进度要求的图纸交付合同或协议。

5）有关建设项目永久征地、临时征地和移民搬迁的实施、安置工作已经落实或已有明确安排。

（4）重要设备、材料采购供应招标应当具备的条件。

1）初步设计已经批准。

2）重要设备、材料技术经济指标已基本确定。

3）设备、材料所需资金已落实。

2. 招标程序

施工招标一般可分为 3 个阶段，即准备阶段、招标阶段、决标阶段，如图 11 - 1 所示。

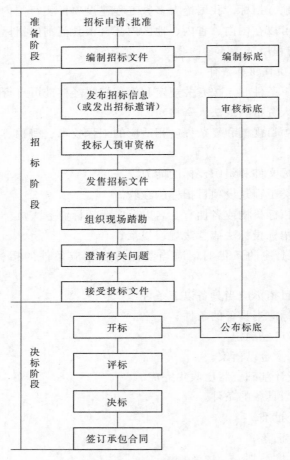

图 11 - 1　招标的程序

根据《水利工程建设项目招标投标管理规定》，水利工程建设项目的招标工作一般按下列程序进行：

（1）招标前，按项目管理权限向水行政主管部门提交招标报告备案。报告具体内容应当包括招标已具备的条件、招标方式、分标方案、招标计划安排、投标人资质（资格）条件、评标方法、评标委员会组建方案以及开标、评标的工作具体安排等。

（2）编制招标文件。

（3）发布招标信息（招标公告或投标邀请书）。

（4）发售资格预审文件。

（5）按规定日期接受潜在投标人编制的资格预审文件。

（6）组织对潜在投标人资格预审文件进行审核。

（7）向资格预审合格的潜在投标人发售招标文件。

（8）组织购买招标文件的潜在投标人进行现场踏勘。

（9）接受投标人对招标文件有关问题要求澄清的函件，对问题进行澄清，并书面通知潜在投标人。

（10）组织成立评标委员会，并在中标结果确定前保密。

（11）在规定时间和地点，接受符合招标文件要求的投标文件。

（12）组织开标评审会。

（13）在评标委员会推荐的中标候选人中确定中标人。

（14）向水行政主管部门提交招标投标情况的书面总结报告。

（15）发中标通知书，并将中标结果通知所有投标人。

（16）进行合同谈判，并与中标人订立书面合同。

3. 招标中的几个主要问题

（1）招标文件。招标人应当根据国家有关规定，结合项目特点和需要编制招标文件。

招标文件是指导投标单位进行正确投标的依据，也是对投标人提出要求的文件。招标文件一经发出后，招标单位不得擅自修改。如果确需修改时，应以补充文件的形式将修改内容通知每个投标人，补充文件与招标文件具有同等的法律效力。若因修改招标文件导致投标人经济损失时，还应承担赔偿责任。招标文件由"第一卷商务文件""第二卷技术条款""第三卷招标图纸"组成。其中商务文件包括：①投标邀请书；②投标须知；③合同条件；④协议书、履约担保证件和合同预付款保函；⑤投标报价书、投标保函和授权委托书；⑥工程量清单；⑦投标辅助资料；⑧资格审查资料。

招标人对已发出的招标文件进行必要澄清或者修改的，应当在招标文件要求提交投标文件截止日期至少15日前，以书面形式通知所有投标人。该澄清或者修改的内容为招标文件的组成部分。

（2）资格审查。对投标申请人的资格进行审查，是为了在招标过程中剔除资格条件不适合承担招标工程的投标申请人。采用资格审查程序，可以缩减招标人后期评审和比较投标文件的数量，节约费用和时间。因此，资格审查对保障招标人的利益，促进招标活动的顺利进行具有重要的意义。

招标人通常采用的资格审查方式是资格预审，资格预审的目的是有效地控制投标人的数量，确保招标人选到满意的投标申请人参与竞争。实行资格预审方式的工程，招标人应当在招标公告或投标邀请书中载明资格预审的条件和获取资格预审文件的时间、地点等事项。

资格审查主要审查投标申请人是否符合下列条件：

1）具有独立订立合同的权力。

2）具有圆满履行合同的能力，包括专业、技术资格和能力，资金、设备和其他物质设施状况，管理能力、经验、信誉和相应的工作人员。

3）具有承担类似项目的业绩。

4）没有处于被责令停业，财产被接管、冻结、破产状态。

5）在最近几年内（如最近 3 年内）没有与合同有关的犯罪或严重违约违法行为。

招标人应当对投标人进行资格审查，并提出资格审查报告，经参审人员签字后存档备查。在一个项目中，招标人应当以相同条件对所有潜在投标人的资格进行审查，不得以任何理由限制或者排斥部分潜在投标人。

（3）标底。标底是招标人对拟招标工程事先确定的预期价格。招标人编制标底价格是对招标工程所需建造费用的自我测算和控制。同时，标底价格也是招标工程社会平均水平的建造价格，在工程评标时招标人可以用此价格来衡量各个工程投标人的个别价格，判断投标人的投标价格是否合理。

我国招标投标法没有明确规定招标工程是否必须设置标底价格，招标人可根据工程的实际情况自行决定是否需要编制标底价格。在一般情况下，即使采用无标底招标方式进行工程招标，招标人在招标时还是需要对招标工程的建造费用做出估计，以便对各个投标报价的合理性做出理性的判断。

一个招标项目，只能有一个标底，不得针对不同的投标单位而有不同的标底。制定好的标底一经审定应密封保存至开标，所有接触过标底的人员均负有保密的法律责任。

（4）招标。招标申请经主管部门批准，招标文件准备好以后，就可以开始招标。招标阶段要进行的工作有：发布招标消息，接受投标单位的投标申请，对投标单位进行资格预审，发售招标文件，组织现场踏勘、工程交底和答疑，接受投标单位递送的标书等。

采用公开招标方式的项目，招标人应当在国家发展和改革委员会指定的媒介发布招标公告，其中大型水利工程建设项目以及国家重点项目、中央项目、地方重点项目同时还应当在《中国水利报》发布招标公告，公告正式媒介发布至发售资格预审文件（或招标文件）的时间间隔一般不少于 10 日。招标人应当对招标公告的真实性负责。招标公告不得限制潜在投标人的数量。投标人少于 3 个的，招标人应当依照《水利工程建设项目招标投标管理规定》（水利部令第 14 号）重新招标。

招标可以根据建设项目的规模大小、技术复杂程度、工期长短、施工现场管理条件等情况采用全部工程、单位工程或者分项工程等形式进行招标。同一工程中不同的分标项目可采用不同的招标方式。主体工程不宜分标过多，分标的项目以有利于项目管理、有利于吸引施工企业竞争为原则。分标方案应在招标申请书中注明。

根据建设项目规模和复杂程度，确定招标活动的安排。投标截止时间应足以保证投标单位能认真地了解有关情况，研究招标文件和编制投标书。

依法必须进行招标的项目，自招标文件开始发出之日起至投标人提交投标文件截止之日止，最短不应少于 20 日。

（5）开标。开标由招标单位主持，并根据需要可邀请上级主管部门、地方基建主管部门、设计单位、建设银行、公证部门等有关单位参加。

经公证人确认标书密封完好、封套书写符合规定，当众由工作人员一一拆封，宣读标书要点，如标价、工期、质量保证、安全措施等，逐项登记，造表成册，经读标人、登记人、公证人签名，作为开标正式记录。

（6）评标。评标就是对投标文件进行评审和比较。为保证评标的公正性，一般由招标单位聘请上级招标管理机构、建设项目主管部门、设计、监理等单位的有关领导、专家组成评标领导小组或评标委员会，负责评审工作。投标文件评审和比较的主要内容有以下几方面：

1）检查投标文件的完整性和响应性。

2）评审投标价格高低和合理性。

3）评审项目实施技术上的可行性、实施设施的合理性以及实施手段的保证性等。

4）评审项目实施的主要管理人员和技术工人的经验和素质。

5）评审保证进度、质量和安全等措施的可靠性。

6）评审其财务能力。

7）评审投标人的资质和信誉。

评标工作由招标人组建评标委员会负责进行，其成员由招标人的代表和有关技术、经济等方面的专家组成。《水利工程建设项目招标投标管理规定》（水利部令第 14 号），评标委员会成员人数为 7 人以上的单数，其中专家（不含招标人代表人数）不得少于成员总数的 2/3。评标委员会成员名单应保密。

## 二、工程投标

工程投标是一种要约，需要严格遵守关于招投标的法律规定及程序，还需对招标文件做出实质性响应，并符合招标文件的各项要求，科学规范地编制投标文件与合理策略地提出报价。

投标人必须具备招标文件要求的资质（资格）。两个或两个以上单位联合投标的，应当按资质等级较低的单位确定联合体资质（资格）等级。投标人应当对递交的资质（资格）预审文件及投标文件中有关资料的真实性负责。

**（一）施工投标程序**

投标人在获知招标信息后或得到招标邀请后，应根据工程的建设条件、工程质量和自身的承包能力等，决定是否参加投标。投标人在决定参加投标以后，为了在竞争中胜出，必须认真做好各项投标工作。

水利工程投标一般有以下程序：

（1）获取招标信息（通过媒体招标公告获得或得到投标邀请），确定是否参加投标。

（2）报名参加投标。

（3）如有资格预审，则准备资格预审材料，接受资格预审。

（4）通过资格预审后，购买招标文件。

（5）研究招标文件，对招标文件中的疑问向招标人质询，参加招标人组织的标前会议和现场踏勘，调查施工环境（施工场地、材料价格），获取招标补遗文件。

（6）确定投标策略。

（7）编制施工组织设计，计算投标报价。

（8）调整投标策略，调整投标报价。

（9）办理银行保函，编制完整标书。

（10）递送标书，开标。

（11）回答招标人需要澄清的问题，并做书面澄清。

（12）如中标，则办理履约保函，签订合同。

**（二）施工投标中的几个主要问题**

1. 投标项目的选择

为了选择适当的投标项目，水利工程施工企业要广泛了解和掌握招标项目的分布和动态，如项目名称、分布地区、建设规模、大致工程内容、资金来源、建设要求、招标时间等以便对招标项目进行早期跟踪，主动地选择对自己有利的招标项目，同时有目的地做好投标的各项准备工作。

招标项目一览表为施工单位投标提供了可能选择的投标项目本身的主要情况。投标企业应有选择地对自己看好的招标工程项目进行全面的调查和分析，及时地了解和掌握与项目有关的各种信息，为选择投标项目提供更加充分的依据。只有正确选择投标项目，才能提高中标率，而且中标后才能获得良好的经济效益。

实际上，是否参加一项工程项目的投标取决于多种因素，但投标企业最终应从经济角度和战略角度来权衡各种因素，从而选定理想的投标项目。

2. 投标工作机构及职能

施工单位设置专门的投标工作机构，有利于在强手如林的竞争中获胜。目前，施工企业的投标工作机构多采用由专职人员组成的固定机构与兼职人员临时参加相结合的方式。

固定投标机构的工作主要由公司经营部门牵头。其专职投标人员的任务是：平时准确及时地掌握水利工程项目的市场动态；收集招标项目的有关情报资料；对招标项目进行可行性研究；研究投标策略和报价策略；对决定投标的项目组织投标文件的编制工作直到投标工作结束；及时总结投标过程中的经验教训；注意分析和积累历次投标中的定量数据，为今后投标打下基础。

临时参加投标工作的兼职人员平时在原工作岗位上工作，投标时，即为投标机构人员。兼职人员及职责如下：

（1）公司经理（或副经理）。其职责是最终决定是否参加投标，对决定参加投标的项目做出报价决策。

（2）总工程师（或主任工程师）。其职责是负责施工方案、技术方案等技术方面的工作。

（3）计划员、预算员。主要负责编制施工计划、施工方案和投标报价。

（4）其他人员。采购员提供购买材料、设备和租赁设备的报价资料。

投标工作人员应掌握的知识包括以下内容：

（1）法律知识。有关工程招标投标的法律、法令、政策以及处理这些问题的通常方法。既要了解基本知识，还要学习具体投标工程所在地的有关工程投标法规、法令和政策，以及它们对投标人的影响和约束力。

（2）技术与专业知识。工程项目上的通用规范和技术标准、工程所在地的地方施工规范和技术标准。

（3）市场知识。主要指工程所在地区的承包工程的客观情况，即供应规模、潜力、现状、前景变化情况，当然也包括具体项目的情报，如有关施工机械、地方材料、劳动力及运输成本等价格资料。

（4）标价计算和填写标书方面的知识。如确定施工方案，核对工程量，计算机械、材料、人工费用，确定各种管理费用和投标保函、税收、保险、银行手续费，分析成本，确定不可预见费等。

投标单位也可通过聘请经济顾问、技术顾问或法律顾问等专业人士参加投标工作机构工作，以加强决策实力。

投标机构基本职能如下：

（1）项目的选定。

（2）投标工作程序、标价计算方法与基本原则的制定。

（3）现场勘察与地方材料、设备价格的调研。

（4）投标报价的编制。

（5）办理投标手续并投标。

（6）合同的谈判与签订。

（7）项目成本预测。

（8）竞争策略的研究和选择。

（9）标价与各种比价资料收集与分析。

（10）就标价与合同条款等问题向项目经营班子交底。

3. 研究招标文件

购回招标文件后，投标工作人员首先应研究招标文件，亦即"吃透"标书，搞清标书的内容和要求。其目的如下：

（1）弄清承包人的责任和报价范围，不要发生任何遗漏。

（2）弄清各项技术要求，以便确定合理的施工方案。

（3）找出需要询价的特殊材料与设备，及时调查价格，以免因盲目估价而失误。

（4）理出含糊不清的问题，及时提请招标人予以澄清。

"吃透"标书既要不放过任何一个细节，又要特别注意下列重点问题。

1）在合同条件方面。

a. 工程要求：包括开竣工日期、总工期以及是否有分段分批竣工交付使用的要求和有关工期提前或拖后的奖罚条件与奖罚限额。

b. 工程保修期限。

c. 质量等级与标准。

d. 物资供应分工中双方的责任。

e. 付款条件是否有预付款及扣回的办法、按进度结算还是完工一次结算、延期付款的责任和利息的支付。

2）材料、设备和施工技术方面。

a. 设计中采用的施工及验收规范以及设计的补充规定与特殊要求。

b. 有无特殊的施工方法和要求，其中需要采用什么特殊的设备、措施，需要花费多少特殊的费用。

c. 有无特殊的材料设备，例如招标人指定供货单位的材料和投标单位需要询价的材料等。

d. 关于材料设备代用的规定。

3）工程范围和报价要求方面。

a. 弄清合同的种类（如总价合同还是单价合同），不同的合同种类其报价要求不同，必须区别对待。

b. 工程量清单的编制体系和方法。例如工程项目的组成和工程细目的组成。一定要搞清项目或细目的含义，以避免工程开始后结账时造成麻烦，特别在投国外工程项目时，更要注意工程量清单中各个项目的外文含义，如有含糊不清处必须找业主澄清。

c. 各种费用列入报价的方法。

d. 总包与分包的规定。如怎样选定分包单位，总包和分包单位之间相互责任、权利和义务。

e. 施工期限内的材料、设备涨价，国家统一调整工资等的补偿规定。

在研究招标文件时还有一个不容忽视的问题，即"标准语言"的使用问题。按照国际惯例，合同的特殊条款中明确规定了何种语言为"标准语言"。当合同或来往函件中其他语言与"标准语言"不符时，应以"标准语言"为准。如某招标合同的标准语言为英文，而中文版的合同中所要求购买小汽车的数量比英文版合同中少一辆，某投标单位就按中文版中小汽车的需要量作标价，倘若该单位中标，就要无偿为业主多买一辆小汽车。

4. 弄清投标环境

投标环境主要是指投标工程的自然环境、现场工作条件、经济环境、社会环境等。

（1）工程的自然环境。如工程所在地的地理位置，以及所在地区的气象、水文、地质等自然条件。

（2）工程现场工作条件。即交通运输、供电、通信是否方便。工期是否适当，保修期有多长。

（3）工程的经济环境。包括资源条件、协作与服务条件和竞争力量等因素。资源条件是指能够为该工程所用的当地劳动力的素质、数量、价格及各种原材料的供应条件。工程协作与服务条件是指工程所在地的社会服务和劳务服务情况（如配件供应、机修能力、租赁机械和水电供应，以及商业网点、医疗条件等）以及当地的分包力量。竞争力量是指竞争对手的实力和优势。

（4）工程的社会环境。如工程所在国的政治经济形势，特别是与该工程直接有关的政策、法令和法规等，特别注意机械、设备、人员进出该国有无困难，以及该国法律对外商的限制制度。

弄清这些情况，对于正确估计工程成本和利润，权衡投标风险，制定投标策略，都有重要作用。

5. 澄清问题

在投标有效期内，无论在研究标书时或现场勘察时或在填报标书时，投标人都可以找业主澄清招标文件中含糊不清的问题，但要注意以下几点：

（1）注意礼貌，不要让业主为难。

（2）标书中对投标人有利的含糊不清的条款，不要轻易提请澄清。

（3）不要让竞争对手从我方提问中觉察出自己的设想和施工方案，甚至泄露了报价。

（4）请业主或顾问工程师对所作的答复出具书面文件，并宣布与标书具有同样效力，或由投标人整理一份谈话记录送交业主，由业主确认签字盖章送回。绝对不能以口头答复作为依据来修改投标报价。

（5）千万不能擅自修改招标文件并将其作为报价依据。

6. 校核工程量

招标文件中"工程量清单"上开列的工程量是估算的工程量，不能作为承包商在履行合同义务过程中应予以完成的实际工程量。

核实工程量不必要重新计算一遍，只选择工程量较大、造价高的项目抽查若干项，按图纸核对即可。

核对工程量的主要任务是检查有无漏项或重复，工程量是否正确，施工方法及要求与图纸是否相符。

如果发现工程量有重大出入，特别是漏项时可找业主核对，要求业主认可，或在标函中说明，待得标后签订合同时再加以改正，切记不要随意更改或补充，以免造成废标。

7. 编制施工方案

施工方案应包括下列内容：

（1）施工总体布置图（包括临建工程）。

（2）当地自采材料生产工艺流程及机械设备的配置。

（3）水电容量及其机械配置。

（4）主要施工项目的施工方法。

（5）人、材、机来源及运输方式。

（6）临建工程数量。

（7）施工机械设备清单。

（8）编制的工程施工计划。

选择和确定施工方法时，应注意对于比较简单的工程，如一般的土方工程、混凝土工程、沟渠工程等，应结合已有的施工机械及工人技术水平来选定施工方法，努力做到节省开支，加快速度。对于复杂工程则要考虑几种方案，综合比较，择优选择，必须结合施工进度计划及施工机械设备能力来研究，充分考虑可能发生的情况，并采取相应措施后方能决定。

选择施工设备和施工设施时，应注意一般在研究施工方法的同时应不断进行施工设备和设施的比较，是利用旧设备还是新设备，是在国内采购还是在国外采购，设备的型号、配套、数量（包括使用数量和备用数量），还应研究哪些类型的机械可以采用租赁办法。国内水利工程一般采用合理低价中标，因此投标人应争取以施工方案取胜。

8. 编制投标文件

投标人编写的投标文件的内容应符合招标书的要求，一般主要内容如下：

（1）投标函及投标函附录。

（2）法定代表人身份证明或附有法定代表人身份证明的授权委托书。

（3）投标保证金。

（4）投标书综合说明、工程总报价。

（5）按照工程量清单填写单价、单位工程造价、全部工程总造价。

（6）施工组织设计。

（7）保证工程质量、进度和施工安全的主要组织保证和技术措施。

（8）计划开工、各主要阶段进度安排和施工总工期。

（9）参加工程施工的项目经理和主要管理人员、技术人员名单。

（10）工程临时设施用地要求。

（11）拟分包项目情况表。

（12）资格审查资料。

（13）招标文件要求的其他内容和其他应说明的事项。

9．其他

投标人为了在竞争的投标活动中，取得满意的结果，必须在弄清内外环境的基础上，制定相应的投标策略，以指导投标过程中的重要活动。

投标人应当在招标文件规定的投标截止时间之前将投标文件密封送达招标人。在投标截止时间之前，投标人可以撤回已递交的投标文件或进行更正和补充，但应当符合招标文件的要求。

投标人在递交投标文件的同时，应当递交投标保证金。

# 第二节　投标报价编制

投标报价是投标人参与工程项目投标时报出的工程造价。即投标报价是指在工程招标发包过程中，由投标人或受其委托具有相应资质的工程造价咨询人按照招标文件的要求以及有关计价规定，依据发包人提供的工程量清单、施工设计图纸，结合工程项目特点、施工现场情况及企业自身的施工技术、装备和管理水平等，自主确定的工程造价。投标报价的编制是指投标人对拟承建工程项目所要发生的各种费用的计算过程。

投标报价是投标的关键性工作，报价是否合理直接关系到投标工作的成败。编制投标报价的原则如下：

（1）投标报价由投标人自主确定，但必须执行《建设工程工程量清单计价规范》（GB 50500—2013）的强制性规定。投标报价应由投标人或受其委托具有相应资质的工程造价咨询人编制。

（2）投标报价对于投标成败和承包项目的盈亏起决定作用，投标人应当合理确定投标价格，不能高于招标人设定的招标控制价，也不得低于工程成本。《中华人民共和国招标投标法》中规定："中标人的投标应当符合下列条件……（二）能够满足招标文件的实质性要求，并且经评审的投标价格最低；但是投标价格低于成本的除外。"《评标委员会和评标方法暂行规定》中规定："在评标过程中，评标委员会发现投标人的报价明显低于其他投标报价或者在设有标底时明显低于标底的，使得其投标报价可能低于其个别成本的，应当要求该投标人做出书面说明并提供相关证明材料。投标人不能合理说明或者不能提供相关证明材料的，由评标委员会认定该投标人以低于成本报价竞标，其投标应作为废标处理。"上述法律法规的规定，特别要求投标人的投标报价不得低于工程成本。

（3）投标人必须按招标工程量清单填报价格。实行工程量清单招标，招标人在招标文件中提供工程量清单，其目的是使各投标人在投标报价中具有共同的竞争平台。因此，为避免出现差错，要求投标人必须按招标人提供的招标工程量清单填报投标价格，填写的项目编码、项目名称、项目特征、计量单位、工程量必须与招标工程量清单一致。

（4）投标报价要以招标文件中设定的承发包双方责任划分，作为设定投标报价费用项目和费用计算的基础。承发包双方的责任划分不同，会导致合同风险分摊不同，从而导致投标人报价不同；不同的工程承发包模式会直接影响工程项目投标报价的费用内容和计算深度。

（5）应该以施工方案、技术措施等作为投标报价计算的基本条件。企业定额反映企业技术和管理水平，是计算人工、材料和机械台时消耗量的基本依据；更要充分利用现场考察、调研成果、市场价格信息和行情资料等编制基础报价。

（6）报价计算方法要科学严谨，简明适用。投标人应根据自身的实际能力，正确选择投标项目。对一个投标项目，只允许投一次标，一次标只能填一个报价。

## 一、投标报价的编制依据

投标报价编制的依据如下：

（1）《水利工程工程量清单计价规范》（GB 50501—2007）。

（2）企业定额，国家或省级、行业建设主管部门颁发的计价定额和计价办法。

（3）招标文件、招标工程量清单及其补充通知、答疑纪要。

（4）建设工程设计文件及相关资料。

（5）施工现场情况、工程特点及投标时拟定的施工组织设计或施工方案。

（6）与建设项目相关的标准、规范等技术资料。

（7）市场价格信息或工程造价管理机构发布的工程造价信息。

（8）其他的相关资料。

## 二、投标报价的编制

在编制投标报价之前，需要先对清单工程量进行复核。因为工程量清单中的各分部分项工程量并不十分准确，若设计深度不够则可能有较大的误差，而工程量的大小是选择施工方法、安排人力和机械、准备材料必须考虑的因素，自然也影响分项工程的单价，因此一定要对工程量进行复核。

投标报价的编制过程，应首先根据招标人提供的工程量清单编制分部分项工程量清单计价表，然后计算与工程项目有关的各种费用，计算完毕后汇总而得到单位工程投标报价汇总表，再层层汇总，分别得出单项工程投标报价汇总表和工程项目投标总价汇总表。

### （一）投标报价的编制步骤

投标报价编制是投标程序的一部分，具体的步骤如下：

（1）勘察现场、参加标前会议、收集当地造价信息。

（2）"吃透"标书。

（3）复核工程量。

（4）施工方案交底。

（5）根据标书格式及填写要求进行投标报价计算。

**（二）投标报价文件的组成**

投标报价文件的组成如下：

（1）工程量及价格表。

（2）单价计算表。

（3）人工、主要材料数量汇总表。

（4）工程进度计划表。

（5）工程用款计划表。

（6）劳动力计划表。

（7）主要材料进场计划表。

（8）与标书一起递交的资料与附图。

**（三）投标报价计算**

1．投标报价的确定

投标总报价为工程量清单中所列项目的工程量与投标人报的单价之积的总和。投标报价项目的单价构成应包括建筑安装工程全部费用，即现行水利工程概（预）算组成中的直接费、间接费、利润、材料补差、税金。如果合同中要求承包人办理保险，则单价中还应包括保险费。直接费包括基本直接费（即由工程定额计算的人工费、材料费、施工机械使用费）和其他直接费（包括冬雨季施工增加费、夜间施工增加费、特殊地区施工增加费、临时设施费、安全生产措施费和其他）。间接费则包括规费和企业管理费。除基本直接费按照工程定额计算外，其他各项费用均以费率计算，但应该注意不同费率计算的基数不同。投标单位编制报价时，可对国家规定的各项费用的定额及费率（除增值税税率外）在合理范围内浮动，然后即可求出工程单价。

在投标报价的计算中要考虑的主要因素如下：

（1）基本直接费的计算。

1）人工费。人工费是指直接从事水利工程施工和附属辅助性生产的工人的基本工资和辅助工资。基本工资单价根据投标工程所在地区工资情况按水利部颁发的有关规定计算，辅助工资则根据工程所在地政府规定的标准计算，也可结合本单位的实际情况适当调整。如当地有经济特区津贴、地区工资补贴，也应按有关规定一并计入。

2）材料费。目前水利招标工程中材料来源渠道不一，所以同种材料的价格也不一样，大致有两种情况：①业主提供一部分材料，其他材料由承包商自行采购；②所需材料全由承包商选购。在计算材料的价格时，如果属于业主供应部分则按业主提供的价格计算，其余材料应按市场调查的实际价格计算，若调查出的同种材料价格不一，可采用加权平均价格。

关于材料价差如何计入标价，要视招标文件上如何要求。若报价单上明确列出"设备、材料价差"一项，则在计算投标报价时一律按业主提供的价格或国家牌价计算，然后分项计算出材料价差，最后求出全部材料价差填入报价单；若报价单上没有明确列出"设备、材料价差"一项，则材料报价应该是按市场调查的实际价格，而不应计"设备、材料价差"，否则投标函有可能被视为废标。

3）施工机械台时费。施工机械台时预算价格应按水利部或工程所在地区水利部门最新公布的《水利工程施工机械台时费定额》计算，施工机械台时单价由第一类费用和第二类费用组成。费用的调整可以按文件或本单位实际情况进行。

应该注意的是，在目前的水利工程招标投标中，一般不计施工机械进退场费。因此，施工单位在投标时，应充分考虑工程机械调度的费用，在必要时可以将施工机械进退场费分摊在施工机械台时费中。

在计算基本直接费时，人工定额、材料定额和机械消耗定额可根据本单位的实际工效进行调整，以使标价具有竞争力。基本直接费的标准高低，直接影响到投标工程成本估价的准确程度。因为其他各项费用的计算基数最终都是基本直接费，所以计算基本直接费时一定要严肃认真，切勿粗估冒算。

（2）费率的计算。基本直接费求出之后，再根据投标工程的类别和地区以及合同要求，结合本单位实际情况，参考现行《水利工程设计概（估）算编制规定》中提供的有关费率确定其他直接费率、间接费率、利润率和税率，据此分别计算其他各项费用。

（3）风险费用。招标文件中要求投标人承担的风险费用，投标人应在综合单价中给予考虑，通常以风险费率的形式进行计算。风险费率的测算应根据招标人要求结合投标企业当前风险控制水平进行定量测算。

（4）工程量清单项目特征描述。投标人投标报价时应依据招标工程量清单项目的特征描述确定清单项目的综合单价。在招投标过程中，若出现工程量清单特征描述与设计图纸不符，投标人应以招标工程量清单的项目特征描述为准，确定投标报价的综合单价，若施工中施工图纸或设计变更与招标工程量清单项目特征描述不一致，发承包双方应按实际施工的项目特征依据合同约定重新确定综合单价。

（5）关于银行保函的问题。招标投标活动中涉及的银行保函有投标保函和履约保函（包括预付款保函）。投标保函是承包商参加投标时通过银行出具给业主一定金额和一定期限的保证信件，明确承包商在投标过程中不能履行投标文件中的承诺时，通过出具保函的银行，用保证金额的全部或部分替承包商赔偿业主的经济损失，投标保证金不得超过招标项目估算价的 2%。履约保函是指承包商和业主签订合同时，通过银行出具给业主一定金额和一定期限的保证信件，明确在承包商不能履约时，通过出具保函的银行，用保证金额的全部或部分替承包商赔偿业主的经济损失，履约保证金不得超过中标合同金额的 10%（一般视预付款的比例定）。银行出具保函，会按保函金额的一定比例收取手续费。

（6）初步的工程报价。

（7）工程最后报价。工程初步报价（包括单价）是参考现行《水利工程设计概（估）算编制规定》和相关定额等，并结合工程情况和投标单位实际情况计算出来的，而确定最后报价时还要根据报价策略来调整报价。此时应充分考虑风险和挖掘潜力降低成本，其目的是力争使报价具有竞争力和一旦中标后能获得理想的经济效益。

**2. 投标报价编制应注意的问题**

投标报价计算的指导思想是认真细致，科学严谨，既不要有侥幸心理，也不要搞层层加码。

（1）投标报价计算首先要按照合同的类别结合本单位的经验和习惯，确定报价计算的方法、程序和报价策略。常用的投标报价计算方法有单价分析法、系数法、类比法。具体应用时最好不采用单一的计算方法，而用几种方法进行复核和综合分析。例如主要采用单价分析法逐项计算，还应采用类比法进行复核等。

（2）计算和核实工程量。工程量计算得准确与否，是整个报价计算工作的基础，因为施工方法、用工量、材料用量、机械设备使用量、临时设施数量等，都是根据工程量的多少来确定的。计算和核定工程量，一般可从两方面入手：①要认真研究招标文件，复核工程量，吃透设计技术要求，改正错误，检查疏漏；②要通过实地勘察取得第一手资料，掌握一切与工程量有关的因素。

（3）企业定额的使用。企业定额是施工企业根据本企业具有的管理水平、拥有的施工技术和施工机械装备水平而编制的，完成一个规定计量单位的工程项目所需的人工、材料、施工机械台时的消耗标准，是施工企业内部进行施工管理的标准，也是施工企业投标报价确定综合单价的重要依据。投标企业没有企业定额时可根据企业自身情况参照消耗量定额进行调整。

（4）除了核实工程量和准确计算基价以外，各项费率的选择也是报价成功与否的关键。因此，在选择费率时，既要考虑到以此费率计算出来的费用能包住实际发生的费用，还要考虑到此费率计算出的标价要有竞争力。

（5）报价计算时还要注意的一个问题就是数字计算。数字计算很简单，却很容易被投标人忽略，常见的失误有：小数点点错；算术错误（单价与工程量之积不等于"金额"）；计算对了却抄写错了；数字与文字不符。因此，在报价计算时要特别注意数字要正确无误，无论单价、分部合计、总报价及大写数字（外文更注意不要搞错）均应仔细核对。评标时发现数字与文字不符者以文字为准。尤其是在单价合同承包制中的单价更不能出差错，因为单价合同结算是以单价和实际完成工程量为依据，如果中标后按照错误的单价结算，可能会使企业蒙受不应有的损失。

（6）投标报价计算好后，将自己的报价与当地近年来中标修建的同类项目报价作比较，看此报价是否适度，是否有希望中标。如中国路桥公司在布隆迪六号水利项目报价时与我国经援的七号水利项目造价作了比较并最终中标。

（7）确定了总标价之后，还应该使用"单价重分配"的报价策略。事实上，投标人对每一项工程的报价并不都是按照各种费用的"真实"比例来组合的，而是根据有关因素权衡利弊，进行单价重分配。

（8）投标报价计算时还要特别注意一个问题，不要"漏项"。投标单位中标后，业主将不付给承包商"漏项"项目的工程款，而承包商却要按合同要求完成"漏项"项目的工作。

投标报价计算工作完成以后，编制标书工作也要认真对待，否则功亏一篑。

（9）确定最后标价，要根据自己计算的结果来确定，切忌轻信"偷"来的标底或竞争对手的"报价"。投标单位轻信"摸"来的"标底"或"报价"，并根据其确定自己投标报价而造成经济损失的现象，时有发生。

# 第三节 投标策略与报价技巧

## 一、投标策略

### （一）常见的投标策略

投标人要在工程投标中做出正确的或现实情况下最好的决策，决策者必须有足够的信息作为依据，并有两个或两个以上可供选择的方案。没有足够的信息决策就是盲目的；只有一种方案，也就无所谓决策。

投标策略主要解决两个问题：①决定是否参加投标；②指导报价争取中标。常见的投标策略有以下几种：

（1）靠经营管理水平高取胜。这主要靠做好施工组织设计，采取合理的施工技术和施工机械，精心采购材料、设备，选择可靠的分包单位，安排紧凑的施工进度，力求节省管理费用等等，从而有效地降低工程成本而获得较大的利润。

（2）靠改进设计取胜。即仔细研究原图纸，发现不够合理之处，提出能降低造价的措施。

（3）靠缩短建设工期取胜。即采取有效措施，在招标文件规定的工期基础上，再提前若干天或若干个月完工，从而使工程早开工、早竣工。

（4）低利政策。主要适用于施工单位任务不足时。此外，承包商初到一个新的地区，为了打入这个地区的市场，建立良好的信誉，也往往采用这种策略。

（5）报价虽低，却着眼于索赔，从而得到更高利润。即利用图纸、技术说明书与合同条款中不明确之处，从中寻找索赔机会。但这种策略应慎用，搞不好承包商在该工程上暂时获利，但其声誉被毁，影响后续投标。

（6）着眼于发展，争取将来的优势，而宁愿目前少赚钱。施工单位为了掌握某种有前途的工程施工技术，可采用该策略。

上述策略并非互相排斥，可结合具体情况综合、灵活地运用。

投标决策贯穿于投标竞争的全过程。对投标竞争中的各个主要环节，只有及时地做出正确决策，才有希望取得竞争的全胜。

### （二）投标报价策略

恰当的投标报价是能否中标的关键。投标报价过高，无疑会失去竞争力而落标，而投标报价过低（低于正常情况下完成合同所需的价格），也不一定就能中标，何况，即使中标也难逃亏损的厄运。只有低而适度的报价才是中标的基础。如何确定一个低而适度的投标报价和中标后能获得理想的经济效益，关键在于投标人所制定的报价策略。

常见的投标报价策略有降低预算成本的策略、确定利润率的策略和报价平衡策略。

1. 降低预算成本的策略

要确定一个低而适度的报价，首先要编制出先进合理的施工方案，在此基础上计算出能确保合同要求工期和质量标准的最低预算成本。降低水利工程预算成本要从降低直接费和间接费入手。其具体措施和技巧如下。

每个施工单位都有各自的优势。只有利用这些优势降低报价，这种优势才会转化为价值形态。

一个单位的优势一般可从以下几个方面体现出来：

（1）职工队伍：文化技术水平高，劳动态度好，工作效率高，工资相对较低。

（2）技术装备：适合投标工程项目的需要，性能先进，成组配套，使用效率高，运转劳务费用低。

（3）材料供应：有一定的周转材料，有稳定的来源渠道，物美价廉，运输方便，运距短，费用低。

（4）施工技术组织：施工技术先进，方案切实可行，组织合理，经济效益好。

（5）管理体制：劳动组织精干，管理机构精简，管理费较低。

当投标人具有某些优势时，在计算报价的过程中就不要照搬统一的预算定额，而是结合本单位实际情况将优势转化为较低的报价。这既提高了投标的竞争能力，又避免了利润损失。

2. 运用其他方法降低预算成本

（1）多方案报价法。多方案报价法就是在投标函中有两个或两个以上的报价单。投标单位在研究招标文件和进行现场调查过程中，如果发现有设计不合理并且可改进之处，或者可能利用某种新技术使造价降低，这时，除了完全按照招标文件要求提出基本报价之外，可另附一个建议方案及选择性报价。选择性报价应附有详细的价款分析表，否则可能被拒收。另外，选择性报价还应附有为全面评标所需的一切资料，包括对招标文件所提出的修改建议、设计计算书、技术规范、价款细目、施工方案细节和其他有关细节。投标人要注意：业主考虑选择性报价时，只考虑那些在基础报价（即完全按招标文件要求编制的报价）的基础上，估价最低的投标人的选择报价，亦即选择性报价应低于基础报价。当投标人采取多方案报价时，必须在所提交的每一份文件上都标明"基本报价"和"选择报价"字样，以免造成废标。但有的招标文件规定，不允许投标人提出替代方案，在这种情况下，投标人不能提替代方案，否则将成为废标。

在选择方案中明确反映出如果能采用此方案，业主将获得工期提前、质量提高、造价可降低多少等，将会对业主产生极大的吸引力，有利于本单位中标。而对投标单位来说，虽然降低了报价，但实际成本也降低了，而成本降低的幅度可能要大于报价降低的幅度，如选择方案中由于采用某种新技术使报价降低了 2%，但实际成本可能降低了 3%；这样，投标单位既有可能顺利中标，又仍然有利可图。

（2）开口升级报价法。这种方法是把投标看成是取得议标资格的步骤，并不是真的降低报价，只是在详细研究招标文件的基础上，将其中的疑难问题（如有特殊技术要求或造价较大的项目）找出，作为活口，暂不计入报价，只在报价单中适当加以注释，这样其余部分报的总价就会低，以致低到其他投标人无法与之竞争的最低数额（有时称"开口价"）来吸引业主，从而取得与之议标的机会。在与业主议标的过程中利用自己丰富的施工经验对"活口部分"提出一系列具有远见卓识的方案和相应报价，这样，既赢得了业主的信任，又提高了自己的报价，有利于获得工程的承包权。当然也可以利用

"活口"借故加价，达到盈利的目的，但一定要适可而止，不要过分，以免损害本单位的声誉。

投标人拟采用开口升级报价法时，一定要注意招标文件是否允许这样报价，如果招标文件中明确了疑难问题的澄清办法和合同中明确要求必须按给出的格式报价，这种办法就不能使用。

（3）不平衡报价法。不平衡报价法是指在保持总报价不变的前提下将工程量清单中的项目分成几个部分，通过增加工程量清单中的一些项目的单价，同时降低另外一些项目的单价。其目的并不是靠降低报价来提高投标的竞争力，也不是靠提高报价以期中标后能取得较好的经济效益，而是赚取由于工程量改变而引起的额外收入；改善工程项目的资金流动。具体的方法如下：

经过核算工程量，对那些工程量有可能增加的项目的单价适当报高，对那些工程量有可能减少的项目的单价适当报低，对一些工程量比较小的项目的单价适当报高。如招标文件中没有说明计日工单价，则可以将计日工的单价适当报高。没有工程量，只填单价的项目（如土方工程中挖淤泥、岩石等备用单价），其单价宜报高些，这样既不影响投标报价，以后发生还可多获利。

能早日结账收款的项目（如开办费、土方等）单价可提高一些，以利于资金周转（如果存入银行还可得到利息），后期完成的工程，单价可适当降低。

图纸不明确或有错误的，估计修改后工程量要增加的，可提高单价；工程内容说不清楚的，单价可降低一些，这样有利于以后的索赔。

对于暂定金额（暂定项目）要具体分析，因这类项目要开工后再与业主研究是否实施，其中肯定要做的单价可报高一些，不一定要做的则应降低一些。

如果处于高通胀时期，利率低于通货膨胀率，应提高后期完工工程的单价。这样，按通货膨胀率计算就可得到额外收入，同时为使总报价不变还要适当降低前期完工的某些项目单价。

需要说明的是，承包商在采用不平衡报价时，不可将报价定得太高或太低，要把调整幅度控制在合理范围内，以免被招标人认为该报价没有科学依据、报价不合理而被拒绝。

3. 确定利润率的策略

（1）根据实际情况和潜在风险确定利润率。利润是投标人预计在所投标工程中获得的利润，用利润率表示。

$$利润 ＝ （直接费＋间接费）×利润率 \qquad (11-1)$$

利润率取多少为宜，其原则是既要使标价有竞争力，又要使投标单位中标后得到理想的经济效益。一般根据对影响利润率的因素分析和对潜在风险的评估结果来确定合理的利润率。

关于潜在风险，除了在保险公司投保的风险外，还可能出现的意外风险主要有以下几方面：

1）施工条件恶劣，有的标书上工程地质、水文、气象等条件交代不清楚，又不符合索赔条件，可能会给投标人造成一定的损失。

2）业主工程师不公正，对图纸或合同条款的解释不公正或对承包商工作挑剔，而承包商不得不按他的意见办，必然要给承包商带来损失。

（2）根据建筑市场情况确定利润率。目前，水利工程施工面临越来越激烈的竞争，采取保本微利，低价中标，依靠加强管理来提高经济效益，已是大势所趋。

4. 报价平衡策略

投标单位在认真计算的基础上，有策略地确定了最低预算成本和适度的利润率以后，得出了招标工程项目的初步估价（最初投标报价）。然而，这个报价是否既具有竞争力，又能在中标后取得理想的经济效益呢？这仍然是投标人需要研究的重要问题。因此，在初步估价的基础上进行报价平衡，是十分必要的。有策略地进行报价平衡，重点需要做好报价分析工作。

分析报价时，首先由报价编制人员对报价计算过程按成本项目进行详细的复核，然后根据招标项目的大小和重要程度，由投标单位领导人主持召开一个有关业务部门和少数骨干参加的投标前分析会，对计算依据、计算范围、间接费率等报价计算的合理性进行内部"模拟"评价，挖掘降低报价的潜力。同时可根据主要竞争对手的实力、优势和以往类似工程投标中的报价水平，以及对招标人标底的推测，分析本企业报价的竞争力，商定一个降价系数，提出必要的措施和对策。降低系数是投标单位预先给予参加投标人员的调价权限。

随着投标日期的临近，投标人要密切注视招标投标各方的动态和收集研究各种重要信息，特别对主要竞争对手的经营状况、投标积极性、可能的报价水平要做充分的估计。如果本身的报价水平具有竞争力，就不必轻易动用降价系数，否则就要在投标之前适当调整自己的报价。如果根据可靠的情报和推理分析表明，即使动用了降价系数也难以获胜，这时应及时权衡利弊，重新决策。在投标中，不管面临什么样的竞争形势，投标单位本身都是有主动权的。投标单位不应当放过竞争的机会，但也绝不应该盲目降价，除非特殊战略目标的需要，否则把报价降低到最低预算成本之下是极不明智的。

## 二、投标报价技巧

工程项目投标报价技巧是指工程项目承包商在投标过程中所形成的各种操作技能和技巧。工程项目投标活动的核心和关键是报价问题，不论是国内投标，还是国际投标，研究并掌握报价技巧，对夺取投标胜利起重要作用。因此，工程项目投标报价技巧至关重要。

国内外的投标报价技巧，主要有以下几种。

### （一）不平衡报价

不平衡报价，是相对通常的平衡报价（正常报价）而言的，指在一个工程项目的总价基本确定的前提下，通过调整内部各个子项的报价，以期既不提高总价，不影响中标，又能在中标后使投标人尽早收回垫支于工程中的资金和获得较好的经济效益。可以提高单价的项目包括：前期结算支付的项目；预计今后工程量会增加的项目；暂定项目中估计要做的项目等。但要注意有些项目评标原则上规定对主要单价进行评分，要评分的单价不能采取不平衡报价，以免弄巧成拙。

### （二）多方案报价法

有时招标文件中规定，可以提一个建议方案，或有时如果发现工程招标文件范围不很明确，条款不清楚或很不公正，或技术规范要求过于苛刻时，则要在充分估计风险的基础上，按多方案报价法处理。即按原招标文件报一个价，然后再提出如果某条款作某些变动，报价可降低的额度。这样可以降低总价，吸引业主。

投标者这时应组织一批有经验的技术专家，对原招标文件的设计和施工方案仔细研究，提出更理想的方案以吸引业主，促使自己的方案中标。建议方案能够降低总造价或提前竣工或使工程运用更合理。但要注意的是对原招标方案一定也要报价，以供业主比较。

增加建议方案时，不要将方案写得太具体，要保留方案的技术关键，防止业主将此方案交给其他承包商。同时要强调的是，建议方案一定要比较成熟，或过去有这方面的实践经验。因为投标时间往往较短，如果仅为中标而匆忙提出一些没有把握的建议方案，可能引起很多后患。

但是，如有方案是不容许改动的规定，这个方法就不能用。

### （三）突然降价法

报价是一件保密的工作，但是对手往往通过各种渠道、手段来刺探情报，因此在报价时可以采用迷惑对手的手法。即先按一般情况报价或表现出自己对该工程兴趣不大，到快要到投标截止时，再突然降价。

采用这种方法时，一定要在准备投标报价的过程中考虑好降价的幅度，在临近投标截止日期前，根据情报信息与分析判断，作出最后决策。

采用突然降价法而中标，因为开标只降总价，所以可以在签订合同后采用不平衡报价的办法调整工程量表内的各项单价或价格，以期取得更高的效益。

### （四）计日工单价高报

计日工单价报价时可稍高于工程单价表中的人工单价，因为计日工不属于承包总价的范围，发生时可根据现场签证的实际工日、材料或机械台时实报实销。但如果招标文件中已经假定了计日工的"名义工程量"，并计入总价，则需要具体分析是否提高总报价。

### （五）许诺优惠条件

投标报价附带优惠条件是行之有效的一种手段。招标者评标时，除了主要考虑报价高低和技术方案外，还要分析别的条件，如工期、支付条件等。所以在投标时主动提出提前竣工、提供低息贷款、赠给施工设备、免费转让新技术或某种技术专利、免费技术协作、代为培训人员等许诺，均是吸引业主、利于中标的辅助手段。

### （六）联营法

联营法比较常用，即两三家公司，其主营业务类似或相近，单独投标会出现经验、业绩不足或互相竞争压低报价，经两家或多家商议后，组成联营体共同投标，可以优势互补、规避劣势、利益共享、风险共担，又可避免互相压低报价。

## 思 考 题

1. 水利工程建设项目招标应当具备哪些条件？

2. 简述水利工程建设项目招标程序。

3. 简述水利工程建设项目投标程序。

4. 投标人编写的投标文件的主要内容有哪些？

5. 什么是投标报价？投标报价编制的依据有哪些？

6. 什么是投标策略？常见的投标策略有哪些？

7. 工程项目投标报价技巧主要有哪几种？

# 第十二章　水利工程概预算管理与控制

## 第一节　工程造价管理与控制的含义及内容

### 一、工程造价管理的含义

工程造价管理是随着社会生产力的发展、商品经济的发展和现代管理科学的发展而产生和发展的。工程造价管理有两种含义：①建设工程投资费用管理；②工程价格管理。工程造价管理不仅是指概预算的编制和投资管理，而是指建设项目从可行性研究阶段工程造价编制开始，工程造价预控、经济性论证、承发包价格确定、建设期间资金运用管理到工程实际造价确定和工程后评价为止的整个建设过程的工程造价管理。水利水电工程造价管理，是指水利水电建设项目从项目建议书、可行性研究报告、初步设计、施工准备、建设实施、生产准备、竣工验收、后评价等各阶段所对应的投资估算、设计概算、项目合理预算、标底价、工程结算、竣工决算等工程造价文件的编制和执行，进行规范指导和监督管理。

作为建设工程的投资费用管理，它属于投资管理范畴。管理，是为了实现一定的目标而进行的计划、预测、组织、指挥、监控等系统活动。工程建设投资管理，就是为了达到预期的效果（效益）对建设工程的投资行为进行计划、预测、组织、指挥和监控等系统活动。但是，工程造价第一种含义的管理侧重于投资费用的管理，而不是侧重工程建设的技术方面。建设工程投资费用管理是指为了实现投资的预期目标，在拟定的规划、设计方案的条件下，预测、计算、确定和监控工程造价及其变动的系统活动。这一含义既涵盖了微观的项目投资费用的管理，也涵盖了宏观层次的投资费用的管理。

建设工程的价格管理，属于价格管理范畴。在社会主义市场经济条件下，价格管理分微观价格管理和宏观价格管理。微观价格管理，是指业主对某一建设项目的建设成本的管理和承、发包双方对工程承包价格的管理。它是在掌握市场价格信息的基础上，为实现管理目标而进行的成本控制、计价、定价和竞价的系统活动。它反映了微观主体按支配价格运动的经济规律，对商品价格进行能动的计划、预测、监控和调整，并接受价格对生产的调节。发包方和承包方为了维护各自的利益，保证价格的兑现和风险的补偿，双方都要对工程承发包价格进行管理，如工程价款的支付、结算、变更、索赔、奖惩等，这都属于微观价格管理。宏观价格管理，是指国家利用法律、经济、行政等手段对建设项目的建设成本和工程承发包价格进行的管理和调控。

工程建设关系国计民生，同时今后国家投资公共、公益性项目仍然会有相当份额，所以国家对工程造价的管理，不仅承担一般商品价格的调控职能，而且在政府投资项目上也承担着微观主体的管理职能，有着双重角色的双重管理职能。

## 二、工程造价管理的基本内容

### （一）工程造价管理的目标和任务

1. 工程造价管理的目标

工程造价管理的目标是按照经济规律的要求，利用科学管理方法和先进管理手段，合理地确定造价和有效地控制造价，以提高投资效益和建筑安装企业经营效果。

2. 工程造价管理的任务

工程造价管理的任务是加强工程造价的全过程动态管理，强化工程造价的约束机制，维护有关各方的经济利益，规范价格行为，促进微观效益和宏观效益的统一。

### （二）工程造价管理的基本内容

工程造价管理的基本内容就是合理确定和有效地控制工程造价。

1. 工程造价的合理确定

所谓工程造价的合理确定，就是在建设程序的各个阶段，合理确定投资估算、概算造价、预算造价、承包合同价、结算价、竣工决算价等。

（1）在项目建议书阶段，按照有关规定，应编制初步投资估算。经上级部门批准，作为拟建项目列入国家中长期计划和开展前期工作的控制造价。

（2）在可行性研究报告阶段，按照有关规定编制投资估算，经上级部门批准，即为该项目控制造价。

（3）在初步设计阶段，按照有关规定编制初步设计总概算，经上级部门批准，即作为拟建项目工程造价的最高限额。对初步设计阶段实行建设项目招标承包制签订承包合同的，其合同价也应在最高限价（总概算）相应的范围以内。

（4）在进行施工图设计时，按规定编制施工图预算，用以核实施工图阶段预算造价是否超过批准的初步设计概算。

（5）对招标投标的工程，承包合同价也是以经济合同形式确定的建筑安装工程造价。

（6）在工程实施阶段要按照承包方实际完成的工程量，以合同价为基础，同时考虑物价上涨所引起的造价提高，考虑到设计中难以预计的而在实施阶段实际发生的工程和费用，合理确定结算价。

（7）在竣工验收阶段，全面汇总在工程建设过程中实际花费的全部费用，编制竣工决算，如实反映建设工程的实际造价。

2. 工程造价的有效控制

所谓工程造价的有效控制，就是在优化建设方案、设计方案的基础上，在建设程序的各个阶段，采用一定的方法和措施把工程造价控制在合理的范围和核定的造价限额以内。具体是要用投资估算价控制设计方案的选择和初步设计概算造价，用概算造价控制技术设计和修正概算造价，用概算造价或修正概算造价控制施工图设计和预算造价。以求合理使用人力、物力和财力，取得较好的投资效益。

为了有效控制工程造价应做好以下工作：

（1）以设计阶段为重点实行建设全过程造价控制。工程造价控制贯穿于项目建设全过程，但是必须重点突出。很显然，工程造价控制的关键在于施工前的投资决策和设计阶段，而在项目做出投资决策后，控制工程造价的关键就在于设计。建设工程全寿命费用包括工程造价和工程交付使用后的经常开支费用（含经营费用、日常维护修理费用、使用期内大修理和局部更新费用）以及该项目使用期满后的报废拆除费用等。

设计阶段进行工程估价的计价分析可以使造价构成更加合理，有利于提高资金利用效率，也会使控制工作更加主动。由于建筑产品具有单件性、价值大的特点，采用被动控制方法，不能消除差异，也不能预防差异的发生，而且差异一旦发生，损失往往很大。如果在设计阶段控制工程造价，可以先按照一定的质量标准，开列新建建筑物每一部分或分项的计划支出报表，即拟定造价计划。在制定出详细设计以后，对工程每一分部或分项的估算造价，对照造价计划中所列的指标进行审核，预先发现差异，主动采取一些控制方法消除差异。

国内外工程实践及工程造价资料分析表明，投资决策阶段对整个项目造价的影响度为75%～95%，设计阶段的影响度为35%～75%，施工阶段的影响度为5%～35%，竣工阶段为0～5%。很显然，当项目投资决策确定以后，设计阶段就是控制工程造价的关键环节。因此在设计一开始就应将控制投资的思想根植于设计人员的头脑中，保证选择恰当的设计标准和合理的功能水平。

长期以来，我国普遍忽视工程建设项目前期工作阶段的造价控制，而往往把控制工程造价的主要精力放在施工阶段——审核施工图预算、结算建安工程价款。这样做尽管也有效果，但毕竟是亡羊补牢，事倍功半。要有效地控制建设工程造价，就要坚决地把控制重点转到建设前期阶段上来，当前尤其应抓住设计这个关键阶段，以取得事半功倍的效果。

（2）以预防可能发生的造价偏离为重点进行主动控制。传统决策理论是建立在绝对的逻辑基础上的一种封闭式决策模型，它把人看作具有绝对理性的"理性的人"或"经济人"，在决策时，会本能地遵循最优化原则来选择实施方案。美国经济学家西蒙首创的现代决策理论认为，由于人的头脑能够思考和解答问题的容量同问题本身规模相比是渺小的，在现实世界里，要采取客观合理的举动，哪怕接近客观合理性，也是很困难的。因此决策人来说，最优化决策几乎是不可能的。西蒙提出了用"令人满意"这个词来代替"最优化"，他认为决策人在决策时，可先对各种客观因素、执行人据以采取的可能行动以及这些行动的可能后果加以综合研究，并确定一套切合实际的衡量准则。如某一可行方案符合这种衡量准则，并能达到预期的目标，则这一方案便是满意的方案，可以采纳；否则应对原衡量准则作适当的修改，继续挑选。

一般说来，造价工程师基本任务是对建设项目的建设工期、工程造价和工程质量进行有效的控制，为此，应根据业主的要求及建设的客观条件进行综合研究，实事求是地确定一套切合实际的衡量准则。只要造价控制的方案符合这套衡量准则，取得令人满意的结果，则应该说造价控制达到了预期的目标。

长期以来，人们一直把控制理解为目标值与实际值的比较，以及当实际值偏离目标值时，分析其产生偏差的原因，并确定下一步的对策。这种立足于"调查—分析—决策"基础之上的"偏离—纠偏—再偏离—再纠偏"的控制方法，只能发现偏离，不能使已产生的偏离消失，不能预防可能发生的偏离，因而只能说是被动控制。自20世纪70年代初开始，人们将系统论和控制论研究成果用于项目管理后，将"控制"立足于事先主动地采取决策措施，以尽可能地减少以至避免目标值与实际值的偏离，这是主动的、积极的控制方法，因此被称为主动控制。也就是说，工程造价控制不仅要反映投资决策，反映设计、发包和施工，被动地控制工程造价，更要能动地影响投资决策，影响设计、发包和施工，主动地控制工程造价。

（3）以技术与经济相结合的方法进行控制。要有效地控制工程造价，应从组织、技术、经济等多方面采取措施。从组织上采取的措施，包括明确项目组织结构，明确造价控制者及其任务，明确管理职能分工；从技术上采取措施，包括重视设计多方案选择，严格审查监督初步设计、技术设计、施工图设计、施工组织设计，深入研究节约投资的可能性；从经济上采取措施，包括动态地比较造价的计划值和实际值，严格审核各项费用支出，对节约与浪费投资采取奖惩措施等。

应该看到，技术与经济相结合是控制工程造价最有效的手段。长期以来，在我国工程建设领域，技术与经济相分离，财会、概预算人员的主要责任是根据财务制度办事，他们往往不熟悉工程知识，也较少了解工程进展中的各种关系和问题，往往单纯地从财务制度角度审核费用开支，难以有效地控制工程造价。以提高工程造价效益为目的，在工程建设过程中把技术与经济有机结合，通过技术比较、经济分析和效果评价，正确处理技术先进与经济合理两者之间的对立统一关系，力求在技术先进条件下的经济合理，在经济合理基础上的技术先进，把控制工程造价观念渗透到各项设计和施工技术措施之中。

3. 工程造价管理的工作内容

工程造价管理围绕合理确定和有效控制工程造价这个基本内容，采取全过程全方位管理，其具体的工作内容如下：

（1）在可行性研究阶段对建设方案进行认真优选，编好投资估算。

（2）从优选择建设项目的咨询（监理）单位、设计单位，搞好相应的招标。

（3）合理选定工程的建设标准、设计标准，贯彻国家的建设方针。

（4）开展初步设计，积极、合理地采用新技术、新工艺、新材料，优化设计方案，编好初步设计概算。

（5）对设备、主材进行择优采购，抓好相应的招标工作。

（6）择优选定施工单位，抓好相应的招标工作。

（7）认真控制施工图设计，推行"限额设计"。

（8）协调好与各有关方面的关系，合理处理配套工作（包括征地、拆迁、移民等）中的经济关系。

（9）严格按概算对造价实行静态控制、动态管理。

（10）用好、管好建设资金，保证资金合理、有效地使用，减少资金利息支出和损失。

（11）严格合同管理，作好工程索赔价款结算。

（12）强化项目法人责任制，落实项目法人对工程造价管理的主体地位，在法人组织内建立与造价紧密结合的经济责任制。

（13）社会咨询（监理）机构要为项目法人积极开展工程造价提供全过程、全方位的咨询服务，遵守职业道德，确保服务质量。

（14）重视造价工程师的培养和培训工作，促进人员素质和工作水平的提高。

4. 工程造价管理阶段

对工程造价分 3 个阶段进行管理。具体如下：

（1）立项可研阶段。投资的大小，往往决定项目是否兴建，国家为了保证选择投入较少、产出效益较大的建设项目，制订了非常详细、具体的规程、审批程序和方法，如国民经济评价、财务评价、投资估算编制办法、指标等等，大型水利水电工程均需通过国家发展和改革委员会审查和中国国际咨询公司评估。

（2）设计阶段。设计阶段是决定设计优劣和经济是否合理的关键，为了保证设计阶段工程造价预测的合理。几十年来各行业主管部门一直致力于制订工程造价预测所需的各项定额、标准、办法，特别是 2002 年水利部颁发的有关定额和标准，形成了新中国成立以来水利系统最完整的工程投资预测、审批的制度。

（3）建设实施阶段。是以国家批准的初步设计概算投资为最高限额，在保证工程功能、质量和安全的前提下，保证投资不突破概算，并力争最大限度地降低工程造价。这是确保投资不突破概算的最后一道防线。

# 第二节　概预算的审查

## 一、审查的主要内容

**（一）审查概预算编制依据的合法性、时效性、编制适用范围**

概预算文件必须符合国家的政策及有关法律、制度，坚持实事求是，遵守基本建设程序，不允许多要投资和预留投资缺口。

**（二）概预算文件的完整性**

设计文件内的项目不能遗漏、重复，设计外的项目不能列入。概算投资应包括工程项目从筹备到竣工投产的全部建设费用。

**（三）审查各项技术经济指标的先进性和合理性**

可与同类工程的相应技术经济指标进行对比，分析高低的原因。

**（四）针对各项具体概预算表格审查**

## 二、审查的一般步骤

概预算的审查是一项复杂细致的工作，既要懂得设计、施工专业技术知识，又要懂得概预算知识，要深入现场调查，掌握第一手材料，使审批后的概预算更加确切。

**（一）做审查前的准备工作，掌握必要的资料**

要熟悉图纸和说明书，弄清概预算的内容、编制依据和方法，收集有关的定额、指标和有关文件，为审查工作做好必要的准备。

**（二）进行对比分析，逐项核对**

利用规定的定额、指标以及同类工程的技术经济指标进行对比，找出差距存在的原因。根据设计文件所列的项目、规模、尺寸等，与概预算书计算采用的项目、数据核对，根据概预算书引用的定额、标准与原定额、标准核对，找出差别或错漏。

### （三）调查研究

对于在审查中遇到问题，包括随着设计、施工技术的发展所遇到的新问题，一定要深入实际调查研究，弄清建筑的内外部条件，了解设计是否经济合理、概预算所采用的定额、指标是否符合现场实际等。

## 三、审查方法

由于工程的规模大小、繁简程度不同，设计施工单位情况也不同，所编工程概预算的繁简和质量水平也就有所不同。因此，参加审核概预算的人员应采用多种多样的审核方法，例如全面审核法、重点审核法、经验审核法、分解对比审核法以及用统筹法原理审核等，以便多快好省地完成审核任务。对大中型建设项目和结构比较复杂的建设项目，要采用全面审查的方法；对于一般性的建设项目，要区分不同情况，采用重要审查法和一般审查方法相结合的方法。下面以施工图预算的审查说明这些方法。

### （一）全面审核法

全面审核法是指按照全部施工图的要求，结合有关预算定额分项工程中的工程细目，逐一进行审核的方法。其具体计算方法和审核过程与编制预算时的计算方法和编制过程基本相同。从工程量计算、单价套用，直到计算各项费用，求出预算造价。全面审核法的优点就是全面、细致，所审核过的工程预算质量较高，差错较少，但工作量太大。

作为建设单位，对于一些工程量较小、工艺比较简单的工程，特别是由集体所有制建设队伍承包的工程，由于编制工程预算的技术力量较弱，并且有时缺少必要的资料，工程预算差错率较大，应该尽量采用全面审核法，逐一地进行审核。

### （二）重点审核法

抓住工程预算中的重点进行审核的方法，称为重点审核法。选择工程量大或造价较高的项目进行重点审核。如水利水电枢纽工程中的大坝、溢洪道、厂房、泄洪洞、机电设备及金属结构设备等。重点审核法进行审核的主要内容如下。

1. 基础单价计算的正确性

其人工工资标准是否正确、是否与本地区的工资标准相符合、各数据引用是否准确、计算是否合理等，以及材料的来源、各材料预算价格的计算、施工单位或建设单位直接向厂家采购材料的手续费、运输工具的合理性等需要逐项进行审核。

2. 工程单价的正确性

单价包括的内容是否重复、遗漏，引用定额是否正确，以及补充定额等应进行重点审核。在工程预算中，由于定额缺项，施工企业根据有关规定编制补充定额是经常发生的，审核预算人员应把补充定额作为重点，主要审核补充定额的编制依据和方法是否符合规定，材料用量预算价格组成是否齐全、准确，人工工日或机械台时计算是否合理等。

3. 工程量的准确性

审批时应抓住重点，例如，对工程量较大的挡水工程、厂房工程，主要安装工程要逐项核对，其他分项工程可作一般性的审查。要注意各工程的构件配件名称、规格、数量和单位是否与设计和施工的规定相符合。

4. 各项费用标准

应根据有关规定查对，对采用费率计算的，例如，其他直接费、间接费、利润、税金等应对计算基础费率标准进行逐一审查，防止错算和漏算。审查各项其他费用，尤其要注意土地征用费、移民安置费、库区淹没赔偿费等，是否符合国家和地方的有关规定，要进行实地调查。

重点审核法审核工程预算时，应灵活掌握审核范围。如发现问题较大较多，应扩大审查范围；反之，如没有发现问题，或者发现的差错很小，应考虑适当缩小审核的范围。此外，如果建设单位工程预算的审核力量相对来说较强，或时间比较充裕，则审核的范围可宽一些；反之，则应适当缩小。

采用重点审查法有时也可以抽查的方式进行。一个工程建设项目，可抽查几个主要单位工程，进行比较详细的重点审查，其他的就进行比较简单的审查。

重点审查的优点是对工程造价有影响的项目能得到有效的审查，使预算中可能存在的主要问题得以纠正。但未经审查的次要项目中可能存在的错误得不到纠正。

**（三）分解对比审核法**

一些单位工程，如果其用途、建筑结构和建筑标准都一样，在一个地区范围内，其预算单价也应基本相同，特别是采用标准设计工程更是如此。把一个单位工程，按直接费与间接费进行分解，然后再把直接费按工种和分部工程进行分解，分别与审定的标准预算进行对比分析的方法，称为分解对比审核法。

分解对比法的步骤如下：

（1）全面审核某种建筑的定型标准施工图或复用施工图的工程预算，审核后作为审核其他类似工程预算的对比标准。

（2）把上述已审定的定型标准施工图的工程预算分解为直接费和间接费（包括水总〔2016〕132号计价文件规定所列应取费用）两部分，再把直接费分解为各工种和分部工程预算，分别计算出它们的预算单价。

（3）把拟审的同类型工程预算造价，先与上述审定的工程预算造价进行对比。如果出入不大，就可以认为本工程预算问题不大，不再审核；如果出入较大，譬如超过已审定的标准设计施工图预算造价的1%或少于3%（根据本地区要求），再按分部分项工程进行分解，边分解边对比，哪里出入较大，就进一步审核哪一部分工程项目的预算价格。

分解对比审核的方法如下：

（1）经过分解对比，如发现应取费用相差较大，应考虑承包企业的所有制及其取费项目和取费标准是否符合规定，材料调价所占的比重如何。如与作为对比标准的工程预算中的材料调价相差较大，则应进一步审核《材料调价统计表》，将表中的各种调价材料的用量、单位差价及其调整数等，逐项进行对比。如果发现某项出入较大（调价材料的单价差价应与规定的完全一致，数量应与审定的标准施工图预算基本一致），则需进一步查找该项目所差的原因。

（2）经过分解对比，发现某一分部工程预算价格的差异较大时，就应进一步对比分项工程或工程细目。对比时，应首先检查所列工程细目多少是否一致，预算合价是否一致。对比发现相差较大者，再进一步查看所套用的预算单价，最后审核该项目工程细目的工程量。

对比审查法的优点是简单易行，速度快，适用于规模较小、结构简单的一般小工程，特别适合于一个采用标准施工图和复用施工图的工程。

**（四）用统筹法原理审核工程量**

任何工作都有自己的规律，编制与审核工程概预算也不例外。这个规律应该基本上反映编、审工程预算的特点，并能满足准确、及时地编审工程预算的需要。统筹法是一种先进的数学方法，运用统筹法原理可以方便地计算出主要工程量，据以核实工程预算中的工程量，从而加快审核工程预算的速度。

统筹法原理的最大特点，就是不完全按照预算定额中的分项工程顺序计算工程量，而是按下述顺序统筹计算出有关的工程量：

（1）凡是有减与被减关系的工程细目，先计算应减工程量，后计算该分项工程工程量。

（2）先计算可以作其他数据基数的数据，一个数据可以多次使用的，应连续使用，连续计算。例如，土建工程中外墙外边线（外包线）是一个基数，可以依据它计算出多项工程量，就要先计算它。

使用统筹法原理审核工程量，应遵守本地区预算定额中的工程量计算规则，必要时应编制本地区的计算项目和计算程序，以免产生差错。

# 第三节　施工过程中的造价管理与控制

水利水电工程施工是将建设项目的规划、设计方案转为工程实体的过程。这个阶段是工程造价形成的主要过程，即是资金大量投入的阶段。因此，水利水电工程从施工准备到工程竣工，对建设资金的控制管理，在全过程造价管理中占有很重要的地位，直接影响到工程项目的效益。施工阶段工程造价的管理与控制，不论是发包方还是承包方，其依据都是工程施工合同，将工程费用支出控制在合同价格内是双方共同追求的目标，发包方是减少投资，承包方是控制成本以增加利润。因此，在实施阶段的工程造价管理的主要任务则是在保证实现工程项目总目标的前提下将实际工程造价控制在预测值之内及科学地使用建设资金。

无论是水利项目或者是水电项目，无论是以社会效益为主的公益性项目还是以经济效益为主的产业类项目，该阶段的工程造价管理，都可分为两个层次：第一个层次是投资主体与建设管理单位对投资的管理；第二个层次是建设管理单位与承包方对合同价的管理。

## 一、投资主体与建设管理单位对投资的管理

1996 年，国家计划委员会就在《关于实行建设项目法人责任制的暂行规定》中明确规定：国有单位经营性基本建设大中型项目在建设阶段必须组建项目法人。2001 年 3 月，水利部又以〔2001〕74 号文颁发了《关于贯彻落实〈国务院批转国家计委、财政部、水利部、建设部关于加强公益性水利工程建设管理若干意见的通知〉的实施意见》，同样规定了项目主管部门应在可行性研究报告批复后，施工准备工程开工前完成项目法人组建。

一般新建项目应按建管一体的原则组建，新组建的项目法人是该项目建设的责任主体，对项目建设的工程质量、工程进度、资金管理和生产安全负总责，并对项目主管部门负责。因此水利水电建设项目，都要实行项目法人责任制。只是由于项目性质和出资人的不同，两类项目的法人治理结构有所不同，其投资控制和管理的原则、方法应是大同小异的。下面我们按产业类实行项目法人责任制的一般建设项目来论述，第一个层次的投资管理主要应注意以下几个方面：

（1）投资主体首先要按现代企业制度精心组建高效、务实的项目法人。这是搞好项目建设的基础，也是合理控制工程造价的基础。

（2）项目法人必须有科学合理的法人治理结构。目前多数有限责任公司一般都成立董事会和监事会，但董事会成员多数是由投资方人员兼任，不拿报酬，也没有太多精力投入，难以尽责尽力。监事会也形同虚设，不能真正起到监督作用。因此投资方可以考虑设一部分带薪董事或聘几个独立董事来照料董事会日常工作和维护投资方权益，监事可能更加需要有带薪的和独立的。

（3）作为决策层的董事会与主持日常工作的经理层应责权明确，划分合理。基于水电建设项目一般地处偏僻山区，建设工期较长，受自然界的制约和外界影响较大，在工程建设过程中风险因素较多，很多事情往往需要当机立断迅速采取相应的对策，因此董事会必须赋予经理层足够的权力，特别是处置工地现场生产、经营方面事务的权力。当然，这并不影响重大问题要由董事会决策及经理层必须定期或不定期向董事会报告工作。

（4）董事会要督促经理层建立完善的规章制度，强调重在执行，只有这样才能实现科学化管理。内部要建立有效的激励与约束机制，奖罚分明。一方面要鼓励所有职工遵纪守法，清正廉洁，勤俭节约，克己奉公为企业做贡献；另一方面也要进行经济奖励使老实人不吃亏。要从制度上保证项目法人内部有一个良好的运行机制，营造一个良好的经营管理环境，才能使控制工程造价落到实处。

（5）采用静态控制动态管理的方法。由现代企业制度组建的项目法人与独立的建设单位有明显不同，因此项目法人与其建设管理单位之间不存在相互结算或概算投资包干的问题，只是监督、考核和奖惩。项目法人或董事会对建设管理单位在投资方面的控制可以采用静态控制动态管理的方法。

静态控制动态管理方法讲得完整一些，应该是静态控制、动态管理、总量不变、合理调整。

1）静态控制，系指经设计单位以某一年价格水平计算的全部工程的静态投资经审查批准以后，即作为建设项目控制静态投资的目标，不允许突破。静态投资是工程实施阶段投资控制的核心部分。

2）动态管理，指在工程建设过程中，对动态部分投资进行控制和管理。动态投资包括静态总投资、物价涨跌和各种费用标准变化需增减的投资，工程建设中贷款需在建设期内支付的利息以及工程利用外资时发生的汇率损益等。动态部分投资也是构成建设项目总造价的一个组成部分，因此对其控制和管理当然也是实施阶段投资控制的重要内容。这里必须承认动态部分投资主要受宏观经济的影响，其风险不是项目法人所能控制的，因此按一般惯例，动态的风险应主要由投资方承担。通常对项目发生的建设期贷款利息和汇率净损益以及由于费用标准变化而增减的投资是按实际财务支出数进行调整。而对于价格的调整却比较复杂、涉及面非常广，因此宜采用公式法进行调整。

3）总量不变、合理调整，指在建设过程中在保证静态投资控制在概算总额之内的前提下，允许项目法人有充分的权力进行一级及一级以下的工程项目之间的合理调整。因为概算终究仅仅是初步设计阶段预测的工程造价，由于受到设计深度和客观条件限制，能达到静态投资总量预测比较接近实际，但不可能做到概算中的每一项工程费用均与实际情况相吻合。出现有的项目投资可能有余、有的项目投资可能不够、有的价格可能偏高、有的价格可能偏低、有的项目可能取消、有的项目需要增列等情况是正常的、难以避免的现象，这就要求结合工程实际情况作必要的合理调整。

对建设项目实行"静态控制，动态管理"的方法，是适应从计划经济体制逐步向社会主义市场经济体制过渡的一种创新，是目前一种较好的管理办法。调价的原则（调价公式中所有的调价因子、权重以及其采用的价格水平年的基准价格及其价格的采集地点或单位等），要体现公平、公正、透明的原则，最大限度地避免人为因素的影响和减少繁复的计算及价格调整、审定工作，可以让项目执行层将更多的精力集中到项目的计划进度的协调、工程质量监控、工程投资的筹集控制与管理上，也有利于出资人或主管部门的宏观管理。

## 二、建设管理执行单位与各承包方对工程造价的管理

这个层次的工程造价控制和管理是项目实施阶段中的重点。

### （一）编制业主预算

作为投资方或者项目法人，为了项目实施阶段的工程造价控制和管理，可以根据工程建设的需要，分标段编制业主内控预算或称为执行概算。所谓业主预算，就是设计概算审批以后，为了满足业主对工程造价控制和管理的要求，按总量控制、合理调整的原则，编制的一种供企业内部使用的预算，是在保持总量不变的前提下进行项目之间的合理调整。并在实施过程中跟踪工程进展和工程造价的各种变化趋势，采取应对措施，以化解和减轻各种风险影响，最终达到控制造价的目的。一般情况下，为便于对比和管理，业主内部预算的价格水平宜与设计概算的人、材、机等基础价格水平保持一致。

### （二）全面实行招标承包制与监理制

工程招标投标制度，是业主在建筑市场上择优购买活动的总称。招标投标既然是建筑市场上建筑产品的交易方式，因此它必然会成为建筑经济和投资经济的微观运行活动在建筑市场上的交汇。经济学角度看，工程招标投标作为一种交易方式具有两大功能：①解决业主和承包商之间信息不对称问题，即通过招标投标的方式使业主和承包商获得对方的信息；②能够解决资源优化配置问题，即为业主和承包商相互选择创造条件，使业主和承包商获得双赢。这些功能使招标投标制度在经济学上具有特殊意义，对市场竞争形成建筑产品价格有重要作用。总之，采取招标投标这一经济手段，通过投标竞争来择优选定承包商，不仅有利于确保工程质量和缩短工期，更有利于降低工程造价，是造价控制的一个重要手段。

我国的《招标投标法》明确规定，全部使用国有资金投资或国有资金投资占控股或者

主导地位的，应当公开进行招标。水利部和国家电力公司为认真贯彻《国务院关于整顿和规范市场经济秩序的决定》（国发〔2001〕11号）的工作精神，分别发出水建管〔2001〕248号文《关于进一步整顿和规范建筑市场秩序的若干意见》和国电电源〔2001〕154号文《关于进一步规范水电、火电建设项目招投标工作的通知》，重申水利和水电工程建设项目必须依法招标投标。国内外的实践证明，凡是严格按公平、公开、公正原则规范进行招投标的工程项目，不仅质量和工期更有保证，而且还可能降低采购成本。为了保障出资人的权益，必须依法全面实行招标采购，包括施工、设备、材料、设计、咨询、监理等的招标。

在实行工程招标承包制的同时必须全面实行工程监理制。工程建设监理是指监理单位可受项目业主（法人）的委托和授权，依据国家批准的工程项目建设文件、有关工程建设的法律、法规和采购合同，对工程建设实施的监督管理。

在水利水电工程中不仅是要在形式上全面实行工程监理制，而且要随着市场经济发育和规范，在培育专业监理市场、提高监理队伍素质和职业道德、充分发挥监理的作用方面大大提高一步。

**（三）合同管理中的造价控制**

在工程项目的全过程造价管理中，合同具有独特的地位。

（1）合同确定了工程实施和工程管理的主要目标，是合同双方在工程中进行各种经济活动的依据。

（2）合同一经签订，工程建设各方的关系都转化为一定的经济关系，合同是调节这种经济关系的主要手段。

（3）合同是工程过程中双方的最高行为准则。

（4）业主通过合同分解和委托项目任务，实施对项目的控制。

（5）合同是工程过程中双方解决争执的依据。

在工程实施阶段业主的合同管理工作，应当是围绕进度控制、质量控制、投资控制3个方面进行的。这3个方面的关系应当是：进度控制是中心，质量控制是根本，投资控制是关键，合同是3项控制的依据。合同管理中的投资控制，无疑是实施阶段工程造价控制的重要组成部分。在工程项目的规模和建设内容确定后，业主将负责组织招标投标，选择材料设备供应单位、施工承包单位、建设监理单位等，通过一系列的合同，与设计、施工、监理等各方建立起明确的合同关系。由于水利水电工程建设的特点，特别是工程实施阶段，业主与各方签订的合同不仅数量多，而且合同的性质和涉及的内容也有所不同。

**（四）施工合同的管理**

按建设项目实行项目法人责任制、工程监理制、招标承包制的模式，下面分别就项目法人、承包人、监理单位对施工合同的管理内容作简略介绍。

（1）项目法人的合同管理。工程开工前，依法向工程所在地的县级以上人民政府建设行政主管部门申请领取建筑工程施工许可证以及办理有关施工区征地和移民搬迁的手续；签订并落实工程施工所需要的场地、邮电通信、交通和物资运输、施工用电源、水源等合同；选定委托的监理单位及监理内容；签订勘察设计合同和年度供图计划；统筹运作资金并按合同规定适时办理支付手续以及工程所有其他各项款项；负责组织设计、施工、监理等单位人员按国家规定进行工程各阶段验收及完工验收工作，签发缺陷责任证书并按合同规定办理完工结算。

（2）监理单位的合同管理。监理单位与项目法人之间是委托与被委托的关系；与被监理单位是监理与被监理的关系。监理单位应按照"公正、独立、自主"的原则，开展工程建设监理工作，公平地维护项目法人和被监理单位的合法权益。

（3）承包方的合同管理。承包方作为施工合同的实施者，总的任务是按合同规定建成工程项目，并获得自己应该得到的合法利益。

### 三、建设工程项目施工阶段影响工程造价的因素

建设工程项目施工阶段影响工程造价的因素主要有以下几个方面。

**（一）价格因素**

工程造价是工程价格的反映，它本身又是由诸多生产要素的价格组成的，即人工的价格、材料的价格、施工机械的价格等，这些生产要素价格又要受市场波动的影响并反映到工程造价上来。如果工程施工过程中发生了这些价格变化，就要在合同的约定中对工程造价进行合理的调整。

**（二）业主因素**

多数工程在施工图确定后不再变动，承包人按图施工即可。但也有的工程在施工过程中功能、结构有一定改变，工程也可能有增减，这都会影响工程造价。

**（三）自然因素**

自然因素包括气候变化（风、雨、雪、冻等）、地质结构的变化、自然灾害如台风、地震、洪水等，当这些情况发生时，有时会使施工中断。

**（四）社会因素**

一些政治、暴力事件、动乱等会给工程建设造成损失，尤其是在国内局势动荡的国家，这些因素要在合同中充分考虑并体现。

**（五）施工因素**

施工是项目的实施过程，是承包商按照合同约定完成工程的过程，在投标时确定的施工方案不一定是最优方案，在不影响工程建设的前提下，对施工方案可以进一步优化，以合理的降低工程成本。

### 四、施工阶段工程造价管理的措施

承包人控制成本的重点应该是事前控制，即通过详细的计划、适当的措施、及时的检查来防止成本偏差。如果偏差已经发生，则应该将纠正偏差的重点放在今后的施工过程中。成本控制（纠偏）的措施包括组织措施、技术措施、经济措施、合同措施。

**（一）组织措施**

组织措施是从费用控制的组织管理方面采取措施，这是容易被忽视（看起来没有科学性、没有定量关系）但实际上是很重要的措施，即将成本控制落实到相关的责任人，建立健全成本管理的机构，明确各级管理人员的责任、权利、职责分工、工作任务，从人的角度保证投资计划的正常实施。而且，工程造价管理、成本控制的任何一个环节都要由组织

和人员来具体实施，所以，组织措施即是一种控制手段，也是其他措施得以实施的保证。

### （二）技术措施

技术措施是从技术的角度进行成本控制，一方面是采用先进的技术方法和手段组织施工，提高工作效率，降低成本；另一方面是在发生了偏差后采用一定的技术方法加以纠正。技术措施的重点在于提出多个不同的技术方案，对各方案进行技术经济分析，选择相对最优的方案。

### （三）经济措施

经济措施即从经济角度分析和管理成本，如包括财务会计角度的资金检查、控制和造价管理角度的工程计量、工程款支付审核、资金使用计划的编制、检查等。经济措施是容易被接受的措施，也是成本控制的主要措施。

### （四）合同措施

合同措施主要是指以合同为基础的索赔与反索赔管理。施工过程中发生引起索赔的事件是常见的，难以避免。对承包人，要注意索赔机会，尽量在不影响双方关系的条件下合理争取索赔，增加盈利。对于发包方，则要预测、减少索赔，即尽量使索赔少发生，减少对方的索赔机会。索赔与反索赔是工程施工阶段工程造价管理的重要内容。

## 第四节 竣工结算与竣工决算

工程竣工后，要及时组织验收工作，尽快交付投产，这是基本建设程序的重要内容。施工企业要按照双方签订的工程合同，编制竣工结算书，向建设单位并通过建设银行结算工程价款。建设单位应组织编写竣工决算报告，以便正确地核定新增固定资产价值，使工程尽早正常地投产运行。竣工结算与竣工决算是不同的概念。最明显的特征是：办理竣工结算是建设单位与施工企业之间的事，办理竣工决算是建设单位与业主（或主管部门）之间的事。竣工结算是编制竣工决算的基础。

### 一、竣工结算

工程竣工结算是指施工企业按照合同规定的内容全部完成所承包的工程，经验收质量合格，并符合合同要求之后，施工单位向发包单位结算工程价款的过程，通常通过编制竣工结算书来办理。

单位工程或工程项目竣工验收后，施工单位应及时整理竣工技术资料，绘制主要工程竣工图，编制竣工结算书，经建设单位审查确认后，由建设银行办理工程价款拨付。因此，竣工结算是施工单位确定工程建筑安装施工产值和实物工程完成情况的依据，是建设单位落实投资额、拨付工程价款的依据，是施工单位确定工程的最终收入、进行经济核算及考核工程成本的依据。

### （一）竣工结算资料

竣工结算资料包括：①工程竣工报告及工程竣工验收单；②施工单位与建设单位签订的工程合同或双方协议书；③施工图纸、设计变更通知书、现场变更签证及现场记录；④预算定额、材料价格、基础单价及其他费用标准；⑤施工图预算、施工预算；⑥其他有关资料。

**（二）竣工结算书的编制**

竣工结算书的编制内容、项目划分与施工图预算基本相同，其编制步骤如下：

（1）以单位工程为基础，根据现场施工情况，对施工图预算的主要内容逐项检查和核对，尤其应注意以下 3 方面的核对。

1）施工图预算所列工程量与实际完成工程量不符合时应作调整，其中包括设计修改和增漏项而需要增减的工程量，应根据设计修改通知单进行调整；现场工程的更改，例如基础开挖后遇到古墓，施工方法发生某些变更等，应根据现场记录按合同规定调整；施工图预算发生的某些错误，应作调整。

2）材料预算价格与实际价格不符时应作调整，其中包括：因材料供应或其他原因发生材料短缺时，需以大代小、以优代劣，这部分代用材料应根据工程材料代用通知单计算材料代用价差进行调整。材料价格发生较大变动而与预算价格不符时，应根据当地规定，对允许调整的进行调整。

3）间接费和其他费用，应根据工程量的变化作相应的调整。由于管理不善或其他原因，造成窝工、浪费等所发生的费用，应根据有关规定，由承担责任的一方负担，一般不由工程费开支。

（2）对单位工程增减预算查对核实后，按单位工程归口。

（3）对各单位工程结算分别按单项工程进行汇总，编制单项工程综合结算书。

（4）将各单项工程综合结算书汇编成整个建设项目的竣工结算书。

（5）编写竣工结算说明，其中包括编制依据、编制范围及其他情况。

工程竣工结算书编好之后，送业主（或主管部门）、建设单位等审查批准，并与建设单位办理工程价款的结算。

## 二、竣工决算

竣工决算是指在竣工验收交付使用阶段，由建设单位编制的建设项目从筹建到竣工投产或使用全过程实际支出费用的经济文件，是综合反映竣工项目建设成果和财务情况的总结性文件，也是办理交付使用的依据。基本建设项目完建后，在竣工验收前，应该及时办理竣工决算，大中型项目必须在 6 个月内，小型项目必须在 3 个月内编制完毕上报。

竣工决算应包括项目从筹建到竣工验收投产的全部实际支出费，即建筑工程费、设备及安装工程费和其他费用。它是考核竣工项目概预算与基建计划执行情况以及分析投资效益的依据，是总结基建工作财务管理的依据，也是办理移交新增固定资产和流动资产价值的依据，对于总结基本建设经验，降低建设成本，提高投资效益具有重要的价值。竣工决算报告依据《水利基本建设项目竣工财务决算编制规程》（SL 19—2014）编制，对于大中型水力发电工程依据电力系统的规定执行。

**（一）做好编制竣工决算前的工作**

（1）做好竣工验收的准备工作。竣工验收是对竣工项目的全面考核，在竣工验收前，要准备整理好技术经济资料，分类立卷以便验收时交付使用。单项工程已按设计要求建成时，可以实行单项验收；整个项目建成并符合验收标准时，可按整个建设项目组织全面验收准备工作。

(2) 要认真做好各项账务、物资及债权债务的清理工作，做到工完场清、工完账清。要核实从开工到竣工整个拨、贷款总额，核实各项收支，核实盘点各种设备、材料、机具，做好现场剩余材料的回收工作，核实各种债权债务，及时办理各项清偿工作。

(3) 要正确编制年度财务决算。只有在做好上述工作的基础上，才能进行整个项目的竣工决算编制工作。

**(二) 竣工决算编制的内容**

决算一般由竣工决算报告的封面及目录、工程的平面示意图及主体工程照片、竣工决算报告说明书、工程决算报表4部分内容组成。其中说明书与决算报表是决算的核心内容。

1. 报告说明书

竣工决算报告说明书是总括反映竣工工程建设成果，全面考核分析工程投资与造价的书面文件，是竣工决算报告的重要组成部分，其主要内容包括以下几方面：

(1) 工程概况。包括工程一般情况、建设工程、设计效益、主体建筑物特征及主要设备的特性、工程质量等，以及项目法人责任制、招投标制、建设监理制和合同管理制的实施情况。

(2) 概预算与工程计划执行情况。包括概预算批复及调整情况，概预算执行情况，工程计划执行情况，主要实物工程量完成、变动情况及原因。

(3) 投资来源：包括投资主体、投资性质及投资构成分析。

(4) 基建收入、基建结余资金的形成和分配等情况。

(5) 移民及土地征用专项处理等情况。

(6) 财务管理方面的情况。

(7) 项目效益及主要技术经济指标的分析计算。

(8) 交付使用财产情况。

(9) 存在的主要问题及处理意见。

(10) 需要说明的其他问题。

(11) 编制说明。

2. 决算报表

按现行规定，水利基本建设工程类项目竣工财务决算共8个报表。

(1) 水利基本建设项目概况表。

(2) 水利基本建设项目财务决算表。

(3) 水利基本建设项目投资分析表。

(4) 水利基本建设项目未完工程投资及预留费用表。

(5) 水利基本建设项目成本表。

(6) 水利基本建设项目交付使用资产表。

(7) 水利基本建设项目待核销基建支出表。

(8) 水利基本建设竣工项目转出投资表。

非工程类项目竣工财务决算报表，共5个报表。

(1) 水利基本建设项目基本情况表。

(2) 水利基本建设项目财务决算表。

(3) 水利基本建设项目支出表。

(4) 水利基本建设项目技术成果表。

(5) 水利基本建设项目交付使用资产表。

另外，承包人对施工完毕并已竣工结算的单项（或单位）工程也应进行施工单位的竣工决算。主要目的是通过决算考核该工程的经营成果，核算分析其预算成本（收入）、实际成本（支出）和成本降低额，对主要材料和人工、机械的实际用量与预算用量进行对比分析。通过对比，一方面考核施工的经济效益，作为承包任务完成情况的考核依据；另一方面更主要的是通过各项数据分析，找出施工的经验和不足，以进一步提高企业的技术和管理水平。

# 第五节　水利工程项目后评价

## 一、概述

### （一）工程项目后评价的概念

工程项目的后评价，就是对已建成工程项目进行回顾性评价。是建设项目的最后阶段，也是固定资产投资管理的一项重要内容。其目的是总结经验、吸取教训，以提高项目的决策水平和投资效益。项目后评价是在项目已经建成，通过竣工验收，并经过一段时间的生产运行后进行，以便对项目全过程进行总结和评价，为了保证后评价工作的"客观、公正、科学"。

### （二）水利工程项目后评价的类型

项目后评价从内容大体上可以分为两种类型：①全过程评价，即从项目的立项决策、勘测设计等前期工作开始，到项目建成投产运行若干年以后的全过程进行评价，包括过程评价，经济效益评价，影响评价，持续性评价等；②阶段性评价或专项评价，可分为勘测设计和立项决策评价，施工监理评价，生产经营评价，经济后评价，管理后评价，防洪后评价，灌溉后评价，发电后评价，资金筹措使用和还贷情况后评价等。我国目前推行的后评价主要是全过程后评价，在某些特定条件下，也可进行阶段性或专项后评价。

### （三）进行水利工程项目后评价的特殊要求

水利工程是国民经济的基础产业，对社会和环境的影响十分巨大，其内容也十分复杂，包含防洪、治涝、灌溉、发电、水土保持、航运等。水利工程的类型、功能、规模不同，后评价的目的和侧重点也就不同，因而比较复杂，与其他建设项目相比，有以下几个特殊要求。

1. 应进行投资分摊

由于水利工程建设目标及功能不同，财务收益和社会效益就不一样，有的防洪、治涝、水土保持、河道治理、堤防等水利工程是社会公益性项目，其本身财务收益很少，甚至没有收入，主要是社会效益；有的水利项目如水力发电和城镇供水等，既有财务收益又有社会效益；还有一些水利工程项目是多目标综合利用水利枢纽，多目标的各项功能所产生的财务收益和社会效益均不同。因此，在后评价时，首先需要进行投资分摊计算。

2. 要十分注意费用和效益对应期的选定

由于水利工程项目的使用期较长，一般都在 30～50 年之间，而进行后评价时，工程的运行期往往还只有一二十年或者更短。因此，在进行后评价时，大都存在投资和效益的计算期不对应的问题，即效益的计算期偏短，后期效益尚未发挥出来，导致后评价的国民经济效益和财务评价效益都过分偏低的虚假现象。对此，有两种解决办法，一种是把尚未发生年份的年效益、年运行费和年流动资金，均按后评价开始年份的年值或按发展趋势延长至计算期末；另一种则是后评价开始年份列入回收的固定资产余值和回收的流动资金，作为效益回收，这两种办法都可以采用，在后评价时应选定其中的一种进行计算，以确保费用和效益相对应。

3. 对固定资产价值进行重估

由于水利工程建设工期较长，一般均要 5～10 年，甚至 10 年以上，目前已投入运行的水利工程都是在十多年以前修建的，十多年前与十多年后，由于物价变动，原来的投资或固定资产原值已不能反映其真实价值。因此，在后评价时应对其固定资产价值进行重新评估。

4. 正确选择基准年、基准点及价格水平年

由于资金的价值随时间而变，相同的资金，在不同的年份其价值不同，由于水利工程施工期较长，这个问题比其他建设项目更为突出。因此，在后评价中，需要选择一个标准年份，作为计算的基础，这个标准年份就叫作基准年。基准年可以选择在工程开工年份、工程竣工年份或者开始进行后评价的年份，为了避免所计算的现值太大，一般以选在工程开工年份为宜。由于基准年长达一年，因此，还有一个基准点问题，因为所有复利公式都是采用年初作为折算的基准点，因此，后评价时必须选择年初作为折算的基准点，不能选用年末或年中为基准点，这在后评价时必须注意。

## 二、水利工程项目后评价的内容

### (一) 固定资产价值重估

固定资产价值重估的方法主要有以下几种。

1. 收益现值法

这是将评估对象剩余使用寿命期间每年（或每月）的预期收益用适当的折现率折现，累加得出评估基准日的现值，以此作为估算资产的价值。

2. 重置成本法

这是指现时条件下被评估资产全新状态的重置成本减去该资产的实体性贬值、功能性贬值和经济性贬值后，得出资产价值的方法。实体性贬值是由于使用磨损和自然损耗造成的贬值，可用折旧率方法进行计算。功能性贬值是指由于技术相对落后造成的贬值。经济性贬值是指由于外部经济环境变化引起的贬值。

3. 现行市价法

该法是通过市场调查，选一个或几个与评估对象相同或类似的资产作为比较对象，分析比较对象的成交价格和交易条件，进行对比调整，估算出资产价值。

4. 清算价格法

该法适用于依照《中华人民共和国企业破产法》的规定，经人民法院宣告破产的企业的资产评估方法，评估时应当根据企业清算时期资产可变现的价值，评定重估价值。

上述各种方法中，重置成本法比较适合水利工程固定资产价值重估。即按照竣工报告中的工程量（水泥、木材、钢材、石方等）和劳动工日，按照现行的价格进行调整计算，再加上淹没占地、移民搬迁费用及水保和环保费用。

淹没占地和移民搬迁费用也要采用重估数字，可根据现时价格和实际情况，并参考附近新修水利工程竣工费用进行估算。

**（二）社会经济评价**

在完成固定资产价值重估后，即可进行社会经济评价。社会经济评价又称国民经济评价。对综合利用水利工程除计算工程总体的经济效果外，还应计算各组成部门的经济效果，因此，应该进行投资和年运行费分摊计算。在分摊前，应把重估投资和重估年运行费换算为影子投资和影子年运行费，效益也应按影子价格进行调整，并应注意所有费用和效益均应采用相同的价格水平年。

**（三）财务评价**

财务评价和国民经济评价相同，也应对投资、年运行费和财务效益均采用历年实际支出数字列表计算，但应考虑物价指数进行调整，调整计算时，要注意采用与国民经济评价相同的价格水平年。

**（四）工程评价**

工程评价应在收集规划设计、竣工验收、试验研究、工程监理和历年运行管理总结报告等有关资料的基础上进行。首先要列出工程特性表，弄清工程特征和内容，包括工程立项、决策和方案选定的来龙去脉，施工监理和验收过程，工程设计目标实现程度，优缺点和存在的问题，以及决算投资是否超过概算等。特别应对水工建筑物运行工况和监测数据进行分析，从中研究是否有异常问题，是否稳定安全，并对泄水、引水建筑物的过水能力、流态、抗冲等方面的安全系数进行复核，从中发现问题，提出对策和措施。因此，很多水利工程项目工程评价的重点是安全和质量问题。

**（五）环境评价**

水利工程项目的环境评价应根据工程项目的具体情况，有重点地确定评价范围和评价内容。对具有水库的水利工程，其环境影响评价范围一般包括库区、库区周围及水库影响的下游河段，但以库区及库区周围为重点。对跨流域调水工程、分（滞）洪工程、排灌工程等，也应根据工程特性确定评价范围。

环境影响评价应采用有无项目对比法，并结合国家和地方颁发的有关环境质量标准进行评价。对主要不利影响，应提出改善措施，最后应对评价结果提出结论和建议。

**（六）经营管理评价**

评价内容主要有工程管理、用水管理、调度管理、经营管理和组织管理。工程管理主要是对该工程的维修养护、保持良好运行状态进行评价。用水管理是对工程建成后历年工农业供水状况进行分析评议，考查是否满足了有关方面的用水要求，如何进一步改进、提高供水效益。调度管理是对历年的防汛、兴利（供水、发电）调度方面进行综合评价，是否按调度规程或调度图进行操作，是否达到了预期的防洪兴利效益。经营管理主要是对管理单位的水、电费计价标准、收取情况和开展综合经营状况进行评价，并核查财务收支情况是否达到了良性循环，如何改进。组织管理是对管理单位的组织机构、人员编制、职工精神文明建设等方面进行评价，如有机构臃肿、人浮于事或领导不力等状况，应提出改进意见。

### （七）社会评价

社会评价包括社会经济、文教卫生、人民生活、就业效果、分配效果、群众参与和满意程度等内容。主要是调查研究项目对地区经济发展、提高人民生活水平、促进文教卫生事业发展、增加就业等方面的影响和群众满意程度，以及项目带来的负面效果等，并作出评价。在调研中要走群众路线，在广泛收集各种资料的基础上，充分听取各阶层各方面群众的意见。重点应复核本工程对社会环境、社会经济的影响以及社会相互适应性分析，从中发现问题，提出对策和结论性建议。

### （八）移民评价

大型水库工程项目，往往有大量移民搬迁，大量的专用设施改建，遗留问题很多，是评价工作的重点。移民评价应进行大量调研工作，包括移民区分布，移民数量，淹没、浸没耕地及林木、果园、牧场面积，城镇情况，交通、邮电、厂矿、水利工程设施，移民经费使用和补偿情况，移民安置区情况，移民生产、生活情况，移民生活水平前后对比，移民群众的意见和遗留问题等。特别要摸清生活水平下降、生活困难移民的具体情况，研究提出帮助这部分移民如何提高经济收入，早日脱贫走向小康生活的措施和建议。移民安置不当、移民生活困难往往会引起社会动荡，会影响社会稳定的大局，因此对移民评价必须给予足够的重视。

### （九）结论和建议

在上述各部分评价的基础上，对项目进行总结评价，提出结论和建议。

## 三、水利工程项目后评价的方法

水利工程项目后评价的方法很多，按使用方法的属性划分，可分为定性方法和定量方法；按使用方法的内容划分，可分为调查收资法、市场预测法和分析研究法，通称"三法"。这三种方法中既含有定性方法也含有定量方法，经常采用的有调查收资法和分析研究法。

### （一）调查收资法

调查收集资料是水利工程后评价过程中非常重要的环节，是决定后评价工作质量和成果可信度的关键，调查收集资料的方法很多，主要有利用现有资料法、参与观察法、专题调查法、问卷调查法、访谈法、抽样调查法等，应视水利工程的具体情况、后评价的具体要求和资料收集的难易程度来选用适宜方法。在条件许可时，往往采用多种方法对同一调查内容相互验证，以提高调查成果的可信度和准确性。调查收集资料，重点是利用以下现有资料：

（1）前期工作成果。包括规划、项目建议书、项目评估、立项批文、可行性研究报告、初步设计、招标设计等资料。

（2）项目实施阶段工作成果。包括施工图、开工报告、招投标文件、合同、监理报告、审计报告、竣工验收及竣工决算等。

（3）项目运行管理成果。包括历年运行管理情况、水库调度情况、财务收支情况以及各种建筑物观测资料。

（4）工程项目有关的技术、经济、社会及环境方面的资料。

（5）工程所在地区社会发展及经济建设情况。

**（二）分析研究法**

水利工程后评价的基本原理是比较法，也称对比法。就是对工程投入运行后的实际效果与决策时期的目标和目的进行对比分析，从中找出差距，分析原因，提出改进措施和意见，进而总结经验教训，提高对项目前期工作的再认识。后评价分析研究方法有定量分析法、定性分析法、逻辑框架法、有无工程对比分析法和综合评价法等。常用的为有无工程对比法和综合评价法。

1. 有无工程对比法

有无工程对比法是指有工程情况与无工程情况的对比分析，通过有无工程对比分析，可以确定工程引起的经济、技术、社会及环境变化，即经济效益、社会效益和环境效益的总体情况，从而判断该工程的经济、技术、社会、环境影响情况。后评价有无工程对比分析中的无工程情况，是指经过调查确定的基线情况，即工程开工时的社会、经济、环境状况。对于基线的有关经济、技术、人文方面的统计数据，可以依据工程开工年或前一年的历史统计资料，采用一般的科学预测方法，预测这些数据在整个计算期内可能的变化。有工程情况，是指工程运行后实际产生的各种经济、技术、社会、环境变化情况，有工程情况减去无工程情况，即可得出工程引起的实际效益和影响。

2. 综合评价法

对单项有关经济、社会、环境效益和影响进行定量与定性分析评价后，还需进行综合评价，求得工程的综合效益，从而确定工程的经济、技术、社会、环境总体效益的实现程度和对工程所在地的经济、技术、社会及环境影响程度，从而得出后评价结论。综合评价的方法很多，常用的有成功度评价和对比分析综合评价法。

成功度评价就是依靠后评价专家，综合后评价各项指标的评价结果，对项目的成功度作出定性的结论。项目成功度可分为完全成功、成功、部分成功、不成功、失败5个等级。对比分析综合评价法就是将后评价的各项定量与定性分析指标列入《水利工程后评价综合表》中，然后对表中所列指标逐一进行分析，阐明每项指标的分析评价结果及其对工程的经济、技术、社会、环境效益的影响程度，排除那些影响小的指标，重点分析影响大的指标，最后分析归纳，找出影响工程总体效益的关键所在，提出工程后评价的结论。

项目后评价的内容广泛，是一门新兴的综合性学科，因此，其评价方法也是多种多样的，前面介绍的一些方法，可以结合项目的实际情况分别采用。

在水利建设项目后评价中采用合适的方法，完成有关内容评价后，便汇总成报告。报告完成后，一般由项目管理部门聘请中介咨询公司的有关专家进行评审，然后报水行政主管部门或发展和改革委员会综合部门审批。

# 思 考 题

1. 简述工程造价管理的基本含义。
2. 工程造价管理的基本内容有哪些？
3. 简述竣工结算和竣工决算的差别。
4. 简述水利工程项目后评价的内容和步骤。

# 第十三章　水利工程概预算计算机辅助系统的应用

## 第一节　概　　述

### 一、工程概预算计算机辅助系统的概念

工程概预算计算机辅助系统是将计算机技术运用到工程概预算编制与管理工作中的软件系统，是通过对概预算所需要的各种数据进行存储、加工、处理与维护，从而实现快速准确地编制工程概预算的计算机管理信息系统。

### 二、应用计算机进行工程报价管理的优势

1. 计算速度快，易于编制与修改

计算机运算可节省工程概预算编制时间，提高工程概预算的编审效率，并可及时动态调整，适应市场的变化，改变概预算跟不上施工需要的局面。实践证明，电算化比手算可提高功效几倍甚至几十倍。

另外，投标报价的计算是一项非常复杂的工作，而且一个工程的报价并不是只作一次建档的计算就能够完成的，利用计算机对工程估价与报价数据进行分析、计算和核查，并以很快的速度更改参数和重新计算总报价，对投标人来说极为重要。

2. 计算结果准确

计算机运算的准确性，可大大提高编审工程概预算的质量。

工程概预算涉及各种经济数据，量大且面广，利用到材料预算报价、定额中的人材机消耗，又牵涉到公众取费文件、工程量计算规则等。人工方式进行编制和审核，发生差错的机会多，准确性难以保证，而概预算软件的准确性一般是通过验证的，用计算机程序进行处理，只要输入的数据准确无误，其他工作由计算机自动完成，从而保证了计算过程和计算结果的准确性。

3. 生成数据齐全，打印结果标准规范

计算机运用程序形成输出结果完整、齐全，为技术经济分析提供了重要的数据。

计算机可以根据用户不同层次、不同程度的需要给出相应的帮助，提醒用户不要错项、漏项和缺项，保证项目的完整性。

计算机运用程序形成的工程概预算文件是按照一定格式制作的，不仅统一而且规范。商用软件或专门定制的软件包是按一定规范或专门要求制作的，其输出结果清晰、美观、标准。

4. 能记录和保存数据，便于修改和对历史数据进行统计分析

计算机可以快速方便地存取历史数据，通过对历史数据的分析可形成各种有价值的技

术经济数据，为投标前和合同实施过程提供重要的依据。

工程估价的性质决定了需要存储和使用大量的估价用数据，这些数据包括各种定额消耗量数据、材料价格数据、施工机械设备数据、分包商的数据、企业管理数据等，所有这些数据都必须按照一定的格式保存起来，并能在需要的时候及时提取和刷新。

5. 便于概预算数据的呈报与远程传递

作为估价的结果按照一定的格式输出报表也是不可缺少的。另外由于概预算要牵涉到业主、招标代理、监理工程师、承包人等各个责任主体，运用现代信息技术在各单位间高效能的传递概预算信息也非常重要。采用市面上销售的某些打印传真一体机，通过电话线可实现计算机之间报表的远程传送，利用互联网更能方便地进行数据通信。而且，网上招标与投标、网上报表传递等系统已在各地出现，是行业发展的方向。

### 三、工程概预算对计算机辅助系统的要求

计算机辅助系统若是满足工程概预算的要求，就必须具备下面全部或其中大部分功能：

（1）用各种不同的方法计算工程量表中的分项工程价格。

（2）用计算出来的分项工程价格对工程量表中全部有关项目进行价格计算。

（3）增加和累加工程表和分项工程的价格。

（4）提供各种综合报表和工程项目清单。

（5）存储各种资源及其需要使用的施工方法等信息的能力。

（6）存储正在研究中的合同所需要的劳动力和施工设备的综合价格表。

（7）存储各种材料价格和分包商价格，以及其他与合同有关的数据。

（8）存储工程概预算中每个分项工程价格的详尽组成部分，并在必要时对这些数据进行修正、校核和重新处理的能力。

（9）帮助概预算人员与公司内外各单位交换信息。

（10）避免价格估算中可能出现的错误。

（11）快速分解工程量表的各个分项工程，并提出其详细组成部分。

（12）提出工程所需要资源范围详细情况的综合报表。

（13）通过对全部概预算组成部分进行金额加减来实现总标价的快速调整。

（14）编制出可以报送业主的全部价格的工程量表。

（15）存贮与管理企业定额数据。

### 四、不同类型的工程概预算系统

目前，辅助估价人员进行估价与报价的计算机软件系统有 3 种：①商用估价与报价软件；②为企业定制开发的估价与报价系统；③运用 Excel 等功能强大的办公软件由估价人员自己设计的软件辅助系统。

#### （一）商用估价软件

商用估价软件在我国已非常普及，仅以前的预算编制软件就有数千种，专用于工程量清单极佳的应用软件发展也非常迅速。

采用商用软件的好处是价格一般较便宜，容易买到，买后马上就可以使用，并且其功能及稳定性大多已经过验证。但也不可避免存在一些缺点，具体如下：

（1）可买的商用软件不一定完全满足用户的要求。

（2）商用软件很难与企业其他的管理软件实现数据的交换与共享。

（3）一旦供应商停止营业或服务，系统的使用便很难有保障。

尽管如此，企业还是会用合理的价格购买功能良好的商用估价与报价软件。软件的选择应考虑是否满足公司近期及长远的需要，使用是否方便，服务是否可靠等。对于支持估价与报价的软件仅具有"套定额""取费"等简单的功能是不够的，更主要的是看软件是否能够灵活准确地进行工程估价，协助用户做好报价的分析与调查；而且报表输出及报表格式修改调整等方面的方便程度也很重要，这对投标报价尤为重要。

**（二）定制开发的估价与报价软件**

由于可购买的商用软件不一定能较好地满足自身的要求，有一定实力的企业也可选择自己组织人员或委托有开发经验的软件开发公司专门设计开发一个新的、适合本企业使用的估价与报价系统。这种做法的优点如下：

（1）由于专门为本公司估价与报价人员开发，系统能包括他们所需要的各种功能。

（2）估价与报价人员有机会参与系统的开发，软件的质量能够保证，并符合本公司的习惯。

（3）可在一个总体设计下与企业其他管理信息系统一起开发，实现数据共享。

不过专门定制也有一些缺点，具体如下：

（1）系统研发与维护的费用比现成商用软件要高很多。

（2）系统的研发需要一定的周期，可能需要很长的时间才能投入使用。

（3）如果需要不明确，得不到公司相关部门的大力支持，开发的软件可能很不实用，或者根本就不能使用。

专门进行的估价与报价系统的开发应在对用户需求充分了解的情况下进行，开发的过程一般分为 4 个阶段：系统分析、系统设计、系统实施与系统评价。由于应用软件是一种知识密集的"逻辑产品"，规模大、复杂程度高，在投入使用之前，各个开发过程又处于一种非可视状态，既看不见也摸不着，因此，较之其他物理产品而言，软件的开发和管理更难以控制和把握。一次工程估价与报价系统的开发一定要按照一种科学的开发过程，采用一系列正确的方法和技术，分阶段、按步骤、由抽象到具体逐步完成。这样才有利于达到系统的目标和要求。否则，急于求成，盲目建设，必将付出惨痛的代价，甚至以失败而告终，浪费大量的人力、物力和财力。

应当指出的是，再好的工程估价与报价计算机软件，不管是商用还是定制开发的软件，也只能辅助而不能代替估价人员进行工程的估价与报价。在这一过程中起到决定作用的还是人的知识、经验和判断。

**（三）利用 Excel 电子表格**

利用微软推出的 Microsoft Excel 通用电子表格软件，也能实现工程概预算的计算与分析。Excel 的功能非常强大，它不仅能够对大量数据进行快速的计算和处理，而且还能按照需要的形式对这些数据进行组织，如分类、筛选、排序、统计等，其方便的数据库管理功能则能存储、查询与调用大量的材料及定额数据，为预算与报价编制人员带来了极大的方便。

　　有不少专业化施工企业，由于需要计算的项目数量少，通过熟练地运用 Excel 便可实现工程概预算灵活快速的计算，其做法是先把常发生的数据保存起来，需要时打开这些项目，经简单的修改和重新计算，就可完成报价编制，这些企业往往不需要购买专门的预算与报价编制管理软件。

# 第二节　定额库的建立和应用

　　定额是概预算编制的基础。概预算本身的计算非常简单，其主要是对大量数据的处理，包括定额数据的处理。计算机之所以能够加快概预算的速度，其计算速度快就是一方面，另一方面则是预先建立数据库，大量的数据已存入计算机，概预算编制时减少了许多数据输入的工作量。因此，概预算软件必须依存于定额库，离开定额库的支持，一个软件的优劣就无从谈起。

　　水利行业现行的定额有很多，按颁发单位不同分为两大类：一类是部颁定额，另一类是省颁定额。部颁定额多用于中央投资或地方投资中央补助的大中型水利水电工程的概预算编制。全国各个省（自治区、直辖市）基本都有自行颁布的水利工程行业定额，这些定额用于地方投资的中小型水利水电工程的概预算编制。

　　水利行业不但定额多而且各定额所包含的数据量也非常大，仅部颁《水利建筑工程预算定额》就有额定子目 3190 条，定额数据 30380 个。如此大的定额数据量，需建的定额数据库也非常庞大。所以，建立一个好的数据库，就为概预算软件的开发和推广应用奠定了良好的基础。

　　要建立好的定额数据库，除数据资料准确无误外，设计好数据结构是关键。既要使数据的存储直观实用，又要使其所占计算机空间较小。水利行业概预算定额形式多种多样，定额内容较多，大小不一，很难用单一的结构来描述，而需采用各库相互结合共同描述定额内容。

　　定额库常见的建立形式如下：

　　（1）按章存储。按定额章的划分，一章一个库文件，采用一个库结构，此形式优点比较直观，库文件也不是太多，只是占用存储空间较大，库结构较松散。

　　（2）按节存储。即一节定额建一个库文件，使用同一结构，该形式的优点是比较直观，库结构较紧凑，占用空间较小，缺点是库文件较多，不便于以后的管理维护和数据调用。

　　（3）整个定额用两个库结构来描述，将每一子目录的定额都分为两个部分，分别存于定额特征库和定额项目库两个库中，两库结合来描述一个定额。两库的机构见表 13 - 1 和表 13 - 2。

表 13 - 1　　　　　　　　　　　　定额库特征（用于存储定额特征）

| 字段名称 | 数据类型 | 字段大小 |
| --- | --- | --- |
| 标号 | 字符 | 6 |
| 名称 | 字符 | 36 |
| 单位 | 字符 | 10 |
| 说明 | 字符 | 120 |
| 项数 | 数字 | 2 |
| 位置 | 数字 | 6 |

**表 13-2** 　　　　　　　　　　　定额项目库（仅有两个字段）

| 字段名称 | 数据类型 | 字段大小 |
|---|---|---|
| 项目 | 字符 | 30 |
| 数量 | 数字 | 12，2 |

无论采用哪一种结构形式，都要以方便调用为前提，在此基础上尽可能做到直观明了、少占空间等。

# 第三节　水利水电造价软件介绍

## 一、概述

水利水电造价软件主要面向水利水电建设项目的业主、设计单位、造价咨询公司、施工单位等而开发，用于解决投资估算、设计概算、施工图预算、招标拦标价、投标报价、施工结算、竣工决算等各阶段造价文件的编制。目前所见的水利水电造价软件比较多，如海川软件、天津院软件、凯云软件、青山软件、易投软件、筑业软件、超算软件等。在选配它们的过程中，应从自身使用需求出发进行恰当选择，所选软件既要满足现行水总〔2014〕429 号文、办水总〔2016〕132 号文和办财务函〔2019〕144 号文等部颁编制规定、计价管理文件的统一规定，也要满足各省市相关计价管理文件提出的特殊要求。

## 二、软件的功能要求

1. 功能强大，适用性强，应用广

水利水电造价软件所能实现的计算，应能全面涵盖水利水电基本建设程序各阶段造价文件的编制，以满足用户在各个不同阶段的使用需要。

软件中所含的定额体系和工程模板，既要有全国的也要有各省市的，以适应于不同性质工程项目的造价文件编制。

2. 软件界面友好，计算流程清晰，简单易用

水利水电造价软件应能兼容当前乃至未来不断发展的计算机操作系统，应为界面友好的 Windows 版本，让使用者易于接受和使用。

对费率取定，基础单价计算，套用定额分析工程单价，引用工程单价并结合编制规定进行分部工程概预算编制等一系列计算过程，应在软件中具有较高的集合度，且计算流程清晰；尽量采用点选、设置等方式给予指令使其实现自动化的计算；最好能像 Excel 表格一样，若某个地方进行了修改或变动，其他的关联计算能够实时联动完成，从而大大缩短计算时间。（注：有些软件费率需自己输入，计算主材预算价时需自己编辑公式，主材价差在工程单价分析表中无法分项显示，定额内插需经人工换算并手动输入系数后才能实现，以百分率计取的项目需自己编辑计算公式或需人工计算后手动输入……这样的计算效率就会大大降低了，用户的体验也会变差。）

另外，对于清单的导入导出、材料预算价的导入导出、跨工程的复制粘贴、块操作等

方面的功能，也是广大用户非常需求的。

3. 成果报表修改设置灵活方便，易于导出和打印

水利水电工程概预算的成果需通过大量报表加以呈现，在投标阶段对这些报表格式的要求非常严苛，为此，软件中内置的现成报表应结构完整、形式齐全，且用户能根据自己的需求进行修改、设置和保存。

成果报表输出时，除能进行纸质打印外，还应能导出 Excel、PDF 等常用格式的电子文档，以方便于成果的传输和交流。

4. 软件更新升级方便快捷

在定额勘误、软件功能改进、概预算新文件出台等情况下，软件开发商应能向使用者提供方便快捷的更新升级。

### 三、软件的操作

不同厂家开发的水利水电造价软件，其操作方法大同小异。本处以海川软件为例进行简要的介绍。

#### （一）新建项目

在工具条中单击 ![]按钮，或者单击下拉菜单【文件｜新建】命令。系统弹出新建项目对话框，输入项目名称，选择编制类型，在定额体系选择框中选择需要的定额体系以及对应的工程模板，如果想对工程加密，可在下面设置工程密码。最后单击【确定】按钮，系统开始新建项目。新建项目成功后，系统自动打开新建的项目如图 13-1 所示。

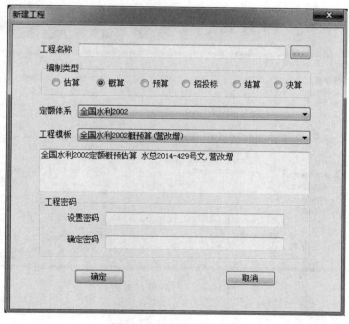

图 13-1 新建项目界面

### （二）按模板新建项目

在工具条中单击 ▤ 按钮，或者单击下拉菜单【文件｜按模板新建】命令，系统弹出新建项目对话框。输入项目名称，选择用户模板，如果想对工程加密，可在下面设置工程密码。最后单击【确定】按钮，系统开始新建项目。如图 13-2 所示。

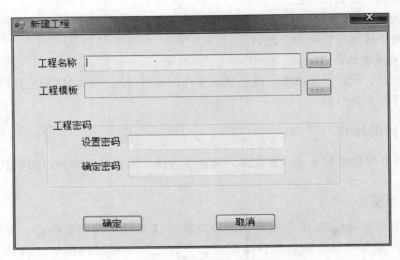

图 13-2　按照模板新建项目界面

### （三）打开项目

在工具条中单击【打开】按钮，或者单击下拉菜单【文件｜打开】命令，如图 13-3 所示。

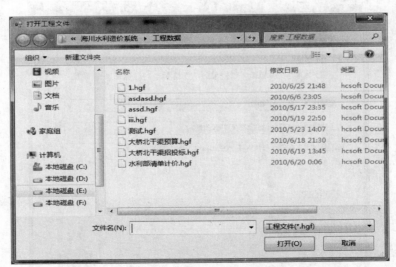

图 13-3　打开项目界面

### （四）工程主界面

工程界面由菜单、工具条、工作面及状态条 4 部分组成。其中工作面由左边的导航和右边的功能模块构成，在导航中切换不同的节点，右边会显示对应的功能模块。

1. 工程信息和参数设置

工程信息分为基本信息和工程设置。基本信息主要是工程的名称、地址、编制日期等等，工程设置则是一些费用设置项。参数设置中，可设置对当前工程的小数点保留位数、价差处理方式等。通过对这些项的设置，系统会自动设置相应的费用系数，如图 13 - 4 所示。

图 13 - 4　工程信息和参数设置界面

2. 基础资料

基础资料包括费用设置和基础单价计算，它们是在用户套用项目之前必须要先完成的数据工作。其中费用设置由图 13-5 左上的参数设置、右上的单价类别以及下面的费用计算程序组成。参数设置可改变单价费用系数，在单价类别中用户可修改系数，复制和删除单价类别条目（注意：系统定义的单价类别不允许删除），如图 13-5 所示。

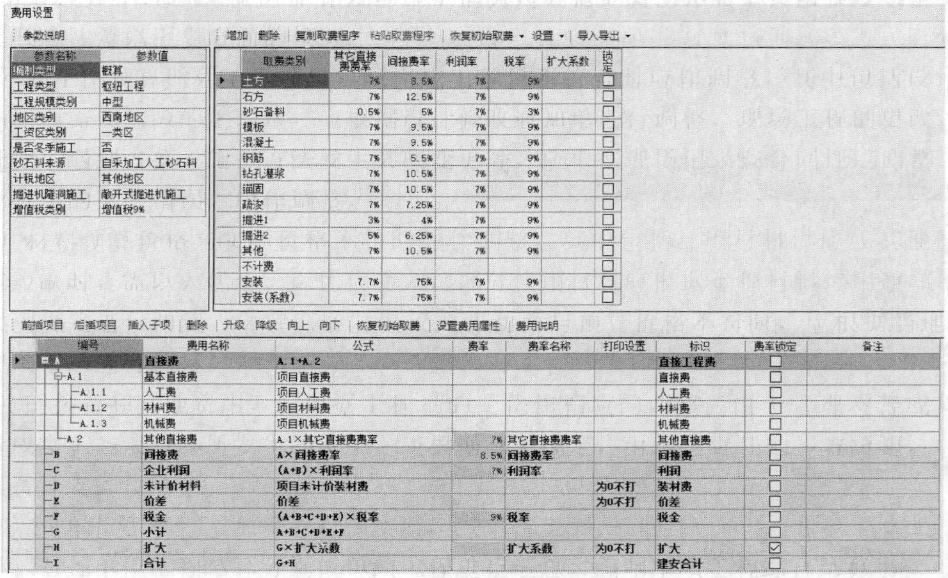

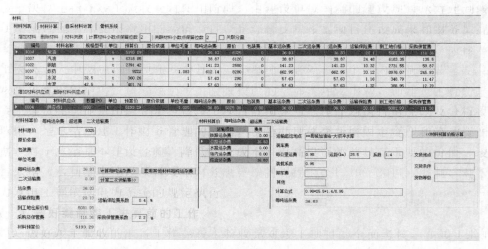

图 13-5　单价的费用计算设置界面

基础单价是由人工、材料、机械、电、水、风、混凝土配合比等费用组成，系统已经按编制规定的要求内置好相应的费用计算程序，用户还可以根据实际情况增减费用项目、修改公式、修改费率。例如，材料预算单价界面，由材料列表及费用计算程序构成，用户可在此增加材料，设置原价，计算运杂费、采购保管费、运输保险费等，并汇总计算得到预算价。如图 13-6 所示。

图 13-6　材料预算单价界面

3. 工程单价编制

（1）项目单价。用户可在此界面组合项目单价，在后面的项目编制中调用或共享这些单价。使用见后面的项目编制。界面如图 13－7 所示。

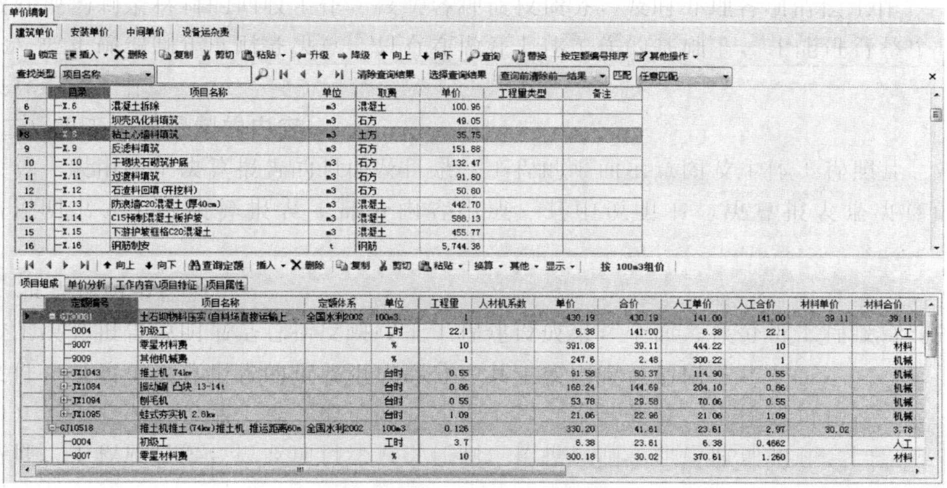

图 13－7　项目单价界面

（2）中间单价。中间单价是指水利定额中的混凝土项目中混凝土拌制、运输等子单价，如图 13－8 所示。

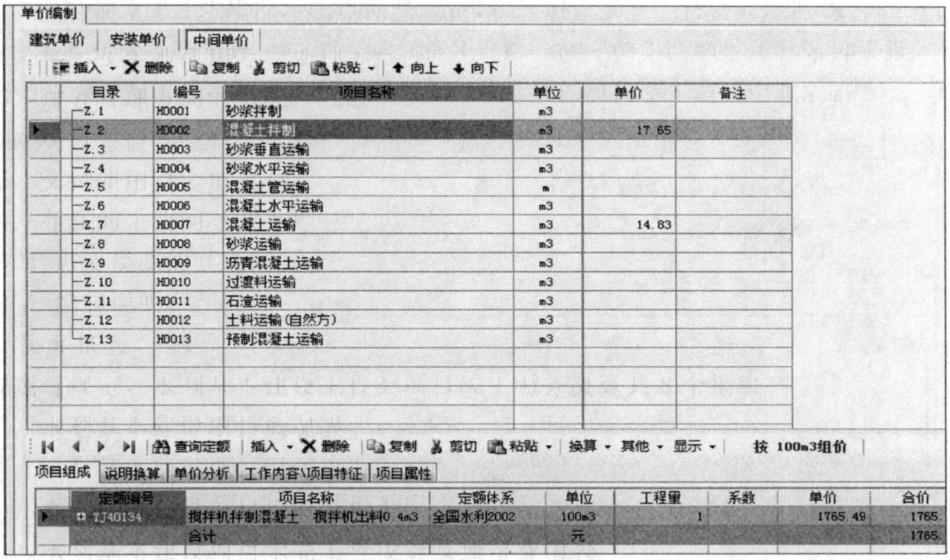

图 13－8　中间单价界面

4. 项目编制

项目编制界面分为上下两部分，由上面的项目列表、下面的项目组成。项目列表是处理项目的地方，如导入导出项目、项目工程量录入等；项目组成是组成项目单价的地方，如套定额、换算、修改工作内容、查看单价分析等界面。对在项目单价编制界面已经编制好的建筑工程单价或安装工程单价，可通过套用单价的功能，将其调用到项目编制界面中对应的分部分项工程上；也可在项目编制界面上，采用直接套用定额的方式，为对应的分部分项工程直接分析工程单价。建筑、安装工程的项目编制如图 13-9 所示。

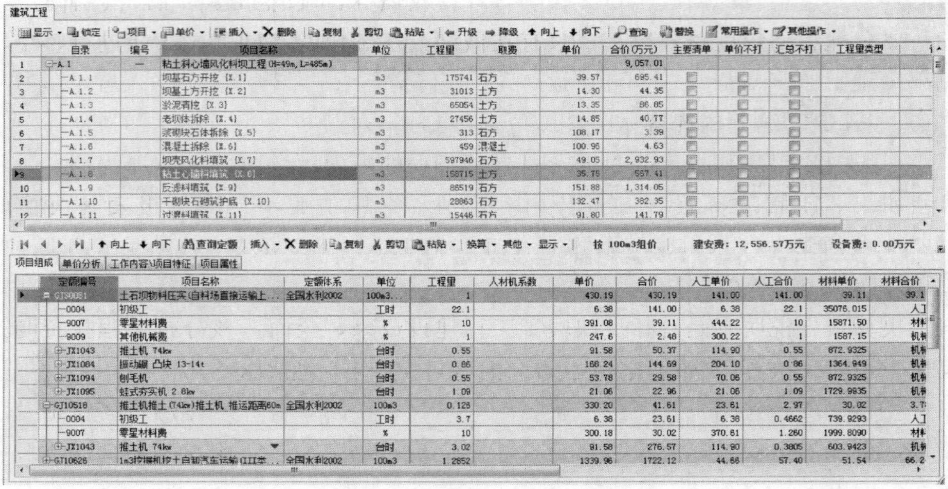

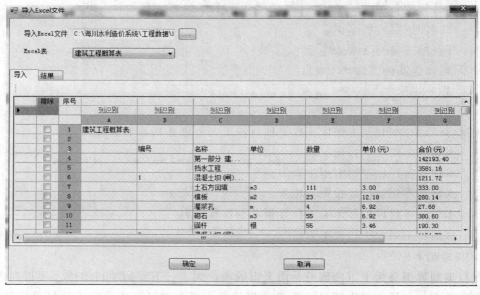

图 13-9　建筑安装工程项目编制界面

### 5. 文件导入或导出

从 Excel 文件、项目导出文件（*.qdb）导入项目。当选择导入 Excel 文件时，系统会弹出如图 13-10 所示的窗口。首先选择 Excel 表，然后点击"列识别"设置各列的定义。注意：必须设置目录和编号两列中的一列，项目名称、项目单位、数量都必须设置，否则项目不能导入。在排除列中可选中不需要的行。最后单击确定，项目就可导入到工程中。

图 13-10　文件导入界面

### 6. 单价共享或复制

在实际工程中，常常遇到大量的清单项目使用同一个单价，假如每一个都去组价就显得很麻烦，可以使用单价共享的功能，借用已有的单价。选择一行或选中一个块，单击右键选择共享单价即可弹出如图 13-11 所示窗口，双击想借用的单价即可。单价复制和单价共享相似，只是复制的单价不会和其他相同单价联动。

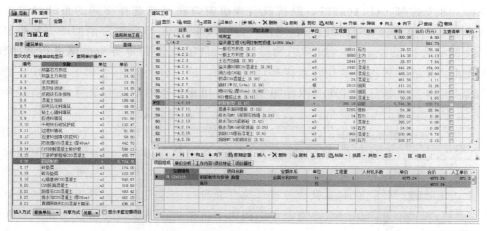

图 13-11 单价共享或复制

### 7. 使用定额

（1）查询套定额。点击查询套定额，界面（图 13-12）左侧会显示出定额查询窗口。定额查询分两种方式：①"章节查询"，即展开定额目录树，双击定额套入；②"条件查询"，即用户输入定额项目名称模糊查询。"定额体系"默认为当前定额体系，如果想借用其他定额体系的定额，可在此选择其他体系，要回到默认定额体系，只需选择以黑体显示的体系即可。当勾选"显示定额信息"，系统会在下面显示出该定额的人材机明细。插入位置分为项目前插入、项目后插入、插入为子项。当某些材料（如预制构件）需要套定额

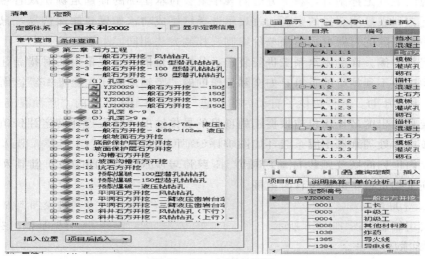

图 13-12 查询套定额

来确定它的制作单价时，就可以选择"插入为子项"把定额插到材料下面，然后输入相应的工程量，就可以得到这个材料的单价。除用查询窗口录入定额之外，还可以在项目组成的"定额编号"列中手动输入定额编号，套定额。

（2）套定额中的特殊情况。多种材料、机械中选择一种。所谓的多选一，就是在水利定额中某些定额列出一组同类型但规格型号和用量不同的一组材料、机械，用户必须选择其中一种。如套定额"GJ 10622"，系统就会弹出窗口让用户选择不同的自卸汽车，如图13-13所示。若要选择8t自卸汽车，则在"自卸汽车8t 6.76台时"前面的方框内打上勾即可，就表示选择已经成功，如果想删除选择，只需双击右下方框列表中想删除的行即可。

图13-13　套用定额的特殊情况界面

（3）选择辅助定额。水利工程中的混凝土浇筑定额都不含拌制和运输，需要用户自己选择。如套定额"GJ40100"系统会弹出选择混凝土拌制运输的窗口，如图13-14所示。当选择左边的混凝土拌制时，右上方的列表中就会显示全部的拌制定额；双击想要选择的定额，右下方列表显示选择的定额，就表示选择已经成功；如果想删除选择，只需双击右下方列表中想删除的行即可。运输单价编制与拌制方法相同。

（4）定额内插。在套用水利工程安装定额分析水轮机组安装单价的时候，往往实际的自重在定额中找不到相应的子目，如实际工作中的"竖轴混流式水轮机15t"，而定额子目里只有10t和20t的。软件提供了自动内插功能，当用户录入任意的"竖轴混流式水轮机"定额，系统会弹出窗口让用户输入实际的自重，如果输入"15"，系统就会把10t和20t的两个定额按内插处理乘以不同系数，如图13-15所示。

除了上面提到的系统预设自动内插以外，用户还可以自定义内插。点插入→内插定额，方法同基础资料中的机械台时内插。

8. 独立费用编制

独立费用编制如图13-16所示。

9. 总概算表

总概算编制如图13-17所示。

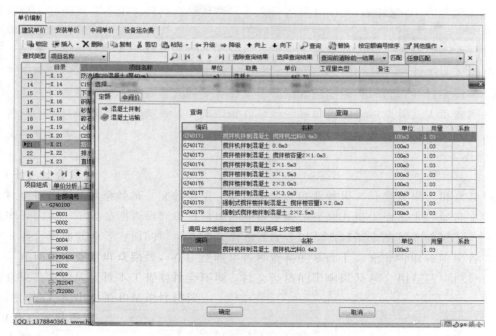

图 13-14 辅助定额选择界面

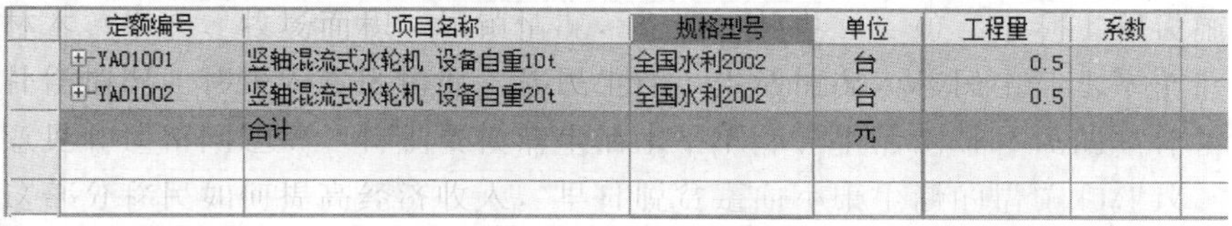

| 定额编号 | 项目名称 | 规格型号 | 单位 | 工程量 | 系数 |
|---|---|---|---|---|---|
| ⊞ YA01001 | 竖轴混流式水轮机 设备自重10t | 全国水利2002 | 台 | 0.5 | |
| ⊞ YA01002 | 竖轴混流式水轮机 设备自重20t | 全国水利2002 | 台 | 0.5 | |
| | 合计 | | 元 | | |

图 13-15 定额内插界面

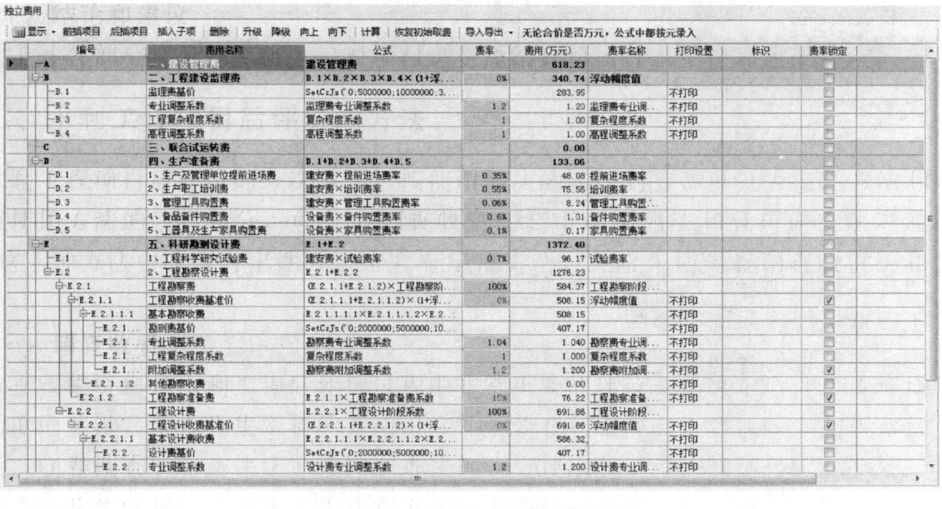

图 13-16 独立费用编制界面

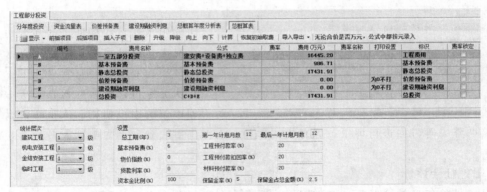

图 13-17　总概算编制界面

10. 报表打印

报表打印是输出概预算成果表格的地方，由左边的报表树和右边的报表显示组成（图 13-18）。双击报表可显示单个表报。要批量显示报表，点"报表集合"。可通过"发送"功能把报表保存为 Excel、PDF 等电子文件。

图 13-18　报表打印界面

# 思　考　题

1. 简述工程概预算计算机辅助系统的概念。
2. 工程造价管理系统有哪些？
3. 简述工程报价管理软件的优势。

# 附　录

## 附录 I　项　目　划　分

　　　　　　　　　　　　建筑工程项目划分表

| I | 枢纽工程 | | | |
|---|---|---|---|---|
| 序号 | 一级项目 | 二级项目 | 三级项目 | 备注 |
| 一 | 挡水工程 | | | |
| 1 | | 混凝土坝（闸）工程 | | |
| | | | 土方开挖 | |
| | | | 石方开挖 | |
| | | | 土石方回填 | |
| | | | 模板 | |
| | | | 混凝土 | |
| | | | 钢筋 | |
| | | | 防渗墙 | |
| | | | 灌浆孔 | |
| | | | 灌浆 | |
| | | | 排水孔 | |
| | | | 砌石 | |
| | | | 喷混凝土 | |
| | | | 锚杆（索） | |
| | | | 启闭机室 | |
| | | | 温控措施 | |
| | | | 细部结构工程 | |
| 2 | | 土（石）坝工程 | | |
| | | | 土方开挖 | |
| | | | 石方开挖 | |
| | | | 土料填筑 | |
| | | | 砂砾料填筑 | |
| | | | 斜（心）墙土料填筑 | |
| | | | 反滤料、过渡料填筑 | |

| Ⅰ | 枢纽工程 | | | |
|---|---|---|---|---|
| 序号 | 一级项目 | 二级项目 | 三级项目 | 备注 |
| | | | 坝体堆石填筑 | |
| | | | 铺盖填筑 | |
| | | | 土工膜（布） | |
| | | | 沥青混凝土 | |
| | | | 模板 | |
| | | | 混凝土 | |
| | | | 钢筋 | |
| | | | 防渗墙 | |
| | | | 灌浆孔 | |
| | | | 灌浆 | |
| | | | 排水孔 | |
| | | | 砌石 | |
| | | | 喷混凝土 | |
| | | | 锚杆（索） | |
| | | | 面（趾）板止水 | |
| | | | 细部结构工程 | |
| 二 | 泄洪工程 | | | |
| 1 | | 溢洪道工程 | | |
| | | | 土方开挖 | |
| | | | 石方开挖 | |
| | | | 土石方回填 | |
| | | | 模板 | |
| | | | 混凝土 | |
| | | | 钢筋 | |
| | | | 灌浆孔 | |
| | | | 灌浆 | |
| | | | 排水孔 | |
| | | | 砌石 | |
| | | | 喷混凝土 | |
| | | | 锚杆（索） | |
| | | | 启闭机室 | |
| | | | 温控措施 | |
| | | | 细部结构工程 | |
| 2 | | 泄洪洞工程 | | |

| I | | | 枢纽工程 | | |
|---|---|---|---|---|---|
| 序号 | 一级项目 | 二级项目 | 三级项目 | | 备注 |
| | | | 土方开挖 | | |
| | | | 石方开挖 | | |
| | | | 模板 | | |
| | | | 混凝土 | | |
| | | | 钢筋 | | |
| | | | 灌浆孔 | | |
| | | | 灌浆 | | |
| | | | 排水孔 | | |
| | | | 砌石 | | |
| | | | 喷混凝土 | | |
| | | | 锚杆（索） | | |
| | | | 钢筋网 | | |
| | | | 钢拱架、钢格栅 | | |
| | | | 细部结构工程 | | |
| 3 | | 冲砂孔（洞）工程 | | | |
| 4 | | 放空洞工程 | | | |
| 5 | | 泄洪闸工程 | | | |
| 三 | 引水工程 | | | | |
| 1 | | 引水明渠工程 | | | |
| | | | 土方开挖 | | |
| | | | 石方开挖 | | |
| | | | 模板 | | |
| | | | 混凝土 | | |
| | | | 钢筋 | | |
| | | | 砌石 | | |
| | | | 锚杆（索） | | |
| | | | 细部结构工程 | | |
| 2 | | 进（取）水口工程 | | | |
| | | | 土方开挖 | | |
| | | | 石方开挖 | | |
| | | | 模板 | | |
| | | | 混凝土 | | |
| | | | 钢筋 | | |
| | | | 砌石 | | |

| I | 枢纽工程 | | | |
|---|---|---|---|---|
| 序号 | 一级项目 | 二级项目 | 三级项目 | 备注 |
| | | | 锚杆（索） | |
| | | | 细部结构工程 | |
| 3 | | 引水隧洞工程 | | |
| | | | 土方开挖 | |
| | | | 石方开挖 | |
| | | | 模板 | |
| | | | 混凝土 | |
| | | | 钢筋 | |
| | | | 灌浆孔 | |
| | | | 灌浆 | |
| | | | 排水孔 | |
| | | | 砌石 | |
| | | | 喷混凝土 | |
| | | | 锚杆（索） | |
| | | | 钢筋网 | |
| | | | 钢拱架、钢格栅 | |
| | | | 细部结构工程 | |
| 4 | | 调压井工程 | | |
| | | | 土方开挖 | |
| | | | 石方开挖 | |
| | | | 模板 | |
| | | | 混凝土 | |
| | | | 钢筋 | |
| | | | 灌浆孔 | |
| | | | 灌浆 | |
| | | | 砌石 | |
| | | | 喷混凝土 | |
| | | | 锚杆（索） | |
| | | | 细部结构工程 | |
| 5 | | 高压管道工程 | | |
| | | | 土方开挖 | |
| | | | 石方开挖 | |
| | | | 模板 | |
| | | | 混凝土 | |

| I | | | 枢纽工程 | |
|---|---|---|---|---|
| 序号 | 一级项目 | 二级项目 | 三级项目 | 备注 |
| | | | 钢筋 | |
| | | | 灌浆孔 | |
| | | | 灌浆 | |
| | | | 砌石 | |
| | | | 锚杆（索） | |
| | | | 钢筋网 | |
| | | | 钢拱架、钢格栅 | |
| | | | 细部结构工程 | |
| 四 | 发电厂（泵站）工程 | | | |
| 1 | | 地面厂房工程 | | |
| | | | 土方开挖 | |
| | | | 石方开挖 | |
| | | | 土石方回填 | |
| | | | 模板 | |
| | | | 混凝土 | |
| | | | 钢筋 | |
| | | | 灌浆孔 | |
| | | | 灌浆 | |
| | | | 砌石 | |
| | | | 锚杆（索） | |
| | | | 温控措施 | |
| | | | 厂房建筑 | |
| | | | 细部结构工程 | |
| 2 | | 地下厂房工程 | | |
| | | | 石方开挖 | |
| | | | 模板 | |
| | | | 混凝土 | |
| | | | 钢筋 | |
| | | | 灌浆孔 | |
| | | | 灌浆 | |
| | | | 排水孔 | |
| | | | 喷混凝土 | |
| | | | 锚杆（索） | |

| I | 枢纽工程 | | | |
|---|---|---|---|---|
| 序号 | 一级项目 | 二级项目 | 三级项目 | 备注 |
| | | | 钢筋网 | |
| | | | 钢拱架、钢格栅 | |
| | | | 温控措施 | |
| | | | 厂房装修 | |
| | | | 细部结构工程 | |
| 3 | | 交通洞工程 | | |
| | | | 土方开挖 | |
| | | | 石方开挖 | |
| | | | 模板 | |
| | | | 混凝土 | |
| | | | 钢筋 | |
| | | | 灌浆孔 | |
| | | | 灌浆 | |
| | | | 喷混凝土 | |
| | | | 锚杆（索） | |
| | | | 钢筋网 | |
| | | | 钢拱架、钢格栅 | |
| | | | 细部结构工程 | |
| 4 | | 出线洞（井）工程 | | |
| 5 | | 通风洞（井）工程 | | |
| 6 | | 尾水洞工程 | | |
| 7 | | 尾水调压井工程 | | |
| 8 | | 尾水渠工程 | | |
| | | | 土方开挖 | |
| | | | 石方开挖 | |
| | | | 土石方回填 | |
| | | | 模板 | |
| | | | 混凝土 | |
| | | | 钢筋 | |
| | | | 砌石 | |
| | | | 锚杆（索） | |
| | | | 细部结构工程 | |
| 五 | 升压变电站工程 | | | |
| 1 | | 变电站工程 | | |

| Ⅰ | | 枢纽工程 | | |
|---|---|---|---|---|
| 序号 | 一级项目 | 二级项目 | 三级项目 | 备注 |
| | | | 土方开挖 | |
| | | | 石方开挖 | |
| | | | 土石方回填 | |
| | | | 模板 | |
| | | | 混凝土 | |
| | | | 钢筋 | |
| | | | 砌石 | |
| | | | 钢材 | |
| | | | 细部结构工程 | |
| 2 | | 开关站工程 | | |
| | | | 土方开挖 | |
| | | | 石方开挖 | |
| | | | 土石方回填 | |
| | | | 模板 | |
| | | | 混凝土 | |
| | | | 钢筋 | |
| | | | 砌石 | |
| | | | 钢材 | |
| | | | 细部结构工程 | |
| 六 | 航运工程 | | | |
| 1 | | 上游引航道工程 | | |
| | | | 土方开挖 | |
| | | | 石方开挖 | |
| | | | 土石方回填 | |
| | | | 模板 | |
| | | | 混凝土 | |
| | | | 钢筋 | |
| | | | 砌石 | |
| | | | 锚杆（索） | |
| | | | 细部结构工程 | |
| 2 | | 船闸（升船机）工程 | | |
| | | | 土方开挖 | |
| | | | 石方开挖 | |
| | | | 土石方回填 | |

| I | | | 枢纽工程 | |
|---|---|---|---|---|
| 序号 | 一级项目 | 二级项目 | 三级项目 | 备注 |
| | | | 模板 | |
| | | | 混凝土 | |
| | | | 钢筋 | |
| | | | 灌浆孔 | |
| | | | 灌浆 | |
| | | | 锚杆（索） | |
| | | | 控制室 | |
| | | | 温控措施 | |
| | | | 细部结构工程 | |
| 3 | | 下游引航道工程 | | |
| 七 | 鱼道工程 | | | |
| 八 | 交通工程 | | | |
| 1 | | 公路工程 | | |
| 2 | | 铁路工程 | | |
| 3 | | 桥梁工程 | | |
| 4 | | 码头工程 | | |
| 九 | 房屋建筑工程 | | | |
| 1 | | 辅助生产建筑 | | |
| 2 | | 仓库 | | |
| 3 | | 办公用房 | | |
| 4 | | 值班宿舍及文化福利建筑 | | |
| 5 | | 室外工程 | | |
| 十 | 供电设施工程 | | | |
| 十一 | 其他建筑工程 | | | |
| 1 | | 安全监测设施工程 | | |
| 2 | | 照明线路工程 | | |
| 3 | | 通信线路工程 | | |
| 4 | | 厂坝（闸、泵站）区供水、供热、排水等公用设施 | | |
| 5 | | 劳动安全与工业卫生设施 | | |
| 6 | | 水文、泥沙监测设施工程 | | |
| 7 | | 水情自动测报系统工程 | | |
| 8 | | 其他 | | |

| Ⅱ | | 引水工程 | | |
|---|---|---|---|---|
| 序号 | 一级项目 | 二级项目 | 三级项目 | 备注 |
| 一 | 渠（管）道工程 | | | |
| 1 | | ××—××段干渠（管）工程 | | 含附属小型建筑物 |
| | | | 土方开挖 | |
| | | | 石方开挖 | |
| | | | 土石方回填 | |
| | | | 模板 | |
| | | | 混凝土 | |
| | | | 钢筋 | |
| | | | 输水管道 | 各类管道（含钢管） |
| | | | 管道附件及阀门 | 项目较多时可另附表 |
| | | | 管道防腐 | |
| | | | 砌石 | |
| | | | 垫层 | |
| | | | 土工布 | |
| | | | 草皮护坡 | |
| | | | 细部结构工程 | |
| 2 | | ××—××段支渠（管）工程 | | |
| 二 | 建筑物工程 | | | |
| 1 | | 泵站工程（扬水站、排灌站） | | |
| | | | 土方开挖 | |
| | | | 石方开挖 | |
| | | | 土石方回填 | |
| | | | 模板 | |
| | | | 混凝土 | |
| | | | 钢筋 | |
| | | | 砌石 | |
| | | | 厂房建筑 | |
| | | | 细部结构工程 | |
| 2 | | 水闸工程 | | |
| | | | 土方开挖 | |
| | | | 石方开挖 | |
| | | | 土石方回填 | |
| | | | 模板 | |
| | | | 混凝土 | |

| Ⅱ | 引水工程 | | | |
|---|---|---|---|---|
| 序号 | 一级项目 | 二级项目 | 三级项目 | 备注 |
| | | | 钢筋 | |
| | | | 灌浆孔 | |
| | | | 灌浆 | |
| | | | 砌石 | |
| | | | 启闭机室 | |
| | | | 细部结构工程 | |
| 3 | | 渡槽工程 | | |
| | | | 土方开挖 | |
| | | | 石方开挖 | |
| | | | 土石方回填 | |
| | | | 模板 | |
| | | | 混凝土 | |
| | | | 钢筋 | |
| | | | 预应力锚索（筋） | 钢绞线、钢丝束、钢筋 |
| | | | 渡槽支撑 | 或高大跨渡槽措施费 |
| | | | 砌石 | |
| | | | 细部结构工程 | |
| 4 | | 隧洞工程 | | |
| | | | 土方开挖 | |
| | | | 石方开挖 | |
| | | | 土石方回填 | |
| | | | 模板 | |
| | | | 混凝土 | |
| | | | 钢筋 | |
| | | | 灌浆孔 | |
| | | | 灌浆 | |
| | | | 砌石 | |
| | | | 喷混凝土 | |
| | | | 锚杆（索） | |
| | | | 钢筋网 | |
| | | | 钢拱架、钢格栅 | |
| | | | 细部结构工程 | |
| 5 | | 倒虹吸工程 | | 含附属调压、检修设施 |
| 6 | | 箱涵（暗渠）工程 | | 含附属调压、检修设施 |

| Ⅱ | | | 引水工程 | |
|---|---|---|---|---|
| 序号 | 一级项目 | 二级项目 | 三级项目 | 备注 |
| 7 | | 跌水工程 | | |
| 8 | | 动能回收电站工程 | | |
| 9 | | 调蓄水库工程 | | |
| 10 | | 排水涵（渡槽） | | 或排洪涵（渡槽） |
| 11 | | 公路交叉（穿越）建筑物 | | |
| 12 | | 铁路交叉（穿越）建筑物 | | |
| 13 | | 其他建筑物工程 | | |
| 三 | 交通工程 | | | |
| 1 | | 对外公路 | | |
| 2 | | 运行管理维护道路 | | |
| 四 | 房屋建筑工程 | | | |
| 1 | | 辅助生产建筑 | | |
| 2 | | 仓库 | | |
| 3 | | 办公用房 | | |
| 4 | | 值班宿舍及文化福利建筑 | | |
| 5 | | 室外工程 | | |
| 五 | 供电设施工程 | | | |
| 六 | 其他建筑工程 | | | |
| 1 | | 安全监测设施工程 | | |
| 2 | | 照明线路工程 | | |
| 3 | | 通信线路工程 | | |
| 4 | | 厂坝（闸、泵站）区供水、供热、排水等公用设施 | | |
| 5 | | 劳动安全与工业卫生设施 | | |
| 6 | | 水文、泥沙监测设施工程 | | |
| 7 | | 水情自动测报系统工程 | | |
| 8 | | 其他 | | |
| Ⅲ | | | 河道工程 | |
| 序号 | 一级项目 | 二级项目 | 三级项目 | 技术经济指标 |
| 一 | 河道整治与堤防工程 | | | |
| 1 | | ××—××段堤防工程 | | |
| | | | 土方开挖 | |
| | | | 土方填筑 | |
| | | | 模板 | |

| Ⅲ | 河道工程 | | | |
|---|---|---|---|---|
| 序号 | 一级项目 | 二级项目 | 三级项目 | 技术经济指标 |
| | | | 混凝土 | |
| | | | 砌石 | |
| | | | 土工布 | |
| | | | 防渗墙 | |
| | | | 灌浆孔 | |
| | | | 灌浆 | |
| | | | 草皮护坡 | |
| | | | 细部结构工程 | |
| 2 | | ××—××段河道（湖泊）整治工程 | | |
| 3 | | ××—××段河道疏浚工程 | | |
| 二 | 灌溉工程 | | | |
| 1 | | ××—××段渠（管）道工程 | | |
| | | | 土方开挖 | |
| | | | 土方填筑 | |
| | | | 模板 | |
| | | | 混凝土 | |
| | | | 砌石 | |
| | | | 土工布 | |
| | | | 输水管道 | |
| | | | 细部结构工程 | |
| 三 | 田间工程 | | | |
| 1 | | ××—××段渠（管）道工程 | | |
| 2 | | 田间土地平整 | | 根据设计要求计列 |
| 四 | 建筑物工程 | | | |
| 1 | | 水闸工程 | | |
| 2 | | 泵站工程（扬水站、排灌站） | | |
| 3 | | 其他建筑物 | | |
| 五 | 交通工程 | | | |
| 六 | 房屋建筑工程 | | | |
| 1 | | 辅助生产厂房 | | |
| 2 | | 仓库 | | |
| 3 | | 办公用房 | | |
| 4 | | 值班宿舍及文化福利建筑 | | |

| Ⅲ | 河道工程 | | | |
|---|---|---|---|---|
| 序号 | 一级项目 | 二级项目 | 三级项目 | 技术经济指标 |
| 5 | | 室外工程 | | |
| 七 | 供电设施工程 | | | |
| 八 | 其他建筑工程 | | | |
| 1 | | 安全监测设施工程 | | |
| 2 | | 照明线路工程 | | |
| 3 | | 通信线路工程 | | |
| 4 | | 厂坝（闸、泵站）区供水、供热、排水等公用设施 | | |
| 5 | | 劳动安全与工业卫生设施 | | |
| 6 | | 水文、泥沙监测设施工程 | | |
| 7 | | 其他 | | |

**附表 2**      **机电设备及安装工程项目划分表**

| Ⅰ | 枢纽工程 | | | |
|---|---|---|---|---|
| 序号 | 一级项目 | 二级项目 | 三级项目 | 技术经济指标 |
| 一 | 发电设备及安装工程 | | | |
| 1 | | 水轮机设备及安装工程 | | |
| | | | 水轮机 | 元/台 |
| | | | 调速器 | 元/台 |
| | | | 油压装置 | 元/台（套） |
| | | | 过速限制器 | 元/台（套） |
| | | | 自动化元件 | 元/台（套） |
| | | | 透平油 | 元/t |
| 2 | | 发电机设备及安装工程 | | |
| | | | 发电机 | 元/台 |
| | | | 励磁装置 | 元/台（套） |
| | | | 自动化元件 | 元/台（套） |
| 3 | | 主阀设备及安装工程 | | |
| | | | 蝴蝶阀（球阀、锥形阀） | 元/台 |
| | | | 油压装置 | 元/台 |
| 4 | | 起重设备及安装工程 | | |
| | | | 桥式起重机 | 元/t（台） |
| | | | 转子吊具 | 元/t（具） |
| | | | 平衡梁 | 元/t（副） |

| Ⅰ | | | 枢纽工程 | |
|---|---|---|---|---|
| 序号 | 一级项目 | 二级项目 | 三级项目 | 技术经济指标 |
| | | | 轨道 | 元/双 10m |
| | | | 滑触线 | 元/三相 10m |
| 5 | | 水力机械辅助设备及安装工程 | | |
| | | | 油系统 | |
| | | | 压气系统 | |
| | | | 水系统 | |
| | | | 水力量测系统 | |
| | | | 管路（管子、附件、阀门） | |
| 6 | | 电气设备及安装工程 | | |
| | | | 发电电压装置 | |
| | | | 控制保护系统 | |
| | | | 直流系统 | |
| | | | 厂用电系统 | |
| | | | 电工试验设备 | |
| | | | 35kV 及以下动力电缆 | |
| | | | 控制和保护电缆 | |
| | | | 母线 | |
| | | | 电缆架 | |
| | | | 其他 | |
| 二 | 升压变电设备及安装工程 | | | |
| 1 | | 主变压器设备及安装工程 | | |
| | | | 变压器 | 元/台 |
| | | | 轨道 | 元/双 10m |
| 2 | | 高压电气设备及安装工程 | | |
| | | | 高压断路器 | |
| | | | 电流互感器 | |
| | | | 电压互感器 | |
| | | | 隔离开关 | |
| | | | 110kV 及以上高压电缆 | |
| 3 | | 一次拉线及其他安装工程 | | |
| 三 | 公用设备及安装工程 | | | |
| 1 | | 通信设备及安装工程 | | |
| | | | 卫星通信 | |

| Ⅰ | | | 枢纽工程 | |
|---|---|---|---|---|
| 序号 | 一级项目 | 二级项目 | 三级项目 | 技术经济指标 |
| | | | 光缆通信 | |
| | | | 微波通信 | |
| | | | 载波通信 | |
| | | | 生产调度通信 | |
| | | | 行政管理通信 | |
| 2 | | 通风采暖设备及安装工程 | | |
| | | | 通风机 | |
| | | | 空调机 | |
| | | | 管理系统 | |
| 3 | | 机修设备及安装工程 | | |
| | | | 车床 | |
| | | | 刨床 | |
| | | | 钻床 | |
| 4 | | 计算机监控系统 | | |
| 5 | | 工业电视系统 | | |
| 6 | | 管理自动化系统 | | |
| 7 | | 全厂接地及保护网 | | |
| 8 | | 电梯设备及安装工程 | | |
| | | | 大坝电梯 | |
| | | | 厂房电梯 | |
| 9 | | 坝区馈电设备及安装工程 | | |
| | | | 变压器 | |
| | | | 配电装置 | |
| 10 | | 厂坝区供水、排水、供热设备及安装工程 | | |
| 11 | | 水文、泥沙监测设备及安装工程 | | |
| 12 | | 水情自动测报系统设备及安装工程 | | |
| 13 | | 视频安防监控设备及安装工程 | | |
| 14 | | 安全监测设备及安装工程 | | |
| 15 | | 消防设备 | | |
| 16 | | 劳动安全与工业卫生设备及安装工程 | | |
| 17 | | 交通设备 | | |

| Ⅱ | 引水工程及河道工程 | | | |
|---|---|---|---|---|
| 序号 | 一级项目 | 二级项目 | 三级项目 | 技术经济指标 |
| 一 | 泵站设备及安装工程 | | | |
| 1 | | 水泵设备及安装工程 | | |
| 2 | | 电动机设备及安装工程 | | |
| 3 | | 主阀设备及安装工程 | | |
| 4 | | 起重设备及安装工程 | | |
| | | | 桥式起重机 | 元/t（台） |
| | | | 平衡梁 | 元/t（副） |
| | | | 轨道 | 元/双10m |
| | | | 滑触线 | 元/三相10m |
| 5 | | 水力机械辅助设备及安装工程 | | |
| | | | 油系统 | |
| | | | 压气系统 | |
| | | | 水系统 | |
| | | | 水力量测系统 | |
| | | | 管路（管子、附件、阀门） | |
| 6 | | 电气设备及安装工程 | | |
| | | | 控制保护系统 | |
| | | | 盘柜 | |
| | | | 电缆 | |
| | | | 母线 | |
| 二 | 水闸设备及安装工程 | | | |
| | | 电气一次设备及安装工程 | | |
| | | 电气二次设备及安装工程 | | |
| 三 | 电站设备及安装工程 | | | |
| 四 | 供电设备及安装工程 | | | |
| | | 变电站设备及安装工程 | | |
| 五 | 公用设备及安装工程 | | | |
| 1 | | 通信设备及安装工程 | | |
| | | | 卫星通信 | |
| | | | 光缆通信 | |

续表

| II | 引水工程及河道工程 | | | |
|---|---|---|---|---|
| 序号 | 一级项目 | 二级项目 | 三级项目 | 技术经济指标 |
| | | | 微波通信 | |
| | | | 载波通信 | |
| | | | 生产调度通信 | |
| | | | 行政管理通信 | |
| 2 | | 通风采暖设备及安装工程 | | |
| | | | 通风机 | |
| | | | 空调机 | |
| | | | 管路系统 | |
| 3 | | 机修设备及安装工程 | | |
| | | | 车床 | |
| | | | 刨床 | |
| | | | 钻床 | |
| 4 | | 计算机监控系统 | | |
| 5 | | 管理自动化系统 | | |
| 6 | | 全厂接地及保护网 | | |
| 7 | | 厂坝区供水、排水、供热设备及安装工程 | | |
| 8 | | 水文、泥沙监测设备及安装工程 | | |
| 9 | | 水情自动测报系统设备及安装工程 | | |
| 10 | | 视频安防监控设备及安装工程 | | |
| 11 | | 安全监测设备及安装工程 | | |
| 12 | | 消防设备 | | |
| 13 | | 劳动安全与工业卫生设备及安装工程 | | |
| 14 | | 交通设备 | | |

**附表 3**　　　　　　**金属结构设备及安装工程项目划分表**

| I | 枢纽工程 | | | |
|---|---|---|---|---|
| 序号 | 一级项目 | 二级项目 | 三级项目 | 技术经济指标 |
| 一 | 挡水工程 | | | |
| 1 | | 闸门设备及安装工程 | | |
| | | | 平板门 | 元/t |
| | | | 弧形门 | 元/t |
| | | | 埋件 | 元/t |

| Ⅰ | 枢纽工程 | | | |
|---|---|---|---|---|
| 序号 | 一级项目 | 二级项目 | 三级项目 | 技术经济指标 |
| | | | 闸门、埋件防腐 | 元/t（m²） |
| 2 | | 启闭设备及安装工程 | | |
| | | | 卷扬式启闭机 | 元/台 |
| | | | 门式启闭机 | 元/台 |
| | | | 油压启闭机 | 元/台 |
| | | | 轨道 | 元/双10m |
| 3 | | 拦污设备及安装工程 | | |
| | | | 拦污栅 | 元/t |
| | | | 清污机 | 元/t（台） |
| 二 | 泄洪工程 | | | |
| 1 | | 闸门设备及安装工程 | | |
| 2 | | 启闭设备及安装工程 | | |
| 3 | | 拦污设备及安装工程 | | |
| 三 | 引水工程 | | | |
| 1 | | 闸门设备及安装工程 | | |
| 2 | | 启闭设备及安装工程 | | |
| 3 | | 拦污设备及安装工程 | | |
| 4 | | 压力钢管制作及安装工程 | | |
| 四 | 发电厂工程 | | | |
| 1 | | 闸门设备及安装工程 | | |
| 2 | | 启闭设备及安装工程 | | |
| 五 | 航运工程 | | | |
| 1 | | 闸门设备及安装工程 | | |
| 2 | | 启闭设备及安装工程 | | |
| 3 | | 升船机设备及安装工程 | | |
| 六 | 鱼道工程 | | | |
| Ⅱ | 引水工程及河道工程 | | | |
| 序号 | 一级项目 | 二级项目 | 三级项目 | 技术经济指标 |
| 一 | 泵站工程 | | | |
| 1 | | 闸门设备及安装工程 | | |
| 2 | | 启闭设备及安装工程 | | |
| 3 | | 拦污设备及安装工程 | | |
| 二 | 水闸（涵）工程 | | | |
| 1 | | 闸门设备及安装工程 | | |

续表

| Ⅱ | | 引水工程及河道工程 | | |
|---|---|---|---|---|
| 序号 | 一级项目 | 二级项目 | 三级项目 | 技术经济指标 |
| 2 | | 启闭设备及安装工程 | | |
| 3 | | 拦污设备及安装工程 | | |
| 三 | 小水电站工程 | | | |
| 1 | | 闸门设备及安装工程 | | |
| 2 | | 启闭设备及安装工程 | | |
| 3 | | 拦污设备及安装工程 | | |
| 4 | | 压力钢管制作及安装工程 | | |
| 四 | 调蓄水库工程 | | | |
| 五 | 其他建筑物工程 | | | |

**附表 4** **施工临时工程项目划分表**

| 序号 | 一级项目 | 二级项目 | 三级项目 | 技术经济指标 |
|---|---|---|---|---|
| 一 | 导流工程 | | | |
| 1 | | 导流明渠工程 | | |
| | | | 土方开挖 | 元/m³ |
| | | | 石方开挖 | 元/m³ |
| | | | 模板 | 元/m² |
| | | | 混凝土 | 元/m³ |
| | | | 钢筋 | 元/t |
| | | | 锚杆 | 元/根 |
| 2 | | 导流洞工程 | | |
| | | | 土方开挖 | 元/m³ |
| | | | 石方开挖 | 元/m³ |
| | | | 模板 | 元/m² |
| | | | 混凝土 | 元/m³ |
| | | | 钢筋 | 元/t |
| | | | 喷混凝土 | 元/m³ |
| | | | 锚杆（索） | 元/根（束） |
| 3 | | 土石围堰工程 | | |
| | | | 土方开挖 | 元/m³ |
| | | | 石方开挖 | 元/m³ |
| | | | 堰体填筑 | 元/m³ |
| | | | 砌石 | 元/m³ |
| | | | 防渗 | 元/m³（m²） |
| | | | 堰体拆除 | 元/m³ |

| 序号 | 一级项目 | 二级项目 | 三级项目 | 技术经济指标 |
|---|---|---|---|---|
| | | | 其他 | |
| 4 | | 混凝土围堰工程 | | |
| | | | 土方开挖 | 元/m³ |
| | | | 石方开挖 | 元/m³ |
| | | | 模板 | 元/m² |
| | | | 混凝土 | 元/m³ |
| | | | 防渗 | 元/m³（m²） |
| | | | 堰体拆除 | 元/m³ |
| | | | 其他 | |
| 5 | | 蓄水期下游断流补偿设施工程 | | |
| 6 | | 金属结构制作及安装工程 | | |
| 二 | 施工交通工程 | | | |
| 1 | | 公路工程 | | 元/km |
| 2 | | 铁路工程 | | 元/km |
| 3 | | 桥梁工程 | | 元/延米 |
| 4 | | 施工支洞工程 | | |
| 5 | | 码头工程 | | |
| 6 | | 转运站工程 | | |
| 三 | 施工供电工程 | | | |
| 1 | | 220kV 供电线路 | | 元/km |
| 2 | | 110kV 供电线路 | | 元/km |
| 3 | | 35kV 供电线路 | | 元/km |
| 4 | | 10kV 供电线路（引水及河道） | | 元/km |
| 5 | | 变配电设施设备（场内除外） | | 元/座 |
| 四 | 施工房屋建筑工程 | | | |
| 1 | | 施工仓库 | | |
| 2 | | 办公、生活及文化福利建筑 | | |
| 五 | 其他施工临时工程 | | | |

注　凡永久与临时相结合的项目列入相应永久工程项目内。

附表 5　　　　　　　　　　独立费用项目划分表

| 序号 | 一级项目 | 二级项目 | 三级项目 | 技术经济指标 |
|---|---|---|---|---|
| 一 | 建设管理费 | | | |
| 二 | 工程建设监理费 | | | |
| 三 | 联合试运转费 | | | |
| 四 | 生产准备费 | | | |

| 序号 | 一级项目 | 二级项目 | 三级项目 | 技术经济指标 |
|---|---|---|---|---|
| 1 | | 生产及管理单位提前进厂费 | | |
| 2 | | 生产职工培训费 | | |
| 3 | | 管理用具购置费 | | |
| 4 | | 备品备件购置费 | | |
| 5 | | 工器具及生产家具购置费 | | |
| 五 | 科研勘测设计费 | | | |
| 1 | | 工程科学研究试验费 | | |
| 2 | | 工程勘测设计费 | | |
| 六 | 其他 | | | |
| 1 | | 工程保险费 | | |
| 2 | | 其他税费 | | |

**附表 6**                    **建筑工程三级项目划分要求及技术经济指标**

| 序号 | 三级项目 | | | 技术经济指标 |
|---|---|---|---|---|
| | 分类 | 名称示例 | 说　明 | |
| 1 | 土石方开挖 | 土方开挖 | 土方开挖与砂砾石开挖分列 | 元/m³ |
| | | 石方开挖 | 明挖与暗挖，平洞与斜井、竖井分列 | 元/m³ |
| 2 | 土石方回填 | 土方填筑 | | 元/m³ |
| | | 石方填筑 | | 元/m³ |
| | | 砂砾料填筑 | | 元/m³ |
| | | 斜（心）墙土料填筑 | | 元/m³ |
| | | 反滤料、过渡料填筑 | | 元/m³ |
| | | 坝体(坝趾)堆石填筑 | | 元/m³ |
| | | 铺盖填筑 | | 元/m³ |
| | | 土工膜 | | 元/m² |
| | | 土工布 | | 元/m² |
| 3 | 砌石 | 砌石 | 干砌石、浆砌石、抛石、铅丝（钢筋）笼块石等分列 | 元/m³ |
| | | 砖墙 | | 元/m³ |
| 4 | 混凝土与模板 | 模板 | 不同规格形状和材质的模板分列 | 元/m² |
| | | 混凝土 | 不同工程部位、不同等级、不同级配的混凝土分列 | 元/m³ |
| | | 沥青混凝土 | | 元/m³（m²） |
| 5 | 钻孔与灌浆 | 防渗墙 | | 元/m² |
| | | 灌浆孔 | 使用不同钻孔机械及钻孔的不同用途分列 | 元/m |
| | | 灌浆 | 不同灌浆种类分列 | 元/m（m²） |
| | | 排水孔 | | 元/m |

| 序号 | 三级项目 | | | 技术经济指标 |
|---|---|---|---|---|
| | 分类 | 名称示例 | 说　明 | |
| 6 | 锚固工程 | 锚杆 | | 元/根 |
| | | 锚索 | | 元/束（根） |
| | | 喷混凝土 | | 元/m³ |
| 7 | 钢筋 | 钢筋 | | 元/t |
| 8 | 钢结构 | 钢衬 | | 元/t |
| | | 构架 | | 元/t |
| 9 | 止水 | 面（趾）板止水 | | 元/m |
| 10 | 其他 | 启闭机室 | | 元/m² |
| | | 控制室（楼） | | 元/m² |
| | | 温控措施 | | 元/m³ |
| | | 厂房装修 | | 元/m² |
| | | 细部结构工程 | | 元/m³ |

**附表 7　　　　　　　　农村部分项目划分表**

| 序号 | 一级项目 | 二级项目 | 三级项目 | 四级项目 | 五级项目 | 技术经济指标 |
|---|---|---|---|---|---|---|
| 1 | 征地补偿补助 | | | | | |
| 1.1 | | 征地土地补偿和安置补助 | | | | |
| 1.1.1 | | | 耕地 | | | |
| | | | | 水田 | | 元/亩 |
| | | | | 水浇地 | | 元/亩 |
| | | | | 旱地 | | 元/亩 |
| | | | | …… | | |
| 1.1.2 | | | 园地 | | | |
| | | | | 果园 | | 元/亩 |
| | | | | 茶园 | | 元/亩 |
| | | | | 桑园 | | 元/亩 |
| | | | | 橡胶园 | | 元/亩 |
| | | | | …… | | |
| 1.1.3 | | | 林地 | | | |
| | | | | 经济林 | | 元/亩 |
| | | | | 用材林 | | 元/亩 |
| | | | | 竹林 | | 元/亩 |
| | | | | 疏、灌木林 | | 元/亩 |
| | | | | 苗圃 | | 元/亩 |

| 序号 | 一级项目 | 二级项目 | 三级项目 | 四级项目 | 五级项目 | 技术经济指标 |
|------|----------|----------|----------|----------|----------|--------------|
| | | | | …… | | |
| 1.1.4 | | | 草地 | | | |
| | | | | 天然草地 | | 元/亩 |
| | | | | 人工牧草地 | | 元/亩 |
| | | | | …… | | |
| 1.1.5 | | | 水域及水利设施用地 | | | |
| | | | | 坑塘水面 | | 元/亩 |
| | | | | …… | | |
| 1.1.6 | | | 其他用地 | | | |
| | | | | 设施农业用地 | | 元/亩 |
| | | | | 田坎 | | 元/亩 |
| | | | | …… | | |
| 1.1.7 | | | …… | | | |
| 1.2 | | 征用土地补偿 | | | | |
| 1.2.1 | | | 耕地 | | | |
| | | | | 水田 | | 元/亩 |
| | | | | 水浇地 | | 元/亩 |
| | | | | 旱地 | | 元/亩 |
| | | | | …… | | |
| 1.2.2 | | | 园地 | | | |
| | | | | 果园 | | 元/亩 |
| | | | | 茶园 | | 元/亩 |
| | | | | 桑园 | | 元/亩 |
| | | | | 橡胶园 | | 元/亩 |
| | | | | …… | | |
| 1.2.3 | | | 林地 | | | |
| | | | | 经济林 | | 元/亩 |
| | | | | 用材林 | | 元/亩 |
| | | | | 竹林 | | 元/亩 |
| | | | | 疏、灌木林 | | 元/亩 |
| | | | | 苗圃 | | 元/亩 |
| | | | | …… | | |
| 1.2.4 | | | 草地 | | | |
| | | | | 天然草地 | | 元/亩 |

| 序号 | 一级项目 | 二级项目 | 三级项目 | 四级项目 | 五级项目 | 技术经济指标 |
|------|----------|----------|----------|----------|----------|--------------|
|      |          |          |          | 人工牧草地 |          | 元/亩 |
|      |          |          |          | …… |          |  |
| 1.2.5 |          |          | 其他用地 |          |          |  |
|      |          |          |          | 设施农业用地 |          | 元/亩 |
|      |          |          |          | …… |          |  |
| 1.2.6 |          |          | …… |          |          |  |
| 1.3 |          | 林地、园地林木补偿 |          |          |          |  |
| 1.3.1 |          |          | 林地林木补偿 |          |          |  |
|      |          |          |          | 经济林 |          | 元/亩 |
|      |          |          |          | 用材林 |          | 元/亩 |
|      |          |          |          | …… |          |  |
| 1.3.2 |          |          | 园地林木补偿 |          |          |  |
|      |          |          |          | 果园 |          | 元/亩 |
|      |          |          |          | 茶园 |          | 元/亩 |
|      |          |          |          | 桑园 |          | 元/亩 |
|      |          |          |          | 橡胶园 |          | 元/亩 |
|      |          |          |          | …… |          |  |
| 1.4 |          | 征用土地复垦 |          |          |          |  |
| 1.4.1 |          |          | 耕地 |          |          |  |
|      |          |          |          | 水田 |          | 元/亩 |
|      |          |          |          | 水浇地 |          | 元/亩 |
|      |          |          |          | 旱地 |          | 元/亩 |
|      |          |          |          | …… |          |  |
| 1.4.2 |          |          | 园地 |          |          |  |
|      |          |          |          | 果园 |          | 元/亩 |
|      |          |          |          | 茶园 |          | 元/亩 |
|      |          |          |          | 桑园 |          | 元/亩 |
|      |          |          |          | 橡胶园 |          | 元/亩 |
|      |          |          |          | …… |          |  |
| 1.4.3 |          |          | …… |          |          |  |
| 1.5 |          | 耕地青苗补偿 |          |          |          |  |
| 1.5.1 |          |          | 耕地 |          |          |  |
|      |          |          |          | 水田 |          | 元/亩 |
|      |          |          |          | 水浇地 |          | 元/亩 |
|      |          |          |          | 旱地 |          | 元/亩 |

| 序号 | 一级项目 | 二级项目 | 三级项目 | 四级项目 | 五级项目 | 技术经济指标 |
|---|---|---|---|---|---|---|
| | | | | …… | | |
| 1.5.2 | | | …… | | | |
| 2 | 房屋及附属建筑物补偿 | | | | | |
| 2.1 | | 房屋补偿 | | | | |
| 2.1.1 | | | 主房 | | | |
| | | | | 框架结构 | | 元/m² |
| | | | | 砖混结构 | | 元/m² |
| | | | | 砖木结构 | | 元/m² |
| | | | | 土木结构 | | 元/m² |
| | | | | 窑洞 | | 元/m² |
| | | | | …… | | |
| 2.1.2 | | | 杂房 | | | |
| | | | | 砖混结构 | | 元/m² |
| | | | | 砖木结构 | | 元/m² |
| | | | | 土木结构 | | 元/m² |
| | | | | 窑洞 | | 元/m² |
| | | | | …… | | |
| 2.2 | | 房屋装修补助 | | | | |
| 2.3 | | 附属建筑物补偿 | | | | |
| 2.3.1 | | | 围墙 | | | |
| | | | | 砖（石）围墙 | | 元/m、元/m² |
| | | | | 土围墙 | | 元/m、元/m² |
| | | | | 混合围墙 | | 元/m、元/m² |
| 2.3.2 | | | 门楼 | | | 元/个、元/m² |
| 2.3.3 | | | 水井 | | | 元/个 |
| 2.3.4 | | | …… | | | |
| 3 | 居民点新址征地及基础设施建设 | | | | | |
| 3.1 | | 新址征地补偿 | | | | |
| 3.1.1 | | | 征收土地补偿和安置补助 | | | |
| 3.1.1.1 | | | | 耕地 | | |
| | | | | | 水田 | 元/亩 |
| | | | | | 水浇地 | 元/亩 |
| | | | | | 旱地 | 元/亩 |

| 序号 | 一级项目 | 二级项目 | 三级项目 | 四级项目 | 五级项目 | 技术经济指标 |
|---|---|---|---|---|---|---|
| | | | | | …… | |
| 3.1.1.2 | | | | 园地 | | |
| | | | | | 果园 | 元/亩 |
| | | | | | 茶园 | 元/亩 |
| | | | | | 桑园 | 元/亩 |
| | | | | | …… | |
| 3.1.1.3 | | | | …… | | |
| 3.1.2 | | | 耕地青苗补偿 | | | |
| | | | | 水田 | | 元/亩 |
| | | | | 水浇地 | | 元/亩 |
| | | | | 旱地 | | 元/亩 |
| | | | | …… | | |
| 3.1.3 | | | 地上附着物补偿 | | | |
| 3.1.4 | | | …… | | | |
| 3.2 | | 基础设施建设 | | | | |
| 3.2.1 | | | 场地平整 | | | |
| | | | | 挖土方 | | 元/m³ |
| | | | | 填土方 | | 元/m³ |
| | | | | 石方 | | 元/m³ |
| | | | | …… | | |
| 3.2.2 | | | 新址防护 | | | |
| | | | | 挖土方 | | 元/m³ |
| | | | | 填土方 | | 元/m³ |
| | | | | 石方 | | 元/m³ |
| | | | | 浆砌石护坡 | | 元/m³ |
| | | | | …… | | |
| 3.2.3 | | | 居民点内道路 | | | |
| | | | | 主街道 | | 元/m |
| | | | | 支街道 | | 元/m |
| | | | | 巷道 | | 元/m |
| | | | | …… | | |
| 3.2.4 | | | 供水 | | | |
| 3.2.4.1 | | | | 供水管道 | | 元/m |
| | | | | | …… | |
| 3.2.4.2 | | | | 机电井 | | 元/个 |

| 序号 | 一级项目 | 二级项目 | 三级项目 | 四级项目 | 五级项目 | 技术经济指标 |
|---|---|---|---|---|---|---|
| 3.2.4.3 | | | | …… | | |
| 3.2.5 | | | 排水 | | | |
| 3.2.5.1 | | | | 排水沟（管） | | 元/m |
| | | | | | …… | |
| 3.2.5.2 | | | | …… | | |
| 3.2.6 | | | 供电 | | | |
| 3.2.6.1 | | | | 线路 | | |
| | | | | | …… | |
| 3.2.6.2 | | | | 变压器 | | |
| | | | | | …… | |
| 3.2.7 | | | 电信 | | | |
| 3.2.7.1 | | | | 线路 | | |
| | | | | | …… | |
| 3.2.7.2 | | | | 设施、设备 | | |
| | | | | | ……, | |
| 3.2.8 | | | 广播电视 | | | |
| 3.2.8.1 | | | | 线路 | | |
| | | | | | …… | |
| 3.2.8.2 | | | | 设施、设备 | | |
| | | | | | …… | |
| 4 | 农副业设施补偿 | | | | | |
| | | 榨油坊 | | | | 元/个 |
| | | 砖瓦窑 | | | | 元/个 |
| | | 采石场 | | | | 元/个 |
| | | …… | | | | |
| 5 | 小型水利水电设施补偿 | | | | | |
| | | 水库 | | | | 元/个、元/m$^3$ |
| | | 山塘 | | | | 元/个、元/m$^3$ |
| | | …… | | | | |
| 6 | 农村工商企业补偿 | | | | | |
| 6.1 | | 房屋及附属物 | | | | |
| 6.1.1 | | | 房屋补偿 | | | |
| 6.1.1.1 | | | | 主房 | | |
| | | | | | 框架结构 | 元/m$^2$ |

287

| 序号 | 一级项目 | 二级项目 | 三级项目 | 四级项目 | 五级项目 | 技术经济指标 |
|---|---|---|---|---|---|---|
| | | | | | 砖混结构 | 元/m² |
| | | | | | …… | |
| 6.1.1.2 | | | | 杂房 | | |
| | | | | | 砖木结构 | 元/m² |
| | | | | | 土木结构 | 元/m² |
| | | | | | …… | |
| 6.1.2 | | | 房屋装修补助 | | | |
| 6.1.3 | | | 附属物补偿 | | | |
| | | | | 围墙 | | 元/m、元/m² |
| | | | | 门楼 | | 元/个、元/m² |
| 6.1.4 | | | …… | | | |
| 6.2 | | 搬迁补助 | | | | |
| | | | | 人员搬迁 | | |
| | | | | 流动资产搬迁 | | |
| 6.3 | | 生产设施 | | | | |
| 6.4 | | 生产设备 | | | | |
| 6.5 | | 停产损失 | | | | |
| 6.6 | | 零星林（果）木补偿 | | | | |
| | | | | 果木 | | 元/株 |
| | | | | 林木 | | 元/株 |
| 7 | 文化、教育、医疗卫生等单位迁建补偿 | | | | | |
| 7.1 | | 房屋及附属建筑物补偿 | | | | |
| 7.1.1 | | | 房屋补偿 | | | |
| 7.1.1.1 | | | | 主房 | | |
| | | | | | 框架结构 | 元/m² |
| | | | | | 砖混结构 | 元/m² |
| | | | | | …… | |
| 7.1.1.2 | | | | 杂房 | | |
| | | | | | 砖木结构 | 元/m² |
| | | | | | 土木结构 | 元/m² |
| | | | | | …… | |
| 7.1.2 | | | 房屋装修补助 | | | |
| 7.1.3 | | | 附属物补偿 | | | |

| 序号 | 一级项目 | 二级项目 | 三级项目 | 四级项目 | 五级项目 | 技术经济指标 |
|---|---|---|---|---|---|---|
| | | | | 围墙 | | 元/m、元/m² |
| | | | | 门楼 | | 元/个、元/m² |
| 7.1.4 | | | …… | | | |
| 7.2 | | 搬迁补助 | | | | |
| | | | 人员搬迁 | | | 元/人 |
| | | | 流动资产搬迁 | | | |
| 7.3 | | 设施补偿 | | | | |
| 7.4 | | 设备搬迁补偿 | | | | |
| 7.5 | | 学校和医疗卫生单位增容补助 | | | | 元/人 |
| 7.6 | | 零星林（果）木补偿 | | | | |
| | | | 果木 | | | 元/株 |
| | | | 林木 | | | 元/株 |
| 8 | 搬迁补助 | | | | | |
| | | | 车船运输 | | | 元/人 |
| | | | 途中食宿 | | | 元/人 |
| | | | 物资搬迁运输 | | | |
| | | | 物资损失 | | | |
| | | | 搬迁保险 | | | 元/人 |
| | | | 误工补助 | | | 元/人 |
| | | | 临时住房补贴 | | | |
| 9 | 其他补偿补助 | | | | | |
| 9.1 | | 零星林（果）木补偿 | | | | |
| | | | 果木 | | | 元/株 |
| | | | 林木 | | | 元/株 |
| 9.2 | | 鱼塘设施补偿 | | | | |
| | | | …… | | | |
| 9.3 | | 坟墓补偿 | | | | |
| | | | 单棺 | | | 元/个 |
| | | | 双棺 | | | 元/个 |
| 9.4 | | 贫困移民建房补助 | | | | |
| 9.5 | | …… | | | | |
| 10 | 过渡期补助 | | | | | 元/人 |

附表 8　　　　　　　　　　　　**城（集）镇部分项目划分表**

| 序号 | 一级项目 | 二级项目 | 三级项目 | 四级项目 | 五级项目 | 技术经济指标 |
|---|---|---|---|---|---|---|
| 1 | 房屋及附属建筑物补偿 | | | | | |
| 1.1 | | 房屋补偿 | | | | |
| 1.1.1 | | | 主房 | | | |
| | | | | 框架结构 | | 元/m² |
| | | | | 砖混结构 | | 元/m² |
| | | | | 砖（石）木结构 | | 元/m² |
| | | | | 土木结构 | | 元/m² |
| | | | | 窑洞 | | 元/m² |
| | | | | …… | | |
| 1.1.2 | | | 杂房 | | | |
| | | | | 砖混结构 | | 元/m² |
| | | | | 砖（石）木结构 | | 元/m² |
| | | | | 土木结构 | | 元/m² |
| | | | | 窑洞 | | 元/m² |
| | | | | …… | | |
| 1.2 | | 房屋装修补助 | | | | |
| 1.3 | | 附属建筑物补偿 | | | | |
| 1.3.1 | | | 围墙 | | | |
| | | | | 砖（石）围墙 | | 元/m、元/m² |
| | | | | 土围墙 | | 元/m、元/m² |
| | | | | 混合围墙 | | 元/m、元/m² |
| 1.3.2 | | | 门楼 | | | 元/个、元/m² |
| 1.3.3 | | | 水井 | | | 元/个 |
| 1.3.4 | | | 地窖 | | | 元/个 |
| 1.3.5 | | | 晒场 | | | 元/m² |
| 1.3.6 | | | 沼气池 | | | 元/个 |
| 1.3.7 | | | …… | | | |
| 2 | 新址征地及基础设施建设 | | | | | |
| 2.1 | | 新址征地补偿 | | | | |
| 2.1.1 | | | 征收土地补偿和安置补助 | | | |
| 2.1.1.1 | | | | 耕地 | | |
| | | | | | 水田 | 元/亩 |
| | | | | | 水浇地 | 元/亩 |

| 序号 | 一级项目 | 二级项目 | 三级项目 | 四级项目 | 五级项目 | 技术经济指标 |
|------|---------|---------|---------|---------|---------|------------|
| | | | | | 旱地 | 元/亩 |
| | | | | | …… | |
| 2.1.1.2 | | | | 园地 | | |
| | | | | | 果园 | 元/亩 |
| | | | | | 茶园 | 元/亩 |
| | | | | | 桑园 | 元/亩 |
| | | | | | …… | |
| 2.1.1.3 | | | | …… | | |
| 2.1.2 | | | 征用土地补偿 | | | |
| 2.1.2.1 | | | | 耕地 | | |
| | | | | | 水田 | 元/亩 |
| | | | | | 水浇地 | 元/亩 |
| | | | | | 旱地 | 元/亩 |
| | | | | | …… | |
| 2.1.2.2 | | | | 园地 | | |
| | | | | | 果园 | 元/亩 |
| | | | | | 茶园 | 元/亩 |
| | | | | | 桑园 | 元/亩 |
| | | | | | …… | |
| 2.1.2.3 | | | | …… | | |
| 2.1.3 | | | 青苗补偿 | | | |
| 2.1.3.1 | | | | 耕地 | | |
| | | | | | 水田 | 元/亩 |
| | | | | | 水浇地 | 元/亩 |
| | | | | | 旱地 | 元/亩 |
| | | | | | …… | |
| 2.1.3.2 | | | | 园地 | | |
| | | | | | 果园 | 元/亩 |
| | | | | | 茶园 | 元/亩 |
| | | | | | 桑园 | 元/亩 |
| | | | | | …… | |
| 2.1.4 | | | 土地复垦 | | | |
| | | | | …… | | |
| 2.1.5 | | | 房屋及附属建筑物补偿 | | | |

| 序号 | 一级项目 | 二级项目 | 三级项目 | 四级项目 | 五级项目 | 技术经济指标 |
|------|---------|---------|---------|---------|---------|-------------|
| 2.1.5.1 | | | | 主房 | | |
| | | | | | 框架结构 | 元/m² |
| | | | | | 砖混结构 | 元/m² |
| | | | | | 砖(石)木结构 | 元/m² |
| | | | | | 土木结构 | 元/m² |
| | | | | | 窑洞 | 元/m² |
| | | | | | …… | |
| 2.1.5.2 | | | | 杂房 | | |
| | | | | | 砖混结构 | 元/m² |
| | | | | | 砖(石)木结构 | 元/m² |
| | | | | | 土木结构 | 元/m² |
| | | | | | 窑洞 | 元/m² |
| | | | | | …… | |
| 2.1.5.3 | | | | 房屋装修补助 | | |
| 2.1.5.4 | | | | 附属建筑物补偿 | | |
| | | | | | 围墙 | 元/m、元/m² |
| | | | | | 门楼 | 元/个、元/m² |
| | | | | | 水井 | 元/个 |
| | | | | | 地窖 | 元/个 |
| | | | | | 晒场 | 元/m² |
| | | | | | 沼气池 | 元/个 |
| | | | | | …… | |
| 2.1.6 | | | 农副业设施补偿 | | | |
| | | | | 榨油坊 | | 元/m² |
| | | | | 砖瓦窑 | | 元/m² |
| | | | | 采石场 | | 元/m² |
| | | | | …… | | |
| 2.1.7 | | | 搬迁补助 | | | |
| | | | | 车船运输 | | 元/人 |
| | | | | 途中食宿 | | 元/人 |
| | | | | 物资搬运 | | |
| | | | | 搬迁保险 | | 元/人 |
| | | | | 物资损失补助 | | |
| | | | | 误工补助 | | 元/人 |
| | | | | 临时住房补贴 | | |

| 序号 | 一级项目 | 二级项目 | 三级项目 | 四级项目 | 五级项目 | 技术经济指标 |
|------|----------|----------|----------|----------|----------|--------------|
| | | | | …… | | |
| 2.1.8 | | | 过渡期补助 | | | 元/人 |
| 2.1.9 | | | 其他补偿补助 | | | |
| | | | | 零星林（果）木补偿 | | 元/株 |
| | | | | …… | | |
| 2.2 | | 基础设施建设 | | | | |
| 2.2.1 | | | 新址场地平整及防护工程 | | | |
| | | | | 挖土方 | | 元/m³ |
| | | | | 填土方 | | 元/m³ |
| | | | | 石方 | | 元/m³ |
| | | | | 浆砌石护坡 | | 元/m³ |
| | | | | …… | | |
| 2.2.2 | | | 道路广场工程 | | | |
| 2.2.3 | | | 给水工程 | | | |
| 2.2.4 | | | 排水工程 | | | |
| 2.2.5 | | | 供电工程 | | | |
| 2.2.6 | | | 电信工程 | | | |
| 2.2.7 | | | 广播电视工程 | | | |
| 2.2.8 | | | 燃气工程 | | | |
| 2.2.9 | | | 供热工程 | | | |
| 2.2.10 | | | 环卫工程 | | | |
| 2.2.11 | | | 园林绿化工程 | | | |
| 2.2.12 | | | 其他项目 | | | |
| 3 | 搬迁补助 | | | | | |
| 3.1 | | | 车船运输 | | | 元/人 |
| 3.2 | | | 途中食宿 | | | 元/人 |
| 3.3 | | | 物资搬运 | | | |
| 3.4 | | | 搬迁保险 | | | 元/人 |
| 3.5 | | | 物资损失补助 | | | |
| 3.6 | | | 误工补助 | | | 元/人 |
| 3.7 | | | 临时住房补贴 | | | |
| 3.8 | | | …… | | | |
| 4 | 工商企业补偿 | | | | | |
| 4.1 | | | 房屋及附属建筑物补助 | | | |

| 序号 | 一级项目 | 二级项目 | 三级项目 | 四级项目 | 五级项目 | 技术经济指标 |
|---|---|---|---|---|---|---|
| 4.1.1 | | | 房屋 | | | |
| | | | | …… | | |
| 4.1.2 | | | 附属建筑物 | | | |
| | | | | …… | | |
| 4.2 | | 搬迁补助 | | | | |
| | | | | 人员搬迁 | | 元/人 |
| | | | | 流动资产搬迁 | | |
| 4.3 | | 设施补偿 | | | | |
| | | | | …… | | |
| 4.4 | | 设备搬迁补偿 | | | | |
| | | | | …… | | |
| 4.5 | | 停产（业）损失 | | | | |
| 4.6 | | …… | | | | |
| 5 | 机关事业单位迁建补偿 | | | | | |
| 5.1 | | 房屋及附属建筑物补助 | | | | |
| 5.1.1 | | | 房屋 | | | |
| | | | | …… | | |
| 5.1.2 | | | 附属建筑物 | | | |
| | | | | …… | | |
| 5.2 | | 搬迁补助 | | | | |
| | | | | 人员搬迁 | | 元/人 |
| | | | | 流动资产搬迁 | | |
| 5.3 | | 设施设备补偿 | | | | |
| 5.4 | | 零星林（果）木补偿 | | | | 元/株 |
| 5.5 | | …… | | | | |
| 6 | 其他补偿补助 | | | | | |
| 6.1 | | 零星林（果）木补偿 | | | | 元/株 |
| 6.2 | | 贫困移民建房补助 | | | | |
| 6.3 | | …… | | | | |

附表9　　　　　　　　　　　　　　**工业企业项目划分表**

| 序号 | 一级项目 | 二级项目 | 三级项目 | 四级项目 | 技术经济指标 |
|---|---|---|---|---|---|
| 1 | 用地补偿和场地平整 | | | | |
| 1.1 | | 用地补偿补助 | | | |

| 序号 | 一级项目 | 二级项目 | 三级项目 | 四级项目 | 技术经济指标 |
|------|----------|----------|----------|----------|--------------|
| 1.1.1 | | | 耕地 | | |
| | | | | 水田 | 元/亩 |
| | | | | 水浇地 | 元/亩 |
| | | | | 旱地 | 元/亩 |
| | | | | …… | |
| 1.1.2 | | | 园地 | | |
| | | | | 果园 | 元/亩 |
| | | | | 茶园 | 元/亩 |
| | | | | 桑园 | 元/亩 |
| | | | | …… | |
| 1.1.3 | | | …… | | |
| 1.2 | | 场地平整 | | | |
| | | | …… | | |
| 2 | 房屋及附属建筑物补偿 | | | | |
| 2.1 | | 办公用房 | | | |
| | | | | 框架结构 | 元/m² |
| | | | | 砖混结构 | 元/m² |
| | | | | 砖(石)木结构 | 元/m² |
| | | | | 土木结构 | 元/m² |
| | | | | 窑洞 | 元/m² |
| | | | | …… | |
| 2.2 | | 生活用房 | | | |
| | | | | 框架结构 | 元/m² |
| | | | | 砖混结构 | 元/m² |
| | | | | 砖(石)木结构 | 元/m² |
| | | | | 土木结构 | 元/m² |
| | | | | 窑洞 | 元/m² |
| | | | | …… | |
| 2.3 | | 生产用房 | | | |
| | | | …… | | |
| 2.4 | | 附属建筑物 | | | |
| | | | …… | | |
| 2.5 | | …… | | | |
| 3 | 基础设施建设 | | | | |
| 3.1 | | 供水 | | | |

| 序号 | 一级项目 | 二级项目 | 三级项目 | 四级项目 | 技术经济指标 |
|---|---|---|---|---|---|
| 3.2 | | 排水 | | | |
| 3.3 | | 供电 | | | |
| 3.4 | | 电信 | | | |
| 3.5 | | 照明 | | | |
| 3.6 | | 广播电视 | | | |
| 3.7 | | 道路 | | | |
| 3.8 | | 绿化设施 | | | |
| 3.9 | | …… | | | |
| 4 | 生产设施工程 | | | | |
| 4.1 | | 井巷工程 | | | |
| 4.2 | | 池 | | | |
| 4.3 | | 窑 | | | |
| 4.4 | | 炉座 | | | |
| 4.5 | | 机座 | | | |
| 4.6 | | 烟囱 | | | |
| 4.7 | | …… | | | |
| 5 | 设备搬迁补偿 | | | | |
| 5.1 | | 不可搬迁设备 | | | |
| | | | …… | | |
| 5.2 | | 可搬迁设备 | | | |
| | | | …… | | |
| 6 | 搬迁补助 | | | | |
| 6.1 | | 人员搬迁 | | | 元/人 |
| 6.2 | | 流动资产搬迁 | | | |
| 7 | 停产损失 | | | | |
| 7.1 | | 职工工资 | | | |
| 7.2 | | 福利费 | | | |
| 7.3 | | 管理费 | | | |
| 7.4 | | 利润 | | | |
| 7.5 | | …… | | | |
| 8 | 零星林（果）木补偿 | | | | 元/株 |
| | | …… | | | |

附表 10

**专 业 项 目 划 分 表**

| 序号 | 一级项目 | 二级项目 | 三级项目 | 四级项目 | 技术经济指标 |
|------|----------|----------|----------|----------|--------------|
| 1 | 铁路工程 | | | | |
| 1.1 | | 站场 | | | |
| | | | …… | | |
| 1.2 | | 线路 | | | |
| | | | …… | | |
| 1.3 | | 其他 | | | |
| | | | …… | | |
| 2 | 公路工程 | | | | |
| 2.1 | | 公路 | | | |
| 2.1.1 | | | 高速公路 | | 元/km |
| | | | | …… | |
| 2.1.2 | | | 一级公路 | | 元/km |
| | | | | …… | |
| 2.1.3 | | | 二级公路 | | 元/km |
| | | | | …… | |
| 2.1.4 | | | 三级公路 | | 元/km |
| | | | | …… | |
| 2.1.5 | | | 四级公路 | | 元/km |
| | | | | …… | |
| 2.2 | | 桥梁 | | | 元/延米 |
| | | | …… | | |
| 2.3 | | 汽渡 | | | 元/座 |
| | | | …… | | |
| 2.4 | | 机耕路 | | | 元/km |
| | | | …… | | |
| 2.5 | | …… | | | |
| 3 | 库周交通公路 | | | | |
| 3.1 | | 机耕路 | | | 元/km |
| | | | …… | | |
| 3.2 | | 人行道 | | | 元/km |
| | | | …… | | |
| 3.3 | | 人行渡口 | | | 元/处 |
| | | | …… | | |
| 3.4 | | 农村码头 | | | 元/座 |
| | | | …… | | |

| 序号 | 一级项目 | 二级项目 | 三级项目 | 四级项目 | 技术经济指标 |
|---|---|---|---|---|---|
| 3.5 | | …… | | | |
| 4 | 航运工程 | | | | |
| 4.1 | | 港口 | | | |
| | | | …… | | |
| 4.2 | | 码头 | | | |
| | | | …… | | |
| 4.3 | | 航道设施 | | | |
| | | | …… | | |
| 4.4 | | …… | | | |
| 5 | 输变电工程 | | | | |
| 5.1 | | 输电线路 | | | |
| | | | 110kV | | 元/km |
| | | | …… | | |
| 5.2 | | 变电设施 | | | |
| | | | …… | | |
| 5.3 | | …… | | | |
| 6 | 电信工程 | | | | |
| 6.1 | | 线路 | | | |
| | | | 光缆 | | 元/km |
| | | | …… | | |
| 6.2 | | 基站 | | | |
| 6.3 | | 附属设施 | | | |
| 6.4 | | …… | | | |
| 7 | 广播电视工程 | | | | |
| 7.1 | | 广播 | | | |
| | | | 线路 | | |
| | | | 设施设备 | | |
| 7.2 | | 电视 | | | |
| | | | 线路 | | |
| | | | 设施设备 | | |
| 7.3 | | …… | | | |
| 8 | 水利水电工程 | | | | |
| 8.1 | | 水电站 | | | |
| | | | …… | | |
| 8.2 | | 泵站 | | | |

| 序号 | 一级项目 | 二级项目 | 三级项目 | 四级项目 | 技术经济指标 |
|---|---|---|---|---|---|
| | | | …… | | |
| 8.3 | | 水库 | | | |
| | | | …… | | |
| 8.4 | | 渠（管）道 | | | |
| | | | …… | | |
| 8.5 | | …… | | | |
| 9 | 国有农（林、牧、渔）场 | | | | |
| 9.1 | | 征地补偿补助 | | | |
| | | | …… | | |
| 9.2 | | 房屋及附属建筑物补偿 | | | |
| | | | …… | | |
| 9.3 | | 居民点新址征地及基础设施建设 | | | |
| | | | …… | | |
| 9.4 | | 小型水利水电设施 | | | |
| | | | …… | | |
| 9.5 | | 农副业设施补偿 | | | |
| | | | …… | | |
| 9.6 | | 搬迁补助 | | | |
| | | | …… | | |
| 9.7 | | 其他补偿补助 | | | |
| | | | …… | | |
| 10 | 文物古迹 | | | | |
| | | …… | | | |
| 11 | 其他项目 | | | | |
| 11.1 | | 水文站 | | | |
| | | | …… | | |
| 11.2 | | 气象站 | | | |
| | | | …… | | |
| 11.3 | | 军事设施 | | | |
| | | | …… | | |
| 11.4 | | 测量设施及标志 | | | |
| | | | …… | | |
| 11.5 | | …… | | | |

附表 11　　　　　　　　　　　　　　　防护工程项目划分表

| 序号 | 一级项目 | 二级项目 | 三级项目 | 四级项目 | 技术经济指标 |
|---|---|---|---|---|---|
| 1 | 建筑工程 | | | | |
| | | …… | | | |
| 2 | 机电设备及安装工程 | | | | |
| | | …… | | | |
| 3 | 金属结构设备及安装工程 | | | | |
| | | …… | | | |
| 4 | 临时工程 | | | | |
| | | …… | | | |
| 5 | 独立费用 | | | | |
| | | …… | | | |
| 6 | 基本预备费 | | | | |

附表 12　　　　　　　　　　　　　　　库底清理项目划分表

| 序号 | 一级项目 | 二级项目 | 三级项目 | 技术经济指标 |
|---|---|---|---|---|
| 1 | 建（构）筑物清理 | | | |
| 1.1 | | 建筑物清理 | | 元/m$^2$ |
| 1.2 | | 构筑物清理 | | 元/m$^2$ |
| 2 | 林木清理 | | | |
| 2.1 | | 林地砍伐清理 | | 元/亩 |
| 2.2 | | 园地清理 | | 元/亩 |
| 2.3 | | 迹地清理 | | 元/亩 |
| 2.4 | | 零星树木清理 | | |
| 3 | 易漂浮物清理 | | | |
| 3.1 | | 废弃门窗等清理 | | |
| 3.2 | | 残余枝丫等清理 | | |
| 4 | 卫生清理 | | | |
| 4.1 | | 一般污染源清理 | | |
| 4.1.1 | | | 粪池清理 | 元/m$^2$、元/个 |
| 4.1.2 | | | 牧畜栏清理 | 元/m$^2$、元/个 |
| 4.1.3 | | | 坟墓清理 | 元/m$^2$、元/个 |
| 4.2 | | 传染性污染源清理 | | |
| 4.2.1 | | | 疫源地清理 | 元/m$^2$ |
| 4.2.2 | | | 医疗机构工作区清理 | 元/m$^2$ |
| 4.2.3 | | | 医疗垃圾处理 | |
| 4.3 | | 生物类污染源清理 | | |
| 4.4 | | …… | | |

| 序号 | 一级项目 | 二级项目 | 三级项目 | 技术经济指标 |
|------|----------|----------|----------|--------------|
| 5 | 固体废物清理 | | | |
| 5.1 | | 生活垃圾清理 | | |
| 5.2 | | 工业固体废物清理 | | |
| 5.3 | | 危险废物清理 | | |

**附表 13**       **其他费用项目划分表**

| 序号 | 一级项目 | 二级项目 | 三级项目 | 技术经济指标 |
|------|----------|----------|----------|--------------|
| 1 | 前期工作费 | | | % |
| 2 | 综合勘测设计科研费 | | | % |
| 3 | 实施管理费 | | | % |
| 4 | 实施机构开办费 | | | |
| 5 | 技术培训费 | | | % |
| 6 | 监督评估费 | | | % |
| …… | | | | |

**附表 14**       **有关税费项目划分表**

| 序号 | 一级项目 | 二级项目 | 三级项目 | 技术经济指标 |
|------|----------|----------|----------|--------------|
| 1 | 耕地占用税 | | | 元/m² |
| | | …… | | |
| 2 | 耕地开垦费 | | | 元/亩 |
| 3 | 森林植被恢复费 | | | 元/m² |
| | | …… | | |
| 4 | 草原植被恢复费 | | | 元/m² |
| 5 | …… | | | |

# 附录Ⅱ　艰苦边远地区类别划分

**一、新疆维吾尔自治区（99个）**

1. 一类区（1个）

乌鲁木齐市：东山区。

2. 二类区（11个）

（1）乌鲁木齐市：天山区、沙依巴克区、新市区、水磨沟区、头屯河区、达坂城区、乌鲁木齐县。

（2）石河子市。

（3）昌吉回族自治州：昌吉市、阜康市、米泉市。

3. 三类区（29个）

（1）五家渠市。

（2）阿拉尔市。

（3）阿克苏地区：阿克苏市、温宿县、库车县、沙雅县。

（4）吐鲁番地区：吐鲁番市、鄯善县。

（5）哈密地区：哈密市。

（6）博尔塔拉蒙古自治州：博乐市、精河县。

（7）克拉玛依市：克拉玛依区、独山子区、白碱滩区、乌尔禾区。

（8）昌吉回族自治州：呼图壁县、玛纳斯县、奇台县、吉木萨尔县。

（9）巴音郭楞蒙古自治州：库尔勒市、轮台县、博湖县、焉耆回族自治县。

（10）伊犁哈萨克自治州：奎屯市、伊宁市、伊宁县。

（11）塔城地区：乌苏市、沙湾县、塔城市。

4. 四类区（37个）

（1）图木舒克市。

（2）喀什地区：喀什市、疏附县、疏勒县、英吉沙县、泽普县、麦盖提县、岳普湖县、伽师县、巴楚县。

（3）阿克苏地区：新和县、拜城县、阿瓦提县、乌什县、柯坪县。

（4）吐鲁番地区：托克逊县。

（5）克孜勒苏柯尔克孜自治州：阿图什市。

（6）博尔塔拉蒙古自治州：温泉县。

（7）昌吉回族自治州：木垒哈萨克自治县。

（8）巴音郭楞蒙古自治州：尉犁县、和硕县、和静县。

（9）伊犁哈萨克自治州：霍城县、巩留县、新源县、察布查尔锡伯自治县、特克斯县、尼勒克县。

（10）塔城地区：额敏县、托里县、裕民县、和布克赛尔蒙古自治县。

（11）阿勒泰地区：阿勒泰市、布尔津县、富蕴县、福海县、哈巴河县。

5. 五类区（16个）

（1）喀什地区：莎车县。

（2）和田地区：和田市、和田县、墨玉县、洛浦县、皮山县、策勒县、于田县、民丰县。

（3）哈密地区：伊吾县、巴里坤哈萨克自治县。

（4）巴音郭楞蒙古自治州：若羌县、且末县。

（5）伊犁哈萨克自治州：昭苏县。

（6）阿勒泰地区：青河县、吉木乃县。

6. 六类区（5个）

（1）克孜勒苏柯尔克孜自治州：阿克陶县、阿合奇县、乌恰县。

（2）喀什地区：塔什库尔干塔吉克自治县、叶城县。

## 二、宁夏回族自治区（19个）

1. 一类区（11个）

（1）银川市：兴庆区、灵武市、永宁县、贺兰县。

（2）石嘴山市：大武口区、惠农区、平罗县。

（3）吴忠市：利通区、青铜峡市。

（4）中卫市：沙坡头区、中宁县。

2. 三类区（8个）

（1）吴忠市：盐池县、同心县。

（2）固原市：原州区、西吉县、隆德县、泾源县、彭阳县。

（3）中卫市：海原县。

## 三、青海省（43个）

1. 二类区（6个）

（1）西宁市：城中区、城东区、城西区、城北区。

（2）海东地区：乐都县、民和回族土族自治县。

2. 三类区（8个）

（1）西宁市：大通回族土族自治县、湟源县、湟中县。

（2）海东地区：平安县、互助土族自治县、循化撒拉族自治县。

（3）海南藏族自治州：贵德县。

（4）黄南藏族自治州：尖扎县。

3. 四类区（12个）

（1）海东地区：化隆回族自治县。

（2）海北藏族自治州：海晏县、祁连县、门源回族自治县。

（3）海南藏族自治州：共和县、同德县、贵南县。

（4）黄南藏族自治州：同仁县。

（5）海西蒙古族藏族自治州：德令哈市、格尔木市、乌兰县、都兰县。

4. 五类区（10个）

（1）海北藏族自治州：刚察县。

（2）海南藏族自治州：兴海县。

（3）黄南藏族自治州：泽库县、河南蒙古族自治县。

（4）果洛藏族自治州：玛沁县、班玛县、久治县。

（5）玉树藏族自治州：玉树县、囊谦县。

（6）海西蒙古族藏族自治州：天峻县。

5. 六类区（7个）

（1）果洛藏族自治州：甘德县、达日县、玛多县。

（2）玉树藏族自治州：杂多县、称多县、治多县、曲麻莱县。

### 四、甘肃省（83个）

1. 一类区（14个）

（1）兰州市：红古区。

（2）白银市：白银区。

（3）天水市：秦州区、麦积区。

（4）庆阳市：西峰区、庆城县、合水县、正宁县、宁县。

（5）平凉市：崆峒区、泾川县、灵台县、崇信县、华亭县。

2. 二类区（40个）

（1）兰州市：永登县、皋兰县、榆中县。

（2）嘉峪关市。

（3）金昌市：金川区、永昌县。

（4）白银市：平川区、靖远县、会宁县、景泰县。

（5）天水市：清水县、秦安县、甘谷县、武山县。

（6）武威市：凉州区。

（7）酒泉市：肃州区、玉门市、敦煌市。

（8）张掖市：甘州区、临泽县、高台县、山丹县。

（9）定西市：安定区、通渭县、临洮县、漳县、岷县、渭源县、陇西县。

（10）陇南市：武都区、成县、宕昌县、康县、文县、西和县、礼县、两当县、徽县。

（11）临夏回族自治州：临夏市、永靖县。

3. 三类区（18个）

（1）天水市：张家川回族自治县。

（2）武威市：民勤县、古浪县。

（3）酒泉市：金塔县、安西县。

（4）张掖市：民乐县。

（5）庆阳市：环县、华池县、镇原县。

（6）平凉市：庄浪县、静宁县。

（7）临夏回族自治州：临夏县、康乐县、广河县、和政县。

（8）甘南藏族自治州：临潭县、舟曲县、迭部县。

4. 四类区（9个）

（1）武威市：天祝藏族自治县。

（2）酒泉市：肃北蒙古族自治县、阿克塞哈萨克族自治县。

（3）张掖市：肃南裕固族自治县。

（4）临夏回族自治州：东乡族自治县、积石山保安族东乡族撒拉族自治县。

（5）甘南藏族自治州：合作市、卓尼县、夏河县。

5. 五类区（2个）

甘南藏族自治州：玛曲县、碌曲县。

## 五、陕西省（48个）

1. 一类区（45个）

（1）延安市：延长县、延川县、予长县、安塞县、志丹县、吴起县、甘泉县、富县、宜川县。

（2）铜川市：宜君县。

（3）渭南市：白水县。

（4）咸阳市：永寿县、彬县、长武县、旬邑县、淳化县。

（5）宝鸡市：陇县、太白县。

（6）汉中市：宁强县、略阳县、镇巴县、留坝县、佛坪县。

（7）榆林市：榆阳区、神木县、府谷县、横山县、靖边县、绥德县、吴堡县、清涧县、子洲县。

（8）安康市：汉阴县、石泉县、宁陕县、紫阳县、岚皋县、平利县、镇坪县、白河县。

（9）商洛市：商州区、商南县、山阳县、镇安县、柞水县。

2. 二类区（3个）

榆林市：定边县、米脂县、佳县。

## 六、云南省（120个）

1. 一类区（36个）

（1）昆明市：东川区、晋宁县、富民县、宜良县、嵩明县、石林彝族自治县。

（2）曲靖市：麒麟区、宣威市、沾益县、陆良县。

（3）玉溪市：江川县、澄江县、通海县、华宁县、易门县。

（4）保山市：隆阳县、昌宁县。

（5）昭通市：水富县。

（6）思茅市：翠云区、普洱哈尼族彝族自治县、景谷彝族傣族自治县。

（7）临沧市：临翔区、云县。

（8）大理白族自治州：永平县。

（9）楚雄彝族自治州：楚雄市、南华县、姚安县、永仁县、元谋县、武定县、禄丰县。

（10）红河哈尼族彝族自治州：蒙自县、开远市、建水县、弥勒县。

（11）文山壮族苗族自治州：文山县。

2. 二类区（59个）

（1）昆明市：禄劝彝族苗族自治县、寻甸回族自治县。

（2）曲靖市：马龙县、罗平县、师宗县、会泽县。

（3）玉溪市：峨山彝族自治县、新平彝族傣族自治县、元江哈尼族彝族傣族自治县。

（4）保山市：施甸县、腾冲县、龙陵县。

（5）昭通市：昭阳区、绥江县、威信县。

（6）丽江市：古城区、永胜县、华坪县。

（7）思茅市：墨江哈尼族自治县、景东彝族自治县、镇沅彝族哈尼族拉祜族自治县、江城哈尼族彝族自治县、澜沧拉祜族自治县。

（8）临沧市：凤庆县、永德县。

（9）德宏傣族景颇族自治州：潞西市、瑞丽市、梁河县、盈江县、陇川县。

（10）大理白族自治州：祥云县、宾川县、弥渡县、云龙县、洱源县、剑川县、鹤庆县、漾濞彝族自治县、南涧彝族自治县、巍山彝族回族自治县。

（11）楚雄彝族自治州：双柏、牟定县、大姚县。

（12）红河哈尼族彝族自治州：绿春县、石屏县、泸西县、金平苗族瑶族傣族自治县、河口瑶族自治县、屏边苗族自治县。

（13）文山壮族苗族自治州：砚山县、西畴县、麻栗坡县、马关县、丘北县、广南县、富宁县。

（14）西双版纳傣族自治州：景洪市、勐海县、勐腊县。

3. 三类区（20个）

（1）曲靖市：富源县。

（2）昭通市：鲁甸县、盐津县、大关县、永善县、镇雄县、彝良县。

（3）丽江市：玉龙纳西族自治县、宁蒗彝族自治县。

（4）思茅市：孟连傣族拉祜族佤族自治县、西盟佤族自治县。

（5）临沧市：镇康县、双江拉祜族佤族布朗族傣族自治县、耿马傣族佤族自治县、沧源佤族自治县。

（6）怒江傈僳族自治州：泸水县、福贡县、兰坪白族普米族自治县。

（7）红河哈尼族彝族自治州：元阳县、红河县。

4. 四类区（3个）

（1）昭通市：巧家县。

（2）怒江傈僳族自治州：贡山独龙族怒族自治县。

（3）迪庆藏族自治州：维西傈僳族自治县。

5. 五类区（1个）

迪庆藏族自治州：香格里拉县。

6. 六类区（1个）

迪庆藏族自治州：德钦县。

## 七、贵州省（77个）

1. 一类区（34个）

（1）贵阳市：清镇市、开阳县、修文县、息烽县。

（2）六盘水市：六枝特区。

（3）遵义市：赤水市、遵义县、绥阳县、凤冈县、湄潭县、余庆县、习水县。

（4）安顺市：西秀区、平坝县、普定县。

（5）毕节地区：金沙县。

（6）铜仁地区：江口县、石阡县、思南县、松桃苗族自治县。

（7）黔东南苗族侗族自治州：凯里市、黄平县、施秉县、三穗县、镇远县、岑巩县、锦屏县、麻江县。

（8）黔南布依族苗族自治州：都匀市、贵定县、瓮安县、独山县、龙里县。

（9）黔西南布依族苗族自治州：兴义市。

2．二类区（36个）

（1）六盘水市：钟山区、盘县。

（2）遵义市：仁怀市、桐梓县、正安县、道真仡佬族苗族自治县、务川仡佬族苗族自治县。

（3）安顺市：关岭布依族苗族自治县、镇宁布依族苗族自治县、紫云苗族布依族自治县。

（4）毕节地区：毕节市、大方县、黔西县。

（5）铜仁地区：德江县、印江土家族苗族自治县、沿河土家族自治县、万山特区。

（6）黔东南苗族侗族自治州：天柱县、剑河县、台江县、黎平县、榕江县、从江县、雷山县、丹寨县。

（7）黔南布依族苗族自治州：荔波县、平塘县、罗甸县、长顺县、惠水县、三都水族自治县。

（8）黔西南布依族苗族自治州：兴仁县、贞丰县、望谟县、册亨县、安龙县。

3．三类区（7个）

（1）六盘水市：水城县。

（2）毕节地区：织金县、纳雍县、赫章县、威宁彝族回族苗族自治县。

（3）黔西南布依族苗族自治州：普安县、晴隆县。

**八、四川省（77个）**

1．一类区（24个）

（1）广元市：朝天区、旺苍县、青川县。

（2）泸州市：叙永县、古蔺县。

（3）宜宾市：筠连县、珙县、兴文县、屏山县。

（4）攀枝花市：东区、西区、仁和区、米易县。

（5）巴中市：通江县、南江县。

（6）达州市：万源市、宣汉县。

（7）雅安市：荥经县、石棉县、天全县。

（8）凉山彝族自治州：西昌市、德昌县、会理县、会东县。

2．二类区（13个）

（1）绵阳市：北川羌族自治县、平武县。

（2）雅安市：汉源县、芦山县、宝兴县。

（3）阿坝藏族羌族自治州：汶川县、理县、茂县。

（4）凉山彝族自治州：宁南县、普格县、喜德县、冕宁县、越西县。

3. 三类区（9个）

（1）乐山市：金口河区、峨边彝族自治县、马边彝族自治县。

（2）攀枝花市：盐边县。

（3）阿坝藏族羌族自治州：九寨沟县。

（4）甘孜藏族自治州：泸定县。

（5）凉山彝族自治州：盐源县、甘洛县、雷波县。

4. 四类区（20个）

（1）阿坝藏族羌族自治州：马尔康县、松潘县、金川县、小金县、黑水县。

（2）甘孜藏族自治州：康定县、丹巴县、九龙县、道孚县、炉霍县、新龙县、德格县、白玉县、巴塘县、乡城县。

（3）凉山彝族自治州：布拖县、金阳县、昭觉县、美姑县、木里藏族自治县。

5. 五类区（8个）

（1）阿坝藏族羌族自治州：壤塘县、阿坝县、若尔盖县、红原县。

（2）甘孜藏族自治州：雅江县、甘孜县、稻城县、得荣县。

6. 六类区（3个）

甘孜藏族自治州：石渠县、色达县、理塘。

**九、重庆市（11个）**

1. 一类区（4个）

黔江区、武隆县、巫山县、云阳县。

2. 二类区（7个）

城口县、巫溪县、奉节县、石柱土家族自治县、彭水苗族土家族自治县、酉阳土家族苗族自治县、秀山土家族苗族自治县。

**十、海南省（7个）**

一类区（7个）：五指山市、昌江黎族自治县、白沙黎族自治县、琼中黎族苗族自治县、陵水黎族自治县、保亭黎族苗族自治县、乐东黎族自治县。

**十一、广西壮族自治区（58个）**

1. 一类区（36个）

（1）南宁市：横县、上林县、隆安县、马山县。

（2）桂林市：全州县、灌阳县、资源县、平乐县、恭城瑶族自治县。

（3）柳州市：柳城县、鹿寨县、融安县。

（4）梧州市：蒙山县。

（5）防城港市：上思县。

（6）崇左市：江州区、扶绥县、天等县。

（7）百色市：右江区、田阳县、田东县、平果县、德保县、田林县。

（8）河池市：金城江区、宜州市、南丹县、天峨县、罗城仫佬族自治县、环江毛南族自治县。

（9）来宾市：兴宾区、象州县、武宣县、忻城县。

（10）贺州市：昭平县、钟山县、富川瑶族自治县。

2. 二类区（22个）

（1）桂林市：龙胜各族自治县。

（2）柳州市：三江侗族自治县、融水苗族自治县。

（3）防城港市：港口区、防城区、东兴市。

（4）崇左市：凭祥市、大新县、宁明县、龙州县。

（5）百色市：靖西县、那坡县、凌云县、乐业县、西林县、隆林各族自治县。

（6）河池市：凤山县、东兰县、巴马瑶族自治县、都安瑶族自治县、大化瑶族自治县。

（7）来宾市：金秀瑶族自治县。

### 十二、湖南省（14个）

1. 一类区（6个）

（1）张家界市：桑植县。

（2）永州市：江华瑶族自治县。

（3）邵阳市：城步苗族自治县。

（4）怀化市：麻阳苗族自治县、新晃侗族自治县、通道侗族自治县。

2. 二类区（8个）

湘西土家族苗族自治州：吉首市、泸溪县、凤凰县、花垣县、保靖县、古丈县、永顺县、龙山县。

### 十三、湖北省（18个）

1. 一类区（10个）

（1）十堰市：郧县、竹山县、房县、郧西县、竹溪县。

（2）宜昌市：兴山县、秭归县、长阳土家族自治县、五峰土家族自治县。

（3）神农架林区。

2. 二类区（8个）

恩施土家族苗族自治州：恩施市、利川市、建始县、巴东县、宣恩县、咸丰县、来凤县、鹤峰县。

### 十四、黑龙江省（104个）

1. 一类区（32个）

（1）哈尔滨市：尚志市、五常市、依兰县、方正县、宾县、巴彦县、木兰县、通河县、延寿县。

（2）齐齐哈尔市：龙江县、依安县、富裕县。

（3）大庆市：肇州县、肇源县、林甸县。

（4）伊春市：铁力市。

（5）佳木斯市：富锦市、桦南县、桦川县、汤原县。

（6）双鸭山市：友谊县。

（7）七台河市：勃利县。

（8）牡丹江市：海林市、宁安市、林口县。

（9）绥化市：北林区、安达市、海伦市、望奎县、青冈县、庆安县、绥棱县。

2.二类区（67个）

（1）齐齐哈尔市：建华区、龙沙区、铁锋区、昂昂溪区、富拉尔基区、碾子山区、梅里斯达斡尔族区、讷河市、甘南县、克山县、克东县、拜泉县。

（2）黑河市：爱辉区、北安市、五大连池市、嫩江县。

（3）大庆市：杜尔伯特蒙古族自治县。

（4）伊春市：伊春区、南岔区、友好区、西林区、翠峦区、新青区、美溪区、金山屯区、五营区、乌马河区、汤旺河区、带岭区、乌伊岭区、红星区、上甘岭区、嘉荫县。

（5）鹤岗市：兴山区、向阳区、工农区、南山区、兴安区、东山区、萝北县、绥滨县。

（6）佳木斯市：同江市、抚远县。

（7）双鸭山市：尖山区、岭东区、四方台区、宝山区、集贤县、宝清县、饶河县。

（8）七台河市：桃山区、新兴区、茄子河区。

（9）鸡西市：鸡冠区、恒山区、滴道区、梨树区、城子河区、麻山区、虎林市、密山市、鸡东县。

（10）牡丹江市：穆棱市、绥芬河市、东宁县。

（11）绥化市：兰西县、明水县。

3.三类区（5个）

（1）黑河市：逊克县、孙吴县。

（2）大兴安岭地区：呼玛县、塔河县、漠河县。

**十五、吉林省（25个）**

1.一类区（14个）

（1）长春市：榆树市。

（2）白城市：大安市、镇赉县、通榆县。

（3）松原市：长岭县、乾安县。

（4）吉林市：舒兰市。

（5）四平市：伊通满族自治县。

（6）辽源市：东辽县。

（7）通化市：集安市、柳河县。

（8）白山市：八道江区、临江市、江源县。

2.二类区（11个）

（1）白山市：抚松县、靖宇县、长白朝鲜族自治县。

（2）延边朝鲜族自治州：延吉市、图们市、敦化市、珲春市、龙井市、和龙市、汪清县、安图县。

**十六、辽宁省（14个）**

一类区（14个）：

（1）沈阳市：康平县。

（2）朝阳市：北票市、凌源市、朝阳县、建平县、喀喇沁左翼蒙古族自治县。

（3）阜新市：彰武县、阜新蒙古族自治县。

（4）铁岭市：西丰县、·昌图县。

（5）抚顺市：新宾满族自治县。

（6）丹东市：宽甸满族自治县。

（7）锦州市：义县。

（8）葫芦岛市：建昌县。

## 十七、内蒙古自治区（95个）

### 1. 一类区（23个）

（1）呼和浩特市：赛罕区、托克托县、土默特左旗。

（2）包头市：石拐区、九原区、土默特右旗。

（3）赤峰市：红山区、元宝山区、松山区、宁城县、巴林右旗、敖汉旗。

（4）通辽市：科尔沁区、开鲁县、科尔沁左翼后旗。

（5）鄂尔多斯市：东胜区、达拉特旗。

（6）乌兰察布市：集宁区、丰镇市。

（7）巴彦淖尔市：临河区、五原县、磴口县。

（8）兴安盟：乌兰浩特市。

### 2. 二类区（39个）

（1）呼和浩特市：武川县、和林格尔县、清水河县。

（2）包头市：白云矿区、固阳县。

（3）乌海市：海勃湾区、海南区、乌达区。

（4）赤峰市：林西县、阿鲁科尔沁旗、巴林左旗、克什克腾旗、翁牛特旗、喀喇沁旗。

（5）通辽市：库伦旗、奈曼旗、扎鲁特旗、科尔沁左翼中旗。

（6）呼伦贝尔市：海拉尔区、满洲里市、扎兰屯市、阿荣旗。

（7）鄂尔多斯市：准格尔旗、鄂托克旗、杭锦旗、乌审旗、伊金霍洛旗。

（8）乌兰察布市：卓资县、兴和县、凉城县、察哈尔右翼前旗。

（9）巴彦淖尔市：乌拉特前旗、杭锦后旗。

（10）兴安盟：突泉县、科尔沁右翼前旗、科尔沁右翼中旗、扎赉特旗。

（11）锡林郭勒盟：锡林浩特市、二连浩特市。

### 3. 三类区（24个）

（1）包头市：达尔罕茂明安联合旗。

（2）通辽市：霍林郭勒市。

（3）呼伦贝尔市：牙克石市、额尔古纳市、新巴尔虎右旗、新巴尔虎左旗、陈巴尔虎旗、鄂伦春自治旗、鄂温克族自治旗、莫力达瓦达斡尔族自治旗。

（4）鄂尔多斯市：鄂托克前旗。

（5）乌兰察布市：化德县、商都县、察哈尔右翼中旗、察哈尔右翼后旗。

（6）巴彦淖尔市：乌拉特中旗。

（7）兴安盟：阿尔山市。

（8）锡林郭勒盟：多伦县、东乌珠穆沁旗、西乌珠穆沁旗、太仆寺旗、镶黄旗、正镶白旗、正蓝旗。

4. 四类区（9个）

（1）呼伦贝尔市：根河市。

（2）乌兰察布市：四子王旗。

（3）巴彦淖尔市：乌拉特后旗。

（4）锡林郭勒盟：阿巴嘎旗、苏尼特左旗、苏尼特右旗。

（5）阿拉善盟：阿拉善左旗、阿拉善右旗、额济纳旗。

## 十八、山西省（44个）

1. 一类区（41个）

（1）太原市：娄烦县。

（2）大同市：阳高县、灵丘县、浑源县、大同县。

（3）朔州市：平鲁区。

（4）长治市：平顺县、壶关县、武乡县、沁县。

（5）晋城市：陵川县。

（6）忻州市：五台县、代县、繁峙县、宁武县、静乐县、神池县、五寨县、岢岚县、河曲县、保德县、偏关县。

（7）晋中市：榆社县、左权县、和顺县。

（8）临汾市：古县、安泽县、浮山县、吉县、大宁县、永和县、隰县、汾西县。

（9）吕梁市：中阳县、兴县、临县、方山县、柳林县、岚县、交口县、石楼县。

2. 二类区（3个）

（1）大同市：天镇县、广灵县。

（2）朔州市：右玉县。

## 十九、河北省（28个）

1. 一类区（21个）

（1）石家庄市：灵寿县、赞皇县、平山县。

（2）张家口市：宣化县、蔚县、阳原县、怀安县、万全县、怀来县、涿鹿县、赤城县。

（3）承德市：承德县、兴隆县、平泉县、滦平县、隆化县、宽城满族自治县。

（4）秦皇岛市：青龙满族自治县。

（5）保定市：涞源县、涞水县、阜平县。

2. 二类区（4个）

（1）张家口市：张北县、崇礼县。

（2）承德市：丰宁满族自治县、围场满族蒙古族自治县。

3. 三类区（3个）

张家口市：康保县、沽源县、尚义县。

# 附录Ⅲ 西藏自治区特殊津贴地区类别

1. 二类区

(1) 拉萨市: 拉萨市城关区及所属办事处, 达孜县, 尼木县县驻地、尚日区、吞区、尼木区, 曲水县, 墨竹工卡县 (不含门巴区和直孔区), 堆龙德庆县。

(2) 昌都地区: 昌都县 (不含妥坝区、拉多区、面达区), 芒康县 (不含戈波区), 贡觉县县驻地、波洛区、香具区、哈加区, 八宿县 (不含邦达区、同卡区、夏雅区), 左贡县 (不含川妥区、美玉区), 边坝县 (不含恩来格区), 洛隆县 (不含腊久区), 江达县 (不含德登区、青泥洞区、字嘎区、邓柯区、生达区), 类乌齐县县驻地、桑多区、尚卡区、甲桑卡区, 丁青县 (不含嘎塔区), 察雅县 (不含括热区、宗沙区)。

(3) 山南地区: 乃东县, 琼结县 (不含加麻区), 措美县当巴区、乃西区, 加查县, 贡嘎县 (不含东拉区), 洛扎县 (不含色区和蒙达区), 曲松县 (不含贡康沙区、邛多江区), 桑日县 (不含真纠区), 扎囊县, 错那县勒布区、觉拉区, 隆子县县驻地、加玉区、三安曲林区、新巴区, 浪卡子县卡拉区。

(4) 日喀则地区: 日喀则市, 萨迦县孜松区、吉定区, 江孜县卡麦区、重孜区, 拉孜县拉孜区、扎西岗区、彭错林区, 定日县卡选区、绒辖区, 聂拉木县县驻地, 吉隆县吉隆区, 亚东县县驻地、下司马镇、下亚东区、上亚东区, 谢通门县县驻地、恰嘎区, 仁布县县驻地、仁布区、德吉林区, 白朗县 (不含汪丹区), 南木林县多角区、艾玛岗区、土布加区, 樟木口岸。

(5) 林芝地区: 林芝县, 朗县, 米林县, 察隅县, 波密县, 工布江达县 (不含加兴区、金达乡)。

2. 三类区

(1) 拉萨市: 林周县, 尼木县安岗区、帕古区、麻江区, 当雄县 (不含纳木错区), 墨竹工卡县门巴区、直孔区。

(2) 那曲地区: 嘉黎县尼屋区, 巴青县县驻地、高口区、益塔区、雅安多区, 比如县 (不含下秋卡区、恰则区), 索县。

(3) 昌都地区: 昌都县妥坝区、拉多区、面达区, 芒康县戈波区, 贡觉县则巴区、拉妥区、木协区、罗麦区、雄松区, 八宿县邦达区、同卡区、夏雅区, 左贡县田妥区、美玉区, 边坝县恩来格区, 洛隆县腊久区, 江达县德登区、青泥洞区、字嘎区、邓柯区、生达区, 类乌齐县长毛岭区、卡玛多 (巴夏) 区、类乌齐区, 察雅县括热区、宗沙区。

(4) 山南地区: 琼结县加麻区, 措美县县驻地、当许区, 洛扎县色区、蒙达区, 曲松县贡康沙区、邛多江区, 桑日县真纠区, 错那县县驻地、洞嘎区、错那区, 隆子县甘当区、扎日区、俗坡下区、雪萨区, 浪卡子县 (不含卡拉、张达、林)。

(5) 日喀则地区: 定结县县驻地、陈塘区、萨尔区、定结区、金龙区, 萨迦县 (不含孜松区、吉定区), 江孜县 (不含卡麦区、重孜区), 拉孜县县驻地、曲下区、温泉区、柳区, 定日县 (不含卡达区、绒辖区), 康马县, 聂拉木县 (不含县驻地), 吉隆县 (不含吉隆区), 亚东县帕里镇、堆纳区, 谢通门县塔玛区、查拉区、德来区, 昂仁县 (不含桑桑区、查孜区、措麦区），萨噶县旦嘎区，仁布县帕当区、然巴区、亚德区，白朗县汪丹区，南木林县（不含多角区、艾玛岗区、土布加区）。

（6）林芝地区：墨脱县，工布江达县加兴区、金达乡。

3. 四类区

（1）拉萨市：当雄县纳木错区。

（2）那曲地区：那曲县，嘉黎县（不含尼屋区），申扎县，巴青县江绵区、仓来区、巴青区、本索区，聂荣县，尼玛县，比如县下秋卡区，恰则区，班戈县，安多县。

（3）昌都地区：丁青县嘎塔区。

（4）山南地区：措美县哲古区，贡嘎县东拉区，隆子县雪萨乡，浪卡子县张达区、林区。

（5）日喀则地区：定结县德吉（日屋区），谢通门县春哲（龙桑）区、南木切区，昂仁县桑桑区、查孜区、措麦区，岗巴县，仲巴县，萨噶县（不含旦嘎区）。

（6）阿里地区：噶尔县，措勒县，普兰县，革吉县，日土县，扎达县，改则县。

# 参 考 文 献

［1］ 水利部水利建设经济定额站. 水利工程设计概（估）算编制规定（工程部分）［M］. 北京：中国水利水电出版社，2015.

［2］ 水利部水利建设经济定额站. 水利工程设计概（估）算编制规定（建设征地移民补偿）［M］. 北京：中国水利水电出版社，2015.

［3］ 水利部办公厅文件. 办水总〔2016〕132 号《水利工程营业税改征增值税计价依据调整办法》. 北京：水利部办公厅，2016.

［4］ 水利部办公厅文件. 办财务函〔2019〕448 号《关于调整水利工程计价依据增值税计算标准的通知》. 北京：水利部办公厅，2019.

［5］ 杨培岭. 现代水利水电工程项目管理理论与实务［M］. 北京：中国水利水电出版社，1999.

［6］ 杨培岭. 水利工程概预算［M］. 北京：中国农业出版社，2005.

［7］ 方国华，朱成立. 新编水利水电工程概预算［M］. 郑州：黄河水利出版社，2003.

［8］ 王慧明. 水利水电工程概预算［M］. 郑州：黄河水利出版社，2008.

［9］ 岳春芳，周峰. 水利工程概预算［M］. 北京：中国水利水电出版社，2013.

［10］ 徐凤永. 水利工程概预算［M］. 北京：中国水利水电出版社，2010.

［11］ 徐学东，姬宝霖. 水利水电工程概预算［M］. 北京：中国水利水电出版社，2005.

［12］ 张诗云. 水利水电工程投标报价编制指南［M］. 北京：中国水利水电出版社，2007.

［13］ 杨培岭，等. 现代工程项目管理［M］. 北京：中国水利水电出版社，2010.

［14］ 中华人民共和国水利部. 水利建筑工程概算定额（上、下册）［M］. 郑州：黄河水利出版社，2002.

［15］ 中华人民共和国水利部. 水利建筑工程预算定额（上、下册）［M］. 郑州：黄河水利出版社，2002.

［16］ 中华人民共和国水利部. 水利工程施工机械台时费定额［M］. 郑州：黄河水利出版社，2002.

［17］ 中华人民共和国水利部. 水利水电设备安装工程概算定额（上、下册）［M］. 郑州：黄河水利出版社，2002.

［18］ 中华人民共和国水利部. 水利工程概预算补充定额［M］. 郑州：黄河水利出版社，2005.

［19］ 江岩涛. 最新水利水电工程造价、计价与工程量清单编制及投标报价实用手册［M］. 合肥：安徽文化音像出版社，2004.

［20］ SL 328—2005 水利水电工程设计工程量计算规定［S］. 北京：中国水利水电出版社，2006.

［21］ GB 50501—2007 水利工程工程量清单计价规范［S］. 北京：中国计划出版社，2007.

［22］ SL 481—2011 水利水电工程招标文件编制规程［S］. 北京：中国水利水电出版社，2011.

［23］ SL 19—2014 水利基本建设项目竣工财务决算编制规程［S］. 北京：中国水利水电出版社，2014.